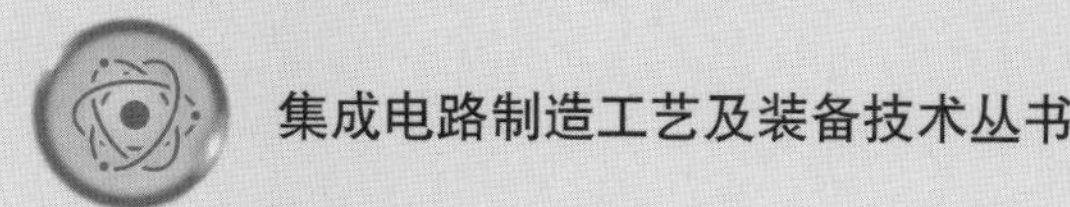

碳电极钙钛矿光伏器件制备与集成技术

史铁林　廖广兰　刘智勇　刘星月　著

華中科技大學出版社
http://press.hust.edu.cn
中国·武汉

内容简介

本书共5章。第1章是概述，主要介绍钙钛矿材料在光伏领域的起源、分类与发展，以及碳电极钙钛矿光伏器件的优势。第2章是有机-无机杂化碳电极钙钛矿光伏电池，主要介绍采用光阳极离子掺杂、界面修饰等手段来提升有机-无机杂化碳电极钙钛矿光伏电池的光电转化效率。第3章是全无机碳电极钙钛矿光伏电池，主要介绍全无机钙钛矿 $CsPbBr_3$ 材料的可控制备方法及其在光伏领域的应用。第4章是碳电极钙钛矿光伏器件封装与集成，主要包括PDMS封装、光解水制氢集成、超级电容器集成与热电模块集成等内容。第5章是钙钛矿材料在其他光电子器件中的应用，主要包括光电探测器、忆阻器与感存算一体化技术等内容。

本书较为全面、系统、深入地介绍了当今国际上前沿的钙钛矿光电子技术发展进程，对从事这一领域的广大科研、生产工作者具有较强的参考价值，对我国钙钛矿光电子技术向更高阶段发展起到良好推动作用。

图书在版编目(CIP)数据

碳电极钙钛矿光伏器件制备与集成技术/史铁林等著. —武汉：华中科技大学出版社，2023.5
ISBN 978-7-5680-9336-1

Ⅰ.①碳… Ⅱ.①史… Ⅲ.①钙钛矿-太阳能电池-研究 Ⅳ.①TM914.4

中国国家版本馆CIP数据核字(2023)第058023号

碳电极钙钛矿光伏器件制备与集成技术
Tandianji Gaitaikuang Guangfu Qijian Zhibei yu Jicheng Jishu

史铁林 廖广兰 刘智勇 刘星月 著

策划编辑：万亚军　　责任编辑：李梦阳
责任校对：李 琴　　封面设计：原色设计
责任监印：周治超

出版发行：华中科技大学出版社(中国·武汉)　　电话：(027)81321913
武汉市东湖新技术开发区华工科技园　　邮编：430223

录　排：华中科技大学惠友文印中心
印　刷：湖北新华印务有限公司
开　本：710mm×1000mm 1/16
印　张：20.75 插页：2
字　数：386千字
版　次：2023年5月第1版第1次印刷
定　价：148.00元

前言

自 20 世纪以来，以半导体为基础的光电子器件(如太阳能电池、光电探测器、发光二极管及半导体激光器等)的开发与应用引发了新一轮产业革命，也极大地改变了人们的生产和生活方式。随着社会经济的迅速发展和人们生活水平的不断提高，人们对半导体光电子器件的需求日益多样化。目前，商用光电子器件广泛使用的晶硅(Si)、碲化镉(CdTe)、砷化镓(GaAs)等传统半导体材料通常由高温电炉反应、分子束外延或有机金属化学气相沉积等复杂工艺制成，这些工艺对半导体薄膜纯度和生产设备要求极高，能耗和生产成本也居高不下。此外，高温工艺还限制了传统光电子器件的柔性化制备和在柔性可穿戴电子产品中的应用。因此，开发低成本、易于低温制备和高性能新型半导体材料对光电子器件的发展具有重要意义。

2009 年，有机-无机杂化钙钛矿作为光吸收材料被应用到光伏器件中，展现出优异的光学与电学性能，拉开了钙钛矿光伏器件研究的序幕。一般来说，与 $CaTiO_3$ 构型相同的晶体叫作钙钛矿，其结构通式为 ABX_3。对于有机-无机杂化钙钛矿来说，A 位一般是有机阳离子($CH_3NH_3^+$ 或 $NH_2CHNH_2^+$)，B 位是金属离子(Pb^{2+}、Sn^{2+}、Eu^{2+} 等)，X 位则通常是卤素阴离子(I^-、Br^- 等)。得益于钙钛矿半导体出色的光电特性(包括光吸收系数和缺陷容忍度高、激子结合能与表面复合率低、载流子传输距离和载流子寿命长、双极性载流子传输与禁带可调等)以及材料改性、缺陷钝化、界面工程和溶剂工程等技术的不断发展，短短数年，杂化钙钛矿太阳能电池的认证光电转化效率从最初的 3.8% 提高至 25.7%，超过了商业化多晶硅太阳能电池以及铜铟镓硒(CIGS)、碲化镉薄膜太阳能电池的效率，正逐渐接近单晶硅太阳能电池效率并有望达到硅基的 Shockley-Queisser 理论极限，而且其原材料用量仅为晶硅组件的 1/1000，成本不到晶硅组件的 50%，是一种极具颠覆性的新型光伏材料，给人类应对能源危机提供了新机遇。随着 2030 年前实现碳达峰和 2060 年前实现碳中和这双重目标的构建，世界能源多元化、清洁化、低碳化趋势进一步加强，能源和资源版图正在发生深刻变化，越来越多的国家都在朝着清洁、低碳能源的方向发展。《2022中国战略性新兴产业发展报告》将钙钛矿太阳能电池技术列为能源新技术产业发展的关键技术与重点任务。《中国工程科技2035发展战略》指出，钙钛矿太阳能电池的基础研究与产业化关键技术研发是可再生能源工程科技发展的重要任务。钙钛矿半导体材料在光伏器件领域取得的巨大成功，再加上钙钛矿薄膜易于低温制备（如旋涂、刮涂、滴涂与喷墨打印等）的特点，极大地鼓舞了研究者们将这种“梦幻材料”应用到其他各类型光电子器件的研发中，并已经取得了一系列成果，被 *Science* 期刊评为2013年度十大科学进展之一。有关钙钛矿光电子器件方面的研究不断取得进展，百余篇高水平论文发表于国际学术刊物 *Science* 和 *Nature*，充分体现了钙钛矿光电子器件的研究热度和该领域的前沿性。引入碳电极后，钙钛矿光伏器件制造成本大幅降低，器件的稳定性大大提高，碳电极钙钛矿器件成为具有广阔发展前景的光伏技术之一。然而，器件在制造过程中涉及多种光电材料的宏、微、纳跨尺度结构的精确形成与功能界面优化，材料相变、晶化等行为复杂，功能结构本征缺陷密度高，界面能级失配严重，光生载流子输运受阻，且环境因素（湿、热、光等）仍会对钙钛矿材料造成不可逆的损伤等问题，这些问题严重制约了器件效率和稳定性的提升，急需突破。

本书内容是作者所在课题组在教育部创新团队“微纳制造与纳米测量技术（IRT13017 & IRT17R44）”、国家重点研发计划“高效稳定大面积钙钛矿太阳电池关键技术及成套技术研发（2019YFB1503200）”、国家自然科学基金“基于钙钛矿的高效微能源器件可控制备研究（51675210）”“仿生微纳制造与应用研究（51222508）”“染料敏化太阳能电池光阳极结构的仿生设计与可控制备（51175210）”“面向图像传感的超高速自驱动柔性钙钛矿光电探测器可控制备研究（51905203）”等项目支持下的研究成果，包含了课题组许多已毕业的博士、硕士合作者所做的工作，大部分来自与他们合作发表的论文。他们是笔者和廖广兰教授的研究生，包括刘智勇博士、刘星月博士、孙博博士、叶海波博士、韩京辉博士、涂玉雪硕士等。在此，向他们表示衷心的感谢和崇高的敬意！

由于钙钛矿光电子器件一直是光伏与光电子领域的研究重点和热点，涉及的学科多、发展快，加上作者水平有限，在取材和论述方面难免存在不足与疏漏之处，恳请广大读者批评指正。

史铁林

2022年11月7日于喻家山

目录

第 1 章 概述

1.1 引言

1.1.1 能源危机

能源是人类生活和社会发展的重要物质基础。图 1.1 所示为 2019 年统计的全球煤炭、可再生能源、水电、核能、天然气的全球消费量与世界一次能源消费占比。1993 年,全球一次能源消费量为 349.63 $\times 10^{18}$ J,随着世界人口爆炸性增长及经济的持续高速发展,人类对能源的需求也将翻倍。截至 2019 年年底,全球能耗已达 583.90 $\times 10^{18}$ J,预计到 2050 年将达 860 $\times 10^{18}$ J,相当于 20379 百万吨油当量,将会引发严重的能源危机。全球范围内接近 4/5 的能源由化石能源提供,可再生能源的发展速度虽得到了一定程度的提升,但在全球能源消费中其占比仍不足 5%。BP 世界能源统计数据显示,依照当前已探明储量及开采速度,全球煤炭资源仍可开发 132 年,但石油资源仅能维持不足 50 年,天然气也只能供应 49.8 年。

21 世纪,中国发生着日新月异的变化,2019 年国内生产总值(GDP)达到 99.0865 万亿元,仅次于美国,位居世界第二。经济持续快速发展的同时,能源需求也在不断增加。2019 年,我国煤炭保有量在全球排名第四,高达 1410 亿吨,但人均水平仅能达到世界平均水平的 1/2。2019 年,我国石油储备(36 亿吨)也只占全球储备的 1.5%,全球排名第十三,人均水平更是远低于世界平均水平。另一方面,我国石油资源的储产比(剩余可采储量与当年产量之比)也只有 18.7 年,远小于世界平均储产比,很难保持稳产。我国天然气储备(8.4 万亿立方米)也只占全球储备的 4.2%,全球排名第六。《2019 年国内外油气行业发展报告》显示,2019 年我国原油净进口量约为 5 亿吨,石油对外依存度达到 70%以上。这一发展趋势对我国的能源安全造成了极大威胁。此外,人类对化石能源的过度依赖将会导致温室气体的大量释放,进一步导致地表温度逐年升

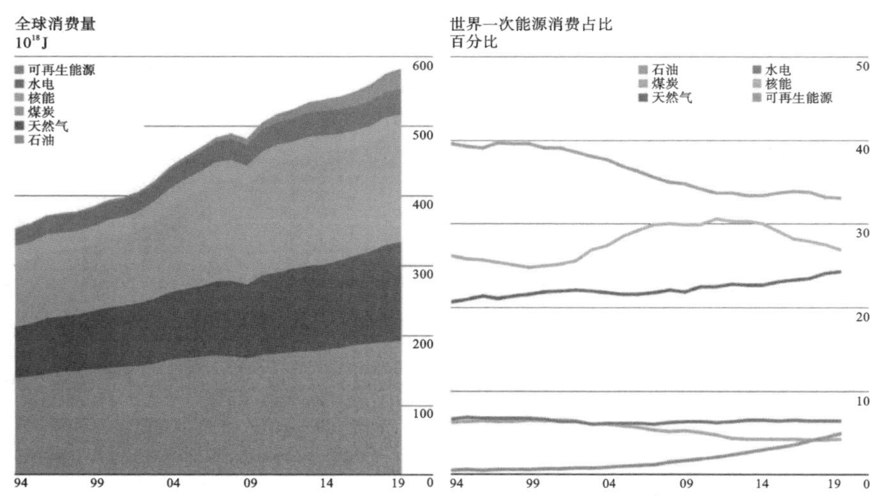

图 1.1　全球煤炭、可再生能源、水电、核能、天然气的全球消费量与世界一次能源消费占比

高,引发气候异常,破坏生态平衡,造成酸雨、雾霾等特殊环境现象,如图 1.2 所示。面对能源需求的日益增加和环境污染的日益严重,人类迫切需要一场能源革命。我国应积极调整经济产业结构,走可持续发展之路,并鼓励研发绿色无污染的可再生能源。

1.1.2　新能源需求

作为非常规能源,核能最先受到了关注。核能发电是指利用反应堆中核裂变或聚变释放出的热能进行发电。它类似于火力发电,属于不可再生能源。但是核电站只需要消耗少量核燃料就可产生大量电能,每千瓦时电能成本相较于火电站的要低 20%以上,可大大降低化石能源的消耗。核能发电具有不会造成空气污染、不会加剧地球的温室效应、燃料体积小、便于运输和存储,以及燃料成本稳定等优点。并且,世界上有较为丰富的核资源,包括铀、钍氘、锂、硼等,可提供的能量是矿石燃料的十多万倍。因此,开发核能将成为缓解世界能源危机的一种经济而有效的措施。但对核能的开发和利用是把双刃剑,核反应中生成的高低阶放射性核废料难以处理,一旦泄漏,后果不堪设想。例如,20 世纪 90 年代苏联切尔诺贝利核电站发生猛烈爆炸,该事故被认为是世界上影响最大的一次核电泄漏事故,核辐射通过风力、雨水等途径传播,超过 33.5 万人被迫撤离,电厂方圆数十里变成无人区。该事故造成多人直接死亡,另有数千人因辐射患上各种慢性病,据专家估计,完全消除这场浩劫的影响最少需要 800 年。类似的还有 2011 年日本福岛核事故、2004 年日本美浜核电站事故、2002 年美

(a) (b) (c) (d) (e)

图 1.2 过度依赖化石能源导致的(a)温室效应、(b)酸雨、(c)工业废气大量排放、(d)雾霾与(e)河流污染

国戴维斯-贝斯反应堆事故、1961 年美国国家反应堆试验站事故等。因此,核能的开发和利用一直存在争议,争议不仅集中在核泄漏、核辐射、核废料处理等方面,还关注核能的"剩余风险"问题,即不管采取什么样的保护措施,使用核能都存在着人类不可操控的风险。风能、水能、生物质能、太阳能等清洁可再生能源在各国政府的大力开发下,得到迅猛发展。水力发电、太阳能发电与风力发电如图 1.3 所示。我国的三峡水电站是世界上规模最大的水电站,年累计发电接近 1000 亿千瓦时,相当于减少 4900 多万吨原煤消耗,减少近 1 亿吨二氧化碳排放。风能、水能的开发往往会受到地域的限制,且跨地域的长距离输电也增加了成本。太阳能的开发却没有这样的短板。太阳能来自太阳源源不断的电磁辐射,太阳光在进入地球的过程中,大约有 30%的能量被反射到太空,其余的则被云层、陆地和海洋吸收。2002 年数据显示,地表每小时所接收到的太阳光辐射能量相当于人类一年内对所有能源需求的总和[1,2]。换句话说,太阳能是一种永不枯竭、清洁、可再生的绿色能源,利用潜力巨大。

(a) (b) (c)

图 1.3 (a)水力发电、(b)太阳能发电与(c)风力发电

1.1.3 太阳能的利用

太阳能的利用方式主要分为光热利用(如太阳能热水器)、光化学利用(如光解水制氢)和光电利用(如太阳能电池)三种。其中光电利用方式基于光伏效应将光能直接转化成电能,极具发展潜力。1839 年,法国科学家在用光辐照浸有两块铂电极的金属卤化物盐溶液时,在两电极之间意外发现了电流,并提出了现代太阳能电池的支撑理论——光伏效应。一百多年后,美国贝尔实验室首次成功制备了基于掺杂硅片的光伏器件,才在真正意义上宣告太阳能电池技术的诞生。

得益于 20 世纪中叶频繁开展的太空探索计划,太阳能电池技术发展迅猛,其中,单晶硅光伏电池因具有较高的光电转化效率(PCE)而得到广泛应用。但由于单晶硅光伏电池受到造价成本高、能耗高、环境污染严重、难以柔性化等因素的限制,20 世纪 60 年代人们开始研究以碲化镉薄膜光伏电池和铜铟镓硒光伏电池为代表的无机化合物半导体光伏电池。同期,成本及耗能较低的多晶硅和非晶硅光伏电池也逐渐受到人们的重视并得到迅速发展。受 20 世纪 70 年代爆发的能源危机的影响,人们开始研制各种新型光伏电池。发展到今天,随着石油资源的逐渐枯竭和生态环境的日益恶化,世界各国纷纷倡导节能减排、绿色低碳。太阳能取之不尽、用之不竭,极具发展潜力,人们希望迎来一个全新的“太阳能时代”,构建一个绿色无污染、能够可持续发展的新时代。目前,“光电玻璃幕墙制品”在一些发达国家得到广泛应用,这是一种将太阳能转化硅片密封在双层钢化玻璃中,安全地将太阳能转化为电能的新型生态建材。美国的“光伏建筑计划”、欧洲的“百万屋顶光伏计划”等都体现出了发达国家发展光伏产业的决心。我国已开展的“光明工程”也在建筑领域掀起了节能环保生态建材开发和应用的热潮,极大促进了光伏产业的繁荣。经过了几十年的发展,光伏产业已经达到 20%以上的年平均增长率,在全球所有能源技术的发展中遥遥领先。然而,由于种种原因,当前太阳能电池为全球能源供给所做的贡献还很弱,能源消费结构仍然没有改变。完善现有光伏技术、树立可持续发展理念、革新能源消费体系迫在眉睫。我们相信，随着光伏技术的不断发展，人们能够逐渐摆脱对化石能源的依赖，最终建设一个绿色环保的、可持续发展的、人与自然和谐共处的新世界。

1.2 光伏电池的分类

光伏电池的研究历史可以追溯到1883年，科学家Charles Fritts利用硒半导体材料制备出了世界上第一个光伏电池，但该器件的光电转化效率仅有1%。此后，直到20世纪50年代，贝尔实验室开发出了首个具备实际应用价值的硅光伏电池。经过大半个世纪的大力推广与发展，硅光伏电池已广泛出现在人们的日常生活中，包括军事、建筑、交通等诸多领域。但是，目前光伏电池技术还囿于成本高、能耗高、污染严重等问题，因此，人们对高效、廉价、环保的新型光伏电池技术的研发和探索从未停歇，具有发展潜力的新兴光伏电池技术也不断涌现。截至目前，光伏电池的发展历程可总体归纳为第一代晶体硅光伏电池(包括单晶硅电池和多晶硅电池)、第二代薄膜光伏电池(包括非晶硅薄膜电池和化合物半导体薄膜电池)以及第三代新型光伏电池(主要包括有机聚合物薄膜光伏电池、染料敏化光伏电池和钙钛矿光伏电池)三个阶段。经过多年的研发，各类光伏电池的光电转化效率都得到了极大提升，美国国家可再生能源实验室(NREL)详细统计了经认证的各类光伏电池的光电转化效率的发展趋势，如图1.4所示。

1.2.1 硅基光伏电池

硅基光伏电池是发展最早也是目前市场上应用最广泛的光伏电池，按照材料的不同可分为单晶硅、多晶硅与非晶硅光伏电池三类，如图1.5所示。

单晶硅光伏电池于1954年诞生于贝尔实验室，其结构与制备工艺经过半个多世纪的发展与改进已逐渐成熟。单结非聚光单晶硅光伏电池经过NREL认证最高光电转化效率已达26.1%，其效率在光伏电池中一直遥遥领先。但是，作为原材料的单晶硅棒的纯度需要达到5N级别(99.999%)，提取难度大、能耗高、工艺过程复杂使单晶硅光伏电池的生产成本一直居高不下。因此，单晶硅光伏电池多应用于航天及军事领域。

多晶硅光伏电池中的多晶硅薄膜由许多大小不等、晶面取向不同的小晶粒构成，原材料来源于冶金级的硅材料、含有单晶颗粒的聚集体和废次的单晶硅材料，随后采用熔化浇注工艺制备而成。相比较而言，在多晶硅光伏电池的生产中，能耗和成本大幅降低，而且效率仅略有下降(NREL认证的最高效率为22.3%)。

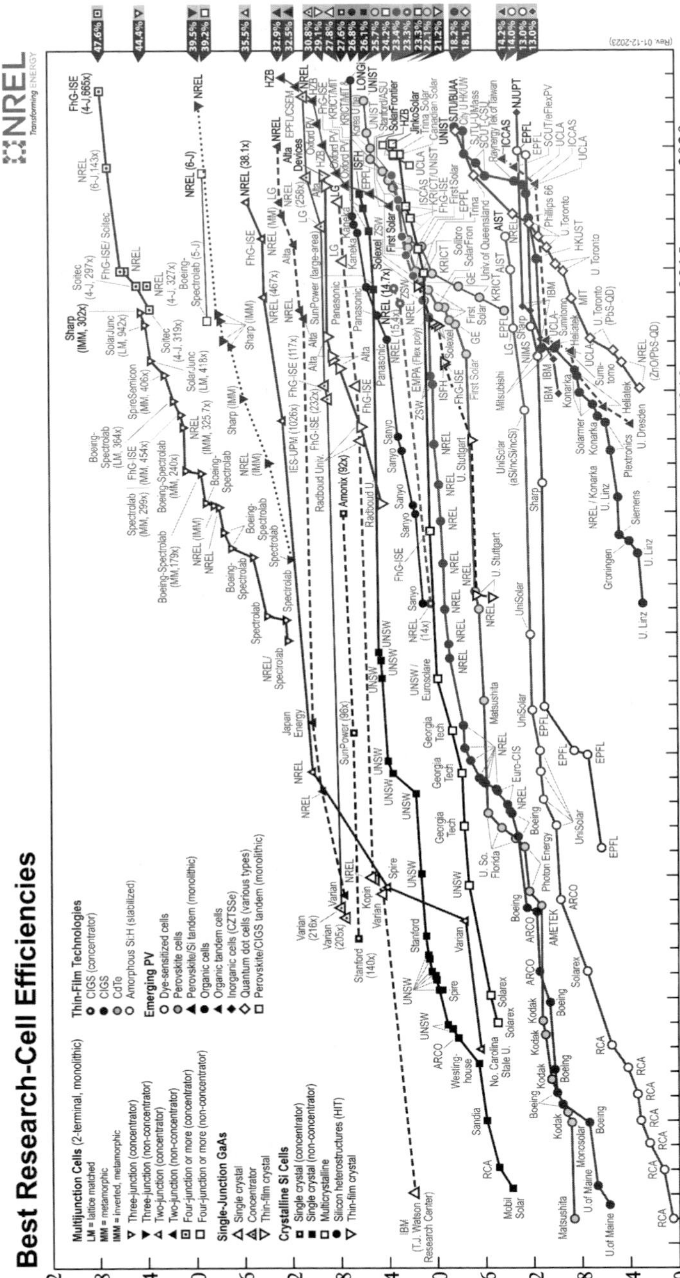

图 1.4　NREL 统计的经认证的各类光伏电池的光电转化效率的发展趋势

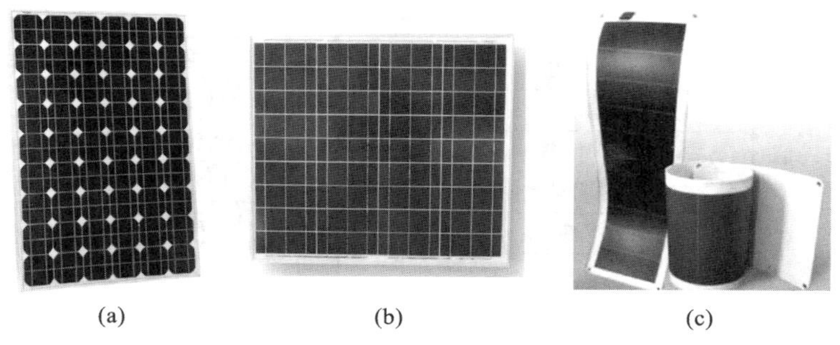

(a) (b) (c)

图 1.5 (a)单晶硅光伏电池;(b)多晶硅光伏电池;(c)非晶硅光伏电池

自 1976 年美国的 Carlson 和 Wronski 制备出第一个非晶硅光伏电池以来,非晶硅光伏电池逐渐成为世界各国光伏领域的研究热点[3]。单晶硅和多晶硅都是非直接带隙半导体且光吸收系数较低,而作为直接带隙半导体的非晶硅却拥有较高的光吸收系数,只需很薄的一层非晶硅材料就能高效利用太阳光。另外非晶硅薄膜具有原材料来源广、反应温度低、可耐 200 ℃的温度等特点,这使得其在工艺复杂性以及制备成本等方面也颇有优势。全世界范围内涌现了许多以非晶硅光伏电池为主要产品的企业或企业分支,其中美国 CHRONAR 公司不仅建立了生产线,满足了自身需求,还筹建了 6 条兆瓦级生产线向国外输出。我国也出现了许多包括拓日新能、赣能股份等在内的涉及非晶硅光伏电池的上市公司。据统计,20 世纪 80 年代中期,世界上光伏电池的总销售量中非晶硅光伏电池已占了 40%[4]。发展至今,非晶硅光伏电池经 NREL 认证最高效率为 23.3%。若能够进一步提升光电转化效率并解决目前还存在的电池稳定性较差等问题,那么非晶硅光伏电池无疑将成为太阳能电池中的主要产品之一。

1.2.2 化合物半导体薄膜光伏电池

化合物半导体薄膜光伏电池是一种具有新型结构的器件,具有转化效率高、节省原材料、衬底成本低、性能稳定等优点,近年来得到迅猛发展并逐步走向应用。常见化合物半导体薄膜光伏电池主要包括碲化镉(CdTe)薄膜光伏电池、铜铟硒(CIS)薄膜光伏电池、铜铟镓硒(CIGS)薄膜光伏电池和铜锌锡硫(CZTS)薄膜光伏电池四类[5],如图 1.6 所示。

碲化镉为直接带隙半导体材料,具备理想的禁带宽度(1.45 eV),光谱响应与太阳光谱非常匹配,且转化效率高,电池性能稳定。世界上第一个碲化镉薄膜光伏电池由 RCA 实验室用 CdTe 单晶镀 In 的合金制得,效率仅为 2.1%。20 世纪 80 年代初,Kodak 实验室将电池效率优化到了 10%。如今,经 NREL

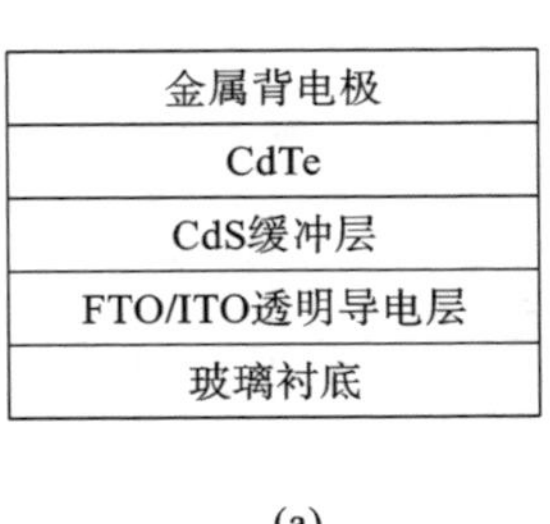

(a)

Al/Ni Al/Ni
ZnO：Al透明导电层
i-ZnO窗口层
CdS缓冲层
$CuInSe_2$(CIS)
Mo背电极
玻璃衬底

(b)

Al/Ni Al/Ni
ZnO：Al透明导电层
i-ZnO窗口层
CdS缓冲层
$CuInGaSe_2$(CIGS)
Mo背电极
玻璃衬底

(c)

Al/Ni Al/Ni
ZnO：Al透明导电层
i-ZnO窗口层
CdS缓冲层
Cu_2ZnSnS_4(CZTS)
Mo背电极
玻璃衬底

(d)

图 1.6　化合物半导体薄膜光伏电池结构图：(a)CdTe 薄膜光伏电池；(b)CIS 薄膜光伏电池；(c)CIGS 薄膜光伏电池；(d)CZTS 薄膜光伏电池

认证的最高效率已达 22.1%。该电池在大面积应用中也展现了良好的市场前景，但碲化镉薄膜光伏电池仍存在含重金属元素等问题。

$CuInSe_2$也是直接带隙半导体材料，禁带宽度(1.0 eV)小，也能匹配太阳光谱，且器件性能稳定，没有光致衰减效应。1974 年，美国贝尔实验室首次开发出单晶 CIS 薄膜光伏电池[6]。近年来各国研究人员在 CIS 薄膜制备上取得了显著进展[7-10]。但 CIS 薄膜光伏电池也存在着转化效率低、含重金属等问题。

CIGS 薄膜光伏电池与 CIS 薄膜光伏电池几乎同时出现，并具有禁带宽度可调(1.04～1.7 eV)、光谱吸收范围广、光吸收系数高、电池性能稳定、没有光致衰减效应、制造成本低廉、可采用柔性衬底等优点[11]。2008 年，西班牙装机容量为 3.24 MW 的 CIGS 电站建成并成功运行，标志着 CIGS 实现商业应用。目前非聚光 $CuInGaSe_2$ 薄膜光伏电池经认证的最高效率已达 23.4%，展现出良好的发展态势。然而 $CuInGaSe_2$ 薄膜光伏电池仍存在着含稀有元素 In 和 Se 等问题。

继 2010 年 IBM 公司报道 CZTSSe 光伏电池[12]之后，研发不含有毒元素 Se 的 Cu_2ZnSnS_4(CZTS)薄膜光伏电池逐渐成为研究热点。利用地壳中蕴藏的丰富的 Zn、Sn 替代稀有元素 In、Ga 的工艺设计，使电池制造成本降至较低水平，更有利于大规模推广和应用。中国[13,14]、德国[15]、日本[16,17]等很多国家都对 CZTS 薄膜光伏电池进行了深入研究。但目前对 CZTS 薄膜的特性和结晶性能的掌握还不到位，制备工序复杂，器件能量转化效率低、重复率低。

1.2.3 有机聚合物薄膜光伏电池

有机聚合物薄膜光伏电池是一种极具吸引力的光伏电池，具有原材料合成成本低、功能调制简单、可低温制备等优点。有机聚合物薄膜光伏电池的研究最早可以追溯到 20 世纪 50 年代末期[18]。而这一领域研究的重大突破则来自邓青云博士于 1986 年报道的双层结构染料光伏器件[19]，其以酞菁衍生物作为电子给体，四羧基芘衍生物作为电子受体，形成双层异质结结构，但相继开发出的以聚合物 MEH-PPV 作为电子给体、C_{60} 衍生物 PCBM 作为电子受体并通过材料共混制备的本体异质结器件[20,21]，使效率进一步提升至 2.9%[22]。至今，经认证的单节有机聚合物薄膜光伏电池的最高光电转化效率已突破 18.2%。有机聚合物薄膜光伏电池主要分为单层肖特基电池、双层 P-N 异质结电池和体相异质结电池三种，如图 1.7(a)～(c)所示。单层肖特基电池结构简单，只有一层同质单一极性的有机半导体材料内嵌于两电极之间，电荷驱动力来源于 π 轨道能级与功函数较低金属电极之间形成的肖特基势垒或内建电场。在双层 P-N 异质结电池中，给体和受体有机材料分层排列形成平面型给体-受体(D-A)界面，更有利于电荷的收集。体相异质结电池中给体和受体均匀混合成膜，形成网络互穿，D-A 界面广阔分布，极大增加了给体和受体材料的接触界面[23]。如图 1.7(d)所示，经过多年探索，有机聚合物薄膜光伏电池也取得了一定成果，但相比较而言，仍存在着光响应范围窄、载流子迁移率低、光电转化效率较低等问题；另外有机器件稳定性较差，也限制了其实际应用。

1.2.4 染料敏化光伏电池

染料敏化光伏电池(DSSC)于 1991 年由瑞士洛桑联邦理工学院(EPFL)的 Grätzel 教授提出，具有原材料丰富、工艺简单、成本低廉、稳定性较高、对环境友好、可制备柔性器件、易于大规模工业化生产等优点，一问世便受到了研究人员的广泛关注。染料敏化光伏电池如图 1.8 所示。经过几十年的发展，其研究工作在染料、电极、电解质等方面均取得了很大进展。DSSC 经 NREL 认证的最高效率为 13%，效率只有硅基光伏电池的一半左右，但制备成本大约仅有硅基光伏电池的 1/10～1/5，预计每峰瓦的电池成本在 10 元以下，器件使用寿命可达到 15～20 年，并且制备电池所需能耗较低，能源回收周期短，性价比极高，理论发电成本基本与化石燃料的持平，极具发展潜力。但一些问题仍未得到妥善解决，如电解液中存在不可逆反应及液体的挥发和泄漏、染料中含有昂贵且污染环境的钌元素等，阻碍了染料敏化光伏电池的进一步发展。

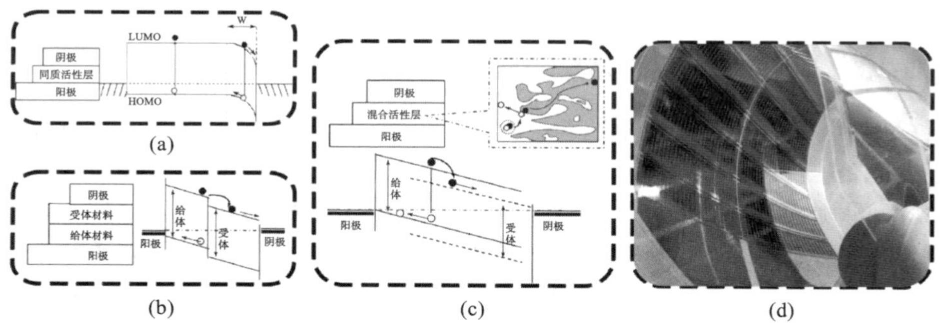

图 1.7　(a)单层肖特基、(b)双层 P-N 异质结以及(c)体相异质结有机聚合物薄膜光伏电池的器件结构及工作原理图[23]；(d)三菱化学与 3M 日本合作研发的半透明有机薄膜光伏电池，可应用于光伏建筑一体化，光电转化效率约为 3%

注：LUMO—最低未占分子轨道；HOMO—最高占据分子轨道。

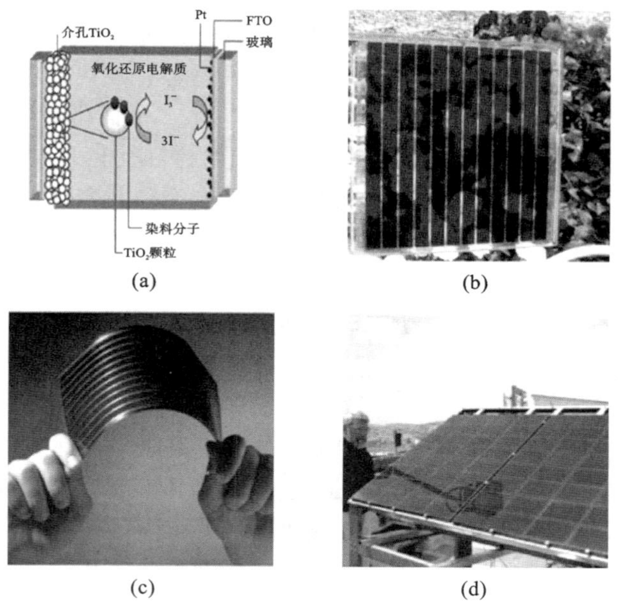

图 1.8　(a)染料敏化光伏电池结构示意图[24]；(b)90 cm^2 透明串联单块 DSSC 模组[24]；(c)Z 向互连“三明治”结构柔性 DSSC 模组；(d)大面积 DSSC 模组

1.2.5 有机-无机杂化钙钛矿光伏电池

有机-无机杂化钙钛矿光伏电池(PSC)由染料敏化光伏电池发展而来,2009年,日本桐荫横滨大学的 Miyasaka 团队首次报道具有钙钛矿晶体结构的 $CH_3NH_3PbI_3$和 $CH_3NH_3PbBr_3$可作为光敏化剂应用于染料敏化光伏电池中,初步获取了 3.8%的光电转化效率[25],但该材料在液态电解质中极不稳定,器件几分钟后就彻底失效。2012 年韩国成均馆大学(SKKU)Park 教授所在课题组将 Spiro-OMeTAD 作为固态空穴传输层引入电池结构,并制备出全固态钙钛矿电池器件,其光电转化效率可达 9.7%,表现出卓越的稳定性[26]。自此以后,钙钛矿光伏电池成了研究热点,在短短的几年时间里,基于有机-无机杂化钙钛矿材料的新型光伏电池效率已从 3.8%跃升至 25.7%,最高效率与发展较为成熟的多晶硅、碲化镉以及铜铟镓硒光伏电池的不相上下。

有机-无机杂化钙钛矿材料作为光吸收层具有直接带隙[27-29]、宽的吸收光谱[30]、高的光吸收系数[31]、禁带宽度可调[32-37]、载流子迁移率高[38,39]等优点,电池制备工艺简单、成本低、可溶液加工,使其与适用于大规模生产的卷对卷技术工艺更加契合。此外,钙钛矿晶体薄膜制备温度低(一般不超过 150 ℃),适用于各类柔性衬底,能够满足人们对电子产品轻、薄、可折叠、可穿戴的需求。钙钛矿电池属于全固态电池,不需要液体电解质,所以也不用像染料敏化光伏电池那样担心因电解质泄漏而导致污染的问题。与有机材料相比,有机-无机杂化钙钛矿材料具有更高的稳定性。综上所述,有机-无机杂化钙钛矿光伏电池具有非常光明的产业化前景,是现有商用光伏电池的有力竞争者。

目前这种有机-无机杂化钙钛矿光伏电池也存在着许多急需解决的问题,比如材料含铅污染环境、对湿度敏感、高温稳定性低、难以大面积制备等。有机-无机杂化钙钛矿光伏电池的发展尚处于研发阶段,在初期遇到各种挑战也十分正常。由于其具有显著提升的能量转化效率,越来越多的研究人员致力于此,深入研究材料特性及电池相关机理,在后期必能够找到适当的改进措施以解决当前的问题。

1.3 钙钛矿光伏电池介绍

1.3.1 钙钛矿材料的特性及电池的工作原理

钙钛矿材料是一种典型的规整长程有序晶体材料,分子结构式为 ABX_3。如图 1.9 所示,A、B、X 三种分子通过化学键连接成了一种面心-体心四方的晶格结构，与 $CaTiO_3$ 的相同，故称为钙钛矿材料，其分为无机和有机-无机杂化钙钛矿材料两大类。无机钙钛矿材料主要包含氧化物型（A：Ca^{2+}，Ba^{2+}，Sr^{2+}，Mg^{2+} 等；B：Ti^{4+}，Si^{4+} 等；X：O^{2-}）和卤族化合物型（A：Na^{+}，K^{+}，Rb^{+}，Cs^{+}，Li^{+} 等；B：Ca^{2+}，Mg^{2+}，Ba^{2+}，Sn^{2+}，Zn^{2+}，Ge^{2+}，Pb^{2+}，Be^{2+}，Sr^{2+} 等；X：I^{-}，Br^{-}，Cl^{-}，F^{-} 等）两类。有机-无机杂化钙钛矿材料与无机钙钛矿材料的分子式和结构基本相同。但 A 一般由有机物质代替，如 $CH_3NH_3^{+}$、$CH_3CH_2NH_3^{+}$、$NH_2CH{=}NH_2^{+}$，B 一般是 Pb^{2+}、Sn^{2+}，X 通常是 I^{-}、Br^{-}、Cl^{-}。通常采用有机-无机杂化钙钛矿材料作为光敏层来制备钙钛矿光伏电池。

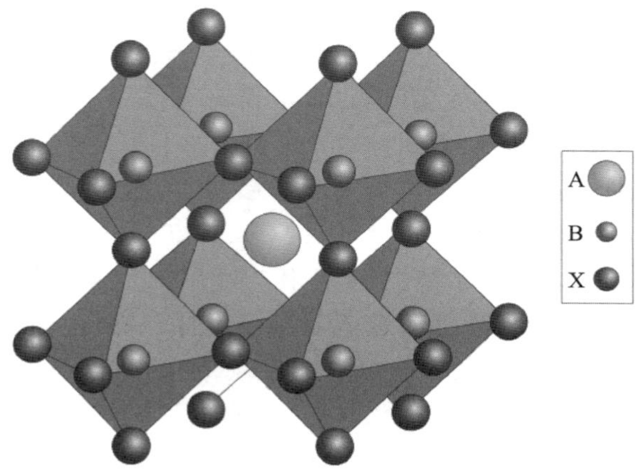

图 1.9　钙钛矿材料晶体结构图[27]

与一般的有机半导体光敏材料（共轭聚合物、染料等）相比，有机-无机卤化物钙钛矿材料表现出优异的电学性质和光学特性，主要分为以下几点。第一，激子束缚能小。有机-无机杂化钙钛矿材料的激子结合能非常小，例如 $CH_3NH_3PbI_3$ 的激子束缚能仅有（19±3）meV[29]，室温下即可实现光生激子的解离，形成自由载流子。而有机半导体材料的激子束缚能一般大于 250 meV[40]，激子若想有效分离还需借助给体和受体的 LUMO 能级之差作为驱动力。第二，激子玻尔半径大。$CH_3NH_3PbI_3$ 与 $CH_3NH_3PbBr_3$ 的激子玻尔半径分别为 22 Å 和 20 Å，是有机半导体材料的激子玻尔半径的 20 倍左右。第三，介电常数大。$CH_3NH_3PbI_3$ 与 $CH_3NH_3PbBr_3$ 的介电常数分别是 6.4 和 4.8，而有机半导体材料的介电常数相对较小（一般为 2～4）。第四，载流子扩散速度快，扩散距离长[41-43]。在 $CH_3NH_3PbI_3$ 中，电子和空穴迁移率分别可以达到 7.5 $cm^2 \cdot V^{-1} \cdot s^{-1}$ 和 12.5～66 $cm^2 \cdot V^{-1} \cdot s^{-1}$，扩散长度可达 100 nm，掺氯之后其扩散长度可延伸至 1 μm，远大于激子在有机半导体材料中的扩散长度（10 nm 左右）。第五，吸收光谱范围广，光吸收系数高。$CH_3NH_3PbI_3$ 的禁带宽度为 1.55 eV，吸收边界截止于 800 nm，对整个紫外-可见光区域都有较好的光吸收。同时 $CH_3NH_3PbI_3$ 薄膜在 360 nm 处的光吸收系数高达 $4.3\times10^5\ cm^{-1}$，远远高于有机半导体材料对应的光吸收系数（约 $10^3\ cm^{-1}$）。钙钛矿薄膜厚度超过 100 nm 即可较好地吸收太阳光谱，无机半导体材料则至少需要 100 μm 的厚度才可满足光吸收的要求。

钙钛矿光伏电池主要由光吸收层、电子传输层、空穴传输层、电池阴极和阳极组成，典型器件结构如图 1.10(a)所示，基本的光电转化过程（见图 1.10(b)）如下。

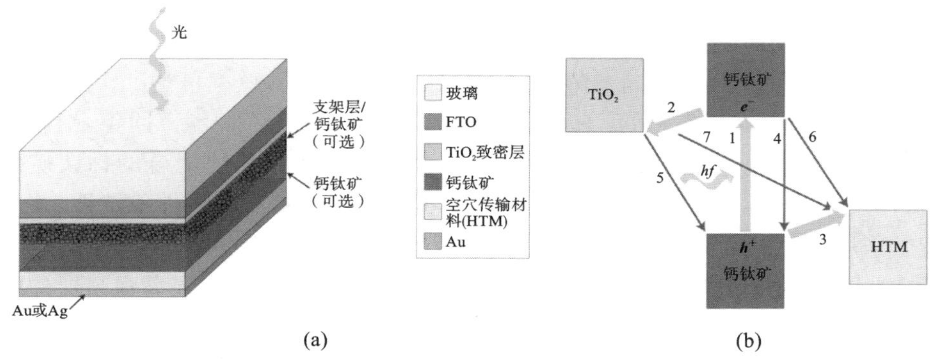

图 1.10　钙钛矿光伏电池的(a)典型器件结构图和(b)基本的光电转化过程图（过程 1 为激子的产生，过程 2、3 为激子的分离，过程 4、5、6、7 为光生载流子的复合）

(1)激子的产生：光照下，能量高于带隙的光子将价带上的电子激发至导带，并产生空穴。电子与空穴通过库仑力结合，这样的电子-空穴对称为激子。

(2)激子的扩散：激子产生后，会进行扩散。由于激子在钙钛矿光吸收层中的扩散距离比较长（一般大于 100 nm），而钙钛矿光吸收层的厚度也只有几百纳米，故激子可较为容易地扩散至钙钛矿光吸收层与电子传输层或空穴传输层间的界面处。

(3)激子的分离与自由载流子的产生：激子扩散到钙钛矿光吸收层与电子传输层或空穴传输层间的界面处，将会形成自由的电子和空穴。当各功能层能级相匹配时，光生电子将会注入电子传输层的导带，同时，光生空穴会注入空穴传输层的价带。

(4)自由载流子的传输：激子分离后，自由的电子和空穴会分别沿着电子传输层和空穴传输层传输，并最后分别到达电池的两极。

(5)自由载流子的收集与电流的产生：电子和空穴到达电极后分别被阴极和阳极收集，由此便形成了光电流和光电压。

(6)光生载流子的复合：光生载流子在电池各功能层的界面处会发生各种类型的复合反应。

1.3.2 钙钛矿光伏电池的发展历程

2009年，日本科学家Miyasaka等人首次将有机-无机杂化钙钛矿材料$CH_3NH_3PbI_3$和$CH_3NH_3PbBr_3$作为光敏化剂应用到染料敏化光伏电池中，由于钙钛矿吸光层在液态电解质中稳定性低，因此仅取得了3.8%左右的光电转化效率。此后通过进一步优化TiO_2光阳极介孔薄膜的厚度，电池的效率提升至了6.54%，并展现了钙钛矿材料高消光系数以及宽吸收光谱的性能特点[44]。2012年韩国成均馆大学的Park等人首次将固态空穴传输材料Spiro-OMeTAD引入钙钛矿光伏电池中，制备出全固态钙钛矿电池器件，效率可达9.7%，并在未封装的500 h内，器件效率衰减很小，表现出卓越的稳定性[26]。同年，牛津大学Snaith等人提出将Cl元素引入钙钛矿，所得到的多卤化物混合的钙钛矿材料($CH_3NH_3PbI_{3-x}Cl_x$)拥有更长的载流子传输距离与更高的器件稳定性，并比较了采用Al_2O_3和TiO_2两种介孔支架所制备电池的性能差异，效率最高达到了10.9%[41]。进一步研究发现，减小钙钛矿电池介孔层的厚度可显著提高器件的光电转化效率，获得了12.3%的效率[45]，为平面异质结钙钛矿电池的出现提供了可能。2013年5月，瑞士洛桑联邦理工学院的Grätzel教授首次提出采用两步法的工艺制备钙钛矿活性层，大大提高了电池性能的可重复性，并将器件的效率提升至14.1%[46]。

2013年7月，Snaith教授课题组提出采用双源热蒸发工艺制备钙钛矿层，并首次报道光电转化效率高达15.4%的平面异质结钙钛矿电池[47]。2014年5月，韩国化学技术研究所(KRICT)首次提出溶剂工程的钙钛矿薄膜制备工艺，并将电池的效率提升至16.2%[48]，拉开了高质量钙钛矿薄膜制备的序幕。2014年8月，加州大学洛杉矶分校(UCLA)的Yang教授利用聚乙氧基乙烯亚胺(PEIE)修饰ITO并采用Y掺杂的TiO_2作为电子传输层，得到的钙钛矿电池效率最高可达19.3%[49]。2015年，韩国KRICT的Seok教授课题组提出了一种分子内自交换的理论，并将其用于高质量钙钛矿薄膜$FAPbI_3$的制备，所制备电池的效率高达20.2%[50]。2016年，Grätzel教授课题组报道了一种可用于大面积制备真空闪蒸的钙钛矿薄膜的工艺，所制备薄膜光滑、平整、结晶度高，并取得了20.5%的光电转化效率[51]。2017年，韩国KRICT与蔚山科技大学(UNIST)合作，通过对碘离子的调控将器件效率提升至22.1%[52]。2019年，中国科学院半导体研究所(ISCAS)的游经碧研究员的团队将单节钙钛矿光伏电池的效率记录刷新至23.7%。截至目前，钙钛矿光伏电池经NREL认证的最高效率已达 25.7%，与发展较为成熟的多晶硅、碲化镉以及铜铟镓硒光伏电池的不相上下。

总体来看，钙钛矿光伏电池取得了突飞猛进的进展，如图 1.11 所示，具有广阔的发展前景，给能源问题解决带来新的思路。

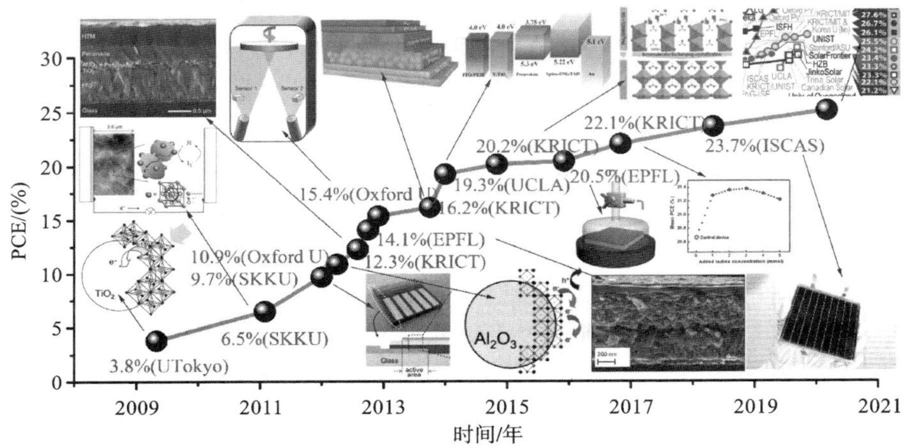

图 1.11　钙钛矿光伏电池光电转化效率发展趋势图

注：UTokyo—日本东京大学；Oxford U—英国牛津大学。

1.3.3　钙钛矿光伏电池的组成结构

钙钛矿光伏电池根据电池结构的不同可大致分为介孔结构和平面异质结结构两种类型。按照电荷传输方向的不同，平面异质结结构的钙钛矿光伏电池又可分为正式结构和反式结构电池，如图 1.12 所示。

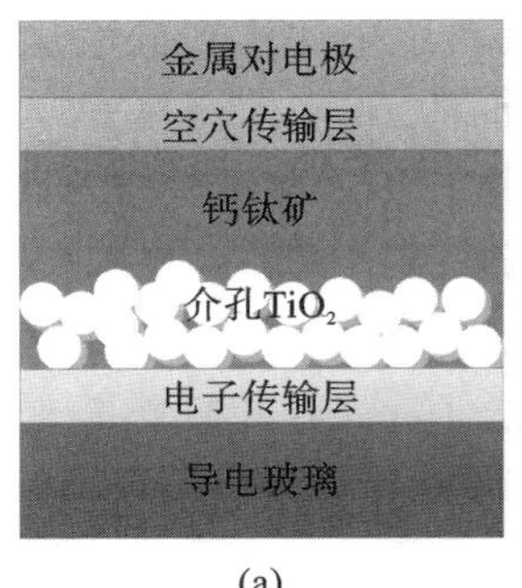

(a)

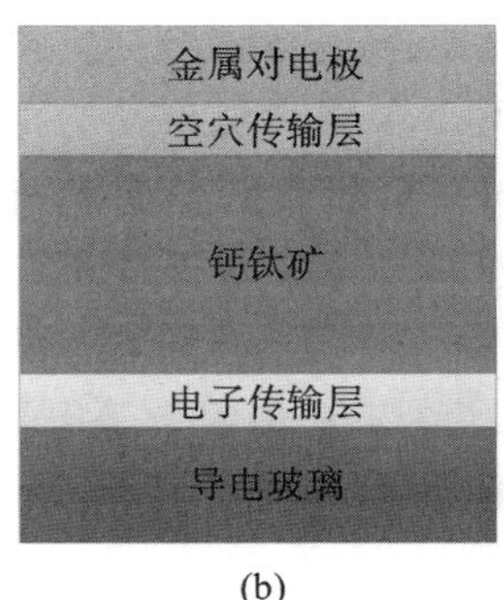

(b)

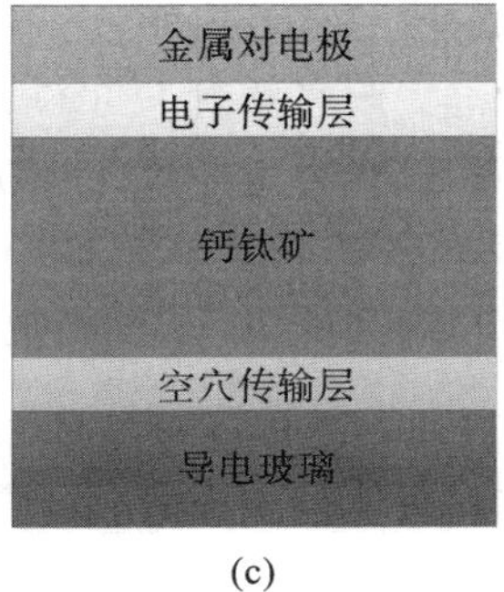

(c)

图 1.12　(a)正式介孔型钙钛矿光伏电池；(b)正式平板型钙钛矿光伏电池；(c)反式平板型钙钛矿光伏电池[56]

介孔结构的钙钛矿光伏电池由染料敏化光伏电池演化而来，最早由日本科学家 Miyasaka 教授提出[25]，随后韩国成均馆大学的 Park 等人将固态空穴传输材料 Spiro-OMeTAD 代替可使钙钛矿分解的液态有机电解质[26]，从而实现了钙钛矿的高效利用。然后研发出了目前最为流行的介孔结构的钙钛矿光伏电池，其主要包括 TiO_2 致密层、介孔层、钙钛矿层、空穴传输层及对电极层五层。随着工艺手段的不断发展，各功能层均取得很大进步，截至 2022 年经权威机构认证的介孔型钙钛矿光伏电池的最高光电转化效率已达 25.7%，在当前钙钛矿光伏电池中效率最高。

2013 年牛津大学 Snaith 等人首次提出平面异质结结构的钙钛矿光伏电池，其效率只有 4.9%[45]。通常正式结构电池的结构顺序为 FTO/ETL/钙钛矿/HTL/Au，光生电子穿过 ETL 被 FTO 收集，光生空穴穿过 HTL 被金属电极收集；反式结构电池中 ETL 与 HTL 的顺序对换，光生电子最终由金属电极收集，光生空穴最终由 FTO 收集。与介孔型电池相比，平板型电池的工艺过程更加简洁。Snaith 教授课题组采用双源热蒸发工艺在平板型光阳极上沉积 $CH_3NH_3PbI_{3-x}Cl_x$ 薄膜，制备了效率高达 15.4%的正式平板型电池[47]。经过多年的优化，正式平板型钙钛矿光伏电池的最高效率已超过 23.32%[53]。平板型钙钛矿光伏电池中的反式结构在 2013 年被首次提出，空穴受体采用的是含聚噻吩导电高分子的导电聚合物 PEDOT:PSS，电子受体采用的是富勒烯 C_{60} 衍生物，电池效率最初也只有 3.9%[54]。但随着工艺水平的不断提高，时至今日，效率已突破 21.51%[55]。

1.3.4 钙钛矿光伏电池的评价体系

太阳能电池将光能直接转化为电能，评价其转化能力的主要参数有光电转化效率(PCE)和外量子效率(EQE)两种。光电转化效率用来评价光伏电池在标准太阳光照射下($100\ mW/cm^2$)将光能转换为电能的能力，可由测试光照射下的伏安特性曲线计算获得，主要性能指标包括开路电压 V_{OC}、短路电流 J_{SC}、填充因子(FF)和光电转化效率(PCE)，如图 1.13(a)所示。

开路电压 V_{OC}：标准太阳光照射下，电池正、负极处于开路状态时，电池对电极与光阳极间的电势差。反映在 J-V 曲线上是电压轴上的截距，此时光电流趋于零。开路电压与钙钛矿材料带隙和界面接触情况密切相关。

短路电流 J_{SC}：光照射下电池外电路处于短路状态时电流的大小，反映在 J-V 曲线上是电流密度轴上的截距，此时正、负极之间没有压降(V 为零)。钙钛矿光伏电池中，短路电流与钙钛矿材料的光吸收能力、载流子运输能力、界面复合等因素有关。

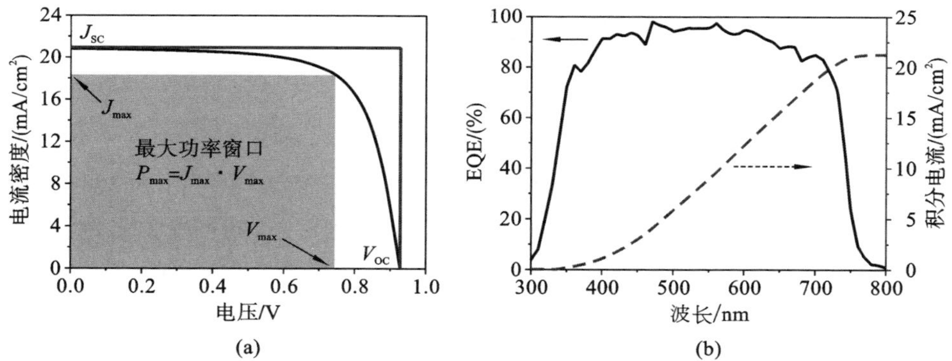

图1.13 钙钛矿光伏电池的典型(a)*J-V*曲线图和(b)EQE谱图

填充因子(FF):电池最大输出功率P_{max}与开路电压V_{OC}和短路电流J_{SC}乘积的比值,即

$$FF=\frac{P_{max}}{V_{OC}\cdot J_{SC}}=\frac{J_{max}\cdot V_{max}}{V_{OC}\cdot J_{SC}} \tag{1.1}$$

式中:P_{max}是电池对外输出的最大功率;J_{max}和V_{max}分别是最大输出功率对应的电流和电压。

FF可以反映电池对外输出功率的能力,是电池重要的品质因子。FF越大说明电池性能越好。在*J-V*曲线上,FF指的是两边为J_{SC}、V_{OC}的大矩形被两边是J_{max}、V_{max}的小矩形所占据的面积比例。FF主要与各功能层的载流子运输能力、界面复合等因素有关。

光电转化效率(PCE):电池最大输出功率P_{max}与太阳光输入功率P_{in}的比值,即

$$PCE=\frac{P_{max}}{P_{in}}=\frac{J_{max}\cdot V_{max}}{P_{in}} \tag{1.2}$$

外量子效率(EQE),也称入射单色光量子转化效率(IPCE),如图1.13(b)所示,可评价电池在单色光照射下入射光子数n_p转化成输出外电路电子数n_e的能力,即

$$EQE=\frac{n_p}{n_e} \tag{1.3}$$

EQE与钙钛矿光敏层的光吸收能力、薄膜质量、缺陷率等因素有关。通过对EQE进行积分,也可计算电池的短路电流,进而验证*J-V*测试中J_{SC}的准确性。

1.4 碳电极钙钛矿光伏电池的介绍

1.4.1 碳电极钙钛矿光伏电池的起源

当前光伏领域中经典而高效的钙钛矿光伏电池对电极大多由金、银等贵金属材料通过热蒸发工艺制备得到，资源浪费严重，能耗高，制备成本高，成本回收周期长。地壳中蕴含丰富且价格低廉的碳。碳的功函为－5.0 eV，与金的功函(－5.1 eV)极为接近。又因其具有优良的导电性和催化活性，为碳取代金等贵金属材料并用于光伏电池对电极提供了可能。1996 年，Kay 和 Grätzel 教授首次报道了一种采用石墨和炭黑作为复合对电极的新型液态单基板染料敏化光伏电池，取得了 6.7%的光电转化效率[57]。随后，研究人员对碳电极染料敏化光伏电池又进行了大量研究[58-60]。2013 年，华中科技大学韩宏伟教授课题组首次提出了一种全印刷型介观碳电极钙钛矿光伏电池，并获得了6.64%的光电转化效率[61]，验证了碳电极材料在钙钛矿光伏器件中的可行性。从此，拉开了碳电极钙钛矿光伏电池研究的序幕。

1.4.2 碳电极钙钛矿光伏电池的分类与发展

碳电极钙钛矿光伏电池按照结构的不同可分为介观碳电极钙钛矿光伏电池与低温印刷型碳电极钙钛矿光伏电池；按照碳对电极的材料又可分为石墨、碳纳米管、石墨烯碳电极钙钛矿光伏电池。对以碳纳米管与石墨烯作为碳电极的钙钛矿光伏电池报道偏少，本小节主要讨论以石墨电极为主的介观碳电极与低温印刷型碳电极钙钛矿光伏电池。

介观碳电极钙钛矿光伏电池最初在 2013 年由华中科技大学韩宏伟教授课题组首次提出，其结构模型图、模组与工艺过程如图 1.14(a)～(c)所示。器件的制备要求在导电玻璃基板上连续印刷介孔氧化钛电子传输层、介孔 ZrO_2 或 Al_2O_3 绝缘层与介孔碳对电极层，钙钛矿光敏层采用滴涂渗透的方式沉积，当时报道的最优转化效率为 6.64%。2014 年，他们将 5-AVA 分子引入钙钛矿材料，得到了较低的缺陷密度与较好的孔隙填充率，从而获得了 12.8%的光电转化效率与 1000 h 的光照稳定性[62]。随后又引入 GuCl[63] 与 LiCl[64] 添加剂，提高了钙钛矿光敏层的结晶质量，将效率进一步提升至 14.35%和 14.5%。目前，其效率已突破 15%，且已实现大面积批量化制备，如图 1.14(d)所示[65]。华中科技大学王鸣魁教授在 ZrO_2 绝缘层与碳电极层之间增加了一层介孔氧化镍作为器件的空穴传输层，能有效促进光生载流子分离、减少复合，效率可达

14.9%[66]。随后又引入三元钙钛矿材料作为光敏层，获得了 17.02%的转化效率[67]。

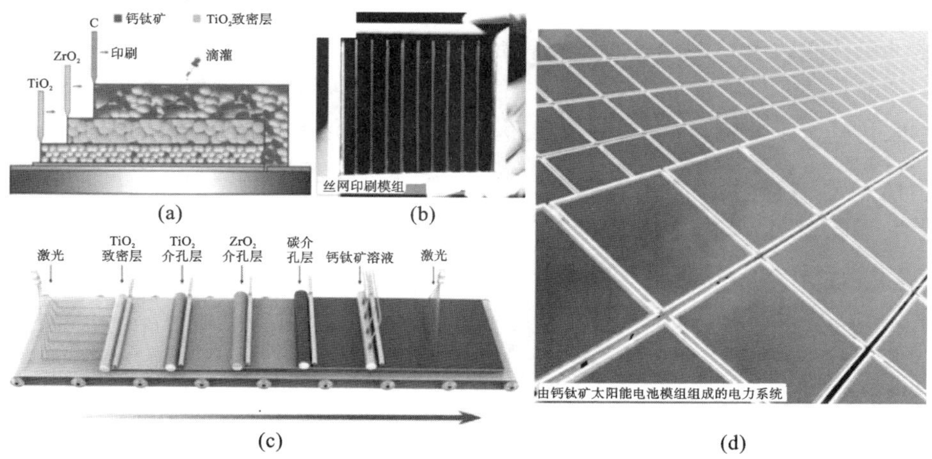

图 1.14　介观碳电极钙钛矿光伏电池的(a)结构模型图、(b)模组、(c)工艺过程与(d)产品示范(万度光能有限责任公司)

与此同时，低温印刷型碳电极钙钛矿光伏电池技术也在不断发展，其结构模型图、能级排布图与制备工艺流程示意图如图 1.15 所示。2014 年 9 月，大连

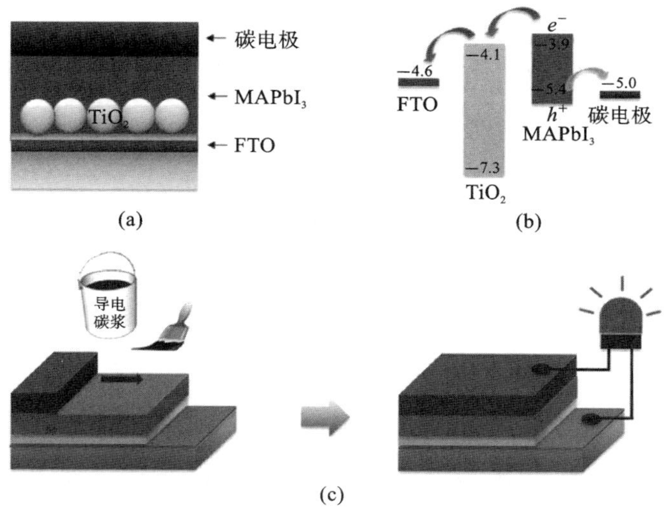

图 1.15　低温印刷型碳电极钙钛矿光伏电池的(a)结构模型图、(b)能级排布图与(c)制备工艺流程示意图

理工大学马廷丽教授团队研发了一种可直接印刷在钙钛矿薄膜上的低温导电碳浆，可有效提取光生空穴，并获得了 9.08%的光电转化效率[68]。2015 年 5 月，中国科学院孟庆波教授课题组通过热压转移碳薄膜到钙钛矿吸收层上，致密的碳薄膜改善了接触界面并有效提升了电池填充因子，使转化效率最终高达 13.53%[69]。2015 年年底，大连理工大学孙立成教授团队将酞菁铜(CuPc)作为空穴传输层引入钙钛矿/碳电极界面处，将光电转化效率提升至 16.1%[70]。截至目前，基于碳电极的钙钛矿光伏电池，最高效率已突破 19.2%[71]，非常接近基于金电极的钙钛矿光伏电池的光电转化效率，展现出了强劲的发展势头。

参考文献

[1] LEWIS N S, NOCERA D G. Powering the planet: chemical challenges in solar energy utilization[J]. Proceedings of the National Academy of Sciences,2006,103(43):15729-15735.

[2] THEKAEKARA M. Solar energy outside the earth's atmosphere [J]. Solar Energy,1973,14(2):109-127.

[3] 徐慢，夏冬林，杨晟，等. 薄膜太阳能电池[J]. 材料导报，2006，20(9):109-111.

[4] 张锐. 薄膜太阳能电池的研究现状与应用介绍[J]. 广州建筑，2007(2):8-10.

[5] 蒋文波. 化合物半导体薄膜太阳能电池研究现状及进展[J]. 西华大学学报（自然科学版），2005，34(3):60-66.

[6] WAGNER S, SHAY J L, MIGLIORATO P. $CuInSe_2$/CdS heterojunction photovoltaic detectors[J]. Applied Physics Letters, 1974, 25(8):434-435.

[7] KAMPMANN A, ABKEN A, LEIMKÜHLER G, et al. A cadmium-free $CuInSe_2$ superstrate solar cell fabricated by electrodeposition using a ITO/In_2Se_3/$CuInSe_2$/Au structure[J]. Progress in Photovoltaics: Research and Applications,1999,7(2):129-135.

[8] POWALLA M, VOORWINDEN G, HARISKOS D, et al. Highly efficient CIS solar cells and modules made by the co-evaporation process[J]. Thin Solid Films,2009,517(7):2111-2114.

[9] AHN S, KIM K, CHO A, et al. $CuInSe_2$ (CIS) thin films prepared from amorphous Cu-In-Se nanoparticle precursors for solar cell application[J].

ACS Applied Materials & Interfaces,2012,4(3):1530-1536.

[10] 徐知之,夏文建,黄文良.铜铟硒(CIS)薄膜太阳电池研究进展[J].真空,2006,43(2):13-17.

[11] WARD J S,RAMANATHAN K,HASOON F S. A 21.5 percent efficient Cu (In, Ga) Se_2 thin-film concentrator solar cell[J]. Progress in Photovoltaics,2002,10(1):41-46.

[12] TODOROV T K,REUTER K B,MITZI D B. High-efficiency solar cell with earth-abundant liquid-processed absorber [J]. Advanced Energy Materials,2010,22(20):E156-E159.

[13] LIU F Y,LI Y,ZHANG K,et al. In situ growth of Cu_2ZnSnS_4 thin films by reactive magnetron co-sputtering[J]. Solar Energy Materials and Solar Cells,2010,94(12):2431-2434.

[14] CHEN S Y,GONG X G,WALSH A,et al. Defect physics of the kesterite thin-film solar cell absorber Cu_2ZnSnS_4[J]. Applied Physics Letters,2010,96(2):021902.

[15] SCHUBERT B A,MARSEN B,CINQUE S,et al. Cu_2ZnSnS_4 thin film solar cells by fast coevaporation[J]. Progress in Photovoltaics:Research and Applications,2011,19(1):93-96.

[16] TANAKA K, FUKUI Y, MORITAKE N, et al. Chemical composition dependence of morphological and optical properties of Cu_2ZnSnS_4 thin films deposited by sol-gel sulfurization and Cu_2ZnSnS_4 thin film solar cell efficiency[J]. Solar Energy Materials & Solar Cells,2011,95(3):838-842.

[17] RAJESHMON V,KARTHA C S,VIJAYAKUMAR K P,et al. Role of precursor solution in controlling the opto-electronic properties of spray pyrolysed Cu_2ZnSnS_4 thin films[J]. Solar Energy,2011,85(2):249-255.

[18] KALLMANN H,POPE M. Photovoltaic effect in organic crystals [J]. The Journal of Chemical Physics,1959,30(2):585-586.

[19] TANG C W. Two-layer organic photovoltaic cell [J]. Applied Physics Letters,1986,48(2):183-185.

[20] SARICIFTCI N S, SMILOWITZ L, HEEGER A J, et al. Photoinduced electron transfer from a conducting polymer to buckminsterfullerene[J]. Science,1992,258(5087):1474-1476.

[21] SARICIFTCI N, BRAUN D, ZHANG C, et al. Semiconducting polymer-buckminsterfullerene heterojunctions: diodes, photodiodes, and

photovoltaic cells[J]. Applied Physics Letters,1993,62(6):585-587.

[22] YU G, GAO J, HUMMELEN J C, et al. Polymer photovoltaic cells: enhanced efficiencies via a network of internal donor-acceptor heterojunctions[J]. Science,1995,270(5243):1789-1791.

[23] 密保秀,高志强,邓先宇,等.基于有机薄膜的太阳能电池材料与器件研究进展[J].中国科学(B辑:化学),2008,38(11):957-975.

[24] TAKEDA Y,KATO N,HIGUCHI K,et al. Monolithically series-interconnected transparent modules of dye-sensitized solar cells[J]. Solar Energy Materials & Solar Cells,2009,93(6-7):808-811.

[25] KOJIMA A,TESHIMA K,SHIRAI Y,et al. Organometal halide perovskites as visible-light sensitizers for photovoltaic cells[J]. Journal of the American Chemical Society,2009,131(17):6050-6051.

[26] KIM H S,LEE C R,IM J H,et al. Lead iodide perovskite sensitized all-solid-state submicron thin film mesoscopic solar cell with efficiency exceeding 9%[J]. Scientific Reports,2012,2(1):1-7.

[27] GREEN M A,HO-BAILLIE A,SNAITH H J. The emergence of perovskite solar cells[J]. Nature Photonics,2014,8(7):506-514.

[28] YIN W J, SHI T T, YAN Y F. Unique properties of halide perovskites as possible origins of the superior solar cell performance[J]. Advanced Materials,2014,26(27):4653-4658.

[29] GRÄTZEL M. The light and shade of perovskite solar cells[J]. Nature Materials,2014,13(9):838-842.

[30] OGOMI Y,MORITA A,TSUKAMOTO S,et al. $CH_3NH_3Sn_xPb_{(1-x)}I_3$ perovskite solar cells covering up to 1060 nm[J]. The Journal of Physical Chemistry Letters,2014,5(6):1004-1011.

[31] KAZIM S, NAZEERUDDIN M K, GRÄTZEL M. Perovskite as light harvester: a game changer in photovoltaics[J]. Angewandte Chemie International Edition,2014,53(11):2812-2824.

[32] EPERON G E, STRANKS S D, MENELAOU C, et al. Formamidinium lead trihalide:a broadly tunable perovskite for efficient planar heterojunction solar cells[J]. Energy & Environmental Science,2014,7(3):982-988.

[33] NOH J H,IM S H,HEO J H,et al. Chemical management for colorful, efficient, and stable inorganic-organic hybrid nanostructured solar

cells[J]. Nano Letters,2013,13(4):1764-1769.

[34] MOSCONI E, AMAT A, NAZEERUDDIN M K, et al. First-principles modeling of mixed halide organometal perovskites for photovoltaic applications [J]. The Journal of Physical Chemistry C, 2013, 117 (27): 13902-13913.

[35] CAO K,CUI J,ZHANG H,et al. Efficient mesoscopic perovskite solar cells based on the $CH_3NH_3PbI_2Br$ light absorber[J]. Journal of Materials Chemistry A,2015,3(17):9116-9122.

[36] ZHU W D, BAO C X, LI F M, et al. An efficient planar-heterojunction solar cell based on wide-bandgap $CH_3NH_3PbI_{2.1}Br_{0.9}$ perovskite film for tandem cell application[J]. Chemical Communications,2016,52:304-307.

[37] HU M,BI C,YUAN Y B,et al. Stabilized wide bandgap $MAPbBr_xI_{3-x}$ perovskite by enhanced grain size and improved crystallinity[J]. Advanced Science,2016,3:1500301.

[38] WEHRENFENNIG C, EPERON G E, JOHNSTON M B, et al. High charge carrier mobilities and lifetimes in organolead trihalide perovskites [J]. Advanced Materials,2013,26(10):1584-1589.

[39] OGA H, SAEKI A, OGOMI Y, et al. Improved understanding of the electronic and energetic landscapes of perovskite solar cells: high local charge carrier mobility, reduced recombination, and extremely shallow traps [J]. Journal of the American Chemical Society,2014,136(39):13818-13825.

[40] LI G,ZHU R,YANG Y. Polymer solar cells[J]. Nature Photonics, 2012,6:153-161.

[41] LEE M M,TEUSCHER J,MIYASAKA T,et al. Efficient hybrid solar cells based on meso-superstructured organometal halide perovskites[J]. Science,2012,338(6107):643-647.

[42] XING G C,MATHEWS N,SUN S Y,et al. Long-range balanced electron-and hole-transport lengths in organic-inorganic $CH_3NH_3PbI_3$ [J]. Science,2013,342(6156):344-347.

[43] STRANKS S D,EPERON G E,GRANCINI G,et al. Electron-hole diffusion lengths exceeding 1 micrometer in an organometal trihalide perovskite absorber[J]. Science,2013,342(6156):341-344.

[44] IM J H, LEE C R, LEE J W, et al. 6.5% efficient perovskite quantum-dot-sensitized solar cell[J]. Nanoscale,2011,3(10):4088-4093.

[45] BALL J M, LEE M M, HEY A, et al. Low-temperature processed meso-superstructured to thin-film perovskite solar cells [J]. Energy & Environmental Science, 2013, 6(6): 1739-1743.

[46] BURSCHKA J, PELLET N, MOON S J, et al. Sequential deposition as a route to high-performance perovskite-sensitized solar cells[J]. Nature, 2013, 499(7458): 316-319.

[47] LIU M Z, JOHNSTON M B, SNAITH H J. Efficient planar heterojunction perovskite solar cells by vapour deposition[J]. Nature, 2013, 501(7467): 395-398.

[48] JEON N J, NOH J H, KIM Y C, et al. Solvent engineering for high-performance inorganic-organic hybrid perovskite solar cells [J]. Nature Materials, 2014, 13(9): 897-903.

[49] ZHOU H P, CHEN Q, LI G, et al. Interface engineering of highly efficient perovskite solar cells[J]. Science, 2014, 345(6196): 542-546.

[50] YANG W S, NOH J H, JEON N J, et al. High-performance photovoltaic perovskite layers fabricated through intramolecular exchange[J]. Science, 2015, 348(6240): 1234-1237.

[51] LI X, BI D Q, YI C Y, et al. A vacuum flash-assisted solution process for high-efficiency large-area perovskite solar cells[J]. Science, 2016, 353(6294): 58-62.

[52] YANG W S, PARK B W, JUNG E H, et al. Iodide management in formamidinium-lead-halide-based perovskite layers for efficient solar cells[J]. Science, 2017, 356(6345): 1376-1379.

[53] JIANG Q, ZHAO Y, ZHANG X W, et al. Surface passivation of perovskite film for efficient solar cells[J]. Nature Photonics, 2019, 13(7): 460-466.

[54] JENG J Y, CHIANG Y F, LEE M H, et al. $CH_3NH_3PbI_3$ perovskite/fullerene planar-heterojunction hybrid solar cells [J]. Advanced Materials, 2013, 25(27): 3727-3732.

[55] LUO D, YANG W, WANG Z, et al. Enhanced photovoltage for inverted planar heterojunction perovskite solar cells [J]. Science, 2018, 360 (6396): 1442-1446.

[56] 徐尧，曾宪伟，张文君，等. 反式 p-i-n 结构钙钛矿太阳能电池[J]. 中国科学：化学，2016，46(4)：342-356.

[57] KAY A, GRÄTZEL M. Low cost photovoltaic modules based on dye sensitized nanocrystalline titanium dioxide and carbon powder[J]. Solar Energy Materials and Solar Cells, 1996, 44(1): 99-117.

[58] LIU G H, LI X, WANG H, et al. An efficient thiolate/disulfide redox couple based dye-sensitized solar cell with a graphene modified mesoscopic carbon counter electrode[J]. Carbon, 2013, 53: 11-18.

[59] LIU G H, WANG H, LI X, et al. A mesoscopic platinized graphite/carbon black counter electrode for a highly efficient monolithic dye-sensitized solar cell[J]. Electrochimica Acta, 2012, 69: 334-339.

[60] HAN H, BACH U, CHENG Y B, et al. A design for monolithic all-solid-state dye-sensitized solar cells with a platinized carbon counterelectrode[J]. Applied Physics Letters, 2009, 94(10): 103102.

[61] KU Z L, RONG Y G, XU M, et al. Full printable processed mesoscopic $CH_3NH_3PbI_3/TiO_2$ heterojunction solar cells with carbon counter electrode[J]. Scientific Reports, 2013, 3(1): 3132.

[62] MEI A, LI X, LIU L F, et al. A hole-conductor-free, fully printable mesoscopic perovskite solar cell with high stability[J]. Science, 2014, 345(6194): 295-298.

[63] HOU X M, HU Y, LIU H W, et al. Effect of guanidinium on mesoscopic perovskite solar cells[J]. Journal of Materials Chemistry A, 2017, 5(1): 73-78.

[64] SHENG Y S, HU Y, MEI A, et al. Enhanced electronic properties in $CH_3NH_3PbI_3$ via LiCl mixing for hole-conductor-free printable perovskite solar cells[J]. Journal of Materials Chemistry A, 2016, 4(42): 16731-16736.

[65] HU Y, SI S, MEI A, et al. Stable large-area (10×10 cm^2) printable mesoscopic perovskite module exceeding 10% efficiency[J]. Solar RRL, 2017, 1(2): 1600019.

[66] XU X B, LIU Z H, ZUO Z X, et al. Hole selective NiO contact for efficient perovskite solar cells with carbon electrode[J]. Nano Letters, 2015, 15(4), 2402-2408.

[67] LIU S S, HUANG W C, LIAO P Z, et al. 17% efficient printable mesoscopic PIN metal oxide framework perovskite solar cells using cesium-containing triple cation perovskite[J]. Journal of Materials Chemistry A, 2017, 5(44): 22952-22958.

[68] ZHOU H W, SHI Y T, DONG Q S, et al. Hole-conductor-free, metal-electrode-free $TiO_2/CH_3NH_3PbI_3$ heterojunction solar cells based on a low-temperature carbon electrode [J]. The Journal of Physical Chemistry Letters, 2014, 5(18): 3241-3246.

[69] WEI H Y, XIAO J Y, YANG Y Y, et al. Free-standing flexible carbon electrode for highly efficient hole-conductor-free perovskite solar cells [J]. Carbon, 2015, 93: 861-868.

[70] ZHANG F G, YANG X C, CHENG M, et al. Boosting the efficiency and the stability of low cost perovskite solar cells by using CuPc nanorods as hole transport material and carbon as counter electrode[J]. Nano Energy, 2016, 20: 108-116.

[71] ZHANG H Y, XIAO J Y, SHI J J, et al. Self-adhesive macroporous carbon electrodes for efficient and stable perovskite solar cells[J]. Advanced Functional Materials, 2018, 28: 1802985.

第 2 章 有机-无机杂化碳电极钙钛矿光伏电池

2.1 无空穴传输层有机-无机杂化碳电极钙钛矿光伏电池

全印刷介观碳电极钙钛矿光伏电池自 2013 年被提出以来，经过光电转化效率的不断优化，已经取得极大提升。其中 TiO_2 光阳极与碳对电极均需在 400 ℃以上经高温烧结获得多孔结构，以利于钙钛矿前驱体溶液的注入与填充，然而高温限制了电池在柔性基底上的制备。随着人们对柔性可穿戴电子器件需求的增加，开发基底可柔性化的低温碳电极钙钛矿光伏电池变得越来越有必要。

本章通过借鉴高温导电碳浆组成成分，改用低温有机载体，提出了一种低温印刷型碳电极制备工艺，并将其作为对电极应用于无空穴传输层钙钛矿光伏电池。本章对电池的制备工艺、测试表征以及性能调控等方面进行了深入探讨。

2.1.1 器件制备

试验中所用到的主要化学试剂、耗材和仪器设备详见附录。低温碳电极钙钛矿光伏电池的制备流程如图 2.1 所示。

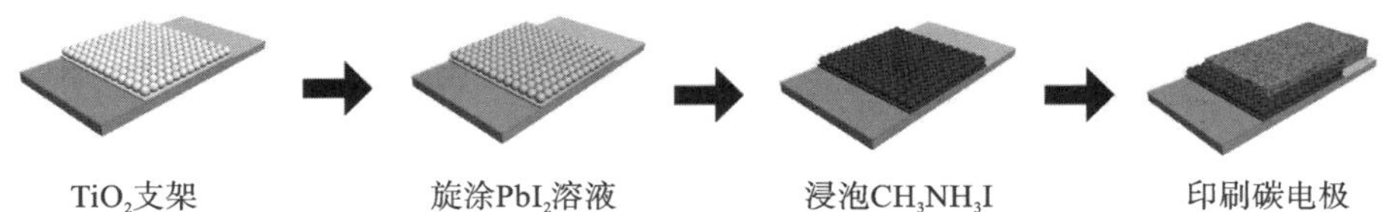

图 2.1 低温碳电极钙钛矿光伏电池的制备流程

(1)导电基底预处理：用玻璃刀将 FTO 导电玻璃裁切成 1.25 cm×2.5 cm 的小块。使用锌粉与 2 mol/L 的稀盐酸(37%的浓盐酸和去离子水按 1∶5 体积比稀释)将 FTO 导电层刻蚀成两部分。将刻蚀后的 FTO 浸泡于加有清洁剂的去离子水中，超声清洗 15 min；取出后，再用去离子水漂洗两次；然后分别采用丙酮和乙醇各超声清洗 15 min;最后用氮气枪吹干备用。清洗后的 FTO 基底在投入使用之前,还需用紫外臭氧清洗机处理 30 min 以进行表面改性。

(2)光阳极制备:在 FTO 表面旋涂 TiO_2 致密层旋涂液,转速为 5000 r/min,时间为 60 s。TiO_2 致密层旋涂液为添加了少量盐酸的弱酸性钛酸异丙酯乙醇溶液(0.254 mol/L)。旋涂后,样品需经 500 ℃退火 30 min。待样品冷却后,在 TiO_2 致密层表面旋涂 TiO_2 介孔层,旋涂仪设为低速 1000 r/min,时间 5 s,高速 5000 r/min,时间 60 s。TiO_2 介孔层旋涂液为商用 TiO_2 浆料用乙醇按照 2∶7 的重量比稀释得到。接着在 125 ℃热板上烘干 5 min,再在 500 ℃石英管式炉里退火 30 min。

(3)钙钛矿薄膜制备:采用传统两步法制备有机-无机杂化钙钛矿薄膜。首先需配制 1.2 mol/L 的 PbI_2(碘化铅)DMF(二甲基甲酰胺)溶液,为促进 PbI_2 的溶解,该溶液需在 60 ℃下加热 12 h。接着在 TiO_2 介孔层表面旋涂 PbI_2 溶液,转速设为 3000 r/min,时间设为 45 s。旋涂之前基底需要在设定为 50 ℃的热板上预热 5 min,用以改善 PbI_2 成膜质量。旋涂后,将样品在 70 ℃下烘干 5 min。之后,将样品先在异丙醇中润湿 1～2 s,再将其浸入 10 mg/mL 的 CH_3NH_3I 异丙醇溶液,浸泡 15 min,使得 PbI_2 充分反应生成 $CH_3NH_3PbI_3$,反应过程中薄膜颜色逐渐从黄色向黑色转变,意味着钙钛矿晶体的不断生成。反应过后,取出样品,再用异丙醇漂洗 1～2 s,去除钙钛矿薄膜表面过量的 CH_3NH_3I。最后在 70 ℃下烘干 5 min,钙钛矿光敏层制备完毕。

(4)印刷碳电极:在钙钛矿层表面直接印刷一层碳浆料,然后在 70 ℃下烘干 15 min。电池制备完成。

以上所有步骤均在大气环境下操作,环境温度约为 25 ℃,相对湿度约为 50%。

其中导电碳浆料的制备过程主要包括以下三个步骤。

(1)称取 1 g 聚醋酸乙烯酯与 0.5 g 乙基纤维素溶解于 15 mL 乙酸乙酯中,50 ℃下磁力搅拌 3 h,使得溶液中的固态颗粒充分溶解,最后得到透明的半流动性溶液。

(2)分别称取 1 g 鳞片石墨 (10 μm)、1 g 炭黑 (40 nm)、2 g 纳米石墨(400 nm/40 nm)、0.5 g ZrO_2(50 nm),混合并倒入球磨罐中,再加入适量锆珠。最后将步骤(1)配制成的半流动性溶液倒入球磨罐中,密封球磨 4 h 即可得到导电碳浆料。

(3)将制备完成的导电碳浆料转移到密封的玻璃罐中备用。

得到的碳浆料可直接印刷在钙钛矿薄膜上,乙酸乙酯作为浆料的有机溶剂不会腐蚀钙钛矿薄膜。同时借助乙酸乙酯沸点低、易挥发的特性,碳浆料在室温下即可印刷成膜。最终制备的碳电极电阻约为 70 Ω/□。导电性可通过调节鳞片石墨、炭黑与纳米石墨三者的比例来优化。

2.1.2 电池结构形貌表征

通过调节碳电极组成成分，制备了四种碳电极薄膜。其中，只含有 10 μm 鳞片石墨与 40 nm 炭黑，并且重量比为 3∶1 的，记为薄膜 A；包含 10 μm 鳞片石墨、40 nm 炭黑和 400 nm 石墨，并且重量比为 1∶1∶2 的，记为薄膜 B；把 400 nm 石墨换成 40 nm 石墨，重量比不变的，记为薄膜 C；包含 10 μm 鳞片石墨、40 nm 炭黑和 40 nm 石墨，重量比为 1∶2∶5 的，记为薄膜 D。碳浆料采用乙酸乙酯作为有机载体，乙酸乙酯沸点低、易挥发，故较低温度下即可实现碳电极的印刷制备。碳电极黏附力强，能够印制在玻璃、金属、柔性塑料薄膜等各类基底上。图 2.2(a)展示的是碳电极印刷在 PET 柔性基底上的照片；图 2.2(b)展示的是低温碳电极钙钛矿光伏电池的样品图。

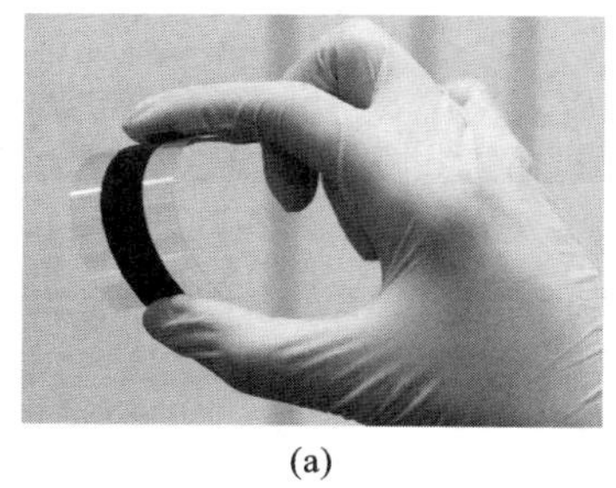

(a)

(b)

图 2.2 (a)碳电极印刷在 PET 柔性基底上和(b)低温碳电极钙钛矿光伏电池的样品图

采用四探针电阻测试仪对四种类型碳电极薄膜的电学特性进行表征，结果如表 2.1 所示。四种类型碳电极薄膜 A、B、C、D 的电阻分别为 17、70、110 和 170 Ω/□。鳞片石墨含量最多的碳电极薄膜电阻最小，导电性最好。相反，鳞片石墨含量越小，碳填料颗粒越小，薄膜电阻越大，导电性越差。大片鳞片石墨能够给电荷转移提供一个主要的传输通道。因此，提高鳞片石墨的含量，可改善碳电极薄膜的导电性。当碳电极中石墨颗粒较小时，颗粒与颗粒的接触界面增多，使电荷传输损耗增加，从而增大了薄膜电阻，降低了导电性。

表 2.1 四种类型碳电极薄膜电阻(厚度约为 100 μm)

类型	10 μm 鳞片石墨质量比	400 nm 石墨质量比	40 nm 石墨质量比	40 nm 炭黑质量比	薄膜电阻 R_{sq}/(Ω/□)
A	50%	0%	0%	17%	17
B	17%	33%	0%	17%	70
C	17%	0%	33%	17%	110
D	8%	0%	42%	17%	170

环境湿度对钙钛矿薄膜的成膜质量非常重要。在高湿度环境下获取平整钙钛矿薄膜极具挑战。如图 2.3 所示，旋涂 PbI_2溶液之前，对基底进行预热，可有效提高钙钛矿薄膜覆盖率，减少薄膜孔洞，避免碳电极与 TiO_2光阳极直接接触。曾有研究表明，预热基底可改善 PbI_2薄膜成膜质量并提高 PbI_2在光阳极中的注入量[1]。关于基底预热温度的优化，这里不做过多讨论。从 $CH_3NH_3PbI_3$ 薄膜的扫描电子显微镜(SEM)图中可以看出，钙钛矿晶粒尺寸约为 1 μm，并呈现较为粗糙的表面结构。

图 2.3　基底在(a)50 ℃、(b)25 ℃两种预热温度下采用两步法制备的 $CH_3NH_3PbI_3$ 薄膜的 SEM 图

如图 2.4 (a)所示，有机-无机杂化 $CH_3NH_3PbI_3$钙钛矿薄膜在可见光波段具有良好的光吸收特性(光密度为 1 对应 90%的光吸收率)。薄膜吸收光谱吸收边缘约为 780 nm，带隙为 1.59 eV，与文献报道的纯碘钙钛矿材料的带隙相吻合。图 2.4(b)是所制备钙钛矿薄膜的能谱图，其中 C、Pb、I 来源于钙钛矿层，Ti 来源于 TiO_2光阳极，Sn 来源于 FTO 导电层，光阳极与 FTO 中均含 O 元素。

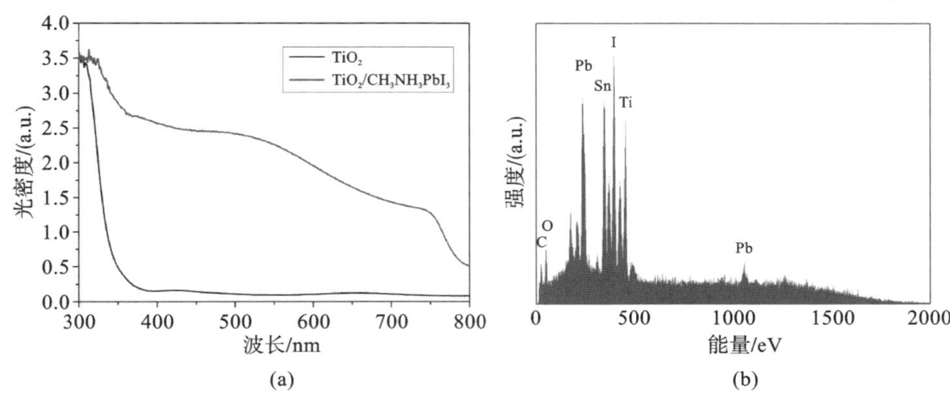

图 2.4　钙钛矿薄膜的(a)紫外-可见光吸收谱图和(b)能谱图

钙钛矿光伏电池各功能层的 X 射线衍射图如图 2.5 所示。FTO 导电基底在 32.06°、33.94°、37.86°与 51.6°处有几个衍射主峰，其中 33.94°、37.86°、51.6°处的衍射峰分别对应 SnO_2 锡石矿的(101)、(200)、(211)晶向。TiO_2 光阳极只在 25.46°处展现了一个明显特征峰，来源于锐钛矿的(101)晶向。PbI_2 在 12.64°、39.6°、41.75°处也有三个特征峰，分别对应(001)、(110)、(111)晶向。PbI_2 薄膜浸入 CH_3NH_3I 异丙醇溶液反应过后，薄膜在 14.01°、19.94°、23.44°、24.46°、28.38°、31.80°、40.46°与 43.06°处有明显衍射峰，分别来源于四方钙钛矿结构的(110)、(112)、(211)、(202)、(220)、(310)、(224)、(314)晶向[2,3]。PbI_2 的特征峰已完全消失，PbI_2 全部转化为 $CH_3NH_3PbI_3$。

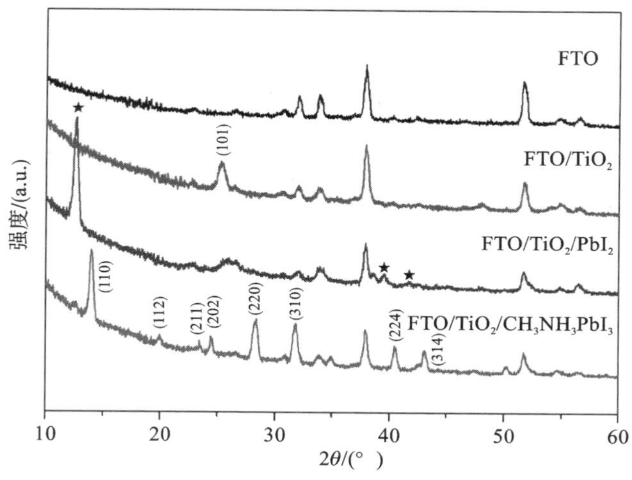

图 2.5　钙钛矿光伏电池各功能层的 X 射线衍射图

钙钛矿光伏电池截面 SEM 图如图 2.6 所示。碳电极薄膜呈现多孔型结构特征，厚度约为 65 μm。碳电极薄膜由片状鳞片石墨和纳米石墨组成。鳞片石墨构成结构框架，纳米石墨填充其中。从高倍截面 SEM 图中可发现，器件各功能层层次鲜明，FTO 导电层、TiO_2 致密层、TiO_2 介孔层与钙钛矿光敏层的厚度分别为 500 nm、40 nm、450 nm 与 500 nm。

光致发光(PL)光谱通常用来表征与钙钛矿薄膜接触的空穴传输材料的载流子的传输能力。$CH_3NH_3PbI_3$ 钙钛矿薄膜制备在石英玻璃基底上，并采用波长为 532 nm 的激光从基底背面激发钙钛矿薄膜。如图 2.7(a)所示，钙钛矿薄膜在 770 nm 处出现了强烈荧光。但印刷了碳电极之后，荧光强度受到明显抑制，证实了电荷从钙钛矿薄膜到碳电极的有效传输，表明碳电极可起到空穴受体的作用[4]。根据碳电极钙钛矿光优电池的能级排布图(见图 2.7(b))，此类异质结可通过内建电场产生的驱动力促进光生载流子分离、传输和注入，最终到达外部电路，驱动负载。

(a) (b)

图 2.6 $CH_3NH_3PbI_3$钙钛矿光伏电池截面 SEM 图

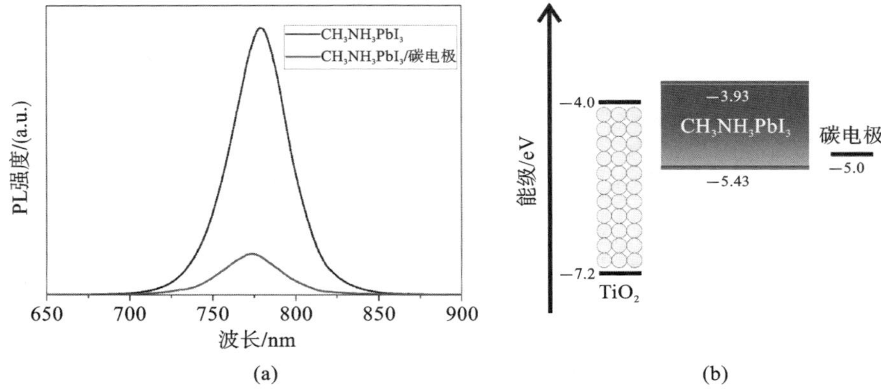

(a) (b)

图 2.7 (a)$CH_3NH_3PbI_3$与$CH_3NH_3PbI_3$/碳电极复合薄膜的稳态 PL 图和(b)碳电极钙钛矿光伏电池的能级分布图

2.1.3 器件光伏特性分析

四种类型碳电极钙钛矿光伏电池的电流密度-电压曲线如图 2.8(a)所示，详细光伏性能参数在表 2.2 中列出。图 2.8(b)为四种类型碳电极钙钛矿光伏电池对应的外量子效率(EQE)曲线，用来进一步验证光伏电池光电流的差异。为消除个体差异影响，试验过程中对不同类型电池性能进行了统计，箱式统计分布结果如图 2.8(c)～(f)所示。碳电极中不含纳米石墨(碳电极 A)电池的短路电流、开路电压、填充因子与光电转化效率的平均值分别为 13.0 mA/cm^2、0.79 V、0.43 与 4.47%。相比较而言，采用碳电极 B 所制备电池的性能有明显提升。短路电流由 13.0 mA/cm^2 提升至 14.9 mA/cm^2，开路电压增大到 0.82 V，最终的光电转化效率也提升至 5.31%。试验采用更细石墨(40 nm)来代替碳电极 B 中的 400 nm 石墨来制成碳电极 C，并应用于器件的制备中。短路电流的平均值进一步提升至 16.8 mA/cm^2，开路电压提升到 0.84 V，即使填充因子并没有发生太大变化，但光电转化效率也提高到了 6.16%，最高可达 6.88%。通过进一步增加碳电极中纳米石墨含量来制成碳电极 D，并将其应用于器件，开路电压进一步提升至 0.87 V，但短路电流及填充因子出现明显下降，尤其是短路电流，平均值降到了 11.0 mA/cm²，导致最终的光电转化效率只有 3.84%。

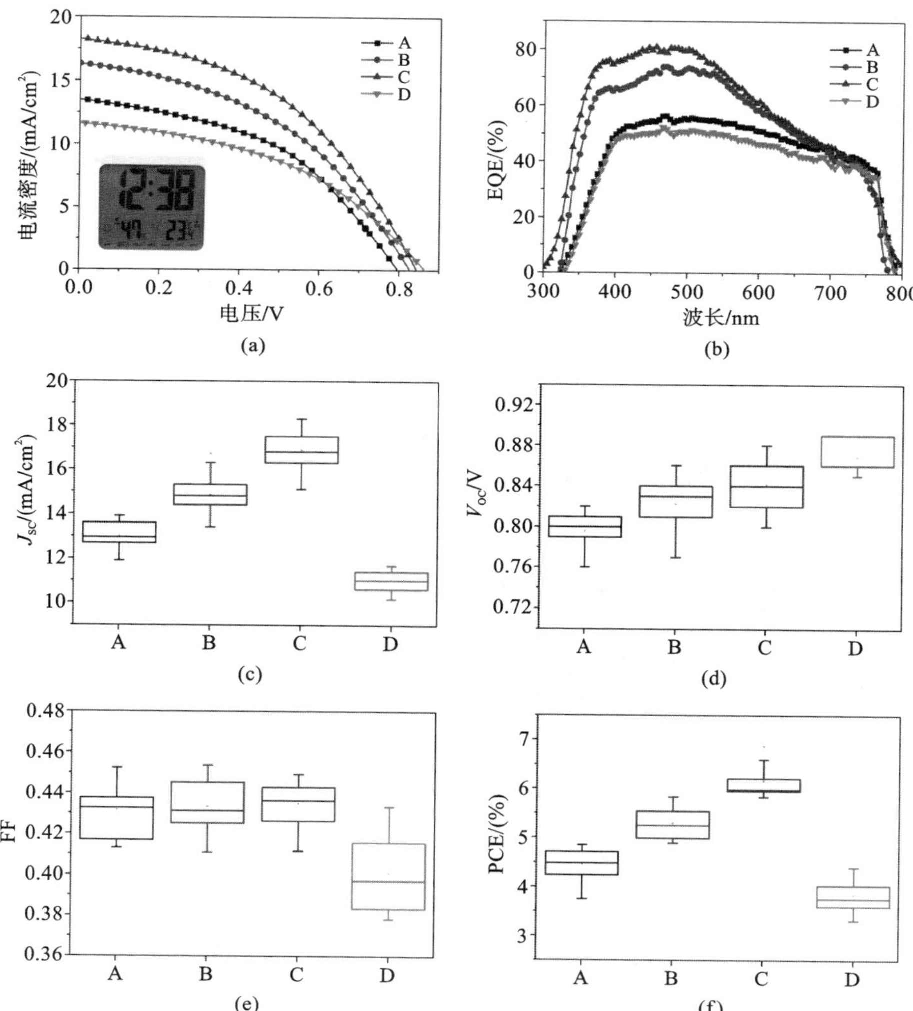

图 2.8　四种类型碳电极钙钛矿光伏电池的(a)电流密度-电压曲线和对应的(b)外量子效率曲线，以及其(c)短路电流、(d)开路电压、(e)填充因子和(f)光电转化效率的箱式统计图(每种类型的碳电极钙钛矿光伏电池单元有 20 个)

表 2.2　四种类型碳电极钙钛矿光伏电池的详细光伏性能参数

电池类型		短路电流/(mA/cm²)	开路电压/V	填充因子	光电转化效率/(%)
A	最佳值	13.5	0.80	0.45	4.85
	平均值	13.0	0.79	0.43	4.47
B	最佳值	16.3	0.83	0.43	5.83
	平均值	14.9	0.82	0.43	5.31
C	最佳值	18.3	0.85	0.44	6.88
	平均值	16.8	0.84	0.43	6.16
D	最佳值	11.7	0.87	0.43	4.40
	平均值	11.0	0.87	0.40	3.84

综上可知，在碳电极中掺入一定量的纳米石墨可提升钙钛矿光伏电池的光电转化性能。但纳米石墨掺入过多，也会对电池性能造成负面影响。如图 2.9 所示，当碳电极中只含有鳞片石墨和炭黑时，碳电极与钙钛矿层接触较差，交界处有很多孔洞，不利于光生载流子的运输和收集。碳电极中添加纳米石墨后，接触界面得到改善，孔洞减少，进而促进了光电转化。但随着碳电极中纳米石墨含量的不断增大，碳电极电阻增大，载流子复合率增大，也会导致器件性能衰退。

图 2.9　四种类型碳电极钙钛矿光伏电池的断面 SEM 图

为验证上述结论并探究载流子在碳电极钙钛矿光伏电池内部的传输过程，进一步展开了电化学阻抗谱的相关测试。测试在暗态下进行，频率范围为 1～10^6 Hz。电池内部载流子传输等效电路图如图 2.10(a)所示，等效电路包含串联电阻 R_s、电荷传输电阻 R_{ct}以及电荷复合电阻 R_{rec}。图 2.10(b)和图 2.10(c)为电池在 0.7～0.9 V 偏压下的奈奎斯特曲线。奈奎斯特曲线包含两个不规则圆弧，包括高频段的小圆弧与低频段的大圆弧。小圆弧与 R_{ct}对应，其大小反映的是碳电极与碳电极/钙钛矿界面处的载流子传输特性；大圆弧与 R_{rec}对应，其大小反映的是功能层界面处载流子复合电阻；串联电阻 R_s 对应的是奈奎斯特曲线与实部的截距。电池的光电转化效率由这三个参数共同影响。图 2.10(d)反映的是电池内部串联电阻与所施加偏压的关系。串联电阻的大小并不随着器件所施加偏压的变化而变化。并且四种类型电池串联电阻的大小与碳电极方阻的大小一致。碳电极 A 具有最佳导电性，故其对应电池的串联电阻最小。图 2.10(e)反映的是电池内部电荷传输电阻与所施加偏压的关系。电荷传输电阻与所施加偏压相关性不大。由于碳电极 A 所对应器件内部接触界面较差以及碳电极 D 所对应器件电极电阻较大，因此这两种电池的电荷传输电阻均比较大。碳电极 B、C 有较好的接触界面，导电性又不错，故电池的电荷传输电阻较小，有利于光生载流子的运输。图 2.10(f)反映的是电池内部电荷复合电阻与所施加偏压的关系。除碳电极 B 所对应器件外，总体上电荷复合电阻会随所施加偏压的增大而减小。碳电极 C、D 所对应器件的电荷复合电阻较大，更有利于抑制光生载流子复合，进而有利于电池开路电压的提升，这也是碳电极 C、D 所对应器件具有较高开路电压的原因。碳电极 C 所对应器件具有较小串联电阻、较小电荷传输电阻和较大电荷复合电阻，三个特征参数综合解释了碳电极 C 所对应器件具有最佳光电转化性能的原因。

稳定性也是评价钙钛矿光伏电池性能的重要指标之一。图 2.11 为碳电极钙钛矿光伏电池在室温未封装下的长期稳定性测试结果。测试样品保存在暗处，环境湿度为 20%左右。整个测试周期中，电池开路电压与填充因子变化较小：开路电压由最初的 0.87 V 下降到 0.83 V，随后基本稳定；填充因子基本保持不变。在测试周期的前 300 个小时内，电池的短路电流呈现缓慢增大趋势，稳定了大约 1300 个小时后，短路电流出现较快速下降。电池的光电转化效率先由最初的 6.21%逐渐上升到 6.80%，然后衰减为 3.72%。短路电流的缓慢增大可能由钙钛矿光敏层的部分重结晶所致，后 700 个小时内电流的快速下降则由钙钛矿材料从空气中吸收水气潮解所致。

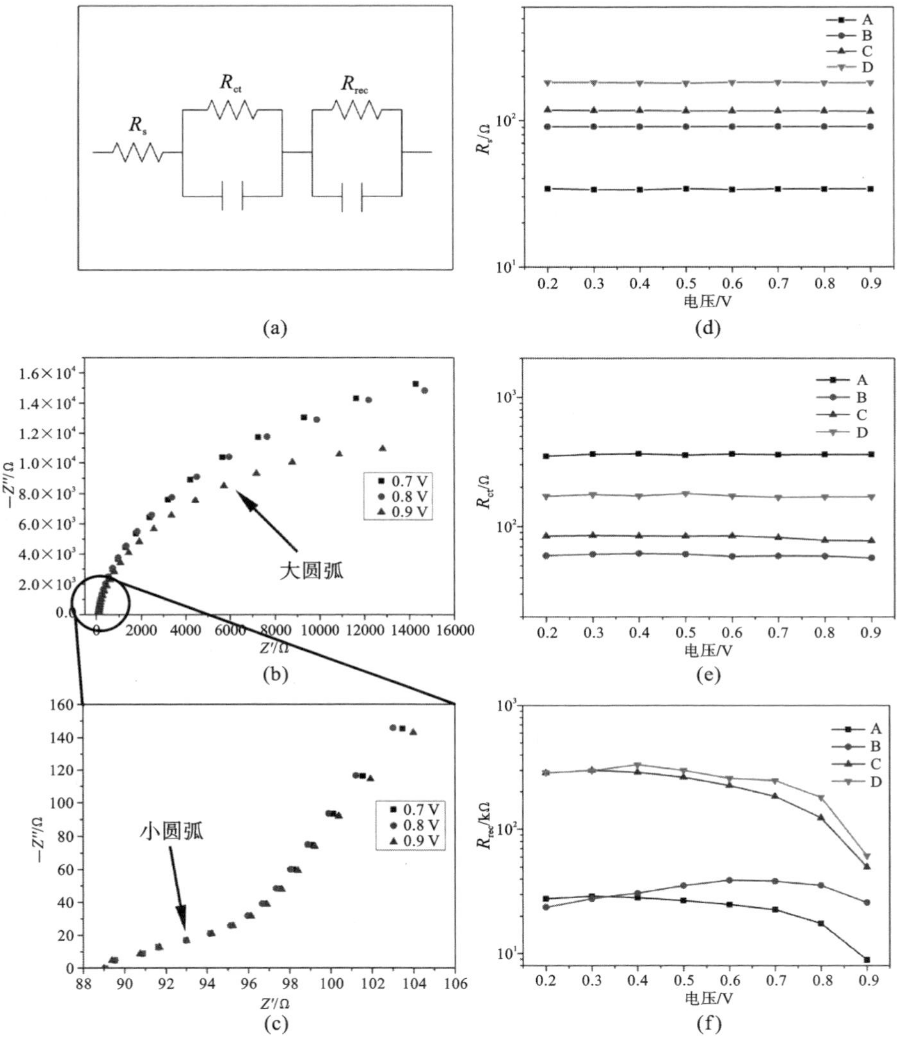

图 2.10　(a)电池内部载流子传输等效电路图;电池在 0.7～0.9 V 偏压下(b)低频段和(c)高频段的奈奎斯特图;不同类型碳电极钙钛矿光伏电池的(d)串联电阻、(e)电荷传输电阻以及(f)电荷复合电阻与所施加偏压的关系图

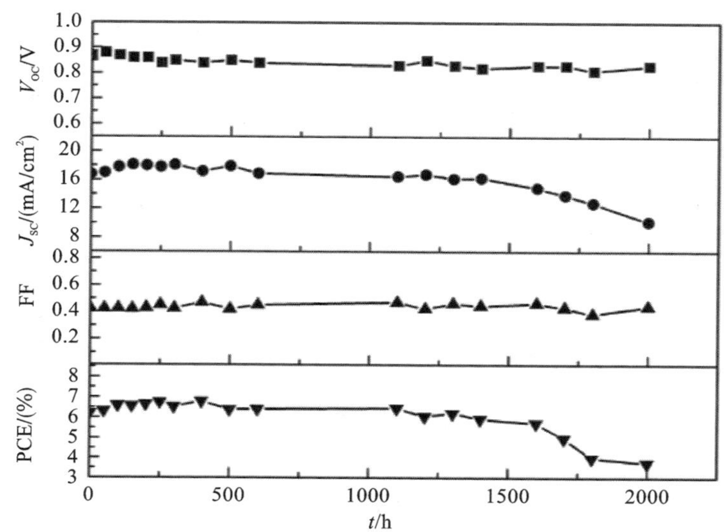

图 2.11　碳电极钙钛矿光伏电池在室温未封装下的长期稳定性测试结果

钙钛矿的潮解过程(见图 2.12(a))及相关反应方程式如下[5,6]：

$$[(CH_3NH_3^+)PbI_3]_n + H_2O \rightleftharpoons (CH_3NH_3^+)_{n-1}(PbI_3)_nH_3O^+ + CH_3NH_2 \tag{2.1}$$

$$(CH_3NH_3^+)_{n-1}(PbI_3)_nH_3O^+ \rightleftharpoons HI + PbI_2 + [(CH_3NH_3^+)PbI_3]_{n-1} + H_2O \tag{2.2}$$

反应中生成的氢碘酸和甲胺沸点分别为－35.4 ℃[7]和－6 ℃[8]。两者在室温下均以气态形式存在。在一个开放的环境中,氢碘酸和甲胺气体的持续流失会促进钙钛矿的分解。根据这个机理,水分子起到了催化作用,其本身的量并不发生变化。因此,只需要很少量的水即可促使钙钛矿潮解。图 2.12(b)是钙钛矿电池老化前后的光学照片对比,老化照片中的黄色部分便是钙钛矿潮解后生成的 PbI_2。与传统金电极钙钛矿光伏电池相比[9-11],碳电极钙钛矿光伏电池具有较优稳定性,主要是因为较厚的碳电极能够形成一个屏障,隔绝水和氧气,对钙钛矿光敏材料有一定程度的保护效果。

2.1.4　小结

本节成功开发了一种可印刷制备的低温碳电极配方,并将其应用在无空穴传输层钙钛矿光伏电池对电极的制备中。碳电极可在简易条件下低温成膜,表现了出色的柔性和导电性。钙钛矿光敏层采用两步法制备,碳电极可直接印刷在钙钛矿薄膜上。研究发现,碳电极的组成成分对电池性能影响较大,碳电极

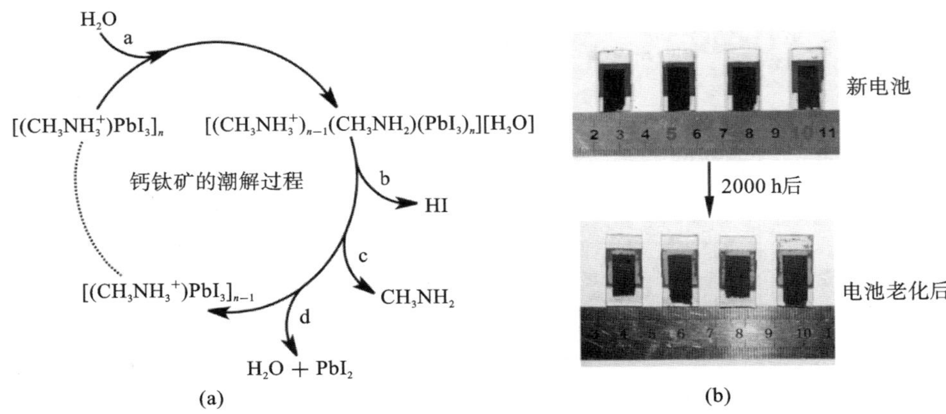

图 2.12 (a)钙钛矿的潮解过程和(b)电池老化前后的光学照片对比

中鳞片石墨与 40 nm 石墨的重量比设为 1∶2 时电池性能最优，并取得了 6.88%的光电转化效率。较厚的碳电极在一定程度上能够保护钙钛矿光敏层，防止其过早发生潮解而失效，故电池在 1300 个小时的测试周期内表现出了优异稳定性。本研究为今后低成本、高效率、柔性钙钛矿光伏电池的研制奠定了基础。

2.2 基于镍掺杂氧化钛电子传输层的碳电极钙钛矿光伏电池

TiO_2因其低成本、高透光率、高物化稳定性及适宜的能级结构等优点而具有极大的优越性，目前是钙钛矿光伏电池中最常用的电子传输层。但是，TiO_2也存在导电性差、载流子迁移率低和内部电荷俘获态密度大等本征缺陷[12,13]，这些缺陷限制了钙钛矿光伏电池光电转化效率的进一步提升。研究人员提出了许多策略来改善这种状况，如元素掺杂[14-16]与界面修饰[17,18]。加州大学洛杉矶分校 Yang 教授采用 Y^{3+} 掺杂的 TiO_2(Y-TiO_2)作为电子传输层[19]。Y^{3+} 掺杂可有效提高 TiO_2的费米能级并降低 TiO_2电子传输层与钙钛矿层之间的界面势垒，从而改善器件内部的电荷传输特性，获得了高达 19.3%的光电转化效率[20]。陕西师范大学刘生忠教授课题组采用 Nb^{5+} 对 TiO_2进行掺杂以改善 TiO_2的电学特性，降低 TiO_2内部缺陷态密度，增大光电子的传输与收集效率，获得了 19.23%的光电转化效率[20]。多伦多大学 Sargent 教授课题组提出了一种全低温 Cl 掺杂 TiO_2策略，可有效抑制 TiO_2电子传输层与钙钛矿层之间的界面复合损失，获得了 20.1%的光电转化效率[21]。此外，K^+、Li^+、Mg^{2+}、Co^{3+}、

Sn^{4+}、石墨烯、碳纳米管等也被用作添加剂对 TiO_2 进行掺杂[22-25]，掺杂后的 TiO_2 获得了更高的载流子传输能力、更少的内部缺陷及更适宜的能级结构，基于此制备的钙钛矿光伏电池也呈现出更佳的性能。对 TiO_2 进行掺杂改性的方式虽然很多，但是多数掺杂过程较为复杂、变量过多、不易控制，故研究人员仍在不断寻找更加简易的 TiO_2 改进措施。

为此，本节提出一种 TiO_2 电子传输层的新型改进方法(Ni 掺杂)，可有效提升钙钛矿光伏电池的光电转化效率；并采用 CuPc 与碳电极作为空穴传输层与对电极层，保证了器件的稳定性，为高效、高稳定性、低成本钙钛矿光伏电池的大面积制备提供了新的思路。

2.2.1 器件制备

试验中所用到的主要化学试剂、耗材和仪器设备详见附录。基于 Ni 掺杂 TiO_2 电子传输层的高效碳电极钙钛矿光伏电池的制备流程如下。

(1)导电基底预处理：用玻璃刀将 FTO 导电玻璃裁切成 1.25 cm×2.5 cm 的小块。利用锌粉与 2 mol/L 的稀盐酸(37%的浓盐酸与去离子水按体积比 1∶5稀释)将 FTO 导电玻璃刻蚀成两部分。分别用清洗剂、去离子水、丙酮和乙醇对 FTO 导电玻璃进行 15 min 超声清洗，并用 N_2 吹干 FTO 玻璃基底，再对基底进行 30 min 紫外臭氧处理，去除基底表面的残余有机物，增大基底表面的结合能。

(2)TiO_2 电子传输层制备：取 200 mL 去离子水置于 500 mL 烧杯中，然后将烧杯置于冰水混合物中。待去离子水温度降到 0 ℃左右时，向烧杯中注入 4.4 mL 四氯化钛($TiCl_4$)溶液，并用玻璃棒搅拌均匀。配制 Ni 掺杂 TiO_2 前驱体溶液时，需向 $TiCl_4$ 溶液中加入一定量的 $NiCl_2 \cdot 6H_2O$ 掺杂剂，掺杂剂浓度分别设为 0.004、0.007、0.01 及 0.013 mol/L，然后将溶液搅拌均匀。接着将固定在聚四氟乙烯支架上的 FTO 导电玻璃竖直放置于装有 $TiCl_4$ 的前驱体溶液中，再将烧杯放置在水浴锅中，水浴锅加热温度设为 70 ℃。3 h 后，取出沉积有 TiO_2 薄膜的 FTO 基底，用去离子水超声清洗 5 min，将基底放置在 500 ℃管式炉中退火 30 min，以提高 TiO_2 薄膜的结晶度。TiO_2 电子传输层制备示意图如图 2.13 所示。

(3)钙钛矿光敏层的制备：所采用的光敏层材料为三元阳离子有机-无机杂化钙钛矿 $Cs_{0.05}(MA_{0.17}FA_{0.83})_{0.95}Pb(I_{0.83}Br_{0.17})_3$。将 1 mmol FAI、1.1 mmol PbI_2、0.2 mmol $MABr_2$ 及 0.2 mmol $PbBr_2$ 溶于 1 mL DMF 和 DMSO(二甲基亚砜)的混合溶液中，其中，DMF 与 DMSO 的体积比为 4∶1。待溶质在磁力搅拌下充分溶解后，向溶液中加入 54 mL CsI 溶液(1.5 mol/L，溶剂为 DMSO)，

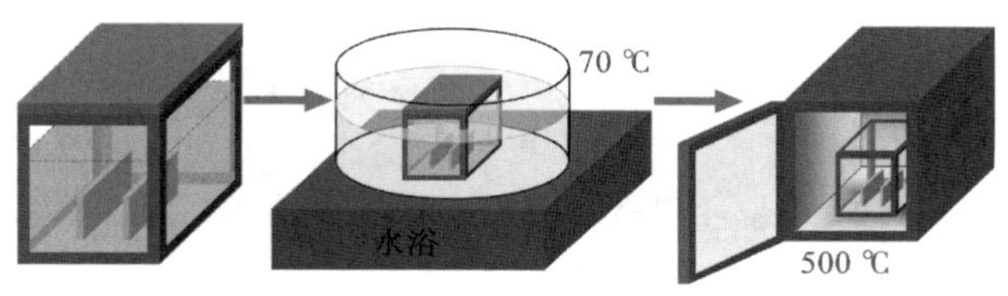

图 2.13　TiO_2 电子传输层制备示意图

均匀混合后,钙钛矿前驱体溶液配制完毕。将沉积有 TiO_2 薄膜的基底和钙钛矿前驱体移至充满 N_2 的手套箱中,用移液枪吸取 65 μL 钙钛矿前驱体溶液滴加在 TiO_2 电子传输层表面,然后进行旋涂,旋涂仪程序设为 1000 r/min 保持 10 s,5000 r/min 保持 20 s。距旋涂过程结束 5 s 时,将 130 μL 氯苯反溶剂快速滴加到旋转的样品表面。旋涂过程结束后,将样品放置于 100 ℃的热板上进行退火,退火时间为 1 h,至此,钙钛矿光敏层制备完毕。

(4)空穴传输层和碳电极层的制备:CuPc 空穴传输层采用真空热蒸发的方式制备,蒸发室真空度控制在 0.9×10^{-4} Pa 左右,CuPc 蒸发速率约为 1 Å/s,CuPc 空穴传输层厚度约为 35 nm,采用膜厚仪对其厚度进行监测。最后在 CuPc 空穴传输层上刮涂商用碳浆料,并将其放置在 85 ℃热板上加热 15 min,至此,碳对电极制备完毕。

2.2.2　薄膜表征

图 2.14(a)展示了所制备的钙钛矿光伏电池的结构示意图,器件结构为 FTO/Ni 掺杂 TiO_2/钙钛矿/CuPc/碳电极,其横截面 SEM 图如图 2.14(b)所示。其中,Ni 掺杂 TiO_2 电子传输层是通过直接在 $TiCl_4$ 前驱体溶液中加入一定量的 $NiCl_2 \cdot 6H_2O$ 掺杂剂制备的(见图 2.13),$TiCl_4$ 水解过程中产生的盐酸能有效阻止 NiO 杂质的生成。在高温退火过程中,Ni 离子可能会通过离子迁移嵌入 TiO_2 晶格中。为方便表述,下文将把 Ni 掺杂 TiO_2 表示为"Ni(x):TiO_2",其中,x 为加入 $TiCl_4$ 溶液中 $NiCl_2 \cdot 6H_2O$ 掺杂剂的摩尔浓度。从图 2.14(b)中可以看出,TiO_2 层的厚度约为 150 nm,钙钛矿层的厚度约为 800 nm。单个钙钛矿晶粒从上至下贯穿整个薄膜,保证了光生载流子在向电子传输层或空穴传输层传输的过程中无须经过过多晶界,有利于载流子的顺利抽取。整个器件的能级排布图如图 2.14(c)所示,其中,TiO_2 导带底(CBM)和价带顶(VBM)的位置将在下文进行详细讨论。受光后,钙钛矿光敏层被激发产生光生载流子,在内建电场的驱动下,光生电子与光生空穴被分别抽取至 TiO_2 电子传输层与 CuPc 空穴传输层,电子最终聚集在 FTO 基底,而空穴最终聚集在碳对电极。图 2.14(d)展示了未掺杂 TiO_2 和 Ni(0.01):TiO_2 薄膜的 X 射线衍射(XRD)谱

图，二者的 XRD 谱图都在 27.48°、36.11°、41.25°、54.35°和 62.8°存在较强的衍射峰，分别对应的是金红石相 TiO_2 的(110)、(101)、(111)、(211)及(002)晶面。正如所预期的那样，在 Ni(0.01)∶TiO_2 薄膜的 XRD 谱图中没有其他杂质峰出现，表明未有 NiO 等杂质生成。由于未掺杂 TiO_2 和 Ni(0.01)∶TiO_2 薄膜的 XRD 谱图不存在明显差异，我们可以推断 Ni 原子可能只是在 TiO_2 晶格中微量替代了 Ti 原子，而没有破坏 TiO_2 的晶格结构[26]。值得注意的是，相较于用化学浴法制备的金红石相 TiO_2，本研究所制备的 TiO_2 薄膜的 X 射线衍射峰更加尖锐且强度更高，表明所制备的 TiO_2 具有更高的结晶度。结合之前的研究，可知提高 TiO_2 电子传输层的结晶度，有助于改善钙钛矿光伏电池的综合性能。

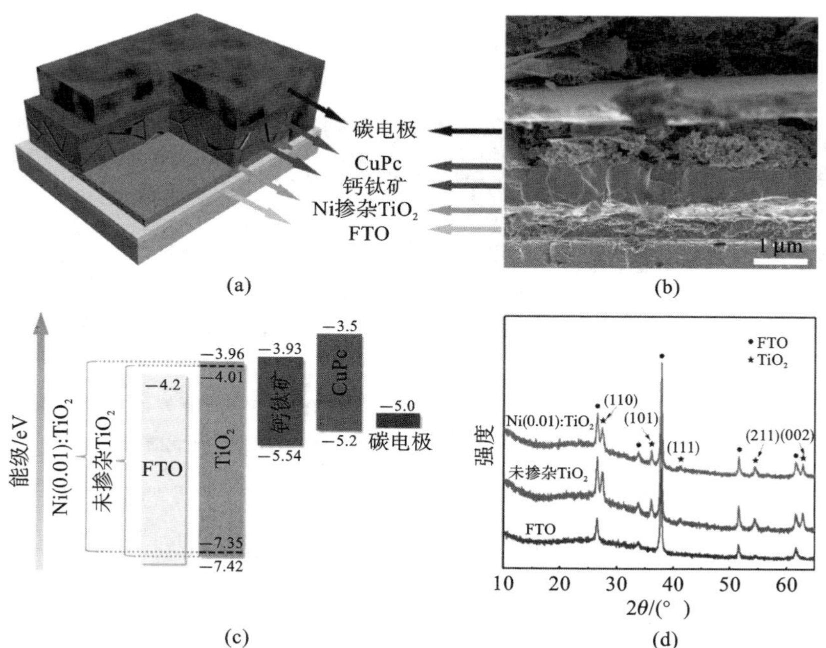

图 2.14 (a)钙钛矿光伏电池结构示意图；(b)钙钛矿光伏电池横截面 SEM 图；(c)钙钛矿光伏电池能级排布图；(d)未掺杂 TiO_2 和 Ni(0.01)∶TiO_2 薄膜的 XRD 谱图

X 射线光电子能谱(XPS)谱图和能量色散谱(EDS)元素映射测试被用来证实 Ni 元素是否被掺杂到 TiO_2 电子传输层中。图 2.15(a)展示了 Ni(0.01)∶TiO_2 薄膜的 XPS 谱图，其中，Ni 2p 和 Ti 2p 峰的高分辨率 XPS 谱图分别如图 2.15(b)和图 2.15(c)所示。Ni 2p 的 XPS 谱图中 854.9 eV 和 872.2 eV 位置处的两个峰分别对应 Ni $2p_{3/2}$ 和 Ni $2p_{1/2}$ 两个轨道。从图 2.15(c)中可以看出，Ni 掺杂引起了 Ti $2p_{3/2}$ 对应的峰向具有更高结合能的位置移动了约 80 meV，表明 Ni(0.01)∶TiO_2 的 Ti $2p_{3/2}$ 轨道相较于未掺杂 TiO_2 的 Ti $2p_{3/2}$ 轨道具有更高

的结合能，也证实了 Ni 原子被成功嵌入 TiO_2 晶格中，进而导致 Ti 原子电子结构发生变化[16]。Ni(0.01)：TiO_2 薄膜的 EDS 元素映射(见图 2.15(d))揭示了其主要组成元素(Ti、O 和 Ni)的分布非常均匀，反映了所制备的 Ni 掺杂 TiO_2 电子传输层的形貌较均匀。

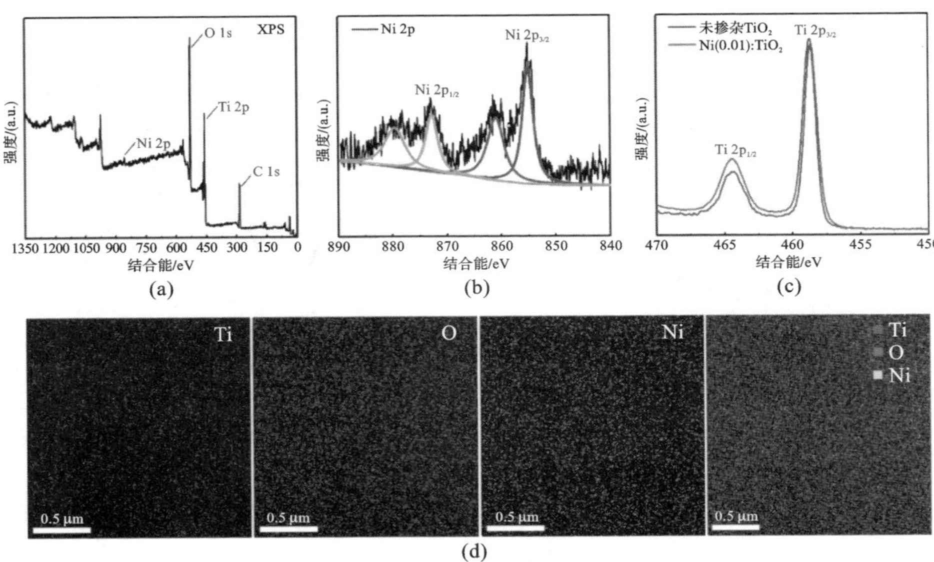

图 2.15　(a)Ni(0.01)：TiO_2 薄膜的 XPS 谱图；(b)Ni 2p 和(c)Ti 2p 峰的高分辨率 XPS 谱图；(d)Ni(0.01)：TiO_2 的主要组成元素(T、O、Ni)的 EDS 元素映射

图 2.16(a)、(b)为未掺杂 TiO_2 与 Ni(0.01)：TiO_2 薄膜的紫外光电子能谱(UPS)谱图，其中，TiO_2 薄膜的功函数可以根据二次电子的截止边(见图 2.16(a))计算得到，根据结合能的起始边，TiO_2 薄膜 VBM 所处的能级与费米能级 E_F 的间距可以通过价带边(见图 2.16(b))计算得到。如图 2.16(a)中的局部放大图所示，未掺杂 TiO_2 和 Ni(0.01)：TiO_2 薄膜的二次电子的截止边分别为 17.2 eV 和 17.25 eV，根据功函数 $\varphi=21.22-(E_{截止}-E_i)$ 可计算出，二者的功函数分别为 4.02 eV 和 3.97 eV，其中，由于仪器已标定，E_i 取为 0 eV。由之前的研究结果可知，电子传输层减小的功函数值有利于增大自由载流子的浓度和减少导带下的深层电子俘获态，从而改善电子传输性能[27]。未掺杂 TiO_2 与 Ni(0.01)：TiO_2 薄膜的 VBM 所处的能级与其费米能级的间距分别为 3.4 eV 和 3.38 eV (见图 2.16(b))，由此可得二者的 VBM 所处的能级分别为 7.42 eV 和 7.35 eV。根据薄膜的光吸收谱图(见图 2.16(c))，可以计算出未掺杂 TiO_2 与 Ni(0.01)：TiO_2 薄膜的禁带宽度分别为 3.41 eV 和 3.39 eV。因此，计算得出的

未掺杂 TiO_2 与 Ni(0.01):TiO_2 薄膜的 CBM 所处的能级分别为 4.01 eV 和 3.96 eV。如图 2.14(c)所示，Ni 掺杂 TiO_2 上升的导带位置有利于和钙钛矿的最低未占分子轨道(LUMO)形成更好的能级排列，有利于减小电子传输过程中的界面势垒，从而减小载流子非辐射复合损失，有助于提升器件的短路电流 J_{SC} 和开路电压 V_{OC}。

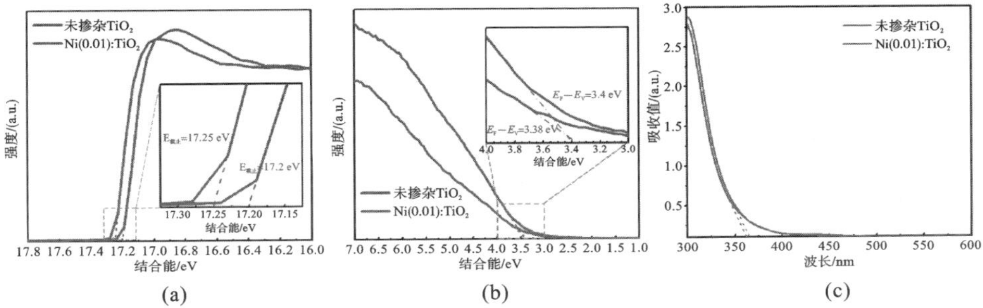

图 2.16 UPS 谱图显示未掺杂 TiO_2 与 Ni(0.01):TiO_2 薄膜的(a)二次电子截止区域和(b)价带区域；(c)未掺杂 TiO_2 和 Ni(0.01):TiO_2 薄膜的光吸收谱图

霍尔效应测试被用来进一步探究未掺杂 TiO_2 和 Ni 掺杂 TiO_2 薄膜的电学特性。测试过程中施加的激励电流为 17 mA，磁场强度为 0.55 T，测试结果如表 2.3 所示。正如所预期的那样，Ni 掺杂 TiO_2 薄膜相较于未掺杂 TiO_2 薄膜具有更低的载流子浓度，但具有更高的载流子迁移率(56.56 cm^2/Vs)和电导率(4.57 $\Omega^{-1}\cdot cm$)，这与之前的报道一致[28]。未掺杂 TiO_2 与 Ni 掺杂 TiO_2 薄膜的载流子浓度都为负值，表明薄膜中的载流子呈负电荷特性，也说明了 TiO_2 电子传输层为 N 型半导体。Ni 掺杂 TiO_2 薄膜的载流子浓度降低从侧面说明 Ni 掺杂属于 P 型掺杂。掺杂 Ni 后，薄膜的电导率与载流子迁移率的提高有利于载流子的传输与抽取。

表 2.3 未掺杂 TiO_2 与 Ni(0.01):TiO_2 薄膜的霍尔效应测试参数

薄膜	截流子浓度 /($\times10^{18}/cm^3$)	电阻率 /($\Omega\cdot cm$)	电导率 /($\Omega^{-1}\cdot cm$)	截流子迁移率 /(cm^2/Vs)	平均霍尔系数 /(cm^3/C)
未掺杂 TiO_2	−1.028	0.257	3.891	22.21	−6.07
Ni(0.01):TiO_2	−0.796	0.219	4.566	56.56	−12.40

电子传输层、钙钛矿光敏层的形貌、表面质量对钙钛矿光伏电池的性能具有较大的影响。图 2.17(a)～(d)展示了未掺杂 TiO_2 与 Ni(0.01):TiO_2 薄膜以及分别沉积在其上的钙钛矿薄膜的平面 SEM 图，从中可以看出，Ni(0.01):TiO_2 薄膜均有更加均一的形貌，而未掺杂 TiO_2 薄膜中存在很不均匀的大颗粒。相应地，沉积在 Ni(0.01):TiO_2 薄膜上的钙钛矿薄膜覆盖率较高，几乎没有针

孔，晶界数量也较少，而沉积在未掺杂 TiO_2 薄膜上的钙钛矿薄膜中存在很多针孔（圆圈位置处），晶界密度也较大。由于钙钛矿前驱体溶液在未掺杂 TiO_2 与 Ni(0.01)：TiO_2 薄膜上的接触角差异不大（都接近 0°，浸润性较好），钙钛矿溶液在未掺杂 TiO_2 与 Ni(0.01)：TiO_2 薄膜上的浸润性对钙钛矿结晶过程的影响可忽略不计。因此，沉积在 Ni(0.01)：TiO_2 薄膜上的钙钛矿薄膜所具有的更高薄膜质量可归功于更加均匀和光滑的 Ni(0.01)：TiO_2 薄膜。根据之前的报道，钙钛矿薄膜中的晶界处存在大量杂质和陷阱态，所以晶界被广泛认为是载流子复合的主要位点[29,30]。增大钙钛矿晶粒和减少晶界能够有效减少光敏层的表面并降低体缺陷态密度，有利于延长载流子的寿命[31]。此外，沉积在未掺杂 TiO_2 薄膜上的钙钛矿薄膜中的针孔会成为泄漏电流通道，会促进泄漏电流的产生，进而减小输出电流和电压。图 2.17(e)～(h)进一步揭示了 Ni 掺杂对 TiO_2 薄膜及沉积在其上的钙钛矿薄膜质量的改善作用。未掺杂 TiO_2 薄膜中由于许多大颗粒的存在，薄膜的均方根(RMS)较大(64.63 nm)，沉积在其上的钙钛矿薄膜的 RMS 值也较大，为 27.21 nm。0.01 mol/L Ni 掺杂后，TiO_2 薄膜的 RMS 降至45.60 nm，相应地，沉积在 Ni(0.01)：TiO_2 薄膜上的钙钛矿薄膜的 RMS 也降至 20.96 nm。值得注意的是，钙钛矿薄膜表面粗糙度的降低有利于其与随后沉积的空穴传输层形成更紧密的接触，进而降低器件的串联电阻 R_s，提高器件的填充因子。

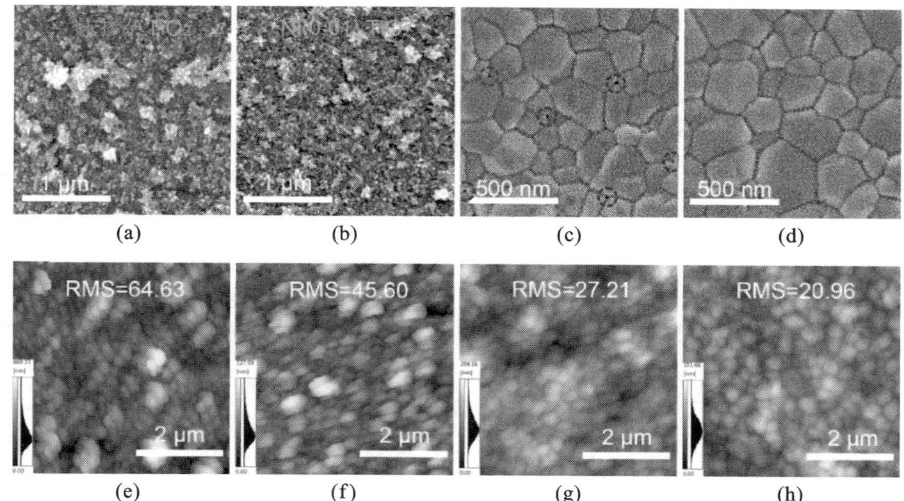

图 2.17　TiO_2 电子传输层和沉积在其上的钙钛矿薄膜形貌。(a)未掺杂 TiO_2 与(b)Ni(0.01)：TiO_2 薄膜以及沉积在(c)未掺杂 TiO_2 和(d)Ni(0.01)：TiO_2 薄膜上的钙钛矿薄膜的平面 SEM 图；(e)未掺杂 TiO_2 和(f)Ni(0.01)：TiO_2 薄膜和沉积在(g)未掺杂 TiO_2 和(h)Ni(0.01)：TiO_2 薄膜上的钙钛矿薄膜的原子力显微镜(AFM)图

2.2.3 器件光伏特性分析

表 2.4 总结了不同 Ni 掺杂浓度下 TiO_2 钙钛矿光伏电池的主要性能参数，其中，每种掺杂浓度对应的器件样本数量为 20。为了更直观地比较 Ni 掺杂浓度对钙钛矿光伏电池性能的影响，其主要性能参数的统计数据呈现在图 2.18 中。从表 2.4 和图 2.18 中可以清晰地看出，Ni 掺杂可显著提升电池的各项性能，这可以归功于 Ni 掺杂对 TiO_2 薄膜电学特性及形貌的改善作用，提高了 TiO_2 薄膜的电荷传输能力与质量，降低了泄漏电流通道和非辐射复合损失。Ni 掺杂浓度对器件性能的影响较大：当 Ni 掺杂浓度不高于 0.01 mol/L 时，电池各项性能参数随 Ni 掺杂浓度的升高而增大，电池 PCE 的平均值由未掺杂时的 14.42%提高到 16.08%；当 Ni 掺杂浓度高于 0.01 mol/L 时，器件性能开始出现下降趋势，PCE 的平均值降至 15.62%。显然，最佳 Ni 掺杂浓度为 0.01 mol/L。此外，基于 Ni(0.01)∶TiO_2 薄膜的钙钛矿光伏电池的 PCE 主要为 15.5%～17.5%，而未掺杂器件的 PCE 主要为 13.5%～15.5%。前者的 PCE 分布区间较窄，表明 Ni 掺杂可显著提高器件的重复制备性，这主要归功于 Ni 掺杂对 TiO_2 光电特性与形貌的改善，以及沉积在 Ni(0.01)∶TiO_2 薄膜上的钙钛矿薄膜质量的提高与缺陷的减少。

表 2.4　不同 Ni 掺杂浓度下 TiO_2 钙钛矿光伏电池的主要性能参数

Ni 掺杂浓度/(mol/L)		J_{SC}/(mA/cm^2)	V_{OC}/V	FF	PCE/(%)
0	平均值	21.21±0.87	1.022±0.044	0.665±0.031	14.42±1.22
	最佳值	21.76	1.040	0.699	15.82
0.004	平均值	21.64±0.74	1.034±0.036	0.684±0.025	15.31±0.92
	最佳值	22.01	1.045	0.715	16.44
0.007	平均值	21.80±0.66	1.042±0.037	0.690±0.026	15.68±1.08
	最佳值	22.22	1.060	0.718	16.90
0.01	平均值	21.94±0.53	1.053±0.029	0.696±0.032	16.08±1.15
	最佳值	22.41	1.073	0.726	17.46
0.013	平均值	21.69±0.66	1.047±0.033	0.688±0.024	15.62±0.93
	最佳值	22.11	1.065	0.712	16.78

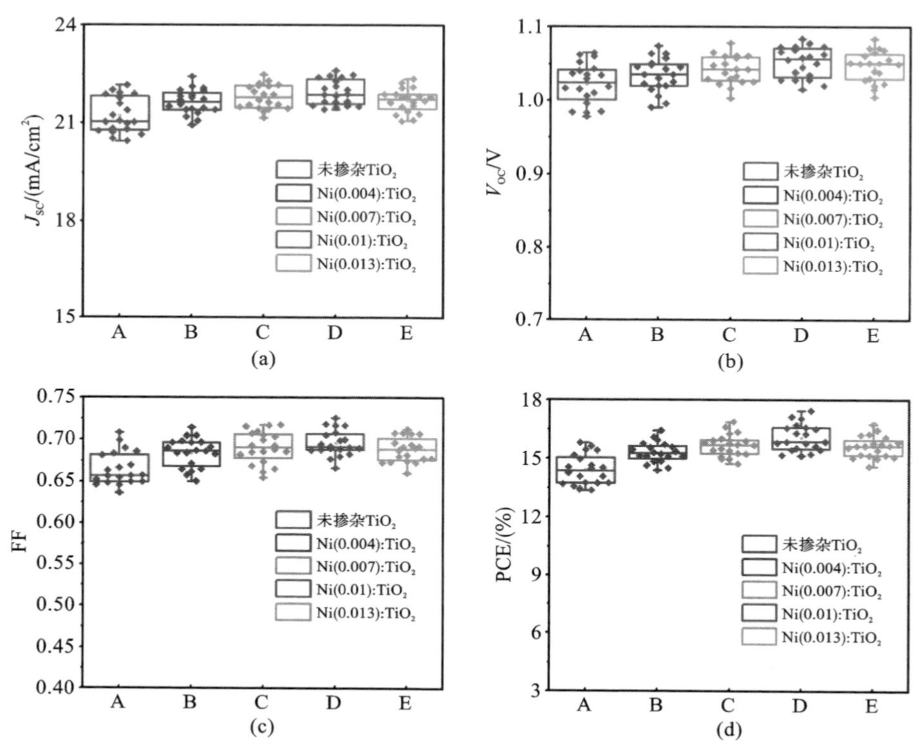

图 2.18 不同 Ni 掺杂浓度下 TiO_2 钙钛矿光伏电池的主要性能参数(a)J_{SC}、(b)V_{OC}、(c)FF 和(d)PCE 的箱式图

图 2.19(a)展示了基于未掺杂 TiO_2 和 Ni(0.01):TiO_2 薄膜的最佳钙钛矿光伏电池的 J-V 特性曲线，光照条件为 100 mW/cm²，电压扫描方式为反向扫描(由高到低扫描)，扫描速度为 10 mV/s。基于未掺杂 TiO_2 电子传输层的钙钛矿光伏电池的 J_{SC} 为 21.76 mA/cm²，V_{OC} 为 1.040 V，FF 为 0.699，PCE 为 15.82%，在 0.01 mol/L Ni 掺杂后，器件的 J_{SC} 提高到 22.41 mA/cm²，V_{OC} 提高到 1.073 V，FF 提高到 0.726，相应的 PCE 提高到 17.46%。二者的 IPCE 曲线如图 2.19(b)所示，从中可以看出基于 Ni(0.01):TiO_2 薄膜的器件在整个光谱吸收范围内具有比未掺杂器件更高的光吸收率。基于 Ni(0.01):TiO_2 薄膜的器件的积分电流为 21.22 mA/cm²，而未掺杂器件的积分电流仅为 19.25 mA/cm²。相对而言，前者的积分电流更加接近其 J-V 测试获得的短路电流，这进一步证实了 Ni 掺杂可以改善载流子的传输特性，使器件获得更高的输出电流。考虑到钙钛矿光伏电池中的迟滞现象会影响到器件效率测试的准确性，我们进一步测试了器件在 100 mW/cm² 光照条件下最高功率点处的稳态输出电

流和光电转化效率，如图 2.19(c)、(d)所示。未掺杂器件在0.833 V 恒定偏压下的稳态输出电流为 18.40 mA/cm^2，相应的稳态输出 PCE 为15.33%。基于 Ni(0.01)∶TiO_2电子传输层的器件在 0.877 V 的恒定偏压下的稳态输出电流和 PCE 被提高到 19.46 mA/cm^2和 17.07%。此外，二者在持续光照下的输出电流和 PCE 未发生明显下降，均表现出了良好的工作稳定性。

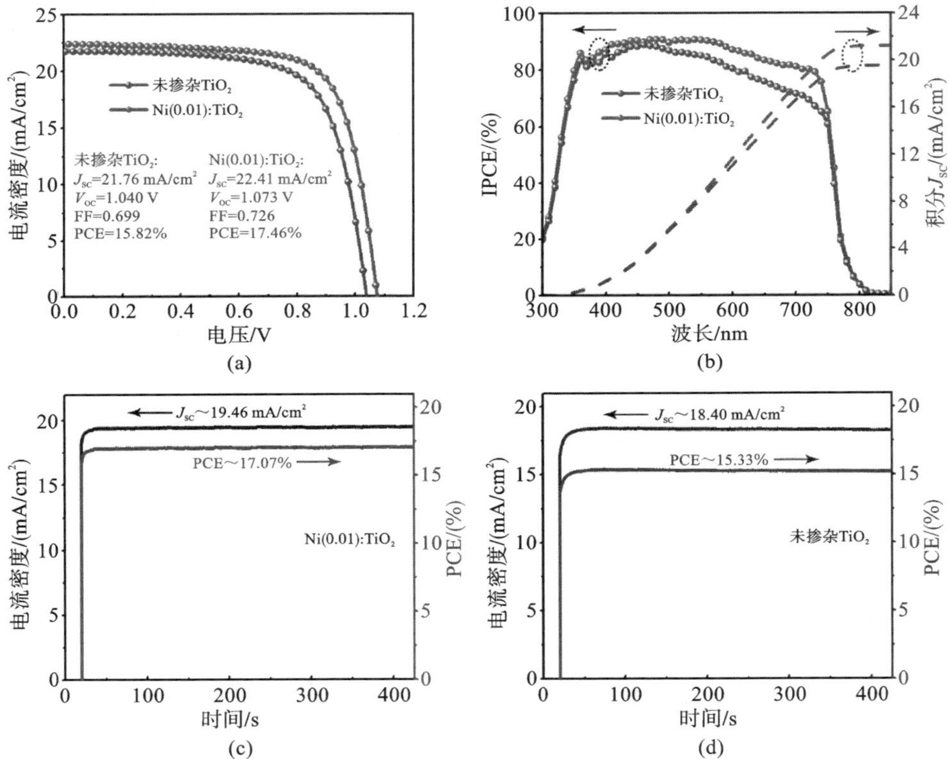

图 2.19　基于未掺杂 TiO_2 和 Ni(0.01)∶TiO_2 薄膜的最佳钙钛矿光伏电池的(a)*J-V* 特性曲线与(b)IPCE 曲线；(c)基于 Ni(0.01)∶TiO_2 和(d)未掺杂 TiO_2 薄膜的最佳钙钛矿光伏电池的稳态输出 PCE 曲线

图 2.20(a)和(b)展示了基于未掺杂 TiO_2和 Ni(0.01)∶TiO_2薄膜的钙钛矿光伏电池的暗态 *J-V* 特性曲线。从图 2.20(a)中可以看出，Ni 掺杂器件具有比未掺杂器件更小的暗电流，这表明 Ni 掺杂器件具有更高的泄漏电阻，这主要归功于沉积在 Ni(0.01)∶TiO_2电子传输层上的钙钛矿薄膜具有更高的覆盖率和更少的电流泄漏通道(针孔、晶界等)，暗电流的降低有利于提高输出电流。根据之前的报道，可以从暗态 *J-V* 曲线的线性部分与横轴(电压轴)的交点推断出钙钛矿光伏电池的 V_{OC}[32]。从暗态 *J-V* 曲线中推断出的基于未掺杂 TiO_2和

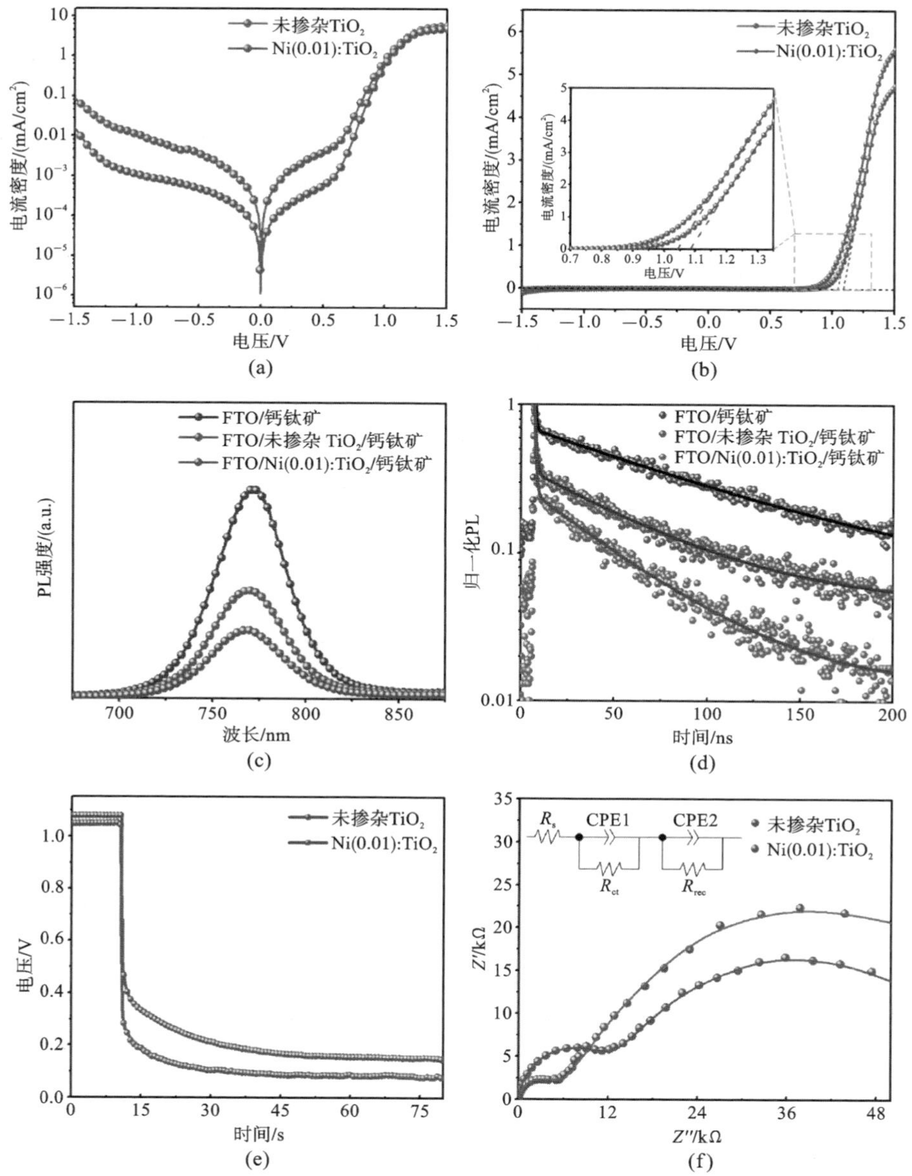

图 2.20　(a)和(b)基于未掺杂 TiO_2 和 Ni(0.01):TiO_2 薄膜的钙钛矿光伏电池的暗态 *J-V* 特性曲线；沉积在 FTO 导电玻璃、未掺杂 TiO_2 和 Ni(0.01):TiO_2 薄膜上的钙钛矿光敏层的(c)稳态 PL 和(d)TR-PL 测试曲线；基于未掺杂 TiO_2 和 Ni(0.01):TiO_2 薄膜的钙钛矿光伏电池的(e)OCVD 测试和(f)EIS 测试(插图为 EIS 测试的等效电路)

Ni(0.01):TiO_2薄膜的钙钛矿光伏电池的 V_{OC}分别为 1.045 V 和 1.080 V(见图 2.20(b)),与光照条件下的 J-V 测试结果一致,进一步揭示了 Ni 掺杂器件内部具有更小的非辐射复合损失。

荧光光谱测试被用来深入探究沉积在不同 TiO_2电子传输层上的钙钛矿薄膜样品中的载流子传输过程和载流子寿命。图 2.20(c)展示了分别沉积在 FTO 导电玻璃、未掺杂 TiO_2和 Ni(0.01):TiO_2薄膜上的钙钛矿样品的稳态 PL 测试曲线。与未掺杂 TiO_2/钙钛矿样品相比,Ni(0.01):TiO_2/钙钛矿样品的荧光光谱衰减速率更快,表明电子在 Ni(0.01):TiO_2与钙钛矿界面之间传输得更快,这主要得益于 Ni 掺杂 TiO_2薄膜具有比未掺杂 TiO_2薄膜更高的导电性和载流子迁移率(见表 2.3)。提高载流子传输速率可有效降低界面电荷聚集,减小载流子提取过程中的复合损失。这三种样品的时间分辨 PL(TR-PL)测试曲线如图 2.20(d)所示。一般来说,瞬态荧光光谱衰减包含两个过程:快衰减过程与慢衰减过程。前者主要与界面自由载流子的淬灭过程相关,而后者主要与钙钛矿内部的辐射复合过程相关。每条瞬态荧光光谱衰减曲线都可以用下面这个二指数衰减函数进行良好的拟合[33]:

$$f(t)=A_1\exp(-t/\tau_1)+A_2\exp(-t/\tau_2)+B \tag{2.3}$$

式中:τ_1和 τ_2分别表示快衰减时间常数和慢衰减时间常数;A_1、A_2分别表示 τ_1、τ_2的衰减幅值;B 表示常数。

从拟合曲线得到的载流子寿命参数被总结在表 2.5 中。在没有设置任何电子传输层的情况下,钙钛矿中的光生载流子无法快速传输,所以 FTO/钙钛矿样品的平均载流子寿命最长,为 94.69 ns。在 FTO 与钙钛矿层之间设置未掺杂 TiO_2电子传输层后,样品的平均载流子寿命下降为 57.43 ns。当对 TiO_2电子传输层进行 0.01 mol/L Ni 掺杂后,样品的平均载流子寿命继续下降为43.75 ns。测试结果进一步证明了 Ni(0.01):TiO_2电子传输层具有更强的电荷抽取能力,导致其与钙钛矿层界面的载流子分离与传输速率更高,这与稳态荧光光谱测试结果一致。开路电压衰减(OCVD)测试也揭示了基于 Ni(0.01):TiO_2薄膜的器件具有比未掺杂器件更高的开路电压及更长的电压衰减时间,如图 2.20(e)所示。更长的电压衰减时间表明器件中的载流子复合速率更低,载流子寿命更长,因而 Ni 掺杂器件倾向于获得更高的输出电流和开路电压,这与 J-V 测试结果一致。

表 2.5　从瞬态荧光光谱测试中得到的不同样品的载流子寿命参数

样品	τ_{ave}/ns	τ_1/ns	A_1/(%)	τ_2/ns	A_2/(%)
FTO/钙钛矿	94.69	1.14	0.40	94.70	99.60
FTO/未掺杂 TiO_2/钙钛矿	57.43	0.91	3.41	57.46	96.59

续表

样品	τ_{ave}/ns	τ_1/ns	A_1/(%)	τ_2/ns	A_2/(%)
FTO/Ni(0.01):TiO_2/钙钛矿	43.75	0.63	5.24	43.79	94.76

电化学阻抗谱(EIS)测试被用来进一步研究钙钛矿光伏电池的界面电荷传输与复合机制。图2.20(f)展示了基于未掺杂TiO_2和Ni(0.01):TiO_2薄膜的器件的奈奎斯特图,整个测试过程在暗态条件下进行,测试范围为从高频1 MHz到低频0.01 Hz,所施加的偏压为0.2 V。从图中可以清晰地看到,每条奈奎斯特曲线包含两个圆弧。高频段半径较小的圆弧对应的是钙钛矿/CuPc空穴传输层界面的空穴传输过程,反映了器件内部的电荷传输电阻R_{ct}[34]。低频段半径较大的圆弧与TiO_2/钙钛矿界面的电荷复合过程相关,圆弧半径的大小反映了电荷复合电阻R_{rec}的大小。通过对器件的奈奎斯特曲线进行拟合,可以得到基于未掺杂TiO_2和Ni(0.01):TiO_2薄膜的器件的R_{ct},分别为16 kΩ和5.04 kΩ,较小的电荷传输电阻对应着更高的载流子传输和收集效率,对提高器件的J_{SC}大有裨益。二者的R_{rec}分别为41.3 kΩ和55.1 kΩ,进一步揭示了Ni掺杂器件内的电荷复合速率更低,因此Ni掺杂器件具有更高的V_{OC}。此外,从奈奎斯特曲线与横坐标轴的交点可推断出基于未掺杂TiO_2和Ni(0.01):TiO_2薄膜的器件的R_s分别为76.7 Ω和7.8 Ω,后者降低的R_s有助于器件获得更高的FF。综上可知,Ni掺杂可以全面提升器件的各项光伏性能参数。

2.2.4 器件稳定性测试

在钙钛矿光伏电池实现商业化应用的道路上,钙钛矿光伏电池的稳定性问题仍然是急需解决的难题。图2.21展示了在存放过程中基于未掺杂TiO_2和Ni(0.01):TiO_2薄膜的最优器件的PCE、J_{SC}、V_{OC}和FF的变化,其中空气湿度为30%~40%。结果显示,两种器件在存放初期,各项性能参数都随时间的推移而增长,这可能与碳电极电池内部热应力释放和光浸效应相关[35,36]。随后,器件的PCE、J_{SC}和FF都缓慢下降,这可能与钙钛矿发生轻微分解相关。1200 h后,基于Ni(0.01):TiO_2薄膜的器件的PCE由初始的16.25%下降到16.05%,而未掺杂器件的PCE由初始的14.77%下降到14.42%,二者的最终效率值仍然为初始效率值的97%以上,均展现出优异的稳定性。这可以归功于两个方面:所采用的三元钙钛矿光敏层自身具有较好的稳定性[37]以及所采用的CuPc空穴传输层和碳电极具有非常优异的疏水性与化学稳定性,可以保护钙钛矿层不受空气中水汽的侵蚀[38]。此外,所使用的CuPc和商用碳浆料价格较便宜,可以显著降低器件的制备成本。因此,我们的工作将极大地促进低成本、高效率及高稳定性钙钛矿光伏电池的商业化应用。

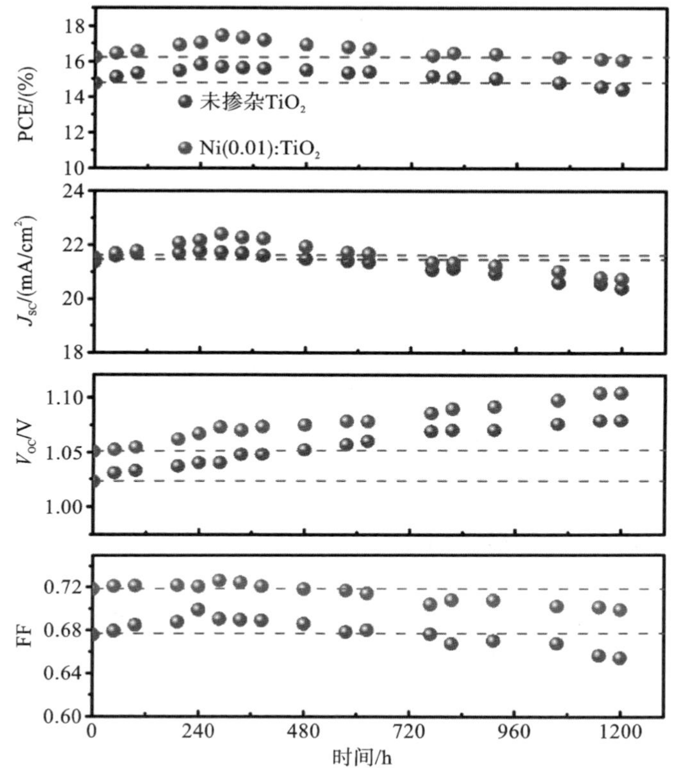

图 2.21　在存放过程中基于未掺杂 TiO_2 和 Ni(0.01):TiO_2 薄膜的最优器件的 PCE、J_{SC}、V_{OC} 和 FF 的变化

2.2.5　小结

本节首次提出了一种 Ni 掺杂金红石相 TiO_2 薄膜制备方法，并以其作为碳基钙钛矿光伏电池的电子传输层。霍尔效应、荧光光谱、电化学阻抗谱及紫外光电子能谱等测试结果表明，Ni 掺杂可以有效提升 TiO_2 薄膜的导电性及载流子迁移率，并促进其费米能级正向偏移，降低电荷传输过程中的界面势垒。因此，Ni 掺杂能够有效提升器件的电荷提取效率，抑制不利的非辐射复合损失，进而提高器件的短路电流和开路电压。基于 Ni 掺杂 TiO_2 薄膜所制备的碳基钙钛矿光伏电池获得了 17.46% 的光电转化效率，而未掺杂器件仅获得了 15.82% 的效率。此外，我们引入高稳定性、高疏水性、廉价的 CuPc 和商用碳浆料分别作为空穴传输材料和电极材料，在降低器件生产成本的同时，大大提高了器件的湿度稳定性。

2.3 基于锌掺杂氧化锡电子传输层的碳电极钙钛矿光伏电池

与 TiO_2相比，氧化锡(SnO_2)拥有更大的禁带宽度($E_g = 3.6$ eV)、更低的LOMO、更优的光透性和更高的载流子迁移率[39-41]。SnO_2薄膜不需要高温退火即可获得充足导电性，为将来柔性钙钛矿光伏电池的研发提供了可能性。更重要的是，研究发现 SnO_2在电子收集方面的效果比 TiO_2的更佳，更有利于促进光电流的提升[42]。2015 年，大连理工大学马廷丽教授课题组首次尝试将 SnO_2作为电子收集层应用到钙钛矿光伏电池结构中，与基于 TiO_2的器件相比，光电流得到了一定程度的提升，但由于受其他功能层的限制，效率只有 6.87%[43]。后来，吉林大学田文晶教授课题组通过对钙钛矿薄膜进行优化将基于 SnO_2的电池效率提升至了 13%[44]。武汉大学方国家教授科研团队对 SnO_2钙钛矿电池进行了一系列优化，最高效率可达 19%以上[45-48]。截至目前，所报道的采用 SnO_2作为电子传输层的钙钛矿光伏电池的最高效率已超过 20%[49]，展现出迅猛的发展势头。与此同时，Lin 等人将低温制备的氧化锡电子传输层引入可印刷碳电极钙钛矿电池中并获得了 14.5%的效率[50]。其后，Liao 等人制备了一种基于 TiO_2/SnO_2 双电子双输层的平板型碳基光伏电池，效率高达 15.39%[51]。这些器件制备温度和成本都比较低，可以用于柔性器件和大规模生产，然而器件光电转化效率还并不是很理想。离子掺杂是调整能带结构、改善载流子传输特性、提高光伏电池效率的有效方法。Liu 等人将 Nb 掺入氧化锡电子传输层，将钙钛矿光伏电池的效率从 15.13%提高到了 17.57%[52]。Park 等人使用 Li 掺杂的氧化锡将电池效率从 15.29%提高到了 18.2%[53]。

本节提出了一种基于锌(Zn)掺杂氧化锡电子传输层的碳电极钙钛矿光伏电池，其最佳光电转化效率可达 17.78%，且稳定性优异。本节详细探究了掺杂前后器件光电性能的变化规律。本工作为高效、稳定钙钛矿光伏电池技术的发展开辟了新途径。

2.3.1 器件制备

试验中所用到的主要化学试剂、耗材和仪器设备详见附录。基于锌掺杂氧化锡电子传输层的高效碳基钙钛矿光伏电池的制备流程如下。

(1)导电基底预处理：用玻璃刀将 FTO 导电玻璃裁切成 1.25 cm×2.5 cm的小块。使用锌粉与 2 mol/L 的稀盐酸(37%的浓盐酸和去离子水按 1∶5 体积比稀释)将 FTO 导电玻璃刻蚀成两部分。分别用清洗剂、去离子水、丙酮和乙醇对 FTO 导电玻璃进行 15 min 超声清洗，并用 N_2 吹干 FTO 玻璃基底，再对基底进行 30 min 紫外臭氧处理，去除基底表面的残余有机物，增大基底表面的结合能。

(2)锌掺杂氧化锡电子传输层制备：0.07 mol/L 氯化亚锡二水合物($SnCl_2 \cdot 2H_2O$)和 2 mmol/L 氯化锌(ZnCl)溶解在无水乙醇中，并连续搅拌 2 h。将处理好的前驱体溶液旋涂到预热至 75 ℃的基底上，旋涂参数为 3000 r/min 和 30 s。旋涂完之后，薄膜在 200 ℃下退火 2 h，如图 2.22 所示。

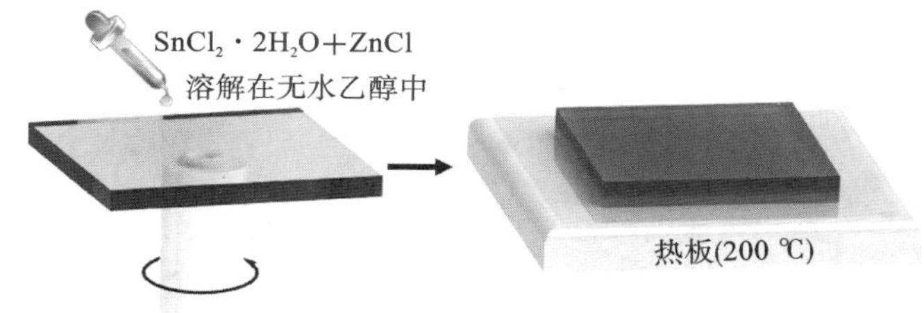

图 2.22　锌掺杂氧化锡电子传输层制备过程示意图

(3)钙钛矿光敏层的制备：所采用的光敏层材料为三元阳离子有机-无机杂化钙钛矿 $Cs_{0.05}(MA_{0.17}FA_{0.83})_{0.95}Pb(I_{0.83}Br_{0.17})_3$。将 1 mmol FAI、1.1 mmol PbI_2、0.2 mmol $MABr_2$ 及 0.2 mmol $PbBr_2$ 溶于 1 mL DMF 和 DMSO 的混合溶液中，其中，DMF 与 DMSO 的体积比为 4∶1。待溶质在磁力搅拌下充分溶解后，向溶液中加入 54 mL CsI 溶液(1.5 mol/L，溶剂为 DMSO)，均匀混合后，钙钛矿前驱体溶液配制完毕。将沉积有 SnO_2 薄膜的基底和钙钛矿前驱体移至充满 N_2 的手套箱中，用移液枪吸取 65 μL 钙钛矿前驱体溶液并将其滴加在 SnO_2 电子传输层表面，然后开始旋涂过程，旋涂仪程序设为 1000 r/min 保持 10 s，5000 r/min 保持 20 s。在距旋涂过程结束 5 s 时，将 130 μL 氯苯反溶剂快速滴加到旋转的样品表面。旋涂过程完成后，将样品放置于 100 ℃的热板上进行退火，退火时间为 1 h，至此，钙钛矿光敏层制备完毕。

(4)空穴传输层以及碳电极层的制备：CuPc 空穴传输层采用真空热蒸发的方式制备，蒸发室真空度控制在 0.9×10^{-4} Pa 左右，CuPc 蒸发速率约为1 Å/s，CuPc 空穴传输层厚度约为 35 nm，采用膜厚仪对其厚度进行监测。最后在 CuPc 空穴传输层上刮涂商用碳浆料，并将其放置在 85 ℃热板上加热 15 min 进行烘干，至此，碳对电极的制备完毕。

2.3.2　薄膜表征

本节所提出的可印刷碳基平面异质结钙钛矿光伏电池的典型结构如图

2.23(a)所示，包括 FTO、Zn:SnO_2、钙钛矿、CuPc、碳电极五种功能层，相应的能级排布图如图 2.23(b)所示。掺杂 Zn 后，SnO_2 的 E_{CB} 从 −4.28 eV 增大到 −4.19 eV。升高的 E_{CB} 有利于 Zn:SnO_2 电子传输层与钙钛矿光敏层的最低未占分子轨道(LUMO)之间形成更加平缓的能级过渡。这有助于减小能量损失并促进光生载流子的提取，而不会引起过多的界面复合，从而导致较高的 FF 和 J_{SC}[19,54]。整个器件的截面 SEM 图如图 2.23(c)所示，其中 Zn:SnO_2 电子传输层和钙钛矿层的厚度分别约为 40 nm 和 600 nm。值得注意的是，钙钛矿层显示出较少的水平边界，并且大多数晶粒边界垂直于基材。因此，沿电荷传输路径的光生载流子的提取变得更加容易，因为无须穿过过多晶界[55]。

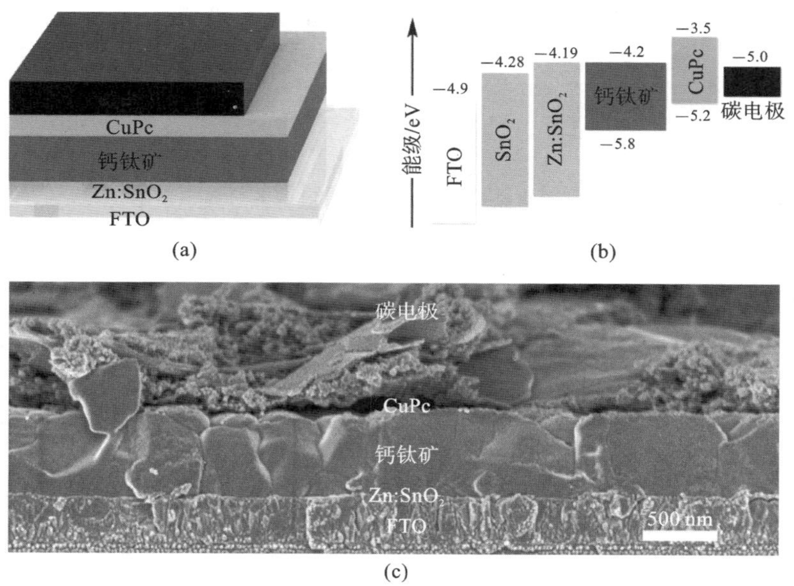

图 2.23 (a)器件结构示意图；(b)器件的能级排布图；(c)整个器件的截面 SEM 图

为了确认 SnO_2 电子传输层中掺杂的 Zn 元素的存在，我们进行了 EDS 元素表征。通过扫描分析，可知获得的 Zn:SnO_2 组分(Sn、O 和 Zn)的分布非常均匀(见图 2.24(a))，这表明 Zn 已均匀地掺杂到 SnO_2 电子传输层中。通过 XPS 表征观察 Zn 的结合能，可以得到 SnO_2 中 Zn 掺杂的更有说服力的证据。图 2.24(b)显示了 Zn $2p_{3/2}$ 和 Zn $2p_{1/2}$ 的光电子谱，相应的结合能分别为 1021 eV 和 1044 eV，证实了 SnO_2 薄膜中 Zn 元素的存在。从图 2.24(c)中可以看到 Sn $3d_{5/2}$ 和 Sn$3d_{3/2}$ 过渡峰之间的对比。与单纯 SnO_2 相比，Sn $3d_{3/2}$ 的 Sn 在 Zn:SnO_2 中的结合能降低了 0.1 eV，从 495.18 eV 降至 495.08 eV。Zn 掺杂会稍微降低 Sn 的结合能，这归因于氧的缺失。掺杂 Zn 后，O 1s 的跃迁峰从 530.68

eV 转变为 529.58 eV(见图 2.24(d)),并出现了另一个肩峰,这归因于 Sn-O-Zn 的配位度[56]。

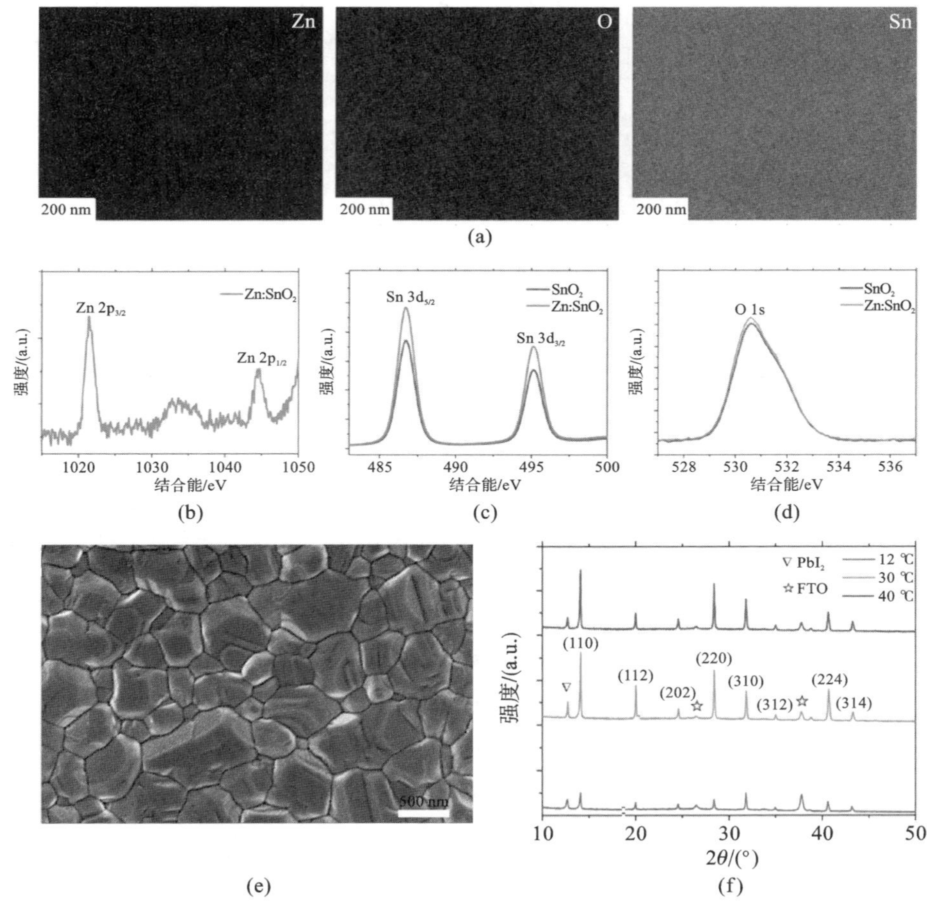

图 2.24 (a)Zn:SnO₂ 组分(Sn、O 和 Zn)的 EDS 元素表征;Zn:SnO₂ 薄膜和 SnO₂ 薄膜的 XPS 分析(b)Zn 2p、(c)Sn 3d 和(d)O1s 峰;(e)钙钛矿层的 SEM 图;(f)在不同预热温度基底上制备的混合钙钛矿的 XRD 图

图 2.24(e)展示了所制备的钙钛矿层的 SEM 图。薄膜非常均匀,没有针孔。根据涉及给定区域内晶粒数量的计数方法,表面晶粒尺寸估计约为 500 nm。图 2.24(f)展示了在不同预热温度基底上制备的混合钙钛矿的 XRD 图。14.12°、20.01°、24.57°、28.43°、31.88°、35.01°、40.65°和 43.23°处的强衍射峰来源于四方钙钛矿结构的(110)、(112)、(202)、(220)、(310)、(312)、(224)、(314)晶向。以星号标记的 26.51°和 37.83°处的衍射峰来源于 FTO 衬底[57]。

我们还可以看到在 12.68°处的衍射峰，这可以归因于钙钛矿中过量的铅。据报道，适量的 PbI_2 对晶界钝化有积极作用[56,58-60]。另外，我们发现钙钛矿层的结晶度在很大程度上取决于基底的预热温度。尽管在不同预热温度下钙钛矿薄膜的 XRD 峰位置没有差异，但由于平面(110)的主峰更锐利，因此 30 ℃预热的钙钛矿薄膜表现出更高的结晶度。基材的预热处理将有助于溶剂的快速干燥和分子扩散速率的提高，从而促进钙钛矿层更好地进行结晶[61,62]。当将预热温度提高至 40 ℃时，钙钛矿薄膜的结晶度会略有下降。下文中，钙钛矿薄膜都是通过旋涂的方法制备出来的，基底的预热温度均为 30 ℃。

2.3.3 器件光伏特性分析

图 2.25(a)展示了以 SnO_2 或 Zn:SnO_2 作为电子传输层的具有最佳性能的钙钛矿光伏电池的 *J*-*V* 特性曲线。从中可以看到，以 Zn:SnO_2 作为电子传输层的器件的 PCE 为 17.88%，V_{OC} 为 1.098 V，J_{SC} 为 23.4 mA/cm^2，FF 为 0.692。相反，未掺杂 SnO_2 的钙钛矿光伏电池的 PCE 较低，为 15.31%，V_{OC} 为 1.078 V，J_{SC} 为 23.2 mA/cm^2，FF 为 0.612。图 2.25(b)展示了 20 个器件性能的可重复性。SnO_2 器件的平均效率为 14.43%，而 Zn:SnO_2 器件的平均效率为16.59%。如图 2.25(c)所示，对于 SnO_2 器件和 Zn:SnO_2 器件，在最大功率点处的稳态 J_{SC} 估算的效率分别为 14.81%和 17.20%。在 100 mW/cm^2 的光照条件下，稳定的功率输出可持续 150 s，效率没有明显下降，这表明电池在光照下具有良好的稳定性，并且在电池中没有明显的由电荷传输不平衡引起的电荷积聚。图 2.25(d)～(g)展示了以 SnO_2 或 Zn:SnO_2 作为电子传输层的 20 个器件的 V_{OC}、J_{SC}、FF 和 PCE 的分散度箱形图。与 SnO_2 相比，Zn:SnO_2 有助于提高钙钛矿光伏电池的性能。以 Zn:SnO_2 作为电子传输层的钙钛矿光伏电池的 V_{OC} 为 1.085 V，J_{SC} 为 22.89 mA/cm^2，FF 为 0.668，而以 SnO_2 作为电子传输层的钙钛矿光伏电池的 V_{OC} 较低，为 1.048 V，J_{SC} 为 22.67 mA/cm^2，FF 为 0.607。显然，掺杂锌后电池的各种参数均有提高，尤其是 FF 和 V_{OC}。据报道，锌掺杂有助于提高电荷收集效率和电导率，这可以解释 FF 和 J_{SC} 的提升。在染料敏化电池中也证明了 V_{OC} 的增强，这可归因于将 Zn 掺杂到 SnO_2 框架中而使子带边缘表面态钝化。

经过对比试验，可知最佳的 Zn 掺杂浓度为 2 mmol/L，如图 2.26 所示。

2.3.4 性能提升机理研究

如图 2.27 和表 2.6 所示，通过 UPS 分析研究了 Zn 掺杂对 SnO_2 电子结构的影响。SnO_2 和 Zn:SnO_2 的费米能级 E_F 分别使用公式 $E_F = E_{截止} - 21.21$ eV，计算为 −4.16 eV 和 −4.12 eV，其中 $E_{截止}$ 是截止结合能，而 21.21 eV 是氦辐

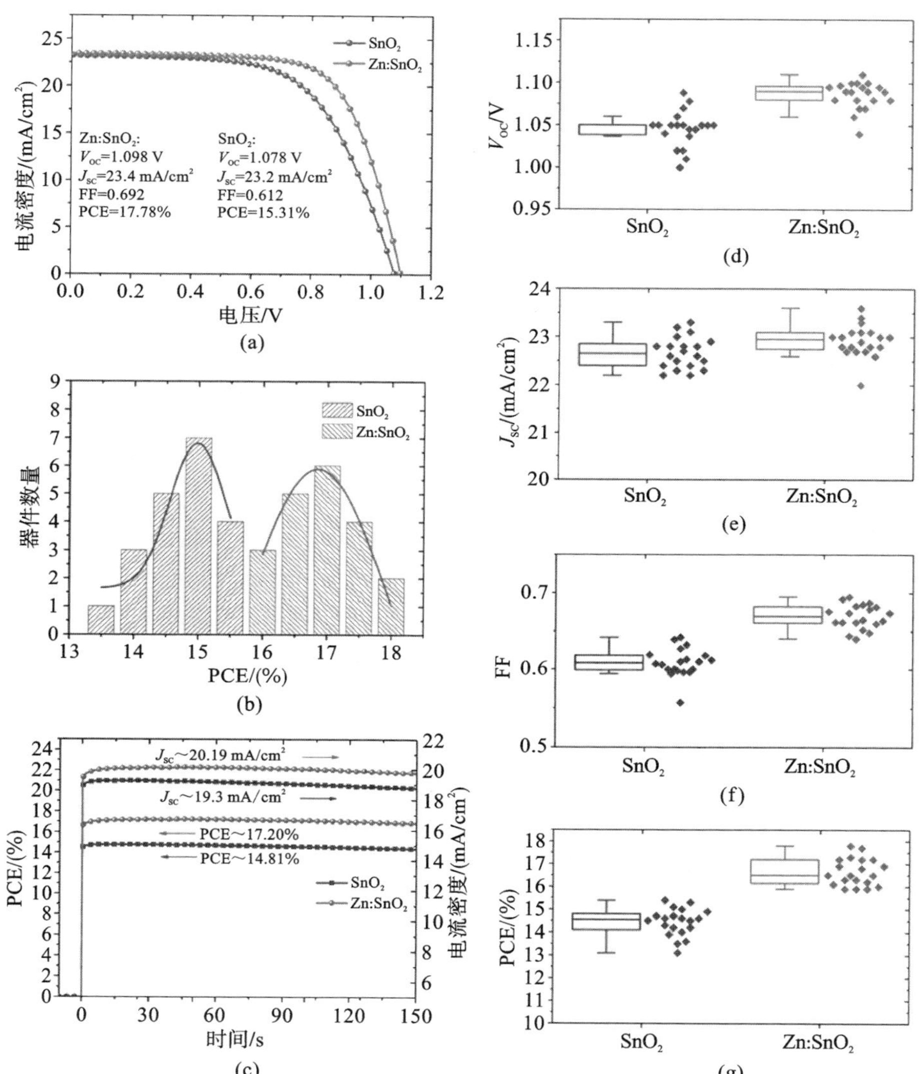

图 2.25 (a)以 SnO_2 或 Zn:SnO_2 作为电子传输层的具有最佳性能的钙钛矿光伏电池的 *J-V* 特性曲线；(b)使用 Zn:SnO_2 或 SnO_2 作为电子传输层的 20 个器件的效率直方图；(c)在光照(100 mW/cm^2)下持续 150 s 测得的钙钛矿光伏电池的稳态光电流和效率输出；(d)～(g)以 SnO_2 或 Zn:SnO_2 作为电子传输层的 20 个器件的 V_{OC}、J_{SC}、FF 和 PCE 的分散度箱形图

射产生的发射能量。此处，E_F 体现为 $E_{截止}$ 从 17.05 eV 升高到 17.09 eV(见图 2.27(a))，而电子费米能级的升高会增强能带弯曲从而降低空陷阱态的密

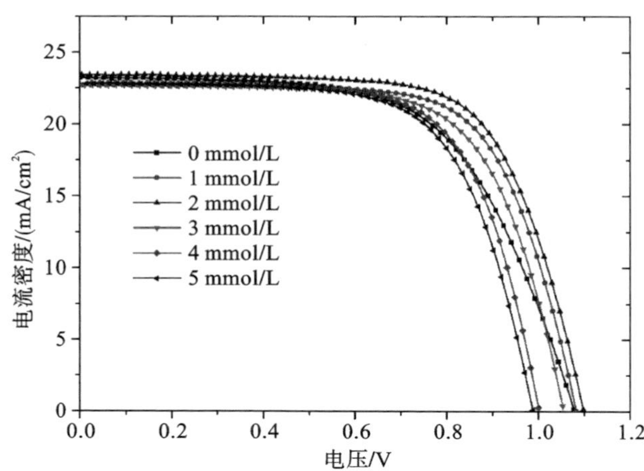

图 2.26　不同 Zn 掺杂浓度下器件的 *J-V* 特性曲线对比

度[63]。根据图 2.27(b)，使用公式 $E_{VB}=E_F-E_{F,edge}$ 分别计算出 SnO_2 和 Zn:SnO_2 的 E_{VB} 为−8.14 eV 和−8.05 eV。如图 2.27(c)所示，SnO_2 和 Zn:SnO_2 的带隙 E_g 为 3.86 eV，其中低浓度的 Zn 掺杂剂(2 mmol/L)不影响 E_g。由 E_g 和 E_{VB} 确定 E_{CB}，对于 SnO_2 和 Zn:SnO_2 来说，E_{CB} 分别为−4.28 eV 和−4.19 eV。高的 E_{CB} 减小了能量损失并促进了光生载流子的提取，从而产生了更高的 FF 和 J_{SC}。

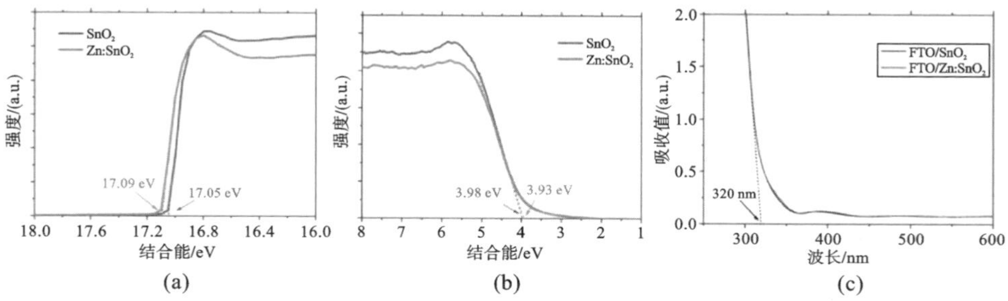

图 2.27　(a)和(b)的 UPS 光谱分别描述了 SnO_2 和 Zn:SnO_2 的截止结合能($E_{截止}$)和费米边缘能级($E_{F,edge}$)；(c)SnO_2 和 Zn:SnO_2 的光吸收谱图

表 2.6　SnO_2 薄膜掺杂前后紫外光电子能谱参数

材料	$E_{截止}$/eV	φ/eV	E_F-E_{VB}/eV	E_g/eV	E_{VB}/eV	E_{CB}/eV
SnO_2	17.05	4.16	3.98	3.86	−8.14	−4.28
Zn:SnO_2	17.09	4.12	3.93	3.86	−8.05	−4.19

除了提高能级以外，Zn 掺杂还可以略微提高 SnO_2 的电导率。据报道，TiO_2 中的 p 型掺杂剂通过降低陷阱态密度[64]来提高导电性。Zn 掺杂也可改变膜的形态。在本研究中，旋涂的 SnO_2 使基底表面变得平整，使 RMS 从 17.128 nm 降低到 9.127 nm，如图 2.28 所示。Zn:SnO_2 的晶粒尺寸估计约为 SnO_2 的晶粒尺寸的 1.3 倍。晶粒尺寸的增大减少了集中在晶界上的电荷陷阱位点[65]，并且电荷陷阱位点的减少强烈影响了 V_{OC} 和电导率，这与 Zn:SnO_2 中 V_{OC} 的增大相对应[66]。

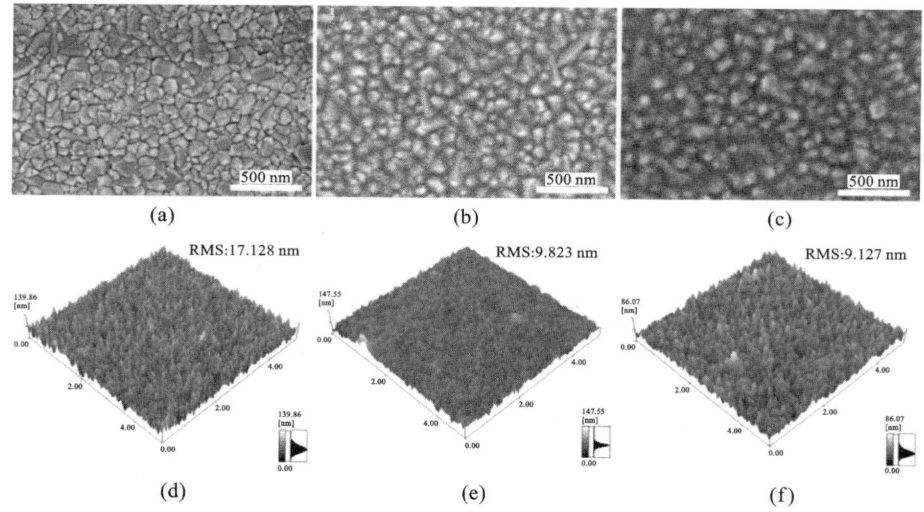

图 2.28 FTO、FTO/SnO_2 与 FTO/Zn:SnO_2 表面的(a～c)SEM 形貌图与(d～f)AFM 形貌图

我们利用 *J-V* 曲线计算出了有无锌掺杂时 SnO_2 的电导率，公式为 $\sigma = d/(AR)$，其中 σ 为直流电导率，A 为有效面积(0.185 cm^2)，R 为由 $V=IR$ 得到的电阻，如图 2.29(a)所示，d 为 SnO_2 或 Zn:SnO_2 的厚度(40 nm)。然后，SnO_2 和 Zn:SnO_2 的 σ 分别估计为 2.44×10^{-6} S·cm^{-1} 和 3.26×10^{-6} S·cm^{-1}。Zn:SnO_2 中 J_{SC} 较高的平均值部分归因于电导率的提高，如图 2.25(e)所示。此外，较高的电导率可减少 SnO_2/钙钛矿界面处的电荷积累和减缓 V_{OC} 的下降，带来性能的改善。

为了进一步研究电荷的传输和复合问题，我们进行了稳态 PL 表征。如图 2.29(b)所示，钙钛矿薄膜的发射带在 770 nm 附近达到峰值。应该注意的是，掺锌样品的稳态 PL 强度低于不掺锌样品的稳态 PL 强度。低得多的 PL 强度表明 SnO_2 中的 Zn 掺杂在促进电荷转移和阻碍电子与空穴之间重组的方面起着重要作用，从而实现在界面复合之前从钙钛矿中更有效地提取电荷[53,67]。

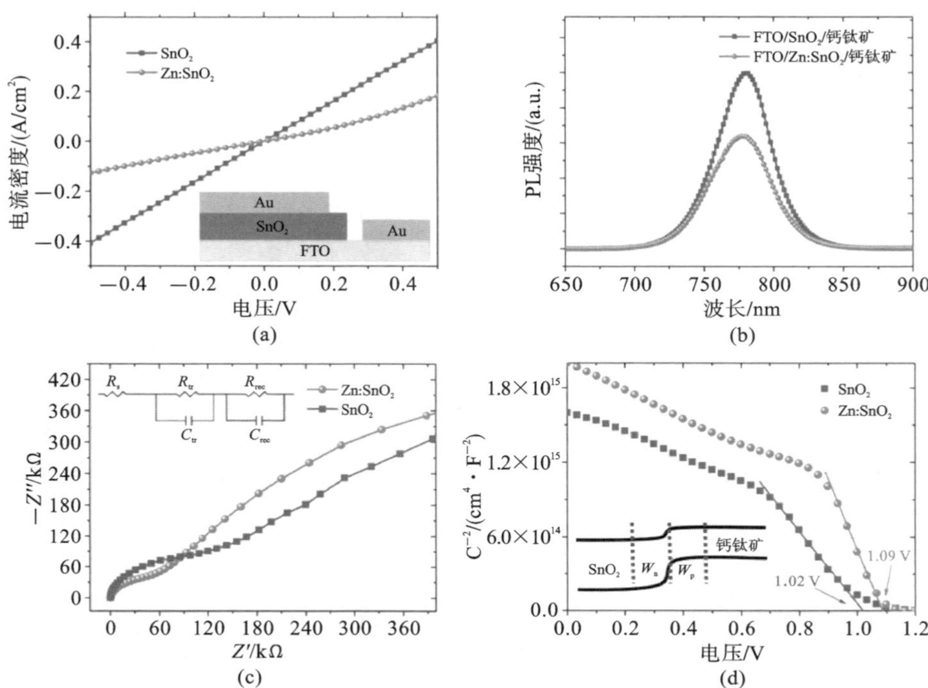

图 2.29 (a)在暗态下获得的 SnO_2 和 $Zn:SnO_2$ 薄膜的 *J-V* 曲线;(b)玻璃/FTO/SnO_2/钙钛矿和玻璃/FTO/$Zn:SnO_2$/钙钛矿的稳态 PL 光谱;(c)SnO_2 和 $Zn:SnO_2$ 器件的 EIS 测试(插图为器件的等效电路);(d)从以 SnO_2 和 $Zn:SnO_2$ 作为电子传输层的钙钛矿光伏电池的阻抗分析中提取的不同偏置电压下的 Mott-Schottky 分析(插图为 SnO_2/钙钛矿界面的能带弯曲示意图。W_n 和 W_p 分别是 n 侧和 p 侧的耗尽宽度)

此外,还进行了 EIS 测试来研究钙钛矿光伏电池的内部电性能。图 2.29(c)显示了在暗态和 0.45 V 下测得的奈奎斯特图。等效电路由串联电阻 R_s 以及电子传输层/钙钛矿和钙钛矿/HTL 界面处的电荷转移电阻 R_{tr} 和电荷复合电阻 R_{rec} 组成,并与电容器形成并联电路。钙钛矿光伏电池的性能是上述参数引起的协同效应的结果。对于 SnO_2/钙钛矿和 $Zn:SnO_2$/钙钛矿的界面,R_{tr} 分别为 122 kΩ 和 56.4 kΩ,R_{rec} 分别为 540 kΩ 和 735 kΩ。较低的 R_{tr} 和较高的 R_{rec} 表示界面处的电荷传输速率更快、重组率更低。另外,从奈奎斯特图的实部开始时得出的 R_s 在 Zn 掺杂后从 52 Ω 减小到 34.2 Ω。较小的 R_s 表示更快的电荷传输速率,使 J_{SC} 和 FF 达到了更高的水平。

为了理解使用 $Zn:SnO_2$ 作为电子传输层时所观测到的光伏电池性能提升的机理,进行电容电压测量。据报道,在钙钛矿层和电子传输层间会形成耗尽层，这有助于电荷分离并抑制电子从电子传输层到钙钛矿层转移的逆过程[68]。为了估计耗尽层的宽度，对 SnO_2/钙钛矿异质结光伏电池进行了 Mott-Schottky 分析。根据 Mott-Schottky 图中线状区域的 x 截距(见图 2.29(d))，可以得出 SnO_2/钙钛矿接触处的内建电势[69,70]。内建电势有利于分离光生载流子，并抑制电子从 SnO_2 薄膜到钙钛矿薄膜转移的逆过程。结电容 C 由式(2.4)计算得出[71]：

$$\frac{1}{C^2}=\frac{2}{\varepsilon\varepsilon_0 qA^2N}(V_{\mathrm{bi}}-V) \tag{2.4}$$

式中：A 是有效面积；q 是基本电荷；ε 是静态电容率；ε_0 是自由空间的电容率；V 是施加的偏压；N 是给体的掺杂密度；V_{bi} 是内建电场。

钙钛矿和 SnO_2 的 ε 分别约为 30 和 12.6[72-74]。耗尽宽度 W 由式(2.5)计算得出[75]：

$$W_{\mathrm{p,n}}=\frac{1}{N_{\mathrm{a,d}}}\sqrt{\frac{2\varepsilon\varepsilon_0 V_{\mathrm{bi}}}{q\left(\frac{1}{N_{\mathrm{a}}+N_{\mathrm{d}}}\right)}} \tag{2.5}$$

式中：N_{a} 和 N_{d} 分别是受体和给体的掺杂密度。

根据线性状态下的 Mott-Schottky 图的斜率，可以计算出钙钛矿层的净掺杂密度。SnO_2 薄膜的掺杂密度[40,76]为 $N_{\mathrm{a}}=1\times10^{18}\ \mathrm{cm}^{-3}$。在进行 Zn 掺杂后，n 侧的耗尽宽度为 37.74～39 nm，p 侧的耗尽宽度为 36.64～72.97 μm。SnO_2 层和钙钛矿层的厚度分别为 40 nm 和 600 nm。显然，掺杂锌后，整个钙钛矿层都耗尽了，而 SnO_2 层的耗尽宽度却增大了。更宽的耗尽层能促进光生载流子的分离，从而提升器件的性能。

2.3.5 器件模块化制备与可靠性评估

为了评估器件的大面积化和模块化能力，我们制造了大面积电池和串联模块。4 V 和 6 V 串联模块的基底尺寸为 6 cm×15 cm，其中 4 个或 6 个单电池串联连接。对 FTO 基底进行构图，并使用构图后的筛网印刷碳电极。图 2.30(a)描绘了单个电池以及 4 V 和 6 V 串联模块的 I-V 曲线。在照明条件下，对于 4 V 串联模块(有效面积：8.4 cm^2)，获得的 V_{OC} 为 4.4 V；对于 6 V 串联模块(有效面积：7.2 cm^2)，获得的 V_{OC} 为 6.6 V。我们的串联模块可以在照明条件下点亮 18 个发光二极管(LED)。在 100 $\mathrm{mW/cm^2}$ 强度的照明条件以及单个电池、4 V 和 6 V 串联模块(见图 2.30(b))的最大功率点处使光电流输出持续 1000 s，效率没有明显下降，表明其具有良好的稳定性。此外，我们在 ITO/PEN 基底上制造了碳基柔性钙钛矿光伏电池，可以在模拟太阳光下点亮 4 个 LED(见图 2.30(c))，这证明了碳基柔性钙钛矿光伏电池的可行性。

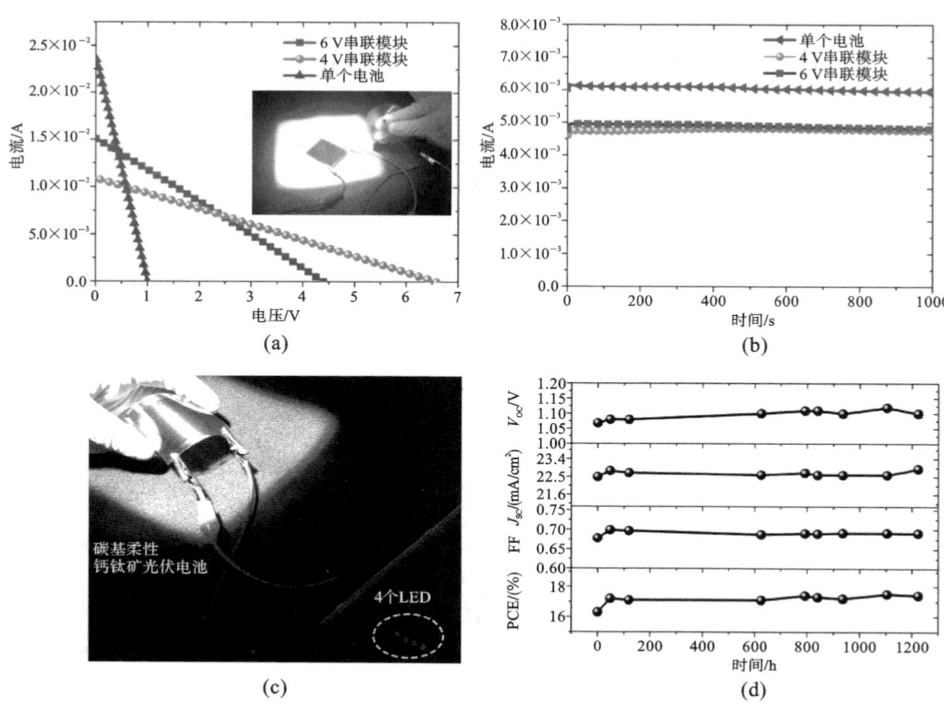

图 2.30 (a)单个电池以及 4 V 和 6 V 串联模块的 *I-V* 曲线(插图为在模拟太阳光下驱动电机的器件照片);(b)在单个电池以及 4 V 和 6 V 串联模块的最大功率点处稳定的光电流输出;(c)模拟太阳光下点亮 4 个 LED 的碳基柔性钙钛矿光伏电池的照片;(d)在空气相对湿度约为 20%的环境中,基于 Zn:SnO_2 电子传输层的钙钛矿光伏电池各参数的变化趋势

对于钙钛矿光伏电池的实际应用,长期稳定性是另一个关键问题。在本研究中,测试了以 Zn:SnO_2 为电子传输层、以 CuPc 为空穴传输层和以商用碳浆料为对电极的钙钛矿光伏电池的稳定性。样品被存储在空气相对湿度约为 20%的环境中,没有封装,相应的结果如图 2.30(d)所示。采用 Zn:SnO_2/钙钛矿/CuPc/碳电极结构的器件具有出色的稳定性。影响钙钛矿光伏电池稳定性的主要因素包括水分、热量和光照。本研究中器件的高稳定性可以归因于:

(1)CuPc 和碳层具有疏水性,可将钙钛矿与空气中的水分隔离;

(2)SnO_2 具有较宽的带隙(3.6~3.8 eV),使得价带中氧化空穴较少,从而在紫外光照射下显著提高光稳定性。

2.3.6 小结

本节成功地将基于低温溶液法获得的锌掺杂氧化锡电子传输层引入了可印刷的碳基钙钛矿光伏电池中。最佳的 Zn 掺杂(2 mmol/L)SnO_2 电子传输层获得的效率高达 17.78%(V_{OC}=1.098 V,J_{SC}=23.4 mA/cm^2 和 FF=0.692),光最大功率点处的稳定效率为 17.2%。研究发现,Zn 掺杂有利于提高 E_{CB} 并改善 SnO_2 的电导率,从而增强电子转移和提取以及抑制电荷复合。此外,在掺杂锌后耗尽层变宽,使光伏性能得以改善。随后,又引入 CuPc(作为空穴传输层)和可印刷碳(作为对电极),器件因此具有疏水性,当存储在空气中时,在 1200 h 测试周期内具有出色的稳定性。本研究为开发高效柔性钙钛矿光伏电池并在未来促进钙钛矿光伏电池技术的商业化和工业化开辟了新途径。

2.4 基于硫化镉电子传输层的全低温碳电极钙钛矿光伏电池

无论是介孔型还是低温印刷型碳电极钙钛矿光伏电池,其制备过程均需采用高温退火工艺,这限制了它们在柔性基底上的发展。尤其是介孔型碳电极钙钛矿光伏电池,除了钙钛矿光敏层的沉积需要低温外,几乎所有功能层的制备均需进行高温退火来形成介孔结构以供钙钛矿填充。而对于低温印刷型碳电极钙钛矿光伏电池来说,通常是电子传输层需要 500 ℃退火来促进结晶。因此,为了实现碳电极钙钛矿光伏电池的全低温制备并开发柔性碳电极钙钛矿光伏电池,我们只需在印刷型碳电极钙钛矿光伏电池的结构基础上,采用低温电子传输层来替代高温电子传输层。常用的 TiO_2 电子传输材料虽然也有低温制备的相关工艺,但 TiO_2 电子传输材料的电荷势垒较高且电子迁移率低(小于 1 $cm^2\cdot V^{-1}\cdot s^{-1}$),导致采用 TiO_2 薄膜制备的电池的界面处会存在电荷传输效率低、载流子积累严重的问题[77]。此外,TiO_2 电子传输材料具有很高的催化活性,使得器件在紫外光照射下的稳定性大打折扣[78]。与 TiO_2 禁带宽度近似的 ZnO 电子传输材料,具有 205~300 $cm^2\cdot V^{-1}\cdot s^{-1}$ 的高迁移率,也可在低温下制备高效钙钛矿光伏电池[79-81]。但 ZnO 电子传输材料化学稳定性差,利用其制备的光伏电池的稳定性也存在问题。SnO_2 电子传输材料的迁移率高(240 $cm^2\cdot V^{-1}\cdot s^{-1}$)、光透性能好且稳定性高。目前基于 SnO_2 电子传输层的高质量钙钛矿光伏电池的效率已超过 21%[82,83],具有极大发展潜力,但其 185 ℃的退火温度对柔性基底仍会造成损伤。

硫化镉(CdS)是一种常用的 N 型半导体材料,能级分布与 TiO_2 的类似[84],

电子迁移率适中(4.66 $cm^2 \cdot V^{-1} \cdot s^{-1}$)。其由于具有成本低、可低温制备、稳定性高的特点在CIGS、CZTS、CdTe等光伏电池中得到广泛使用。本节提出了一种基于CdS电子传输层的碳电极钙钛矿光伏电池的全低温制备方法，对器件的形貌表征和光电特性进行了详细的研究。基于此，我们还制备了柔性碳电极钙钛矿电池，并获得了较高的光电转化效率与机械稳定性。

2.4.1 器件制备

(1)基底的准备：将激光刻蚀好的FTO浸泡于加有清洁剂的去离子水中，超声清洗15 min，取出后，用去离子水漂洗两次；然后分别采用丙酮和乙醇各超声清洗15 min；最后用氮气枪吹干备用。在使用FTO基底之前，还需对其表面用紫外臭氧清洗机处理30 min进行表面改性。

(2)电子传输层的制备：在干净的FTO基底上，采用真空热蒸发工艺制备CdS电子传输层，蒸镀时真空度要小于1×10^{-3} Pa。膜层的沉积速率与厚度用膜厚仪来监测。

(3)钙钛矿光敏层的制备：混合离子多卤化钙钛矿前驱体为DMF和DMSO的混合溶液，体积比为4∶1，其中包含1 mol/L的FAI、1.1 mol/L的PbI_2、0.2 mol/L的MABr和0.22 mol/L的$PbBr_2$。待溶质充分溶解后，再按照5∶95的体积比加入1.5 mol/L CsI的DMSO溶液，充分混合后，前驱体配制完毕。采用移液枪取50 μL钙钛矿前驱体滴加在CdS电子传输层表面，旋涂仪程序设为1000 r/min保持10 s，5000 r/min保持20 s。在程序结束的5 s前，将130 μL的氯苯反溶剂快速滴加在旋转的样品表面。旋涂后，样品还需在100 ℃的加热台上退火1 h。退火结束后，钙钛矿光敏层制备完毕。钙钛矿薄膜旋涂及退火均是在充满N_2的手套箱里完成的。

(4)空穴传输层以及碳电极层的制备：CuPc空穴传输层采用真空热蒸发的方式沉积，本底真空度为0.9×10^{-4} Pa，电流设为85 A，厚度控制在35 nm，采用附带晶振片的膜厚仪对薄膜的厚度进行监测。碳电极采用商用导电碳浆料，并通过刮涂制备。

2.4.2 形貌表征与光电特性分析

全低温碳电极钙钛矿光伏电池的结构示意图如图2.31(a)所示，其中CdS薄膜作为电子传输层，多元多卤素钙钛矿薄膜作为光吸收层，CuPc作为空穴传输层，与其对应的截面SEM图如图2.31(b)所示。可以看出器件功能层之间分界明显，CdS电子传输层的厚度大概为100 nm，钙钛矿光敏层的厚度大概为800 nm，CuPc空穴传输层厚度太薄，以至于在该尺度下无法清晰辨别。图2.31

(c)和(d)展示了 CdS 与钙钛矿薄膜的 UPS 谱图，根据结合能的截止边，我们能够计算出薄膜的功函数，根据结合能的起始边，我们能够计算出薄膜价带与费米能级的间隙。根据薄膜的光吸收谱图(见图 2.31(e))，我们还可以计算出薄膜的禁带宽度。CdS 与钙钛矿薄膜的光吸收谱图的起始边分别为 525 nm 与 762 nm，分别对应的是 2.36 eV 与 1.63 eV 的禁带宽度。由于钙钛矿薄膜中引入了 Br 元素，这种三元多卤素钙钛矿薄膜比传统纯碘钙钛矿薄膜的禁带宽度(1.50 eV)大。经计算，钙钛矿光伏电池的能级排布图如图 2.31(f)所示。光照下，在内建电场的驱动下，钙钛矿光敏层中光生电子与光生空穴分别被抽取至 CdS 电子传输层与 CuPc 空穴传输层。电子最终聚集在 FTO 基底，而空穴最终聚集在碳对电极。

FTO 基底、CdS 电子传输层以及钙钛矿光敏层的平面 SEM 图如图 2.32(a)～(c)所示。FTO 基底由不规则的氟掺杂二氧化锡颗粒组成，晶粒尺寸由几十纳米到几百纳米不等，表面较为粗糙。CdS 沉积后，FTO 基底被规整的 CdS 薄膜完全覆盖，CdS 晶粒尺寸在 100 nm 左右，如图 2.32(b)所示。采用反溶剂制备的钙钛矿薄膜质量如图 2.32(c)所示，膜层覆盖完全，没有孔洞，晶粒尺寸在 300 nm 左右。图 2.32(d)和(e)展示的 XPS 谱图可用来进一步说明 CdS 薄膜的化学状态。Cd 元素在 405 eV 和 412 eV 处有两个明显的特征峰，分别对应 Cd $3d_{5/2}$与 Cd $3d_{3/2}$轨道。S 元素在 162 eV 和 163 eV 处有两个明显的特征峰，分别对应 S $2p_{3/2}$与 S $2p_{1/2}$轨道。测试结果进一步证明了 CdS 薄膜的形成。图 2.32(f)展示了 CdS 与钙钛矿薄膜的 XRD 谱图。CdS 薄膜在 24.86°、26.52°、28.24°、36.70°、43.79°与 47.94°处的衍射峰来源于 CdS 材料硫镉矿晶体结构的(100)、(002)、(101)、(102)、(110)与(103)晶面。钙钛矿薄膜在 14.10°、20.02°、24.61°、28.43°、31.89°、35.06°、40.70°与 43.30°处明显的衍射峰来源于钙钛矿四方晶系的(110)、(112)、(202)、(220)、(310)、(312)、(224)与(314)晶面[2,3]。谱图中用菱形标注的 26.53°、33.75°与 37.77°处的衍射峰来源于 FTO 基底，用五角星在 12.71°处标注的衍射峰来源于钙钛矿前驱体配方中过量的 PbI_2。前期的研究中曾指出，前驱体中适当过量的 PbI_2 有利于晶界钝化，进而促进光电转化[58-60,85]。

图 2.33(a)给出了 CdS 薄膜在不同厚度下的光透过率。由于 CdS 材料禁带宽度相对较小，由其形成的薄膜会吸收一部分 300～500 nm 的太阳光，这也是 CdS 薄膜呈黄色的原因。尽管如此，CdS 薄膜仍能在 550～900 nm 的光谱范围内展现出 70%的高光透过率。可以发现，随着 CdS 薄膜厚度的增大，300～500 nm 波长范围内的光透过率逐渐下降，薄膜表面的颜色也越来越深。有趣的是，600～900 nm 波长范围内的光透过率反而逐渐上升，这可能与 CdS 薄膜

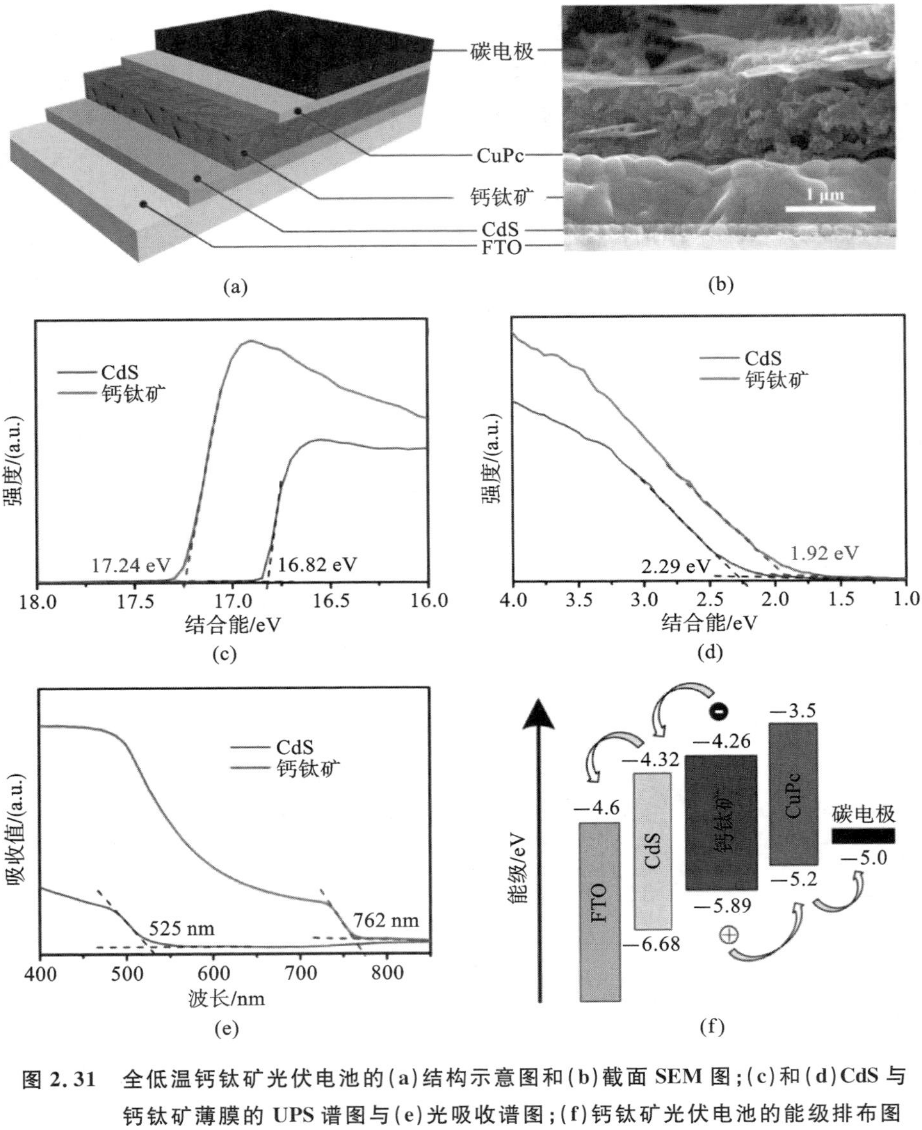

图 2.31　全低温钙钛矿光伏电池的(a)结构示意图和(b)截面 SEM 图;(c)和(d)CdS 与钙钛矿薄膜的 UPS 谱图与(e)光吸收谱图;(f)钙钛矿光伏电池的能级排布图

的表面粗糙度随厚度增大而减小有关。图 2.33(b)给出了 CdS 薄膜在不同厚度下的 J-V 曲线。详细光电参数见表 2.7。对于未采用电子传输层的器件,开路电压为0.38 V,短路电流为 21.99 mA/cm^2,填充因子为 0.46,对应的光电转化效率只有 3.83%。可见,无电子传输层的器件虽然展现出了很高的光电流,但开路电压与填充因子严重不足,主要是由 FTO 与钙钛矿界面处能级不匹配

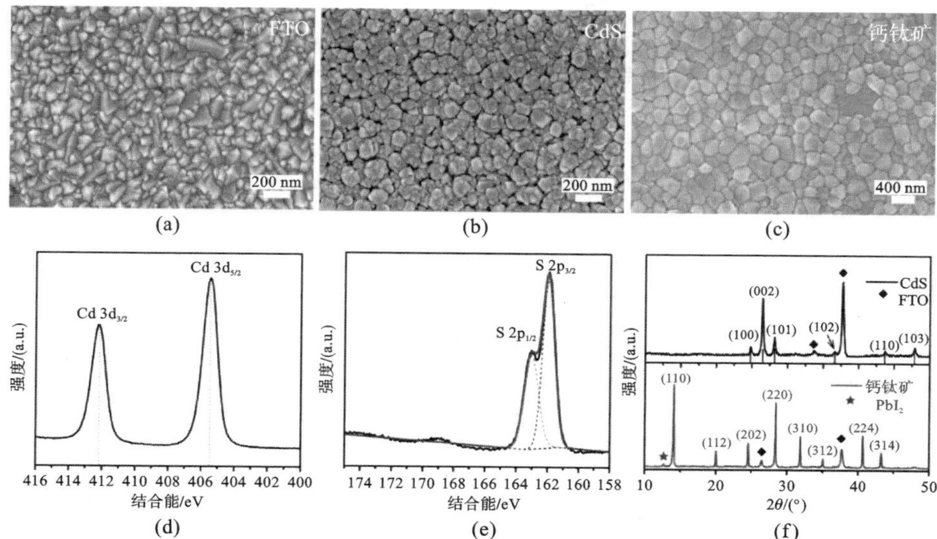

图 2.32　(a)FTO 基底、(b)CdS 电子传输层与(c)钙钛矿光敏层的平面 SEM 图;(d～e) CdS 薄膜的 XPS 谱图;(f)CdS 与钙钛矿薄膜的 XRD 谱图

导致的。当 FTO 表面沉积了 50 nm 的 CdS 薄膜时,器件性能得到了极大提升,开路电压增大至 0.97 V,短路电流略微下降至 20.06 mA/cm²,填充因子提高至 0.56,进而获得了 10.82%的光电转化效率。当 CdS 薄膜厚度为 100 nm 时,器件开路电压增大至 1 V,短路电流增大至 20.95 mA/cm²,填充因子增大至 0.63,最终获得了 13.22%的光电转化效率。对于 CdS 薄膜的厚度为 150 nm 的电池来说,器件开路电压保持不变,但短路电流与填充因子均有略微下降,因此光电转化效率只有 11.92%。当 CdS 薄膜的厚度增大至 200 nm 时,器件的光电转化效率衰减至 11.7%。经分析得知,当 CdS 薄膜过薄时,膜层不能有效传输光生电子,从而引发严重的光生载流子复合;然而当 CdS 薄膜过厚时,器件串联电阻增大,钙钛矿光吸收损失增大,进而导致性能下降。根据试验结果,100 nm 是 CdS 薄膜的最优厚度。如图 2.33(c)所示,IPCE 谱线起始于 300 nm,结束于 770 nm;在 300～500 nm 波长范围内 IPCE 数值较小,在 500～730 nm 波长范围内 IPCE 数值较大,正好与 CdS 薄膜的光透过率曲线(见图 2.33(a))与钙钛矿薄膜的光吸收谱图(见图 2.31(e))对应。由 CdS 薄膜厚度变化引起的 IPCE 积分电流变化的趋势也与实测的 J_{SC}变化趋势一致,提高了数据的可信度。

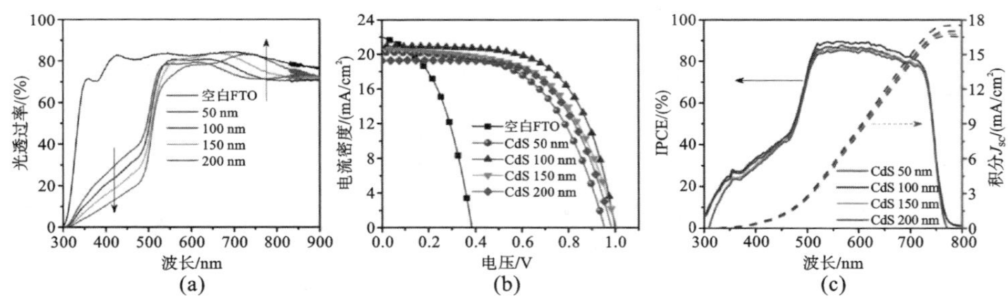

图 2.33　CdS 薄膜在不同厚度下的(a)光透过率、(b)*J-V* 曲线与(c)IPCE 谱线

表 2.7　基于不同厚度 CdS 薄膜所制备的碳电极钙钛矿光伏电池的详细光电参数

电子传输层	V_{OC}/V	J_{SC}/(mA/cm²)	FF	PCE/(%)
空白 FTO	0.38	21.99	0.46	3.83
	(0.36±0.02)	(21.09±0.90)	(0.43±0.030)	(3.25±0.58)
FTO/CdS (50 nm)	0.97	20.06	0.56	10.82
	(0.94±0.03)	(19.93±0.34)	(0.53±0.0317)	(10.02±0.89)
FTO/CdS (100 nm)	1	20.95	0.63	13.22
	(0.98±0.02)	(20.15±0.87)	(0.63±0.0180)	(12.24±0.98)
FTO/CdS (150 nm)	1	20.62	0.58	11.92
	(0.98±0.07)	(19.33±1.36)	(0.59±0.0258)	(11.13±0.88)
FTO/CdS (200 nm)	0.98	19.31	0.62	11.7
	(0.95±0.07)	(19.04±0.78)	(0.58±0.0444)	(10.59±1.11)

2.4.3　光电特性提升研究

为了进一步提升器件的光电转化效率，我们在 CdS 电子传输层表面修饰一层富勒烯衍生物 PCBM。据报道，PCBM 界面修饰层能够钝化缺陷、促进电荷传输。CdS 薄膜修饰 PCBM 后的平面 SEM 图如图 2.34(a)所示。可见，PCBM 能够完整地覆盖 CdS 薄膜，并能填充 CdS 晶粒间的间隙。基于不同电子传输层所制备器件的 *J-V* 曲线对比图如图 2.34(b)所示，详细光电参数也在表 2.8 中列出。CdS 电子传输层修饰 PCBM 后，器件获得了 1 V 的开路电压，20.86 mA/cm² 的短路电流，0.68 的填充因子和 14.28%的光电转化效率，相比未修饰的器件效率提升了 8%。图 2.34(c)所示的 IPCE 谱线对比表明器件效率的提升并不来自光电流的增大。光照下，最大功率输出点处器件的光电流与 PCE 变化趋势如图 2.34(d)所示，器件的稳态电流密度为 18.30 mA/cm²，稳态 PCE 可达 14.1%。可以看出，电子传输层修饰 PCBM 后器件的效率与传统基于高温 TiO_2 电子传输层器件的接近，且效率的提高主要来自填充因子的提高。

PCBM 单层膜作为电子传输层时，器件的短路电流高达 22.22 mA/cm²，但开路电压只有 0.61 V，因而效率只有 7.41%，说明 PCBM 单层膜作为电子传输层时电子抽取能力不足，需要配合其他电子传输层方能起到作用。采用 PCBM 修饰 CdS 前后，对器件的稳定性也进行了考量。未封装器件保存在空气中，每隔 24 h 在标准太阳光照射下测试一次，测试周期超过 500 h，结果如图 2.34(e)所示。CdS/PCBM 器件的效率由最初的 14.20%减小至 12.28%，下降了 13.5%。同时，CdS 器件的效率也下降了 16.53%。尽管如此，相比已报道的许多钙钛矿光伏电池而言，本研究的器件仍展现了较高的稳定性[86]。正如前文所提到的，CuPc 空穴传输层与碳对电极层均能有效隔离水气，保障钙钛矿电池的稳定性。另一方面，钙钛矿电池在紫外光照射下的稳定性也至关重要。基于不同电子传输层的钙钛矿电池在持续紫外光照射下的效率变化对比如图 2.34(f)所示。在长达 1000 min 的持续紫外光照射下，基于 TiO_2 电子传输层的钙钛矿电池的光电转化效率到最后仅保留了 36%，TiO_2 材料表面的陷阱态与氧空位在紫外光照射下会激发出强烈的光催化活性，造成钙钛矿光敏层分解，导致器件失效[78,87,88]。但 CdS 材料中不存在这样的氧空位，由两类 CdS 电子传输层构成的光电器件的效率保持率都在 90%以上，展现了优异的紫外光稳定性。

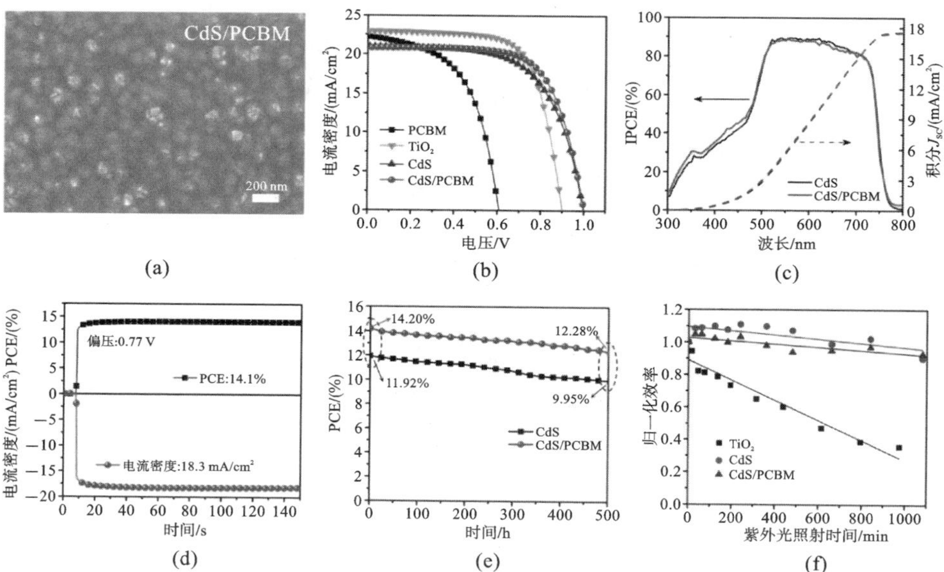

图 2.34 (a)CdS 修饰 PCBM 后的平面 SEM 图；(b)基于不同电子传输层所制备器件的 *J-V* 曲线对比图；(c)CdS 电子传输层修饰前后，器件 IPCE 谱线对比；(d)最大功率输出点处器件的光电流与 PCE 变化趋势；(e)未封装器件在空气中的长程稳定性测试曲线；(f)TiO_2 器件与 CdS 器件在持续紫外光照射下的效率变化对比

表 2.8 基于不同电子传输层所制备器件的详细光电参数

电子传输层	V_{OC}/V	J_{SC}/(mA/cm²)	FF	PCE/(%)
PCBM	0.61	22.22	0.55	7.41
TiO_2	0.90	22.96	0.70	14.38
CdS	1	20.95	0.63	13.22
CdS/PCBM	1	20.86	0.68	14.28

此外，对 CdS 电子传输层修饰 PCBM 前后器件间的迟滞行为进行对比，如图 2.35 与表 2.9 所示。此处，迟滞因子(HI)的计算公式为

$$HI=\frac{PCE_{反向}-PCE_{正向}}{PCE_{反向}} \tag{2.6}$$

可以看出，电子传输层修饰 PCBM 后，器件的迟滞因子由 0.36 下降至 0.23，对应一个受到抑制的迟滞行为。PCBM 修饰层能够促使电子和空穴传输的平衡，从而消除电荷积累，减少载流子复合[89,90]。

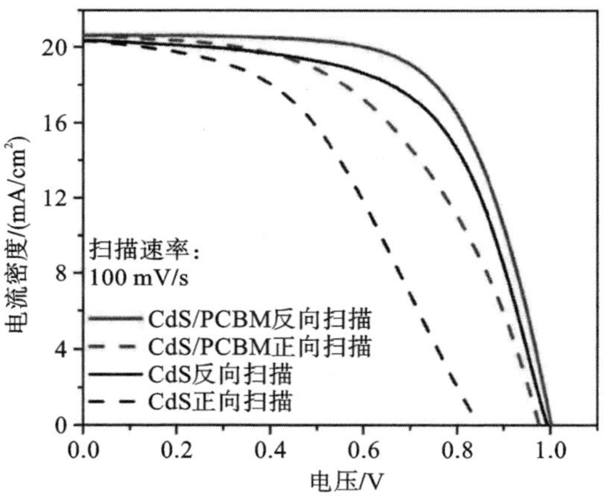

图 2.35 CdS 电子传输层修饰 PCBM 前后，器件正反向扫描下的 *J-V* 曲线

表 2.9 CdS 电子传输层修饰 PCBM 前后，器件的迟滞性能分析

电子传输层	扫描方向	V_{OC}/V	J_{SC}/(mA/cm²)	FF	PCE/(%)	HI
CdS/PCBM	反向	1	20.65	0.66	13.59	0.23
	正向	0.97	20.62	0.52	10.46	
CdS	反向	0.99	20.37	0.61	12.26	0.36
	正向	0.85	20.34	0.46	7.89	

为了更深入地探究电子传输层修饰 PCBM 前后光生载流子的传输与复合情况，开展了稳态与瞬态 PL 的相关测试。图 2.36(a)所示的稳态 PL 谱图表

明，随着 CdS 与 PCBM 的引入，钙钛矿薄膜在 780 nm 处的荧光强度逐渐降低。图 2.36(b)所示的瞬态 PL 谱线经双指数拟合后，钙钛矿、CdS/钙钛矿、CdS/PCBM/钙钛矿三种薄膜计算所得的平均衰减时间分别为 251.09 ns、212.76 ns 与 111.68 ns。两种 PL 测试的结果均表明 CdS 修饰 PCBM 后更能有效地传输电子、抑制复合，进而促进光电转化[32,53]。如图 2.36(c)所示，相比较而言，CdS/PCBM 器件在暗态下泄漏电流更低，更有利于器件填充因子的提升。图 2.36(d)所示电化学阻抗谱测试在暗态下进行，偏压为 0.8 V。阻抗谱中的奈奎斯特曲线只展现了一个明显的弧，对应一个 RC 回路。因此，弧的大小与器件整体电荷传输情况正相关[91,92]。按照图中的等效电路进行拟合可得，CdS/PCBM 器件的串联电阻(50.4 Ω)与 CdS 器件的串联电阻(34.7 Ω)接近；而 CdS/PCBM 器件的电荷转移电阻(3.89 kΩ)要明显小于 CdS 器件的电荷转移电阻(8.79 kΩ)，更有利于器件内部的载流子输运。

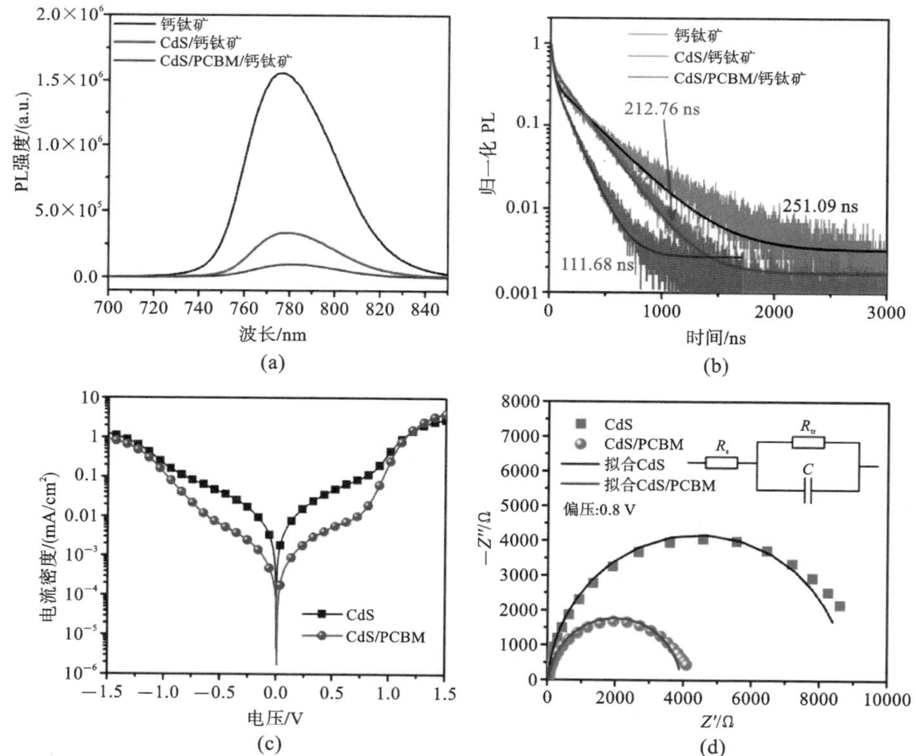

图 2.36 钙钛矿、CdS/钙钛矿、CdS/PCBM/钙钛矿三种薄膜的(a)稳态 PL 与(b)瞬态 PL 谱图；电子传输层修饰 PCBM 前后器件在暗态下(c)泄漏电流与(d)电化学阻抗的变化

2.4.4 柔性器件研发

基于 CdS 电子传输层的碳电极钙钛矿光伏电池全低温工艺可直接用于柔性器件的研发。柔性器件的结构组成为 PEN/ITO/CdS/PCBM/钙钛矿/CuPc/碳电极。其 *J-V* 曲线如图 2.37(a)所示,最佳光电转化效率为9.56%,填充因子为 0.66,短路电流为 15.44 mA/cm^2,开路电压为 0.94 V。由 IPCE 测试曲线(见图 2.37(b))可知,柔性器件的光电流与效率要比刚性器件的小,主要是因为柔性基底的表面电阻更大、光透过率更低。此外,还对柔性器件进行了超过 600 个循环的弯折测试来评估器件的机械稳定性。如图 2.37(c)所示,器件经过 600 次曲率半径为 9.6 mm 的循环弯折后,效率为 7.01%,仍保证了 80%的初始效率,展现了出色的机械稳定性。

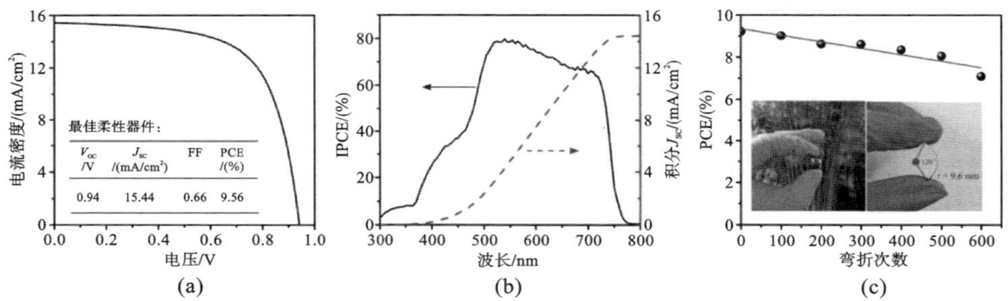

图 2.37 利用全低温工艺制备的柔性碳电极钙钛矿光伏电池的(a)*J-V* 曲线与(b)IPCE 测试曲线;(c)柔性器件的机械稳定性测试结果

2.4.5 小结

本节提出了一种基于 CdS 电子传输层的全低温碳电极钙钛矿光伏电池的制备方法,器件采用热蒸发 CdS 作为电子传输层,三元混合钙钛矿作为光敏层,有机小分子 CuPc 作为空穴传输层,可印刷碳电极作为对电极层。通过优化 CdS 电子传输层的厚度,器件的光电转化效率达到了为 13.22%。此外,采用 PCBM 对 CdS 电子传输层进行修饰,器件填充因子得到大幅提升,因此器件效率也提高至 14.28%。荧光测试分析表明,PCBM 修饰层能够有效促进钙钛矿与电子传输层界面处的电荷分离,并抑制复合发生。器件的泄漏电流测试与电化学阻抗谱测试也说明 PCBM 能够促进光生电子的抽取与传输。另外,器件还展现出了较为出色的长程稳定性(500 h)与耐紫外光稳定性(1000 min)。基于全低温工艺,还制备了柔性碳电极钙钛矿电池,并获得了 9.56%的最佳光电转化效率与可观的耐弯折特性。相关研究工作将有力推动柔性钙钛矿光伏电池技术的发展和应用，进而促进其在柔性可穿戴电子产品和日常生活中的广泛应用。

参考文献

[1] KO H S,LEE J W,PARK N G. 15.76% efficiency perovskite solar cells prepared under high relative humidity:importance of PbI_2 morphology in two-step deposition of $CH_3NH_3PbI_3$[J]. Journal of Materials Chemistry A, 2015,3(16):8808-8815.

[2] QIU J H,QIU Y C,YAN K Y,et al. All-solid-state hybrid solar cells based on a new organometal halide perovskite sensitizer and one-dimensional TiO_2 nanowire arrays[J]. Nanoscale,2013,5(8):3245-3248.

[3] GAO X Y, LI J Y, BAKER J, et al. Enhanced photovoltaic performance of perovskite $CH_3NH_3PbI_3$ solar cells with freestanding TiO_2 nanotube array films[J]. Chemical Communications,2014,50(48):6368-6371.

[4] ZHOU H W,SHI Y T,DONG Q S,et al. Hole-conductor-free, metal-electrode-free $TiO_2/CH_3NH_3PbI_3$ heterojunction solar cells based on a low-temperature carbon electrode[J]. The Journal of Physical Chemistry Letters,2014,5(18):3241-3246.

[5] FROST J M,BUTLER K T,BRIVIO F,et al. Atomistic origins of high-performance in hybrid halide perovskite solar cells[J]. Nano letters, 2014,14(5):2584-2590.

[6] HAN Y,MEYER S,DKHISSI Y,et al. Degradation observations of encapsulated planar $CH_3NH_3PbI_3$ perovskite solar cells at high temperatures and humidity[J]. Journal of Materials Chemistry A,2015,3(15):8139-8147.

[7] GIAUQUE W,WIEBE R. The heat capacity of hydrogen iodide from 15°K. To its boiling point and its heat of vaporization. The entropy from spectroscopic data[J]. Journal of the American Chemical Society,1929,51: 1441-1449.

[8] ASTON J,SILLER C,MESSERLY G. Heat capacities and entropies of organic compounds. Ⅲ. Methylamine from 11.5 K to the boiling point. Heat of vaporization and vapor pressure. The entropy from molecular data[J]. Journal of the American Chemical Society,1937,59:1743-1751.

[9] YOU J B,MENG L,SONG T B,et al. Improved air stability of

perovskite solar cells via solution-processed metal oxide transport layers[J]. Nature Nanotechnology,2016,11(1):75-81.

[10] HABISREUTINGER S N, LEIJTENS T, EPERON G E, et al. Carbon nanotube/polymer composites as a highly stable hole collection layer in perovskite solar cells[J]. Nano Letters,2014,14(10):5561-5568.

[11] SALIBA M,MATSUI T,SEO J Y,et al. Cesium-containing triple cation perovskite solar cells: improved stability, reproducibility and high efficiency[J]. Energy & Environmental Science,2016,9(6):1989-1997.

[12] WOJCIECHOWSKI K,SALIBA M,LEIJTENS T,et al. Sub-150 ℃ processed meso-superstructured perovskite solar cells with enhanced efficiency[J]. Energy & Environmental Science,2014,7(3):1142-1147.

[13] HUANG A,LEI I,ZHU J T,et al. Achieving high current density of perovskite solar cells by modulating the dominated facets of room-temperature DC magnetron sputtered TiO_2 electron extraction layer[J]. ACS Applied Materials & Interfaces,2017,9(3):2016-2022.

[14] ZHANG H Y,SHI J J,XU X,et al. Mg-doped TiO_2 boosts the efficiency of planar perovskite solar cells to exceed 19%[J]. Journal of Materials Chemistry A,2016,4(40):15383-15389.

[15] CHO K T,GRANCINI G,LEE Y,et al. Beneficial role of reduced graphene oxide for electron extraction in highly efficient perovskite solar cells [J]. ChemSusChem,2016,9(21):3040-3044.

[16] CHEN B X,RAO H S,LI W G,et al. Achieving high-performance planar perovskite solar cell with Nb-doped TiO_2 compact layer by enhanced electron injection and efficient charge extraction[J]. Journal of Materials Chemistry A,2016,4(15):5647-5653.

[17] YU J C, KIM D B, BAEK G, et al. High-performance planar perovskite optoelectronic devices: a morphological and interfacial control by polar solvent treatment[J]. Advanced Materials,2015,27(23):3492-3500.

[18] SHEN D,ZHANG W F,XIE F Y,et al. Graphene quantum dots decorated TiO_2 mesoporous film as an efficient electron transport layer for high-performance perovskite solar cells[J]. Journal of Power Sources, 2018, 402:320-326.

[19] ZHOU H P,CHEN Q,LI G,et al. Interface engineering of highly efficient perovskite solar cells[J]. Science,2014,345(6196):542-546.

[20] YIN G N, MA J X, JIANG H, et al. Enhancing efficiency and stability of perovskite solar cells through Nb-doping of TiO_2 at low temperature[J]. ACS Applied Materials & Interfaces, 2017, 9(12): 10752-10758.

[21] TAN H, JAIN A, VOZNYY O, et al. Efficient and stable solution-processed planar perovskite solar cells via contact passivation[J]. Science, 2017, 355(6326): 722-726.

[22] REN G H, LI Z W, WU W, et al. Performance improvement of planar perovskite solar cells with cobalt-doped interface layer[J]. Applied Surface Science, 2020, 507: 145081.

[23] WU T T, ZHEN C, ZHU H, et al. Gradient Sn-doped heteroepitaxial film of faceted rutile TiO_2 as an electron selective layer for efficient perovskite solar cells[J]. ACS Applied Materials & Interfaces, 2019, 11: 19638-19646.

[24] ARORA N, DAR M I, ABDI-JALEBI M, et al. Intrinsic and extrinsic stability of formamidinium lead bromide perovskite solar cells yielding high photovoltage[J]. Nano Letters, 2016, 16(11): 7155-7162.

[25] BATMUNKH M, SHEARER C J, BAT-ERDENE M, et al. Single-walled carbon nanotubes enhance the efficiency and stability of mesoscopic perovskite solar cells[J]. ACS Applied Materials & Interfaces, 2017, 9(23): 19945-19954.

[26] SUN B, PENG Z C, SHENG W J, et al. Controlled fabrication of Sn/TiO_2 nanorods for photoelectrochemical water splitting[J]. Nanoscale Research Letters, 2013, 8(1): 462.

[27] WANG J, QIN M C, TAO H, et al. Performance enhancement of perovskite solar cells with Mg-doped TiO_2 compact film as the hole-blocking layer[J]. Applied Physics Letters, 2015, 106(12): 121104.

[28] SHENG Y S, HU Y, MEI A, et al. Enhanced electronic properties in $CH_3NH_3PbI_3$ via LiCl mixing for hole-conductor-free printable perovskite solar cells[J]. Journal of Materials Chemistry A, 2016, 4(42): 16731-16736.

[29] XIAO Z G, DONG Q F, BI C, et al. Solvent annealing of perovskite-induced crystal growth for photovoltaic-device efficiency enhancement[J]. Advanced Materials, 2014, 26(37): 6503-6509.

[30] LONG R, LIU J, PREZHDO O V. Unravelling the effects of grain

boundary and chemical doping on electron-hole recombination in $CH_3NH_3PbI_3$ perovskite by time-domain atomistic simulation[J]. Journal of the American Chemical Society,2016,138(11):3884-3890.

[31] CHU Z D, YANG M J, SCHULZ P, et al. Impact of grain boundaries on efficiency and stability of organic-inorganic trihalide perovskites [J]. Nature Communications,2017,8(1):1-8.

[32] MA J J, YANG G, QIN M C, et al. MgO nanoparticle modified anode for highly efficient SnO_2-based planar perovskite solar cells [J]. Advanced Science,2017,4(9):1700031.

[33] CAI Q B, ZHANG Y Q, LIANG C, et al. Enhancing efficiency of planar structure perovskite solar cells using Sn-doped TiO_2 as electron transport layer at low temperature [J]. Electrochimica Acta, 2018, 261: 227-235.

[34] CHRISTIANS J A, FUNG R C M, KAMAT P V. An inorganic hole conductor for organo-lead halide perovskite solar cells. Improved hole conductivity with copper iodide[J]. Journal of the American Chemical Society, 2014,136(2):758-764.

[35] WEI H Y, XIAO J Y, YANG Y Y, et al. Free-standing flexible carbon electrode for highly efficient hole-conductor-free perovskite solar cells [J]. Carbon,2015,93:861-868.

[36] ZHAO C, CHEN B B, QIAO X F, et al. Revealing underlying processes involved in light soaking effects and hysteresis phenomena in perovskite solar cells[J]. Advanced Energy Materials,2015,5(14):1500279.

[37] SALIBA M, MATSUI T, SEO J Y, et al. Cesium-containing triple cation perovskite solar cells: improved stability, reproducibility and high efficiency[J]. Energy & Environmental Science,2016,9(6):1989-1997.

[38] ZHANG F G, YANG X C, CHENG M, et al. Boosting the efficiency and the stability of low cost perovskite solar cells by using CuPc nanorods as hole transport material and carbon as counter electrode[J]. Nano Energy,2016,20:108-116.

[39] KILIÇ Ç, ZUNGER A. Origins of coexistence of conductivity and transparency in SnO_2[J]. Physical Review Letters,2002,88(9):095501.

[40] JARZEBSKI Z, MARTON J. Physical properties of SnO_2 materials: Ⅱ. Electrical properties[J]. Journal of the electrochemical Society,

1976,123:299C.

[41] SNAITH H J,DUCATI C. SnO_2-based dye-sensitized hybrid solar cells exhibiting near unity absorbed photon-to-electron conversion efficiency [J]. Nano Letters,2010,10(4):1259-1265.

[42] WANG X F, WANG L, TAMAI N, et al. Development of solar cells based on synthetic near-infrared absorbing purpurins: observation of multiple electron injection pathways at cyclic tetrapyrrole-semiconductor interface[J]. The Journal of Physical Chemistry C, 2011, 115(49): 24394-24402.

[43] DONG Q S,SHI Y T,WANG K,et al. Insight into perovskite solar cells based on SnO_2 compact electron-selective layer[J]. The Journal of Physical Chemistry C,2015,119(19):10212-10217.

[44] SONG J X,ZHENG E Q,BIAN J,et al. Low-temperature SnO_2-based electron selective contact for efficient and stable perovskite solar cells [J]. Journal of Materials Chemistry A,2015,3(20):10837-10844.

[45] KE W J, FANG G J, LIU Q, et al. Low-temperature solution-processed tin oxide as an alternative electron transporting layer for efficient perovskite solar cells[J]. Journal of the American Chemical Society,2015,137(21):6730-6733.

[46] KE W J, ZHAO D W, XIAO C X, et al. Cooperative tin oxide fullerene electron selective layers for high-performance planar perovskite solar cells[J]. Journal of Materials Chemistry A,2016,4(37):14276-14283.

[47] LIU Q,QIN M C,KE W J,et al. Enhanced stability of perovskite solar cells with low-temperature hydrothermally grown SnO_2 electron transport layers[J]. Advanced Functional Materials,2016,26(33):6069-6075.

[48] WANG C L, XIAO C X, YU Y, et al. Understanding and eliminating hysteresis for highly efficient planar perovskite solar cells[J]. Advanced Energy Materials,2017,7(17):1700414.

[49] ANARAKI E H, KERMANPUR A, STEIER L, et al. Highly efficient and stable planar perovskite solar cells by solution-processed tin oxide [J]. Energy & Environmental Science,2016,9(10):3128-3134.

[50] LIN S Y,YANG B C,QIU X C,et al. Efficient and stable planar hole-transport-material-free perovskite solar cells using low temperature processed SnO_2 as electron transport material[J]. Organic Electronics,2018,

53:235-241.

[51] LIU Z Y, SUN B, LIU X Y, et al. 15% efficient carbon based planar-heterojunction perovskite solar cells using a TiO_2/SnO_2 bilayer as the electron transport layer[J]. Journal of Materials Chemistry A, 2018, 6(17): 7409-7419.

[52] REN X D, YANG D, YANG Z, et al. Solution-processed Nb:SnO_2 electron transport layer for efficient planar perovskite solar cells[J]. ACS Applied Materials & Interfaces, 2017, 9(3): 2421-2429.

[53] PARK M, KIM J Y, SON H J, et al. Low-temperature solution-processed Li-doped SnO_2 as an effective electron transporting layer for high-performance flexible and wearable perovskite solar cells[J]. Nano Energy, 2016, 26: 208-215.

[54] BAENA J P C, STEIER L, et al. Highly efficient planar perovskite solar cells through band alignment engineering[J]. Energy & Environmental Science, 2015, 8(10): 2928-2934.

[55] XIAO Z G, DONG Q F, BI C, et al. Solvent Annealing of perovskite-induced crystal growth for photovoltaic-device efficiency enhancement[J]. Advanced Materials, 2014, 26(37): 6503-6509.

[56] DOU X C, SABBA D, MATHEWS N, et al. Hydrothermal synthesis of high electron mobility Zn-doped SnO_2 nanoflowers as photoanode material for efficient dye-sensitized solar cells[J]. Chemistry of Materials, 2011, 23(17): 3938-3945.

[57] QIU J H, QIU Y C, YAN K Y, et al. All-solid-state hybrid solar cells based on a new organometal halide perovskite sensitizer and one-dimensional TiO_2 nanowire arrays[J]. Nanoscale, 2013, 5(8): 3245-3248.

[58] CAO D H, STOUMPOS C C, MALLIAKAS C D, et al. Remnant PbI_2, an unforeseen necessity in high-efficiency hybrid perovskite-based solar cells? [J]. APL Materials, 2014, 2(9): 091101.

[59] LEE Y H, LUO J S, HUMPHRY-BAKER R, et al. Unraveling the reasons for efficiency loss in perovskite solar cells[J]. Advanced Functional Materials, 2015, 25(25): 3925-3933.

[60] WANG L L, MCCLEESE C, KOVALSKY A, et al. Femtosecond time-resolved transient absorption spectroscopy of $CH_3NH_3PbI_3$ perovskite films: evidence for passivation effect of PbI_2 [J]. Journal of the American

Chemical Society,2014,136(35):12205-12208.

[61] YU Z H,ZHANG L X,TIAN S,et al. Hot-substrate deposition of hole-and electron-transport layers for enhanced performance in perovskite solar cells[J]. Advanced Energy Materials,2017,8(2):1701659.

[62] LI E Z, GUO Y, LIU T, et al. Preheating-assisted deposition of solution-processed perovskite layer for an efficiency-improved inverted planar composite heterojunction solar cell [J]. RSC Advances, 2016, 6 (37): 30978-30985.

[63] WANG K P, TENG H. Zinc-doping in TiO_2 films to enhance electron transport in dye-sensitized solar cells under low-intensity illumination [J]. Physical Chemistry Chemical Physics,2009,11(41):9489-9496.

[64] HEO J H, YOU M S, CHANG M H, et al. Hysteresis-less mesoscopic $CH_3NH_3PbI_3$ perovskite hybrid solar cells by introduction of Li-treated TiO_2 electrode[J]. Nano Energy,2015,15:530-539.

[65] JOSEPH D P,RENUGAMBAL P,SARAVANAN M,et al. Effect of Li doping on the structural, optical and electrical properties of spray deposited SnO_2 thin films[J]. Thin Solid Films,2009,517(21):6129-6136.

[66] KIM D H,HAN G S,SEONG W M,et al. Niobium doping effects on TiO_2 mesoscopic electron transport layer-based perovskite solar cells[J]. ChemSusChem,2015,8(14):2392-2398.

[67] YANG D, YANG R X, ZHANG J, et al. High efficiency flexible perovskite solar cells using superior low temperature TiO_2 [J]. Energy & Environmental Science,2015,8(11):3208-3214.

[68] LABAN W A,ETGAR L. Depleted hole conductor-free lead halide iodide heterojunction solar cells[J]. Energy & Environmental Science,2013,6(11):3249-3253.

[69] SCHOTTKY W. Vereinfachte und erweiterte theorie der randschicht-gleichrichter[J]. Zeitschrift für Physik,1942,118(9-10):539-592.

[70] GUERRERO A, JUAREZ-PEREZ E J, BISQUERT J, et al. Electrical field profile and doping in planar lead halide perovskite solar cells [J]. Applied Physics Letters,2014,105(13):133902.

[71] AHARON S,GAMLIEL S,COHEN B E,et al. Depletion region effect of highly efficient hole conductor free $CH_3NH_3PbI_3$ perovskite solar cells [J]. Physical Chemistry Chemical Physics,2014,16(22):10512-10518.

[72] ZHOU H W, SHI Y T, WANG K, et al. Low-temperature processed and carbon-based $ZnO/CH_3NH_3PbI_3/C$ planar heterojunction perovskite solar cells[J]. The Journal of Physical Chemistry C,2015,119(9):4600-4605.

[73] BAIKIE T,FANG Y N,KADRO J M,et al. Synthesis and crystal chemistry of the hybrid perovskite $(CH_3NH_3)PbI_3$ for solid-state sensitised solar cell applications[J]. Journal of Materials Chemistry A,2013,1(18):5628-5641.

[74] CHAISAN W,YIMNIRUN R,ANANTA S,et al. The effects of the spinodal microstructure on the electrical properties of TiO_2-SnO_2 ceramics [J]. Journal of Solid State Chemistry,2005,178(3):613-620.

[75] LUTHER J M,LAW M,BEARD M C,et al. Schottky solar cells based on colloidal nanocrystal films[J]. Nano Letters,2008,8(10):3488-3492.

[76] KIM T W,LEE D U,YOON Y S. Microstructural,electrical,and optical properties of SnO_2 nanocrystalline thin films grown on InP (100) substrates for applications as gas sensor devices [J]. Journal of Applied Physics,2000,88(6):3759-3761.

[77] JIANG Q,ZHANG L Q,WANG H L,et al. Enhanced electron extraction using SnO_2 for high-efficiency planar-structure $HC(NH_2)_2PbI_3$-based perovskite solar cells[J]. Nature Energy,2006,2(1):1-7.

[78] LEIJTENS T, EPERON G E, PATHAK S, et al. Overcoming ultraviolet light instability of sensitized TiO_2 with meso-superstructured organometal tri-halide perovskite solar cells [J]. Nature Communications, 2013,4(1):1-8.

[79] KUMAR M H,YANTARA N,DHARANI S,et al. Flexible,low-temperature,solution processed ZnO-based perovskite solid state solar cells [J]. Chemical Communications,2013,49(94):11089-11091.

[80] SON D Y,IM J H,KIM H S,et al. 11% efficient perovskite solar cell based on ZnO nanorods: an effective charge collection system [J]. The Journal of Physical Chemistry C,2014,118(30):16567-16573.

[81] LIU D, KELLY T L. Perovskite solar cells with a planar heterojunction structure prepared using room-temperature solution processing techniques[J]. Nature Photonics,2014,8(2):133-138.

[82] CORREA-BAENA J P, TRESS W, DOMANSKI K, et al. Identifying and suppressing interfacial recombination to achieve high open-

circuit voltage in perovskite solar cells[J]. Energy & Environmental Science, 2017,10(5):1207-1212.

[83] KE W J,XIAO C X,WANG C L,et al. Employing lead thiocyanate additive to reduce the hysteresis and boost the fill factor of planar perovskite solar cells[J]. Advanced Materials,2016,28(26):5214-5221.

[84] LIU J, GAO C, LUO L Z, et al. Low-temperature, solution processed metal sulfide as an electron transport layer for efficient planar perovskite solar cells[J]. Journal of Materials Chemistry A, 2015, 3(22): 11750-11755.

[85] CHEN Q,ZHOU H P,SONG T B,et al. Controllable self-induced passivation of hybrid lead iodide perovskites toward high performance solar cells[J]. Nano Letters,2014,14(7):4158-4163.

[86] LIU J, WU Y Z, QIN C J, et al. Dopant-free hole-transporting material for efficient and stable perovskite solar cells[J]. Energy & Environmental Science,2014,7(9):2963-2967.

[87] HWANG I,BAEK M,YONG K. Core/shell structured TiO_2/CdS electrode to enhance the light-stability of perovskite solar cells[J]. ACS Applied Materials & Interfaces,2015,7(50):27863-27870.

[88] LI W Z, LI J W, NIU G D, et al. Effect of cesium chloride modification on the film morphology and UV-induced stability of planar perovskite solar cells[J]. Journal of Materials Chemistry A, 2016, 4(30): 11688-11695.

[89] FANG Y J,BI C,WANG D,et al. The functions of fullerenes in hybrid perovskite solar cells[J]. ACS Energy Letters,2017,2(4):782-794.

[90] HABISREUTINGER S N,NOEL N K,SNAITH H J. Hysteresis index:a figure without merit for quantifying hysteresis in perovskite solar cells [J]. ACS Energy Letters,2018,3:2472-2476.

[91] CHEN H N,WEI Z H,HE H X,et al. Solvent engineering boosts the efficiency of paintable carbon-based perovskite solar cells to beyond 14% [J]. Advanced Energy Materials,2016,6(8):1502087.

[92] WANG H X,YU Z,LAI J B,et al. One plus one greater than two: high-performance inverted planar perovskite solar cells based on a composite CuI/CuSCN hole-transporting layer[J]. Journal of Materials Chemistry A, 2018,6:21435-21444.

第 3 章 全无机碳电极钙钛矿光伏电池

3.1 基于酞菁铜空穴传输层的全无机钙钛矿光伏电池

无机钙钛矿材料(如 $CsPbI_3$、$CsPbBr_3$ 等)中的 Cs^+ 相较于 FA^+ 和 MA^+ 离子的半径要小得多,与有机钙钛矿材料(如 $MAPbI_3$、$FAPbI_3$ 等)相比,无机钙钛矿材料具有更优异的稳定性。以色列魏茨曼科学研究所的 Michael Kulbak 教授课题组详细研究了基于无机钙钛矿材料 $CsPbBr_3$ 光伏电池的光电转化性能及稳定性[1]。英国牛津大学的 Snaith 教授课题组采用 $CsPbI_2Br$ 这种多卤化物混合的无机钙钛矿材料作为电池光敏层能获得更高的光电转化效率,最终效率可达 9.8%[2]。北京航空航天大学的陈海宁教授以及南京大学的刘杰教授均提出了一种基于碳对电极的 $CsPbBr_3$ 全无机钙钛矿光伏电池,并分别取得了 5.0%[3] 以及 6.7%[4] 的光电转化效率。相较于有机钙钛矿电池,所有以上提及的无机钙钛矿电池均表现了出色的稳定性。

P 型有机半导体酞菁铜(CuPc)是一种平面型小分子材料,曾在传统有机钙钛矿光伏电池中用作空穴传输材料[5-10]。这种材料具有成本低、易于合成、禁带窄、电子迁移率高(电子迁移率为 $10^{-3} \sim 10^{-2}\ cm^2 \cdot V^{-1} \cdot s^{-1}$,通常所用的 spiro-OMeTAD 材料的电子迁移率只有 $4 \times 10^{-5}\ cm^2 \cdot V^{-1} \cdot s^{-1}$)、稳定性好(空气中 500 ℃以上才会发生分解)以及激子扩散长度长(扩散长度为 8～68 nm)等特点。本节提出了一种基于 CuPc 空穴传输层的无机碳电极钙钛矿光伏电池的器件结构,并详细分析了其与无空穴传输层器件之间的性能差异。

3.1.1 器件制备

试验中所用到的主要化学试剂、耗材和仪器设备详见附录。$CsPbBr_3$ 无机钙钛矿光伏电池的制备过程与 2.1.1 节中所描述的制备过程类似,不同之处在于钙钛矿光敏层的制备。首先将 1.47 g $PbBr_2$ 溶解于 4 mL 的 DMF 溶液中,并在 80 ℃下加热搅拌 12 h 使其充分溶解。然后将其旋涂在预热温度为 80 ℃的

TiO_2光阳极上，转速为 2000 r/min，时间为 45 s，随即在 80 ℃下烘干 30 min。接着，将沉积有 $PbBr_2$的光阳极浸入含有 0.07 mol/L 的 CsBr 甲醇溶液中，持续反应 15 min。随后用异丙醇对反应后的样品进行润洗，最后在 250 ℃加热台上退火 5 min，$CsPbBr_3$薄膜制备完毕。CuPc 薄膜采用热蒸发的方式沉积，沉积前腔体的真空度要小于 1×10^{-3} Pa，采用膜厚仪来监测 CuPc 薄膜的厚度。

3.1.2 结构形貌表征

图 3.1 展示了无机碳电极钙钛矿光伏电池的结构示意图和相应的能级排布图。TiO_2致密层为电子收集层，TiO_2介孔层为光敏材料的承载框架，碳电极依然采用低温印刷方式制备。与传统的有机金属钙钛矿材料 $CH_3NH_3PbI_3$相比，无机钙钛矿材料 $CsPbBr_3$拥有更大的禁带宽度(2.3 eV)，这将有助于获得更大的开路电压。CuPc 是一种典型的有机小分子光电半导体材料，其最高占据分子轨道(HOMO)及其最低未占分子轨道(LUMO)能级分别为−5.2 eV 和−3.5 eV，所以引入其作为空穴传输材料将使电池各层之间能级过渡更加平缓。光照下，$CsPbBr_3$光敏层中产生的电子和空穴将分别被提取至 TiO_2光阳极及 CuPc 空穴传输层。由于 CuPc 的 LUMO 能级要比 $CsPbBr_3$的导带边缘高，因此这种结构能够有效阻挡光生电子的逆向运输，从而减少了光生载流子的复合现象。

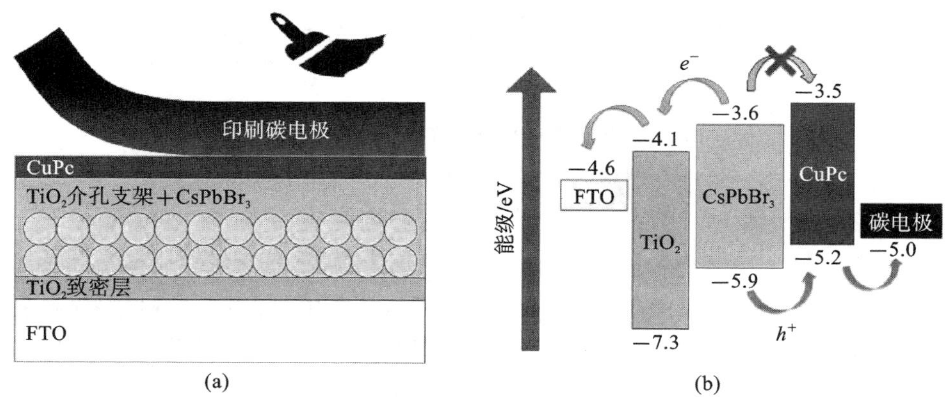

图 3.1 无机碳电极钙钛矿光伏电池的(a)结构示意图和(b)相应的能级排布图

$CsPbBr_3$无机钙钛矿薄膜的平面 SEM 图如图 3.2(a)所示。形成的钙钛矿薄膜将光阳极表面覆盖得较为完全，晶粒尺寸为 100～1000 nm。如图 3.2(b)所示，在沉积了 CuPc 之后钙钛矿表面发生了极大变化。如图 3.2(b)中的插图所示，CuPc 层表现出一种类似于纳米棒的结构特点，整体上看钙钛矿薄膜呈现

出一种类海参的形貌特征。CuPc 分子间采用 π—π 键的堆积方式，故 CuPc 纳米棒之间分子间作用力较强，十分有利于较高载流子迁移率的形成[11]。不仅如此，CuPc 薄膜也能钝化钙钛矿表面的缺陷，并有助于改善功能层与对电极的接触。低倍镜下及高倍镜下 $CsPbBr_3$ 无机钙钛矿电池的截面 SEM 图如图 3.2(c)、(d)所示，器件的分层界限清晰，TiO_2 介孔层、钙钛矿光敏层以及碳电极层的厚度分别为 600 nm、500 nm 以及 50 μm。CuPc 层太薄以至于无法清晰分辨。

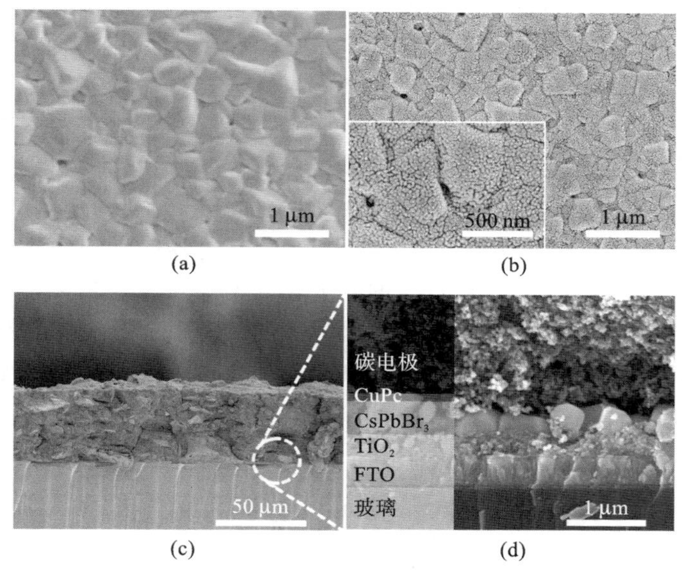

图 3.2　(a) $CsPbBr_3$ 无机钙钛矿薄膜的平面 SEM 图；(b)沉积在 $CsPbBr_3$ 无机钙钛矿薄膜表面 CuPc 的平面 SEM 图；(c)低倍镜下及(d)高倍镜下 $CsPbBr_3$ 无机钙钛矿电池的截面 SEM 图

研究采取对电池截面进行能量色散 X 射线(EDX)能谱线扫元素分析来验证 CuPc 空穴传输层的存在，结果如图 3.3 所示。其中，薄膜中 Cu 的特征峰能在钙钛矿与碳电极的界面处清晰呈现，间接证明了 CuPc 空穴传输层的存在。

FTO/TiO_2、$FTO/TiO_2/CsPbBr_3$ 和 $FTO/TiO_2/CsPbBr_3/CuPc$ 薄膜的 XRD 测试曲线如图 3.4(a)所示。15.1°、21.4°、30.6°、34.3°以及 43.7°的衍射峰对应的分别是 $CsPbBr_3$ 薄膜的(100)、(110)、(200)、(210)以及(220)晶向，11.6°以及 29.3°的衍射峰可能来源于反应副产物 $CsPb_2Br_5$ 对应的(002)以及(220)晶向，这种副产物在反应过程中很难消除。沉积了 CuPc 之后，XRD 测试曲线未发生明显变化，可能因为 CuPc 是一种非晶的不定形态[7]。$CsPbBr_3$ 和

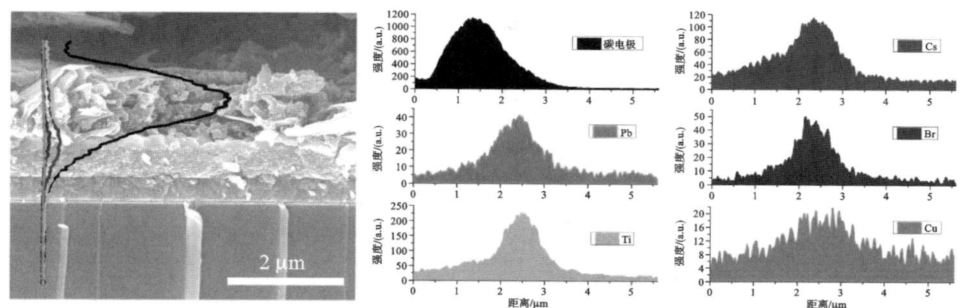

图 3.3 无机碳电极钙钛矿光伏电池截面的 EDX 能谱线扫元素分析图

CuPc 薄膜的紫外-可见光吸收谱如图 3.4(b)所示。$CsPbBr_3$薄膜对波段范围为 300～540 nm 的光有强烈的吸收，对应 2.3 eV 的禁带宽度。CuPc 薄膜在 500～800 nm 有一个相对较宽的吸收范围，并在 625 nm 及 696 nm 处有两个吸收峰，这来源于 CuPc 结构中的 Q 带。625 nm 处的吸收峰来源于 CuPc 的二聚体，696 nm 处的吸收峰来源于 CuPc 的单体[7,12]。在无机钙钛矿表面沉积 CuPc 后，薄膜的光吸收值得到了提升，尤其是在 537～800 nm 波段。相应地，薄膜的颜色也由最初的亮黄色变成了暗绿色。

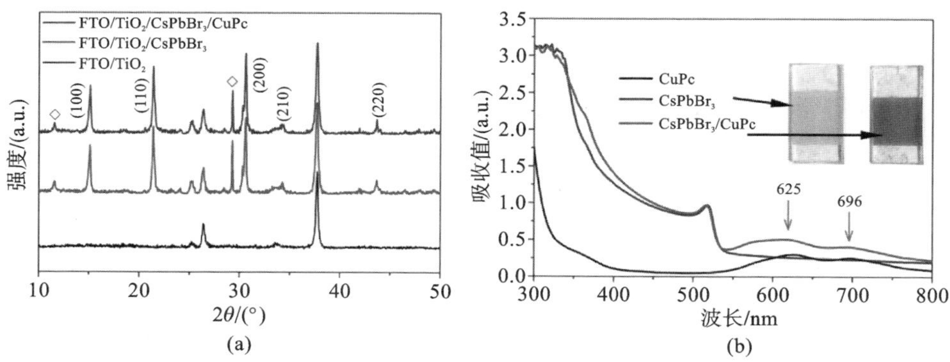

图 3.4 (a)各类薄膜的 XRD 测试曲线；(b)$CsPbBr_3$和 CuPc 薄膜的紫外-可见光吸收谱

$CsPbBr_3$薄膜 XPS 测试结果如图 3.5(a)所示。结合能在 285.34 eV 处的峰来源于外部引入的 C 1s。Cs 3d、Pb 4f 及 Br 3d 的高分辨率 XPS 曲线如图 3.5(b)～(d)所示。结合能和原子比记录在表 3.1 中，其中 Cs 元素与 Pb 元素的原子比相同，Br 元素的原子比大约是 Cs 元素和 Pb 元素的原子比的 3 倍，进一步说明了反应产物为 $CsPbBr_3$。

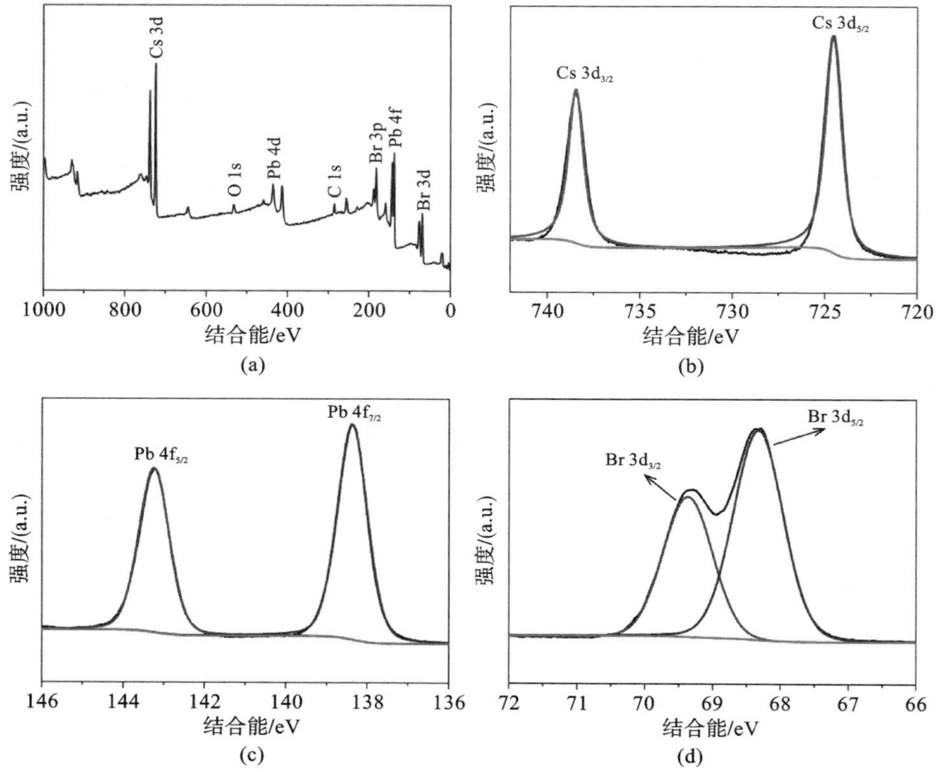

(a)　　(b)

(c)　　(d)

图 3.5　(a)$CsPbBr_3$ 薄膜的 XPS 曲线;(b)Cs 3d、(c)Pb 4f 和(d)Br 3d 的高分辨率 XPS 曲线

表 3.1　$CsPbBr_3$ 无机钙钛矿薄膜 XPS 测试所得 Cs、Pb、Br 元素的结合能及原子比

	Cs $3d_{5/2}$	Cs $3d_{3/2}$	Pb $4f_{7/2}$	Pb $4f_{5/2}$	Br $3d_{5/2}$	Br $3d_{3/2}$
结合能/eV	724.5	738.4	138.4	143.2	68.3	69.3
原子比/(%)	21.4		21.4		57.2	

CuPc 薄膜的拉曼光谱图如图 3.6 所示。波数在 680.2 cm^{-1}处的峰来源于酞菁环的呼吸振动带,波数在 1140.5 cm^{-1}处的峰来源于苯环的呼吸振动带,并且波数在 1337.5 cm^{-1}、1452.0 cm^{-1}及 1526.5 cm^{-1}处的峰分别对应的是 C—C 单键、C—N 单键及 C=C 双键的伸缩振动带。这也展现了 CuPc 分子结构特点,如图 3.6 中的插图所示。

稳态 PL 及瞬态 TR-PL 也可用来评估 CuPc 空穴传输层的空穴提取能力。如图 3.7(a)所示,在激光的激发下,无机钙钛矿薄膜在 525 nm 处展现了非常明显的荧光特征峰,呈绿色。在引入 CuPc 空穴传输层后,荧光现象受到了强烈抑制。随后采用 TR-PL 测试来分析光生载流子的双分子复合过程,采用 478 nm

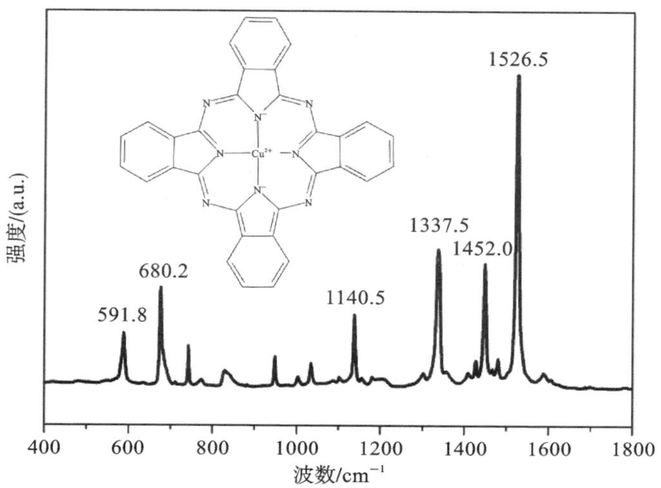

图 3.6　CuPc 薄膜的拉曼光谱图

的激光光源对样品进行激发，结果如图 3.7(b)所示。相较于有机钙钛矿材料，无机钙钛矿材料 $CsPbBr_3$ 的荧光寿命要短得多，只有 2.82 ns，这可能与 $CsPbBr_3$ 材料具有较高的激子结合能有关。引入 CuPc 空穴传输层之后，加剧了荧光的衰减，荧光寿命缩短为 0.79 ns。故综合来看，CuPc 空穴传输层的引入能够加速空穴的提取过程并减少由缺陷能级引起的非辐射性载流子复合[5,13]。

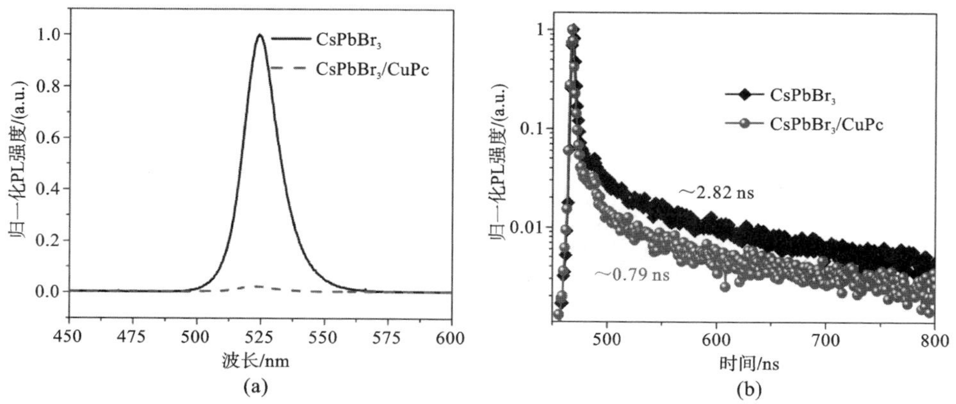

图 3.7　$CsPbBr_3$ 薄膜和 $CsPbBr_3$/CuPc 复合薄膜的(a)稳态 PL 及(b)瞬态 TR-PL 图

3.1.3　器件光伏特性分析

采用 CuPc 作为空穴传输层和无空穴传输层的最佳无机碳电极钙钛矿光伏电池在标准太阳光下的 *J-V* 性能对比如图 3.8(a)所示，相关的统计结果记录在

表 3.2 中。采用了 CuPc 空穴传输层的最佳电池测试所得短路电流为 6.62 mA/cm^2，开路电压为 1.26 V，填充因子为 0.74，最终的光电转化效率达到了 6.21%，相较于无空穴传输层的最佳无机碳电极钙钛矿电池，性能提升了 63%。两种电池对应的 IPCE 谱图和积分电流曲线如图 3.8(b)所示，曲线在 540 nm 处开始截止，正好与 $CsPbBr_3$ 的吸收谱对应。在引入 CuPc 作为空穴传输层后，300～540 nm 范围内的 IPCE 数值明显提升。并且，曲线展现了蓝移的特点，说明器件对近紫外光有更佳的转化性能。对 IPCE 曲线进行积分后，计算所得的电流密度分别为 6.58 mA/cm^2 和 4.48 mA/cm^2，与实际测得的 J_{SC} 是一致的。图 3.8(c)～(f)分别是两类器件 V_{OC}、J_{SC}、FF 及 PCE 的盒式统计图，由此可知，引入 CuPc 空穴传输层后，电池性能的提升主要归功于光电流密度的提升，开路电压以及填充因子的变化并不明显。

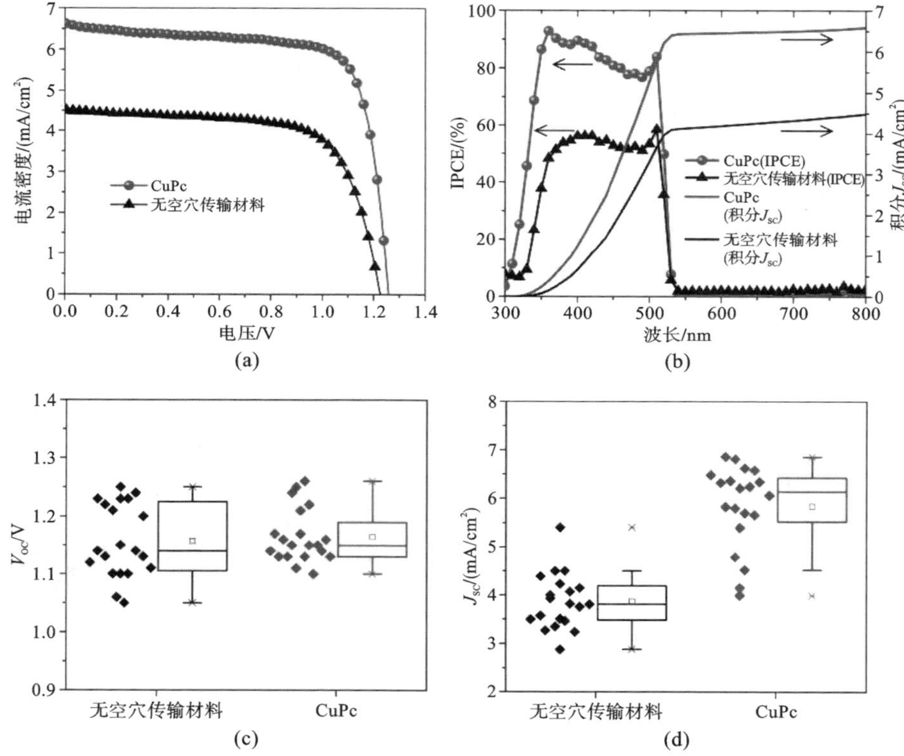

图 3.8　(a)采用 CuPc 作为空穴传输层和无空穴传输层的最佳无机碳电极钙钛矿光伏电池在标准太阳光下的 *J-V* 性能对比(测试的面积为 0.071 cm^2)；(b)两类电池所对应的 IPCE 谱图和积分电流曲线；(c)～(f)两类器件 V_{OC}、J_{SC}、FF 及 PCE 的盒式统计图

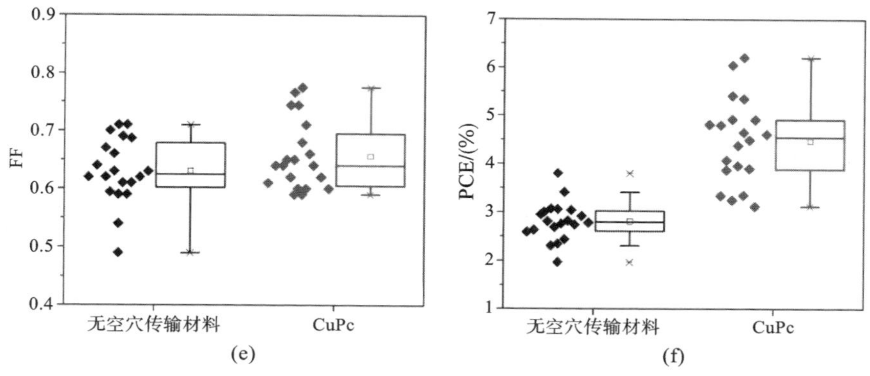

续图 3.8

表 3.2 采用 CuPc 作为空穴传输层和无空穴传输层的无机碳电极钙钛矿光伏电池在标准太阳光下的性能参数统计结果

电池结构		V_{OC}/V	J_{SC}/(mA/cm^2)	FF	PCE/(%)
TiO_2/$CsPbBr_3$/CuPc/碳电极	最佳值	1.26	6.62	0.74	6.21
	平均值	1.17	5.83	0.66	4.47
TiO_2/$CsPbBr_3$/碳电极	最佳值	1.23	4.50	0.69	3.80
	平均值	1.16	3.87	0.63	2.81

此外，CuPc 的厚度对电池性能的影响也特别重要，如果 CuPc 过薄，其促进空穴传输的功能必将大打折扣；如果 CuPc 过厚，则又会导致串联电阻过大，性能下降。不同 CuPc 厚度下无机碳电极钙钛矿光伏电池的 *J-V* 曲线如图 3.9 所示。当 CuPc 较薄时，光电流密度的增大并不明显；然而，当 CuPc 较厚时，电池的短路电流、开路电压以及填充因子均会受到影响。本试验中，60 nm 为较理想的厚度。

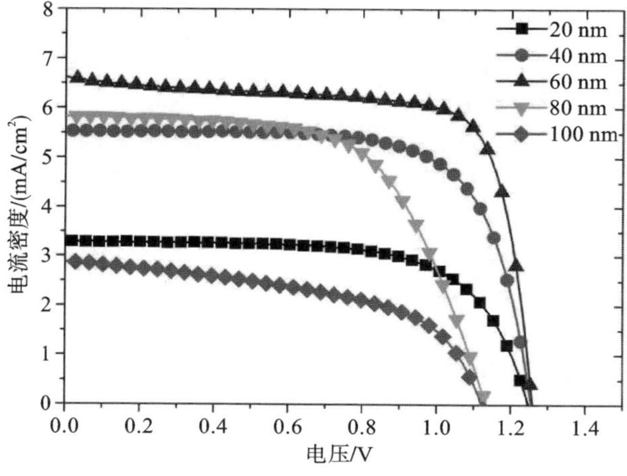

图 3.9 不同 CuPc 厚度下无机碳电极钙钛矿光伏电池的 *J-V* 曲线

同样地，电化学阻抗谱测试也可用来分析电池内部光生载流子的运输机制，结果如图 3.10(a)、(b)所示。相较于无空穴传输层的无机碳电极钙钛矿光伏电池，有空穴传输层的电池具有更大的载流子电荷复合电阻 R_{rec}，其由最初的 2.87 kΩ 提升至了 3.41 kΩ。较大的电荷复合电阻有助于降低器件内部的载流子复合率。并且，引入 CuPc 空穴传输层之后，电池的载流子电荷传输电阻 R_{ct} 也从初始的 213.0 Ω 降低至了 45.6 Ω，极大地促进了光生载流子的运输。这最终体现在电池光电流密度的提升上。CuPc 作为空穴传输层在电池结构中的功能图解如图 3.10(c)所示，其结构类似于平面异质结有机光伏电池[14]。在钙钛矿薄膜的制备过程中，由于受技术条件的限制，穿孔或者缺陷是非常难以避免的，如图 3.10(c)中虚线圆圈出的地方所示。相比较而言，引入 CuPc 空穴传输层后电池性能提升，主要有以下两点原因。第一，钙钛矿薄膜中的穿孔或者缺陷将会在表面形成缺陷态及复合中心，从而加速电子空穴对的复合。引入 CuPc 空穴传输层后，钙钛矿层和碳层中间能形成一个肖特基势垒，抑制载流子

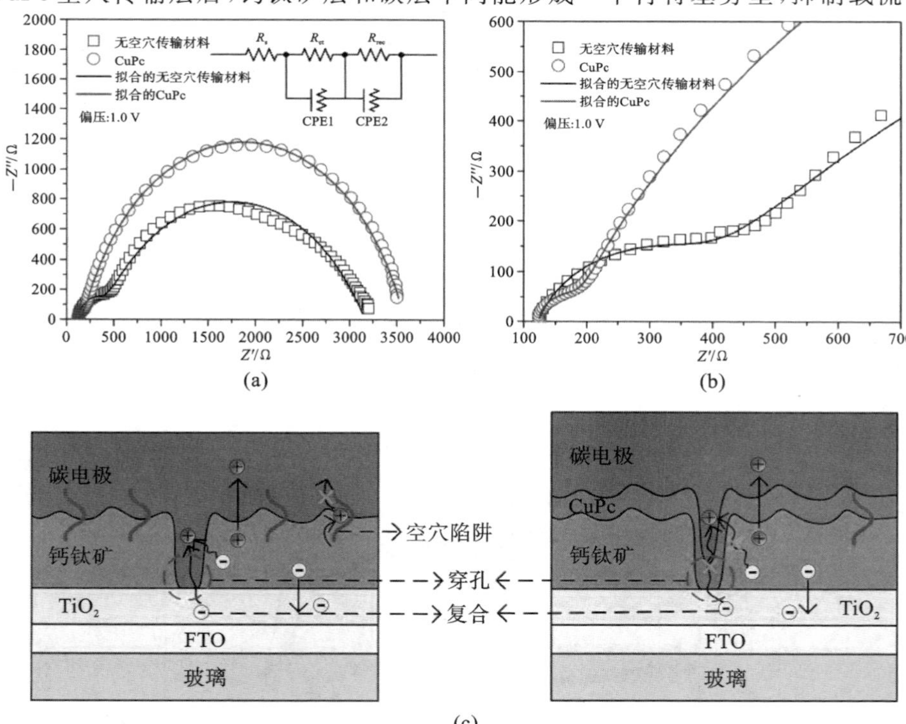

图 3.10 (a)无空穴传输层及有空穴传输层的无机碳电极钙钛矿电池在暗态下经电化学阻抗谱测试所得的奈奎斯特曲线(偏压设为 1.0 V，插图为拟合的等效电路)；(b)高频段的奈奎斯特曲线；(c)CuPc 作为空穴传输层在电池结构中的功能图解

复合[15,16]。第二，CuPc 能够给电池提供一个平缓的能级过渡，减少不利于电池性能提升的具有辐射性的缺陷态和降低单分子复合率[17,18]。

电池在较大有效面积(2.25 cm^2)下测试所得的 *J-V* 曲线如图 3.11(a)所示。器件的开路电压达到了 1.285 V，短路电流为 5.695 mA/cm^2，填充因子为 0.645，并最终获得了 4.72%的光电转化效率。器件在给定偏压下的稳定能量输出结果如图 3.11(b)所示。给定的偏压为 0.85 V，接近电池的最大功率输出点。开始光照后，光电流密度急剧下降，并最终稳定在 3.17 mA/cm^2左右，稳定后的光电转化效率也衰减至了 2.65%。光电流密度的衰减可能与表面态逐渐积累空穴的捕获有关[2]。此类衰减特性与传统有机、无机杂化钙钛矿光伏电池的类似，说明电池在持续光照下稳定的能量输出还面临着极大挑战[2,19]。

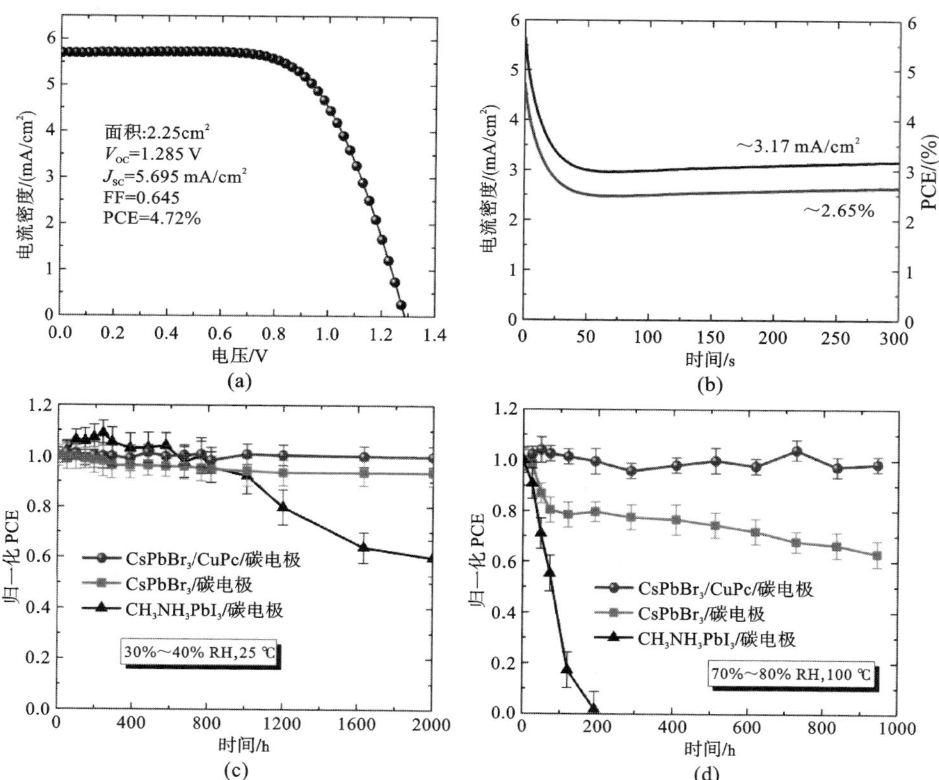

图 3.11　(a)有效面积为 2.25 cm^2 电池模块测试所得的 *J-V* 曲线；(b)电池在给定偏压下的稳定能量输出结果；(c) $CsPbBr_3$/CuPc/碳电极、$CsPbBr_3$/碳电极以及 $CH_3NH_3PbI_3$/碳电极三种类型钙钛矿电池在未封装大气环境(30%～40% RH，25 ℃)下的稳定性测试结果；(d)三种电池在高温高湿环境(70%～80% RH，100 ℃)下的稳定性测试结果

电池长程稳定性的跟踪记录结果如图 3.11(c)、(d)所示。在未封装大气环境(30%～40% RH,25 ℃)下,无论是有空穴传输层还是无空穴传输层的无机碳电极钙钛矿电池均表现出了超过 1000 h 的良好稳定性,相比较而言,传统的有机钙钛矿电池在 1000 h 后便发生了衰减。存储环境变恶劣(70%～80% RH,100 ℃)之后,有机钙钛矿电池的性能迅速衰减,200 h 后,电池光电转化效率几乎降为零;无空穴传输层的无机碳电极钙钛矿电池在 944 h 后性能衰减了 37%;然而,采用 CuPc 作为空穴传输层的无机碳电极钙钛矿电池在整个测试周期内都表现出了极佳的稳定性,光电性能未发生明显衰减。$CH_3NH_3^+$ 有机离子相较于 Cs^+ 无机离子对湿度更加敏感且更易挥发,这导致 $CH_3NH_3PbI_3$ 材料的性能在高温高湿的恶劣环境下迅速衰减。$CsPbBr_3$ 材料自身的稳定性就很好,再加上 CuPc 空穴传输层以及碳电极层的双重保护,能有效防止钙钛矿电池的潮解,从而使电池获得优异的稳定性。

3.1.4 小结

本节引入 CuPc 作为空穴传输层,提出了一种基于 CuPc 空穴传输层的无机碳电极钙钛矿光伏电池制备方法。CuPc 空穴传输层在 SEM 下呈现出一种类纳米棒形貌特征,与钙钛矿光敏层紧密接触,可有效防止钙钛矿层与碳电极的直接接触。PL、EIS 等测试结果表明,CuPc 空穴传输层能有效提取光生载流子并加速空穴扩散。最终器件获得了 6.21%的光电转化效率,电池性能相较于无空穴传输层器件提升了大约 63%。而且无论是在正常大气环境下还是在高温高湿的恶劣环境下,有空穴传输层器件均展现出优异稳定性,体现了无机钙钛矿材料的优势。本研究为稳定型钙钛矿光伏电池的开发提供了新思路。

3.2 基于连续蒸发工艺的全无机钙钛矿光伏电池

$CsPbBr_3$ 薄膜质量是影响 $CsPbBr_3$ 钙钛矿光伏电池性能的关键因素,研究者们陆续开发了许多工艺来改善 $CsPbBr_3$ 薄膜的结晶过程。Kulbak 等人在 2015 年首次提出了用于钙钛矿光伏电池的 $CsPbBr_3$ 薄膜的两步法沉积工艺,即先旋涂 $PbBr_2$ 前驱体层,再将 $PbBr_2$ 层浸入 CsBr 甲醇溶液中使其充分反应。该工艺重复性较差,所制备的 $CsPbBr_3$ 薄膜中往往存在较多的杂质相($CsPb_2Br_5$ 与 Cs_4PbBr_6),导致所制备的全无机 $CsPbBr_3$ 光伏电池仅获得了 5.95%的光电转化效率。Yu 团队研究发现在采用传统的两步法制备 $CsPbBr_3$ 薄膜的过程中,$CsPbBr_3$ 在 CsBr 甲醇溶液中易发生分解,导致所生成的薄膜形貌较差、相纯度较低[20]。为此,该团队提出将基底倒置浸入 CsBr 甲醇溶液中,利用空间限制

作用抑制 $CsPbBr_3$ 晶体的分解，所制备的平板型 $CsPbBr_3$ 光伏电池获得了 5.86%的光电转化效率，该效率为当时所报道的平板型 $CsPbBr_3$ 光伏电池的最高效率。随后，唐群委教授课题组开发了一种多步旋涂工艺来制备高质量 $CsPbBr_3$ 薄膜[21]，该工艺可较好地控制 $CsPbBr_3$ 晶体的相组分、晶体结构及形貌，重复性较高，基于该工艺所制备的 $CsPbBr_3$ 光伏电池的最高光电转化效率可达 9.72%。该团队随后通过量子点修饰、离子掺杂与光学工程等技术将全无机 $CsPbBr_3$ 光伏电池的光电转化效率提升到 10%以上[22-24]。曾海波教授团队利用反蛋白石结构对 $CsPbBr_3$ 薄膜的生长进行空间限制[25]，所制备的 $CsPbBr_3$ 薄膜质量较高。值得注意的是，上述采用溶液法制备的 $CsPbBr_3$ 薄膜中仍然存在一定的杂质相，制备高纯度的 $CsPbBr_3$ 薄膜仍具有挑战，更不必说溶液旋涂法难以用来大规模、高效地制备大面积晶体薄膜。除了溶液法工艺，一些气相辅助沉积 $CsPbBr_3$ 薄膜的工艺也陆续被开发出来。Luo 等人提出一种 Br_2 蒸气辅助制备 $CsPbBr_3$ 薄膜的工艺，在该工艺中，Br_2 蒸气可迅速与预先沉积的 $CsPbI_3$ 薄膜反应，获得了质量较高的 $CsPbBr_3$ 薄膜[26]，然而所制备的全无机 $CsPbBr_3$ 光伏电池的最高光电转化效率仅为 5.38%。唐群委教授团队报道了一种喷涂辅助工艺来沉积 $CsPbBr_3$ 薄膜[27]，其先旋涂一层 $PbBr_2$ 前驱体层，再喷涂 CsBr 层，通过控制 CsBr 溶液的喷涂次数，实现 $CsPbBr_3$ 薄膜成分的精确控制，基于该工艺所制备的钙钛矿光伏电池获得了 6.8%的光电转化效率，然而大面积（1 cm^2）$CsPbBr_3$ 电池器件仅获得了 4.12%的光电转化效率，表明该喷涂辅助工艺在制备大面积均匀 $CsPbBr_3$ 薄膜方面仍存在一定的局限性。Chen 等人首次报道了双源蒸发工艺来制备 $CsPbBr_3$ 薄膜[28]，并对 $PbBr_2$ 和 CsBr 前驱体的蒸发速率进行了优化，具有 FTO/ZnO/$CsPbBr_3$/Spiro-OMeTAD/Au 结构的平板型 $CsPbBr_3$ 电池器件获得了 7.78%的光电转化效率。刘生忠教授团队随后也采用双源蒸发工艺制备高质量 $CsPbBr_3$ 薄膜，并深入研究了基底温度及退火温度对 $CsPbBr_3$ 薄膜结晶特性的影响机制，所制备的小面积（0.09 cm^2）$CsPbBr_3$ 电池器件获得了 6.95%的光电转化效率，大面积（1 cm^2）电池器件获得了 5.37%的光电转化效率。尽管双源蒸发工艺可以用来制备均匀、致密的 $CsPbBr_3$ 薄膜，但是该工艺对设备的要求较高，成本较高，且很难控制所蒸发的 $PbBr_2$ 和 CsBr 前驱体的物质的量的比。Ajjouri 等人提出了一种单源蒸发工艺来制备 $CsPbBr_3$ 薄膜[29]，其中等摩尔质量的 $PbBr_2$ 和 CsBr 前驱体被放置于一个坩埚舟内，然后被同时蒸发到基底上，退火后形成 $CsPbBr_3$ 薄膜。然而，由于 $PbBr_2$ 和 CsBr 前驱体的沸点不同，蒸发速率难以精确控制，并且实际蒸发到基底上的前驱体的物质的量的比难以控制。Jiang 教授团队提出了一种连续气相沉积法来制备全无机钙钛矿薄膜[30]，但薄膜中仍存在不纯的 $CsPb_2Br_5$ 相。

为此，本节提出一种连续蒸发工艺来制备高纯度 $CsPbBr_3$ 薄膜，并详细研究了 $PbBr_2$ 与 CsBr 前驱体的物质的量的比对 $CsPbBr_3$ 薄膜结晶特性、光吸收特性及形貌的影响。基于全气相沉积 $CsPbBr_3$ 薄膜所制备的小面积光伏电池的光电转化效率为 7.58%，大面积（1 cm^2）器件的光电转化效率为 6.21%。本研究为高纯度 $CsPbBr_3$ 薄膜及其衍生相（$CsPb_2Br_5$ 与 Cs_4PbBr_6）薄膜的制备提供了一种简单可行的方案。

3.2.1 器件制备

试验中所用到的主要化学试剂、耗材和仪器设备详见附录。基于连续蒸发法沉积的 $CsPbBr_3$ 薄膜所制备的全无机钙钛矿光伏电池的制备流程如下。

（1）导电基底预处理：用玻璃刀将 FTO 导电玻璃裁切成 1.25 cm×2.5 cm 的小块，然后用激光将 FTO 导电玻璃刻蚀成两部分。分别用清洗剂、去离子水、丙酮和乙醇对 FTO 导电玻璃进行超声清洗 15 min，并用 N_2 吹干 FTO 玻璃基底，再对基底进行紫外臭氧处理 30 min，去除基底表面残余的有机物并增大基底表面的结合能。

（2）TiO_2 电子传输层制备：取 200 mL 去离子水置于 500 mL 烧杯中，然后将烧杯置于冰水混合物中，在冰浴条件下向烧杯中注入 4.4 mL 四氯化钛（$TiCl_4$）溶液，并向其中加入 0.475 g $NiCl_2 \cdot 6H_2O$ 掺杂剂，然后用玻璃棒搅拌均匀。接着将 FTO 导电玻璃竖直放置于装有 $TiCl_4$ 的前驱体溶液中，再将烧杯放置在水浴锅中，水浴锅加热温度设为 70 ℃。3 h 后，取出沉积有 TiO_2 薄膜的 FTO 基底，用去离子水超声清洗 5 min，将基底放置在 200 ℃热板上退火 1 h。

（3）$CsPbBr_3$ 薄膜制备：首先在 TiO_2 电子传输层上蒸镀 270 nm 厚的 $PbBr_2$ 前驱体层，蒸发速率约为 5 Å/s，蒸发速率通过膜厚仪进行监测，蒸发室内的压强控制在 9×10^{-4} Pa 左右。接着，在相同条件下在 $PbBr_2$ 层上蒸镀不同厚度的 CsBr 前驱体层。最后将基底置于 250 ℃的热板上（空气中）退火 5 min，使 $CsPbBr_3$ 薄膜充分结晶。

（4）空穴传输层以及碳电极层的制备：在 $CsPbBr_3$ 光敏层上蒸镀 35 nm 厚的 CuPc 作为空穴传输层，蒸发速率约为 0.5 Å/s，蒸发室真空度控制在 0.9×10^{-4} Pa 左右。最后在 CuPc 空穴传输层上刮涂商用碳浆料，并将其放置在 85 ℃热板上加热 15 min 进行烘干，至此完成碳对电极的制备。

3.2.2 薄膜表征

图 3.12(a)展示了连续蒸发工艺制备 $CsPbBr_3$ 薄膜的过程。首先，具有一定厚度的 $PbBr_2$ 前驱体层被蒸镀到基底上，然后不同厚度的 CsBr 前驱体层被蒸

镀到$PbBr_2$层上，经250 ℃退火后获得高结晶度的$CsPbBr_3$薄膜。由于蒸发制备的薄膜较为均匀，可以认为蒸发的前驱体层厚度与前驱体的摩尔质量近似呈线性关系。因此，通过调节CsBr与$PbBr_2$层厚度比例r，可以精确调控$CsPbBr_3$薄膜的相组分。图3.12(b)呈现了不同r值条件下所生成的$CsPbBr_3$薄膜的光学照片，从薄膜颜色的均一程度可以看出，所有薄膜在宏观上都比较致密、均匀。当$r=4:12$时，薄膜颜色为白灰色，表明此时薄膜的主要相成分为富Pb的$CsPb_2Br_5$相。增加所蒸发的CsBr含量使$r=8:12$时，薄膜颜色逐渐由白灰色变为橙黄色，表明薄膜中的$CsPb_2Br_5$相含量逐渐降低，$CsPbBr_3$相含量逐渐升高。继续增加CsBr含量使$r=10:12$时，薄膜颜色由橙黄色逐渐变为黄色，并且可以观察到薄膜表面由光滑变得粗糙，与SEM及AFM测试结果一致(见图3.15)。不同CsBr含量所对应的薄膜主要相转变过程可表示如下：

$$2PbBr_2 + CsBr \longrightarrow CsPb_2Br_5（CsBr不足，PbBr_2过量） \tag{3.1}$$

$$CsPb_2Br_5 + CsBr \longrightarrow 2CsPbBr_3 \tag{3.2}$$

$$CsPbBr_3 + 3CsBr \longrightarrow Cs_4PbBr_6（PbBr_2不足，CsBr过量） \tag{3.3}$$

由上述反应式可以看出，随着r值逐渐增大，所生成的$CsPbBr_3$薄膜主要相成分由$CsPb_2Br_5$转变为$CsPbBr_3$再转变为Cs_4PbBr_6，其对应的晶体结构转变示意图如图3.12(c)所示。富Pb的$CsPb_2Br_5$相具有四方相结构，Cs^+位于角连接的$PbBr_6^{4-}$正八面体之间，并且Cs^+夹在两层Pb-Br配位多面体之间，形成三明治结构。$CsPbBr_3$相具有对称的立方晶体结构，富Cs的Cs_4PbBr_6相具有菱形晶体结构，$PbBr_6^{4-}$正八面体被Cs^+分隔开[31,32]。

图3.13(a)展现了不同r值条件下所制备的$CsPbBr_3$薄膜的XRD谱图，可以看出，$r=4:12$所对应的薄膜在11.65°、18.82°、23.39°、24.03°、27.77°、29.38°、33.40°及35.47°存在明显的衍射峰，与$CsPb_2Br_5$相的(002)、(112)、(210)、(202)、(114)、(213)、(310)及(312)晶面一一对应，与此同时，$CsPbBr_3$相的衍射峰可忽略不计，表明此时薄膜中的主要相成分为$CsPb_2Br_5$，这主要是CsBr不足引起的(对应式(3.1))。$CsPb_2Br_5$相具有较弱的光致发光行为及较大的直接带隙(3.1 eV)，$CsPbBr_3$薄膜中较多的$CsPb_2Br_5$相不利于电池性能的提高。随着r值逐渐增大到8:12，所制备薄膜中$CsPb_2Br_5$相的衍射峰强度逐渐下降，而位于15.18°、21.58°、30.68°、34.49°、44.14°和49.56°的衍射峰强度逐渐增强，这些峰分别对应着$CsPbBr_3$相的(100)、(110)、(200)、(210)、(220)和(310)晶面，其中(100)、(110)及(200)晶面所对应的衍射峰强度最高，表明$CsPbBr_3$晶体主要沿着这三个方向生长。$CsPbBr_3$相衍射峰强度的提高表明$CsPbBr_3$相在生成的薄膜中逐渐占据主导地位，尤其是当$r=8:12$时，$CsPb_2Br_5$相所对应的衍射峰基本消失，表明此时CsBr与$PbBr_2$前驱体的物质

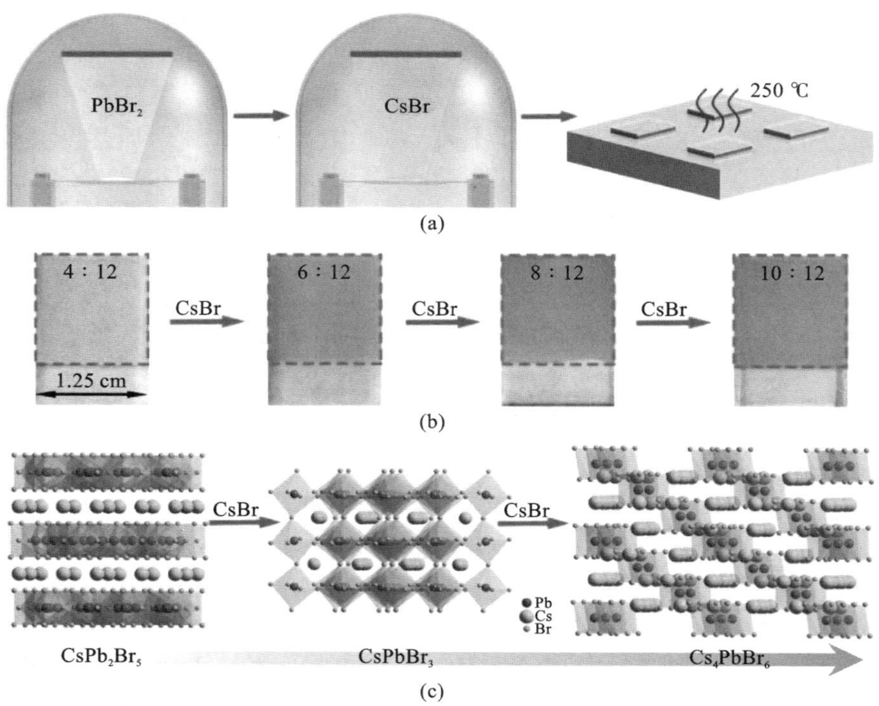

图 3.12　(a)连续蒸发工艺制备 $CsPbBr_3$ 薄膜示意图;(b)不同 r 值所对应的 $CsPbBr_3$ 薄膜的光学照片;(c)不同 r 值所对应的 $CsPbBr_3$ 薄膜主要相成分的晶体结构转变示意图(相转变过程如底部箭头所示:$CsPb_2Br_5$ → $CsPbBr_3$ → Cs_4PbBr_6)

的量的比为 1∶1,生成了较纯净的 $CsPbBr_3$ 薄膜(对应式(3.2)),且此时 $CsPbBr_3$ 相所对应的衍射峰强度达到最高水平,表明此时 $CsPbBr_3$ 薄膜的结晶度最高。随着 r 值继续增大,$CsPbBr_3$ 相所对应的衍射峰强度逐渐减小,而 Cs_4PbBr_6 相所对应的位于 12.68°、12.89°、22.46°、25.44°、27.75°、28.68°、29.03°、30.35°、39.07°和 45.88°的衍射峰开始出现并且强度逐渐增大,表明所制备的薄膜中 Cs_4PbBr_6 含量逐渐增大。当 r=10∶12 时,所生成的薄膜中的主要相组分变成了 Cs_4PbBr_6,而 $CsPbBr_3$ 含量可忽略不计(对应式(3.3))。

图 3.13(b)给出了不同 r 值所对应的 $CsPbBr_3$ 薄膜的光吸收谱图,可以清晰地看出,随着 r 值从 4∶12 增大到 8∶12,薄膜的光吸收性能逐渐增强,这主要是由于宽禁带 $CsPb_2Br_5$ 相的减少及 $CsPbBr_3$ 相的增加。r=8∶12 时的 $CsPbBr_3$ 薄膜具有最高的光吸收性能,主要归功于其 $CsPbBr_3$ 相纯度最高及结晶度最高。该光吸收性能优于之前所报道的用溶液法及双源蒸发工艺制备的

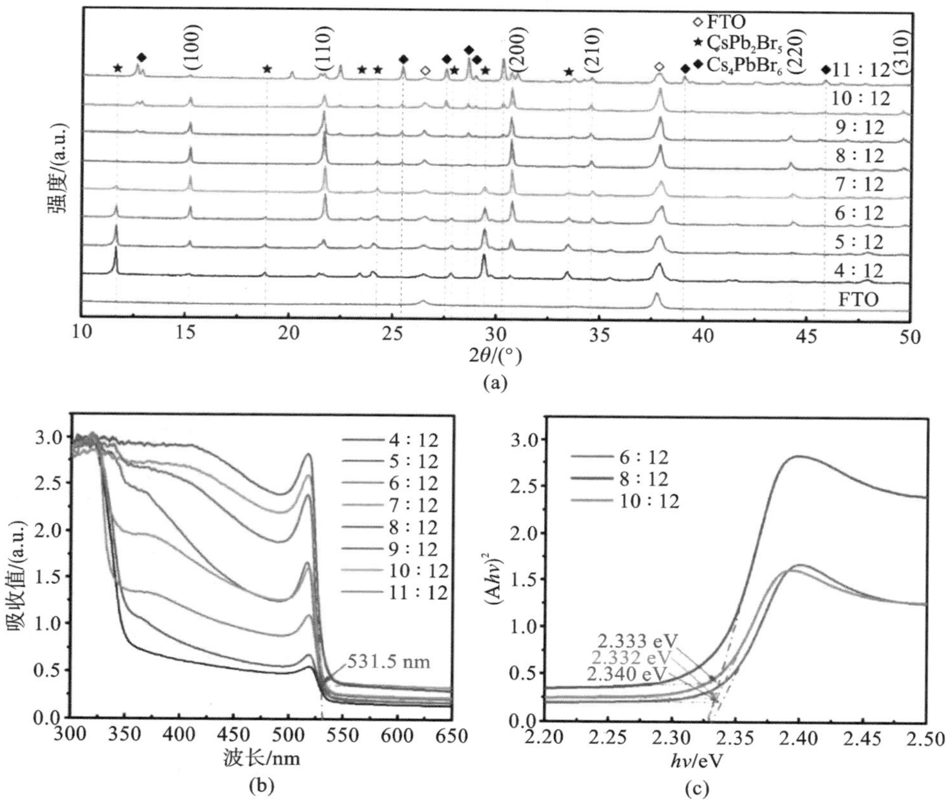

图 3.13　不同 r 值所对应的 $CsPbBr_3$ 薄膜的 (a) XRD 谱图和 (b) 光吸收谱图；(c) r＝6：12、8：12、10：12 时的 $(Ahv)^2$-hv 曲线

$CsPbBr_3$薄膜[20,33-35]，也优于用连续蒸发法制备的 $CsPbBr_3$-$CsPb_2Br_5$ 混合相薄膜。$CsPbBr_3$薄膜较高的光吸收能力有助于对入射光进行更好的捕获，因此所制备的电池器件可以获得更高的电流和电压输出。随着 Cs_4PbBr_6 相的增加及 $CsPbBr_3$ 相的减少（r＞8：12），薄膜的光吸收性能迅速下降，这与薄膜较高的杂质水平及较低的结晶度有关。根据薄膜的光吸收曲线计算得出的 $(Ahv)^2$-hv 曲线如图 3.13(c)所示。$CsPbBr_3$-$CsPb_2Br_5$ 混合相薄膜（r＝6：12）的光学带隙最大，为 2.4 eV，与之前的报道较一致。高纯度 $CsPbBr_3$ 薄膜（r＝8：12）及 $CsPbBr_3$-Cs_4PbBr_6 混合相薄膜（r＝10：12）的光学带隙几乎相同，都为 2.33 eV，所对应的光吸收截止波长约为 531.5 nm。

XPS 测试（见图 3.14(a)）被用来验证 r＝8：12 时所获得的 $CsPbBr_3$ 薄膜的元素组成情况。由高分辨率 XPS 谱图（见图 3.14(b)～(d)）和元素结合能表可知，结合能为 724.5 eV 和 738.5 eV 处的两个峰分别对应着 Cs $3d_{5/2}$ 和 Cs

$3d_{3/2}$，137.0 eV 和 141.8 eV 处的两个峰分别对应着 Pb $4f_{7/2}$ 和 Pb $4f_{5/2}$，而 68.4 eV 和 69.5 eV 处的两个峰分别对应着 Br $3d_{5/2}$ 和 Br $3d_{3/2}$，测试结果与之前的研究报道一致[4]。此外，元素 Cs、Pb 与 Br 的相对原子比为 20.38%∶20.47%∶59.15%，约为 1∶1∶3，进一步表明薄膜的成分得到了有效的调控，即 $r=8:12$ 时所获得的 $CsPbBr_3$ 薄膜具有较高的相纯度，与 XRD 分析相吻合。相应的 $CsPbBr_3$ 薄膜的 EDS 元素映射谱图如图 3.14(e)所示，元素 Cs、Pb 与 Br 的原子比也约为 1∶1∶3，且各元素在整个扫描区间分布较均匀，进一步证明了双源蒸发工艺的高度可控性。

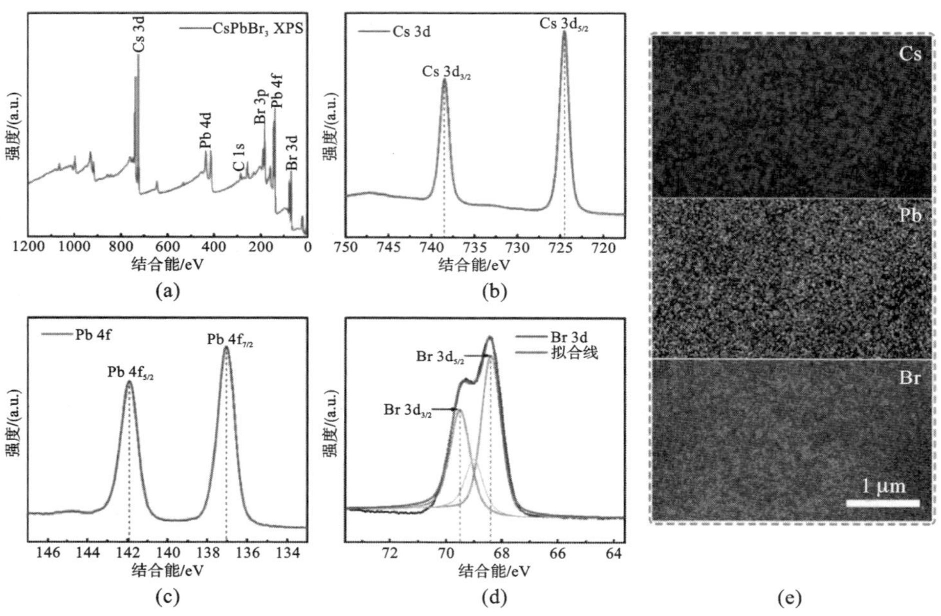

图 3.14　(a)$r=8:12$ 时所生成的薄膜的 XPS 谱图以及相应的 (b)Cs 3d、(c)Pb 4f、(d)Br 3d 峰的高分辨率 XPS 谱图；(e)$r=8:12$ 时 $CsPbBr_3$ 薄膜的 EDS 元素映射谱图

SEM 和 AFM 测试揭示了不同 r 值条件下所生成的 $CsPbBr_3$ 薄膜的形貌变化。从平面 SEM 图(见图 3.15(a)～(d))中可以看出，用双源蒸发工艺制备的所有薄膜的晶粒都紧密排列在基底上，没有明显的针孔。当 $r=4:12$ 时，所生成的 $CsPbBr_3$ 薄膜主要由大量较小的晶粒组成，因此晶界数量较多，这主要是由于薄膜中存在大量结晶度较低的 $CsPb_2Br_5$ 相。相应薄膜的横截面 SEM 图(见图 3.15(e)～(h))揭示了薄膜内部也是由许多小晶粒堆叠而成的，衍生出大量晶界。晶界中存在较多杂质与陷阱态，被广泛认为是电荷复合中心[36,37]，并且晶界导致的靠近价带边的浅缺陷态会阻碍空穴的传输[38]。因此，$r=4:12$

时薄膜中较多的晶界会显著降低电荷的输运效率及光生载流子寿命，进而降低电池的性能。在 r 值逐渐增大到 8∶12 的过程中，薄膜的晶粒尺寸逐渐增大，晶界密度逐渐降低（见图 3.15(b)、(c)），从而导致薄膜界面及体相缺陷减少。当 r=8∶12 时，所生成的高纯度 $CsPbBr_3$ 薄膜的平均晶粒尺寸达到 1.05 μm，并且从横截面 SEM 图（见图 3.15(g)）中可以清晰地看出，晶粒纵向贯穿整个薄膜，这保证了光生载流子在内建电场作用下从 $CsPbBr_3$ 光敏薄膜传输到电子和空穴传输层的过程中穿过较少的晶界，减少由缺陷引起的非辐射复合。随着 r 值继续增大到 10∶12，$CsPbBr_3$-Cs_4PbBr_6 混合相薄膜晶粒尺寸变得较小，这主要是由于从 $CsPbBr_3$ 相转变为 Cs_4PbBr_6 相晶体的过程中往往有大量小晶粒出现。相应薄膜的 AFM 图如图 3.15(i)～(l)所示，其进一步揭示了 r=8∶12 时所获得的纯 $CsPbBr_3$ 薄膜相较于 $CsPbBr_3$-$CsPb_2Br_5$ 和 $CsPbBr_3$-Cs_4PbBr_6 混合相薄膜具有更大的晶粒尺寸及更均匀的晶粒分布。AFM 测试结果也表明 r=8∶12 时的 $CsPbBr_3$ 薄膜具有最光滑的表面，RMS 值仅为 37.6 nm，大大低于用溶液法和双源蒸发工艺制备的 $CsPbBr_3$ 薄膜的 RMS 值[39,40]。据我们所知，这是当时所报道的较厚（>500 nm）$CsPbBr_3$ 膜层的最低 RMS 值。较低的表面粗糙度有助于钙钛矿层与空穴传输层的紧密接触，进而有利于降低钙钛矿电池器件的串联阻抗，提高器件的短路电流和填充因子[41]。

稳态光致发光及瞬态光致发光光谱测试被用来深入探究富 $PbBr_2$ 相、纯 $CsPbBr_3$ 相和富 CsBr 相薄膜的电荷传输与抽取机制。由于 $CsPbBr_3$ 薄膜直接沉积在基底上，没有设置任何电荷传输层，薄膜中处于激发状态的光生载流子很难被迅速抽取出去，因此会产生辐射复合现象。研究表明，较迅速的稳态光致发光衰减往往与钙钛矿薄膜中较多的缺陷态相关[42-44]。r=4∶12 时的富 $PbBr_2$ 相薄膜呈现出最强的光致发光衰减行为（见图 3.16(a)），表明薄膜中缺陷的密度最大，这主要是由薄膜中较多的 $CsPb_2Br_5$ 杂质相和较多的晶界引起的。纯 $CsPbBr_3$ 相薄膜（r=8∶12 时）的光致发光强度最高，表明薄膜中光生载流子的复合速率最低，这主要归因于薄膜改善的结晶度、相纯度以及较小的晶界密度。此外，由于 $CsPb_2Br_5$ 相的光致发光行为可忽略不计[45]，r=8∶12 时的 $CsPbBr_3$ 薄膜的光致发光光谱蓝移现象进一步反映出薄膜中的缺陷态得到了有效抑制[46,47]，因而有利于降低缺陷引起的非辐射复合速率，提高光生载流子寿命。r=10∶12时的 $CsPbBr_3$-Cs_4PbBr_6 混合相薄膜相较于纯 $CsPbBr_3$ 相薄膜光致发光强度也显著降低，表明薄膜内部缺陷增多，这主要与薄膜较差的形貌及较高的杂质水平有关。相应薄膜的瞬态光致发光光谱如图 3.16(b)所示，从中可评估薄膜中光生载流子的寿命。晶界处的杂质水平会显著影响钙钛矿薄膜层内电荷的输运过程，较长的光生载流子寿命往往对应着较低的层内复合速

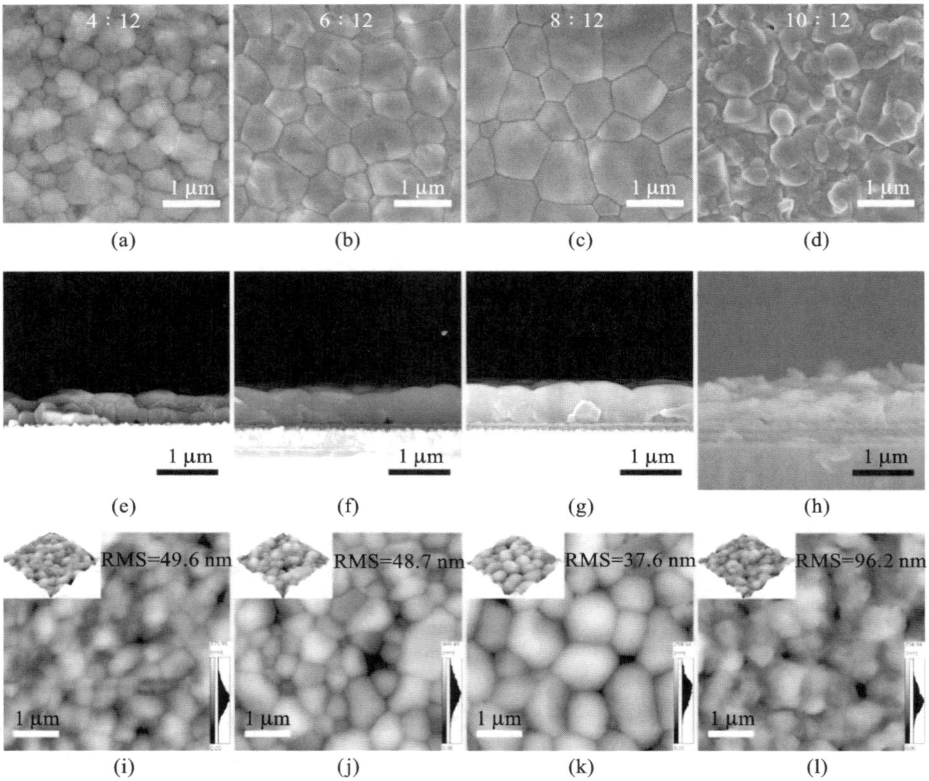

图 3.15　不同 r 值条件下所获得的 $CsPbBr_3$ 薄膜的 (a)～(d) 平面 SEM 图、(e)～(h) 横截面 SEM 图；(i)～(l) 相应薄膜的 AFM 图

率[48,49]。瞬态光致发光光谱曲线可通过如下双指数函数拟合[50,51]：

$$f(t)=A_1\exp(-t/\tau_1)+A_2\exp(-t/\tau_2)+K \tag{3.4}$$

式中：τ_1 和 τ_2 分别为慢衰减和快衰减时间常数；A_1、A_2 分别为慢衰减和快衰减幅值；K 为常数。

慢衰减过程往往与缺陷导致的钙钛矿晶体内的非辐射复合相关，而快衰减过程与界面电荷猝灭相关[52]。从拟合曲线计算得到的薄膜的光生载流子寿命参数如表 3.3 所示。r=4∶12 时的 $CsPbBr_3$-$CsPb_2Br_5$ 混合相薄膜的 τ_1 和 τ_2 分别为 15.80 ns 和 1.51 ns，光生载流子的平均寿命为较短的 3.81 ns。随着 r 值逐渐增大到8∶12，薄膜的 τ_1 和 τ_2 均逐渐升高，相应的光生载流子平均寿命也随之升高，与图 3.16(a) 中稳态光致发光强度的逐渐提高一致。纯 $CsPbBr_3$ 相薄膜（r=8∶12 时）获得了最高的光生载流子平均寿命，为 16.79 ns，证明该薄膜

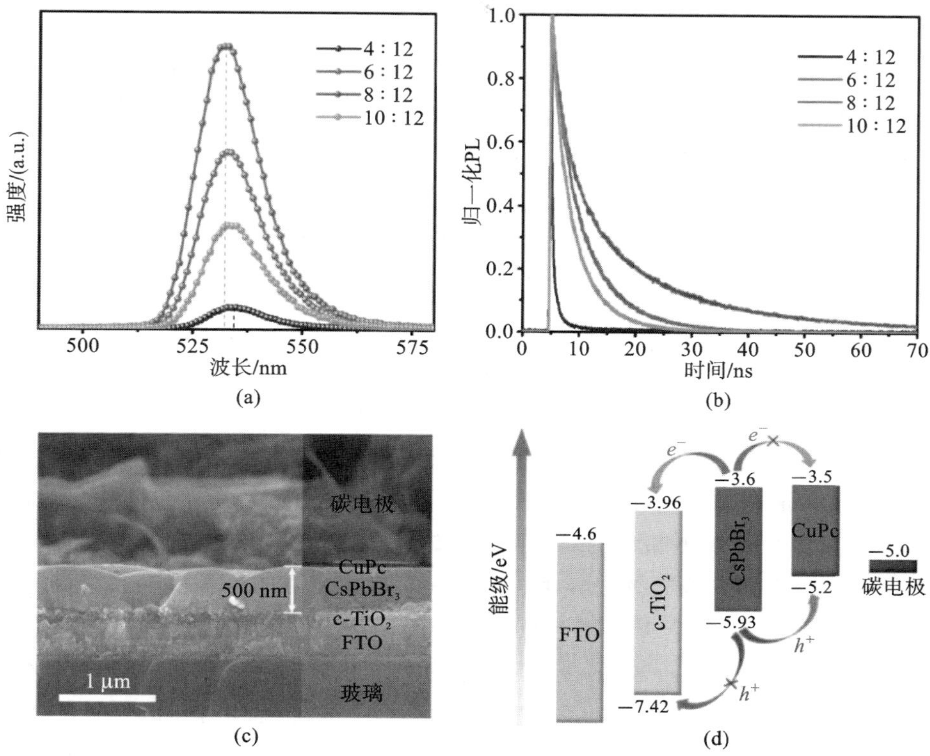

图 3.16　不同 r 值所对应的 $CsPbBr_3$ 薄膜的 (a)光致发光和 (b)瞬态光致发光光谱；碳基 $CsPbBr_3$ 钙钛矿光伏电池的 (c)横截面 SEM 图与(d)能级排布图

的体缺陷和面缺陷最少。光生载流子寿命的延长有利于提升电荷的提取与收集效率，进而提高器件的输出电流和电压。进一步提高 r 值至 10∶12，$CsPbBr_3$-Cs_4PbBr_6 混合相薄膜的光生载流子平均寿命降低至 5.96 ns，与薄膜的稳态光致发光强度降低相对应。

表 3.3　从拟合曲线计算得到的薄膜的光生载流子寿命参数

样品 r 值	τ_{ave}/ns	τ_1/ns	A_1	τ_2/ns	A_2
4∶12	3.81	15.80	16.1%	1.51	83.9%
6∶12	7.19	16.63	13.6%	5.70	86.4%
8∶12	16.79	25.79	47.6%	8.61	52.4%
10∶12	5.96	17.36	12.5%	4.33	87.5%

3.2.3 器件光伏特性分析

以上述用连续蒸发工艺制备的 $CsPbBr_3$ 薄膜为光敏层，制备的碳基全无机钙钛矿光伏电池如图 3.16(c)所示，器件结构为 FTO/TiO_2 致密层(c-TiO_2)/$CsPbBr_3$/酞菁铜(CuPc)/碳电极。从图中可以看出，所制备的 $CsPbBr_3$ 薄膜的厚度约为 500 nm，这与用溶液法及双源蒸发工艺制备的 $CsPbBr_3$ 薄膜厚度相当[39,40]。图 3.16(d)为器件的能级排布图，$CsPbBr_3$ 光敏层、TiO_2 电子传输层及 FTO 电极层的导带依次降低，有利于光生电子顺利从光敏层传输到电极层，与此同时，$CsPbBr_3$ 光敏层的价带、CuPc 空穴传输层的价带及碳电极层的功函数依次上升，有利于空穴被顺利收集到碳电极。

当 r 为不同值时，所制备的 $CsPbBr_3$ 钙钛矿光伏电池在一个太阳光强度(100 mW/cm^2)光照条件下的电学性能参数如表 3.4 所示，其中，各类器件的最佳 J-V 特性曲线如图 3.17(a)所示。当 r=8∶12 时，器件的综合性能最佳(平均 PCE 最高)，器件获得了 7.58%的光电转化效率，其中，J_{SC} 为 7.59 mA/cm^2，V_{OC} 为 1.328 V，FF 为 0.752，主要归功于 r=8∶12 时 $CsPbBr_3$ 薄膜最佳的相纯度、光吸收率、薄膜形貌及最低的缺陷密度等。由上述薄膜表征及 J-V 测试结果可以得出，CsBr 与 $PbBr_2$ 的最优厚度比例为 8∶12。由于用连续蒸发工艺沉积的 $CsPbBr_3$ 薄膜质量的大幅提高，基于该工艺所制备的 $CsPbBr_3$ 钙钛矿光伏电池的性能优于基于传统溶液法制备的 $CsPbBr_3$ 器件的性能[53]。图 3.17(b)展示了 r=8∶12 时最佳器件的 IPCE 谱图，从中可以看出，器件对 300～530 nm 波段的入射光子有较好的吸收和转化。由 IPCE 谱图积分得到的短路电流为 7.01 mA/cm^2，与光照条件下 J-V 测试所得的 J_{SC} 相近。为更直观地体现器件的可重复制备性，绘制了 r=8∶12 时所制备器件的 PCE 分布直方图(见图 3.17(c))。这些器件的 PCE 集中分布在 6.3%～7.5%范围内，较窄的 PCE 分布范围表明器件的可重复制备性较高，这主要归功于 $CsPbBr_3$ 光敏薄膜的均一度较高，也从侧面证实了连续蒸发工艺在制备高质量 $CsPbBr_3$ 薄膜方面的优势。考虑到气相沉积工艺在制备大面积薄膜方面的巨大优势，进一步制备了大面积 $CsPbBr_3$ 钙钛矿光伏电池，其有效光电转化区域为 1 cm^2。最优的大面积器件的 J_{SC} 为 6.65 mA/cm^2，V_{OC} 为 1.375 V，FF 为 0.679，PCE 为 6.21%(见图 3.17(d))，该性能优于同期报道的基于双源蒸发工艺制备的大面积 $CsPbBr_3$ 器件[40]。大面积器件性能较佳主要是因为用连续气相沉积工艺制备的 $CsPbBr_3$ 薄膜在较大尺度范围内仍能保持高度均匀、致密形态，如图 3.17(e)所示。

表 3.4 不同 r 值条件下所制备的 $CsPbBr_3$ 钙钛矿光伏电池的电学性能参数（每组样品的采样数为 25）

r 值		J_{SC}/(mA/cm^2)	V_{OC}/V	FF	PCE/(%)
4∶12	平均值	0.754±0.315	0.728±0.041	0.372±0.043	0.21±0.11
	最佳值	1.026	0.769	0.415	0.33
5∶12	平均值	2.61±0.77	0.95±0.052	0.421±0.052	1.04±0.66
	最佳值	3.38	1.003	0.460	1.56
6∶12	平均值	5.74±0.76	1.205±0.053	0.624±0.049	4.32±1.06
	最佳值	6.33	1.264	0.675	5.40
7∶12	平均值	6.96±0.48	1.268±0.042	0.686±0.031	6.06±0.73
	最佳值	7.29	1.307	0.714	6.81
8∶12	平均值	7.30±0.59	1.296±0.037	0.732±0.293	6.93±0.62
	最佳值	7.59	1.328	0.752	7.58
9∶12	平均值	6.43±0.65	1.257±0.046	0.661±0.041	5.34±0.87
	最佳值	6.90	1.281	0.702	6.21
10∶12	平均值	4.15±0.82	1.115±0.052	0.524±0.048	2.42±0.080
	最佳值	4.83	1.163	0.571	3.21
11∶12	平均值	0.427±0.221	0.567±0.088	0.332±0.069	0.081±0.072
	最佳值	0.644	0.650	0.401	0.168

钙钛矿光伏电池的稳定性对于其在实际生产生活中的应用至关重要，因此对 r=8∶12 时 $CsPbBr_3$ 器件的湿度和热稳定性进行测试。当将未封装的电池置于空气中 1000 h 后，器件的性能未发生明显衰减（见图 3.17(f)）。器件优异的湿度稳定性主要来自高疏水性和高化学稳定性的 CuPc 空穴传输层及碳对电极层对钙钛矿层的保护。在将器件置于 60 ℃的烘箱内 1 个月后，器件的效率仍能保持初始 PCE 的 98.6%。除了高热稳定性的碳电极的应用外，器件优异的热稳定性还主要源自 $CsPbBr_3$ 晶体自身出色的热稳定性，其热分解温度高达 467 ℃。此外，器件采用较廉价的 CuPc 和碳来取代价格较昂贵的 Spiro-OMeTAD、PTAA 等空穴传输材料和贵金属电极材料，大大降低了 $CsPbBr_3$ 光伏电池的生产成本。因此，该研究工作对于早日实现低成本和高稳定性全无机钙钛矿光伏电池的生产及应用具有一定的推动作用。

为深入研究 $CsPbBr_3$ 薄膜相组分对钙钛矿光伏电池性能的影响，我们进一步对基于富 $PbBr_2$ 相薄膜（r=7∶12 时）、纯 $CsPbBr_3$ 相薄膜（r=8∶12 时）和富

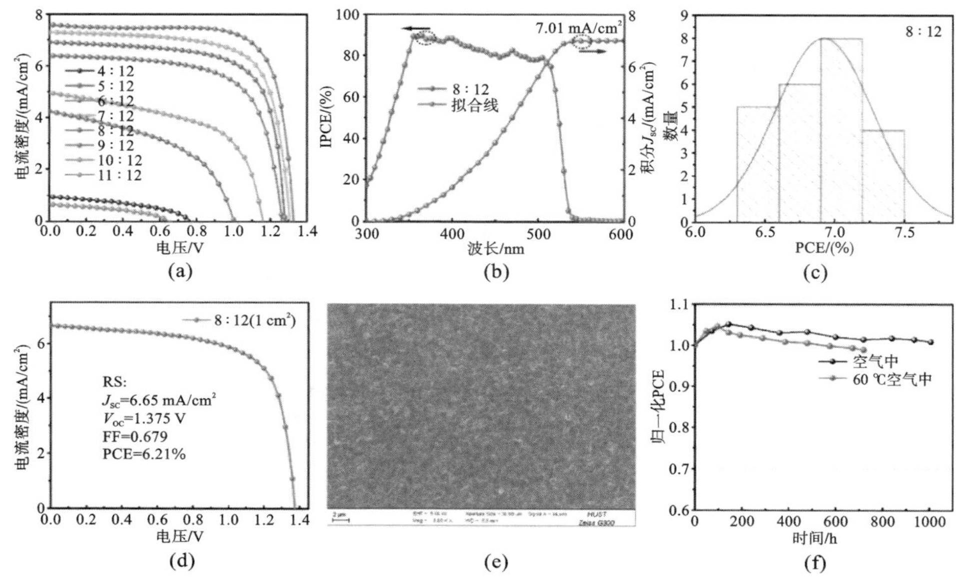

图 3.17　(a)r 为不同值时，各类器件在光照条件下的最佳 J-V 特性曲线；(b)r＝8：12 时最佳器件的 IPCE 谱图；(c)r＝8：12 时 $CsPbBr_3$ 器件的 PCE 分布直方图；(d)r＝8：12时大面积 $CsPbBr_3$ 器件在光照条件下的 J-V 特性曲线；(e)r＝8：12 时 $CsPbBr_3$ 薄膜在较大扫描范围内的平面 SEM 图；(f)未封装的 $CsPbBr_3$(r＝8：12 时)器件在空气中存放 1000 h 和在 60 ℃烘箱内存放 1 个月时的 PCE 变化曲线

CsBr 相薄膜(r＝9：12 时)制备的器件进行了一系列电化学表征分析。为便于表述，将上述三种器件分别表示为 7：12 器件、8：12 器件及 9：12 器件。相较于由 J-V 线性扫描所获得的光伏性能参数，光伏电池器件在最大功率点处输出的稳态电流和稳态效率更贴近实际工况下的性能输出。图 3.18(a)展示了三种器件在最大功率点处的稳态电流和稳态效率输出情况，当用 100 mW/cm² 的太阳光照射器件时，所有器件均发生较快的光响应，电流输出迅速稳定。7：12 器件在 1.08 V 偏压下的稳态电流输出为 5.59 mA/cm²，相应的稳态 PCE 输出为 6.04%。8：12器件在 1.12 V 偏压下获得的稳态电流输出和 PCE 输出分别为 6.11 mA/cm² 和 6.85%，而9：12器件在 1.08 V 偏压下的稳态电流输出和 PCE 输出分别为 4.90 mA/cm² 和 5.29%。值得注意的是，8：12 器件的稳态电流输出在整个测试过程中未发生任何衰减，展现出良好的工作稳定性，而 7：12 器件和 9：12 器件的稳态电流输出均呈现出下降趋势，这可能是由缺陷导致的非辐射复合引起的。

图 3.18(b)给出了 7：12、8：12 及 9：12 三种器件在暗态下的 J-V 特性曲

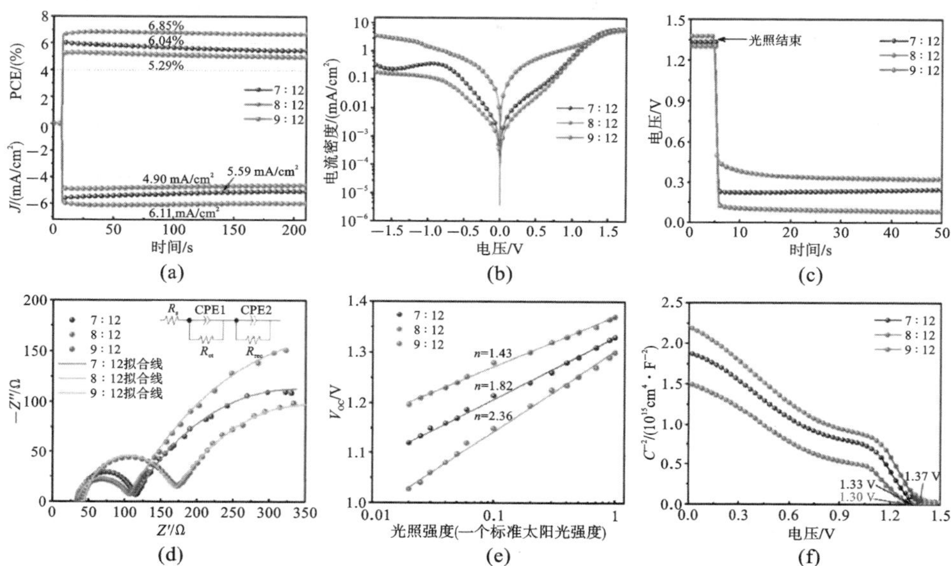

图 3.18　7∶12 器件、8∶12 器件及 9∶12 器件 (a)在最大功率点处的稳态电流与稳态效率输出曲线；(b)在暗态下的 *J-V* 特性曲线以及 (c)开路电压衰减曲线；(d)在光照条件下的奈奎斯特曲线(插图为器件的等效电路图)；(e)随着光照强度变化的 V_{OC} 变化曲线；(f)在不同偏压下的莫特-肖特基曲线

线，从中可以看出，基于 $CsPbBr_3$-Cs_4PbBr_6 混合相薄膜(r=9∶12 时)的器件的泄漏电流最大，而 8∶12 器件的泄漏电流最小，表明 8∶12 器件内部的并联阻抗最大。这可能与 r=8∶12 时 $CsPbBr_3$ 薄膜较高的薄膜质量及较少的晶界数量有关。暗电流的降低有利于器件 J_{SC} 和 FF 的提高，这与光照条件下测得的 *J-V* 性能参数一致。相应器件的开路电压衰减曲线如图 3.18(c)所示。相较于基于 $CsPbBr_3$-$CsPb_2Br_5$ 与 $CsPbBr_3$-Cs_4PbBr_6 混合相薄膜的器件，基于纯 $CsPbBr_3$ 相薄膜的器件具有更长的 V_{OC} 衰减时间。延长的 V_{OC} 衰减时间往往意味着器件内部更低的光生载流子复合速率和更长的光生载流子寿命，这与上述荧光光谱测试结果相吻合。因而，8∶12 器件倾向于获得更高的输出电压[54]。

EIS 测试被用来进一步深入研究器件不同界面之间的电荷传输和复合过程。图 3.18(d)展示了在光照条件下测得的 7∶12、8∶12 及9∶12三种器件的奈奎斯特曲线，测试范围为从高频 2 MHz 至低频 0.01 Hz，所施加的恒定偏压为 0.8 V。从图中可以清晰地看出，每条曲线都可以看作由两段圆弧组成，高频段较小的圆弧被广泛认为与钙钛矿/空穴传输层或者空穴传输层/电极界面的空穴传输过程相关，反映出器件内部的电荷传输电阻 R_{ct}，与之相对应的为空穴传输电容 CPE1。低频段较大的圆弧同电子传输层/钙钛矿层界面之间的载流子复合过程密切相关，反映出器件内部的电荷复合电阻 R_{rec}，与之相对应的为化学电容 CEP2[55,56]。因此，器件的等效电路图如图 3.18(d)中的插图所示。7∶12、8∶12 及 9∶12 三种器件的 R_{ct} 分别为 76.4 Ω、61.2 Ω 和 122 Ω，相应器件的 R_{rec} 分别为 444 Ω、614 Ω 和 375 Ω。8∶12 器件较低的传输阻抗有利于界面之间电荷的传输和抽取，而其较高的复合阻抗有利于抑制光生载流子的复合，从而提高器件的 J_{SC} 和 V_{OC}。根据奈奎斯特曲线与偏压轴(横轴)的交点可推断出 7∶12、8∶12 及 9∶12 三种器件的 R_s 分别为 36.8 Ω、33.4 Ω 和 41.8 Ω，8∶12 器件较低的 R_s 可能同电荷传输层与钙钛矿层之间较好的界面接触相关，有利于器件 FF 的提高。8∶12 器件的 CPE2(52.8 nF/cm^2)也小于 7∶12 器件和 9∶12 器件的 CPE2(分别为 59.8 nF/cm^2 和 75.6 nF/cm^2)，表明 8∶12 器件中的界面电荷聚集最少，电荷传输最顺利。由 EIS 分析可知，基于纯 $CsPbBr_3$ 相薄膜的器件倾向于获得最佳的综合性能，与 J-V 测试结果一致。

钙钛矿光伏电池的界面电荷复合过程也可以通过理想因子 n 来评估，n 可由 V_{OC} 随光照强度变化而产生的变化反映[57,58]。当光照强度 ψ 低于 10 mW/cm^2 时，由于器件内部较严重的电流分流和缺陷引起的非辐射复合，钙钛矿光伏电池的 V_{OC} 通常随着 ψ 的减小而迅速下降[59]。当光照强度 ψ 高于 10 mW/cm^2 时，随着 ψ 的下降，器件 V_{OC} 的下降主要与界面复合相关。7∶12、8∶12及9∶12 器件的 V_{OC} 与 ψ 的关系曲线如图 3.18(e)所示。器件的 n 值可通过如下公式计算[60]：

$$n = \frac{q}{k_B T} \frac{\mathrm{d}V_{OC}}{\mathrm{d}\ln\psi} \tag{3.5}$$

式中：q 为元电荷电荷量；k_B 和 T 分别为玻尔兹曼常数和绝对温度。

三种器件计算得出的 n 值分别为 1.82、2.36 和 1.43，表明 8∶12 器件具有最低的界面复合速率，这主要归功于 r=8∶12 时 $CsPbBr_3$ 相薄膜最低的杂质水平和缺陷密度。进一步对上述三种器件开展电容-电压测试，测试结果(莫特-肖特基曲线)如图 3.18(f)所示。从曲线线性部分与横轴的交点可以推测出 7∶12、8∶12 及 9∶12 器件的内建电场大约为 1.30 V、1.33 V 和 1.37 V。8∶12器件较大的内建电场揭示了器件内部较少的电荷陷阱态和光生载流子聚集。较大的内建电场同样有利于光生载流子的分离并提供扩展了的耗尽层来阻挡电荷从电子传输层回流到 $CsPbBr_3$ 光敏层[61]。因此，8∶12 器件的界面电荷复合损失要小于 7∶12 器件和 9∶12 器件的，其获得了更高的输出电压。

3.2.4 小结

本节提出了一种连续蒸发工艺来制备高纯度 $CsPbBr_3$ 薄膜。首先，一定厚度的 $PbBr_2$ 前驱体层被蒸镀到低温制备的 TiO_2 电子传输层上，然后不同厚度的

CsBr 前驱体层被蒸镀到 $PbBr_2$ 层上。该工艺摒弃了传统溶液法中使用的二甲基甲酰胺(DMF)及甲醇溶剂，既能减少对环境的污染，又能有效减少 $CsPbBr_3$ 晶体薄膜在甲醇溶剂中的分解。对 $PbBr_2$ 与 CsBr 前驱体物质的量的比对 $CsPbBr_3$ 薄膜结晶特性、光吸收特性及形貌的影响进行了较深入的研究。增大 CsBr 与 $PbBr_2$ 层的厚度比 r，薄膜的主要相成分由富 Pb 的 $CsPb_2Br_5$ 相转为 $CsPbBr_3$，再转为富 Cs 的 Cs_4PbBr_6 相。当 r 值为 8∶12 时，可获得均匀致密、相纯度较高及晶粒尺寸较大(大于 1 μm)的 $CsPbBr_3$ 薄膜。基于全气相沉积 $CsPbBr_3$ 薄膜所制备的小面积光伏电池的光电转化效率为 7.58%，大面积(1 cm^2)器件的光电转化效率为 6.21%。本研究为制备高纯度 $CsPbBr_3$ 薄膜及其衍生相($CsPb_2Br_5$ 与 Cs_4PbBr_6)薄膜提供了一种简单可行的方案。

3.3 基于多步旋涂法的全无机钙钛矿光伏电池

基于 Cs 离子的所有无机钙钛矿材料中，$CsPbBr_3$ 对湿度、氧气与温度的稳定性最佳，并可采用溶液法在空气中直接制备[20]。Gary 团队在 2015 年首次报道采用两步法制备基于 $CsPbBr_3$ 光敏层的钙钛矿光伏电池并取得了 5.95% 的转化效率。Liang 团队提出了一种基于 FTO/c-TiO_2/m-TiO_2/$CsPbBr_3$/碳电极结构的全无机钙钛矿光伏电池，并取得了 6.7% 的转化效率[4]。然而，用传统两步法制备的 $CsPbBr_3$ 薄膜往往相纯度低、覆盖率低[3,21]。因此，$CsPbBr_3$ 钙钛矿光伏电池的性能还有很大的提升空间。经过多年的发展，多步旋涂、界面钝化、量子点修饰等方法均用来改善 $CsPbBr_3$ 钙钛矿光伏电池的光电转化性能与稳定性[62,63]，虽取得了一些成绩，但仍存在着工艺过程复杂、成本较高等弊端。

本节提出了一种改进的多步旋涂法来制备 $CsPbBr_3$ 钙钛矿光敏层。改进后，钙钛矿薄膜的相纯度、覆盖率以及晶粒尺寸相较于用传统工艺制备的薄膜均得到了极大提升。所制备的全无机碳电极钙钛矿光伏电池器件的光电转化效率也得到极大提升。本研究为廉价、高效、高稳定性光伏电池在未来的实际应用奠定了基础。

3.3.1 器件制备

(1)基底的准备：将激光刻蚀好的 FTO 浸泡于加有清洁剂的去离子水中，超声清洗 15 min；取出后，再用去离子水漂洗两次；然后分别采用丙酮和乙醇各超声清洗 15 min；最后用氮气枪吹干备用。清洗后的 FTO 基底在使用之前，还需对其表面采用紫外臭氧清洗机处理 30 min 以进行表面改性。

(2)TiO_2 电子传输层的制备：TiO_2 电子传输层采用化学浴沉积的方法制备。

将 $TiCl_4$ 水溶液在冰水浴下稀释为 200 mmol/L，并掺入 0.01 mol/L 的 $NiCl_2 \cdot 6H_2O$。然后，将清洗过的 FTO 基底垂直放入稀释后的 $TiCl_4$ 水溶液玻璃器皿内，保持 70 ℃水浴加热 3 h。之后，取出基底并采用去离子水超声清洗 2 min 去除薄膜表面松散的材料结构，再在 200 ℃的热板上退火 1 h。

(3)TiO_2/SnO_2 复合电子传输层的制备：在步骤(2)制备的 TiO_2 电子传输层表面旋涂 0.1 mol/L 的 $SnCl_2 \cdot 2H_2O$ 乙醇溶液，参数为 5000 r/min，时间为 30 s。然后在 195 ℃的热板上退火 1 h。退火后还需用紫外臭氧处理 10 min 以提高钙钛矿溶液在 SnO_2 表面的覆盖率。

(4)钙钛矿光敏层的制备：钙钛矿薄膜采用多步旋涂的方法制备。首先需配置浓度为 1.0 mol/L 的 $PbBr_2$ 的 DMF 溶液，并在 75 ℃环境下搅拌均匀。并且在 75 ℃的热板上对光阳极进行预热。然后将 $PbBr_2$ 溶液旋涂至光阳极表面(2000 r/min，30 s)，并在 90 ℃热板上烘干 1 h 形成 $PbBr_2$ 薄膜。接着将 $PbBr_2$ 薄膜浸泡入浓度为 0.07 mol/L 的 CsBr 甲醇溶液中，并在 55 ℃下保温 20 min。取出样品后，采用异丙醇对表面旋涂清洗(2000 r/min，30 s)，空气中干燥后，在 250 ℃热板上退火 5 min。接着在形成的钙钛矿薄膜表面多次旋涂浓度为 0.07 mol/L 的 CsBr 甲醇溶液(2000 r/min，30 s)，每次旋涂后均需在 250 ℃的热板上退火 5 min，并待冷却后进行下一次旋涂。全部操作过程均在大气环境下完成，如图3.19所示。随着反应的进行，$PbBr_2$ 薄膜表面由白色变为黄色，并且颜色不断加深，预示着 $CsPbBr_3$ 化合物的形成。

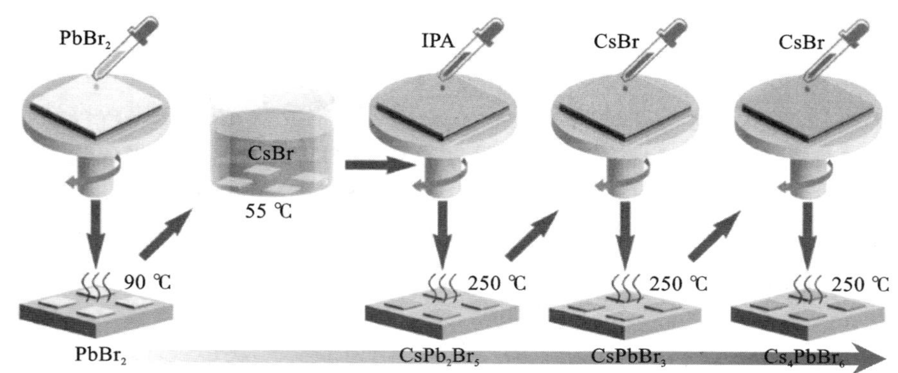

图 3.19　全无机钙钛矿薄膜多步旋涂法制备过程示意图

(5)空穴传输层以及碳电极层的制备：CuPc 空穴传输层采用真空热蒸发的方式进行沉积，本底真空度为 0.9×10^{-4} Pa，电流设为 85 A，厚度控制在 35 nm，采用附带晶振片的膜厚仪对薄膜的厚度进行监测。最后在 CuPc 空穴传输层上刮涂商用碳浆料，并将其放置在 85 ℃热板上加热 15 min 进行烘干，至此完成碳对电极的制备。

3.3.2 薄膜形貌表征

图 3.20(a)展示了反应过程中形成各薄膜的 XRD 谱图。所有的 $CsPbBr_3$ 钙钛矿薄膜均在 15.18°、21.58°、30.69°、34.46°、44.1°与 49.55°处展现了明显的衍射峰，分别对应于 $CsPbBr_3$ 的(100)、(110)、(200)、(210)、(220)与(310)晶相。浸泡过 CsBr 甲醇溶液，但后期未旋涂 CsBr 甲醇溶液的样品(记为 spin-0)，在 11.7°、23.29°、29.38°与 47.82°处展现了明显的衍射峰，可归因于 $CsPb_2Br_5$ 的(002)、(210)、(213)与(310)晶相。CsBr 在甲醇中的溶解度不高，$CsPb_2Br_5$ 的产生主要是由 $PbBr_2$ 的过量导致的[30]。当薄膜表面再次旋涂 CsBr 甲醇溶液(记为 spin-1)后，产生了相的融合与分离。富 $PbBr_2$ 的 $CsPb_2Br_5$ 相几乎消失不见，并转化成了 $CsPbBr_3$ 的立方相。薄膜 $CsPbBr_3$ 晶相的衍射特征峰更加强烈，尤其表现在(100)与(200)晶相，意味着更高的相纯度与结晶度。在第二次旋涂 CsBr 甲醇旋涂液(记为 spin-2)后，由富 CsBr 导致的 Cs_4PbBr_6 相的衍射特征峰(12.67°、12.89°、25.54°、27.55°与 28.67°)变得明显。$PbBr_2 \rightarrow CsPb_2Br_5 \rightarrow CsPbBr_3 \rightarrow Cs_4PbBr_6$ 的相转变过程与式(3.1)～式(3.3)中的反应过程相对应。仔细观察可发现，$CsPb_2Br_5$ 相并不能被完全消除，旋涂 CsBr 甲醇溶液后，在 11.7°与 47.82°处仍有 $CsPb_2Br_5$ 微弱的衍射峰，这主要是因为 $CsPbBr_3$ 在超过 150 ℃退火时，会部分转化为四方相的 $CsPb_2Br_5$[64]。

图 3.20(b)展示了三种全无机钙钛矿薄膜的光吸收谱图。薄膜在近紫外光区域均展现了很好的光吸收性能，且 spin-1 的样品光吸收性能最佳，用其制备光伏电池器件有利于获得更高的光电流。$CsPbBr_3$ 薄膜的光吸收边缘在 535 nm 处，对应于 2.32 eV 的禁带宽度。

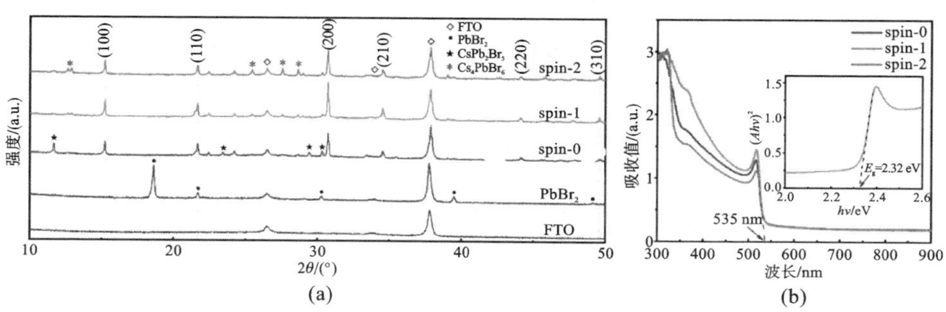

图 3.20 $CsPbBr_3$ 全无机钙钛矿薄膜在不同工艺参数下的(a)XRD 谱图与(b)光吸收谱图

图 3.21 展示了三种全无机钙钛矿薄膜的平面 SEM 与 AFM 图。如图3.21(a)所示，可明显发现未经过 CsBr 甲醇溶液旋涂处理的钙钛矿薄膜存在很多孔洞，且平均晶粒尺寸(560.6 nm)较小。晶粒尺寸较小可能是因为薄膜存在较多

$CsPb_2Br_5$杂质和结晶度低。经 CsBr 甲醇溶液旋涂处理一次后，孔洞消失，薄膜覆盖率得到极大提升，避免了电子传输层与空穴传输层的直接接触。并且，平均晶粒尺寸也增大至 995.6 nm，大大减少了晶界，从而减小了晶界处由陷阱态引发的光生载流子复合的概率。图 3.21(d)、(e)也进一步佐证了 spin-1 薄膜样品具有更大的晶粒尺寸，薄膜的粗糙度也因此而略微增大。当用 CsBr 甲醇溶液再次处理表面时，钙钛矿薄膜表面变得较不平整，且晶粒尺寸减小至 508.3 nm。可见，$CsPbBr_3$转化成 Cs_4PbBr_6的过程是大晶粒裂解成小晶粒的过程。而反应中小晶粒的堆积也使得薄膜的表面粗糙度增大，且不利于钙钛矿薄膜与空穴传输层的紧密接触，进而导致较高的串联电阻。

图 3.21　三种全无机钙钛矿薄膜的(a)～(c)平面 SEM 图与(d)～(f)AFM 图

3.3.3　器件光伏特性分析

图 3.22(a)展示了三种钙钛矿薄膜的稳态 PL 谱线。测试时，钙钛矿薄膜直接沉积在 FTO 基底表面，因此，光诱导的激发态载流子并不能被传输层所抽取，进而引发辐射复合。相比较而言，spin-1 样品具有最高的 PL 强度，spin-0 样品次之，spin-2 样品最弱。此外，spin-0、spin-1 与 spin-2 样品 PL 峰值的位置分别在 531 nm、529.5 nm 与 531.9 nm 处。spin-1 样品的 PL 峰值出现蓝移现象。以上结果从侧面说明了 spin-1 样品缺陷少、结晶度高，而 spin-2 样品缺陷

多、晶粒小、晶界多。此外，还分析了三种钙钛矿薄膜的 TR-PL 衰减特性，如图 3.22(b)所示。由于没有电荷传输层的存在，载流子复合与内层载流子传输过程紧密相关，且与薄膜晶界处的杂质能级有很强的相关性[48]。一个长的载流子寿命往往对应一个低的杂质能级，且薄膜内部载流子复合较慢。

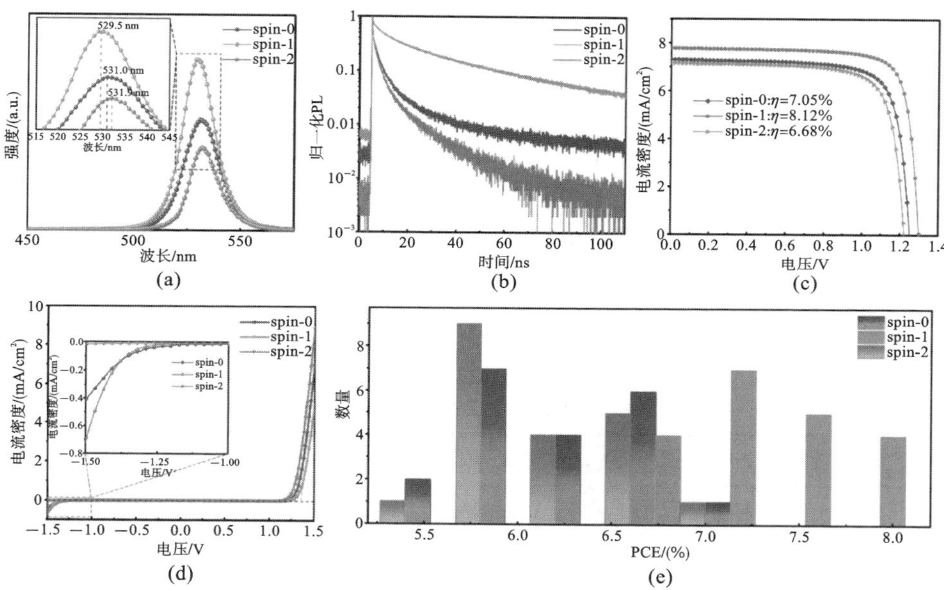

图 3.22 三种钙钛矿薄膜的(a)稳态 PL 与(b)TRPL 谱线；三种钙钛矿薄膜所对应光伏电池的(c)*J-V* 曲线与(d)暗电流曲线；(e)三种钙钛矿光伏电池的 PCE 分布直方图(每组器件数量为 20 个)

一般来说，慢衰减时间分量反映的是钙钛矿块体中由缺陷态导致的辐射复合，而快衰减时间分量反映的是载流子在晶界处的猝灭。三种钙钛矿薄膜的 TR-PL 详细参数如表 3.5 所示。对于未经 CsBr 甲醇溶液旋涂处理的 spin-0 样品，τ_1 和 τ_2 分别为 46.13 ns 和 8.02 ns，计算所得的平均寿命为 17.26 ns。spin-1 样品的 τ_1 和 τ_2 分别为 56.03 ns 和 16.14 ns，计算所得的平均寿命为 35.67 ns。对于富 CsBr 的 spin-2 样品，τ_1、τ_2 和 τ_{ave} 分别衰减至 34.25 ns、4.95 ns和 12.43 ns。得益于更高的结晶度和相纯度，spin-1 样品的荧光寿命最长，说明钙钛矿块体内部由缺陷引发的复合得到了有效抑制，与稳态 PL 测试的结果一致。

基于这三种钙钛矿薄膜，制备的全无机碳电极钙钛矿光伏电池的结构为 FTO/c-TiO_2/$CsPbBr_3$/CuPc/碳电极。图 3.22(c)展示了三种钙钛矿光伏电池在 AM 1.5G(100 mW/cm^2)模拟光照下的最佳 *J-V* 曲线，且详细光电特性参数如表 3.6 所示。未经 CsBr 甲醇溶液旋涂处理的钙钛矿光伏电池的最佳光电转化效率为 7.05%，对应的 J_{SC} 为 7.31 mA/cm^2，V_{OC} 为 1.253 V，FF 为0.770，该组的平均光电转化效率为 6.32%。经 CsBr 甲醇溶液一次处理所对应器件的最佳 J_{SC} 为 7.77 mA/cm^2，V_{OC} 为 1.302 V，FF 为 0.803，PCE 为 8.12%，该组的平均光电转化效率为 7.38%，各项指标均得到极大提升。然而由于二次处理的钙钛矿薄膜 spin-2 所对应器件的结晶性与相纯度较差，最佳 PCE 与平均 PCE 分别降至6.69%与 5.98%。

表 3.5　三种钙钛矿薄膜的 TR-PL 详细参数

样品	τ_{ave}/ns	τ_1/ns	A_1/(%)	τ_2/ns	A_2/(%)
spin-0	17.26	46.13	24.25	8.02	75.75
spin-1	35.67	56.03	48.97	16.14	51.03
spin-2	12.43	34.25	25.53	4.95	74.47

表 3.6　三种钙钛矿薄膜所对应光伏电池的详细光电特性参数

器件		J_{SC}/(mA/cm^2)	V_{OC}/V	FF	PCE/(%)
spin-0	平均值	7.01±0.62	1.214±0.070	0.743±0.042	6.32±0.83
	最佳值	7.31	1.253	0.770	7.05
spin-1	平均值	7.46±0.50	1.258±0.062	0.786±0.031	7.38±0.68
	最佳值	7.77	1.302	0.803	8.12
spin-2	平均值	6.74±0.58	1.200±0.055	0.739±0.036	5.98±0.74
	最佳值	7.16	1.225	0.763	6.69

图 3.22(d)展示了三种光伏电池的暗电流曲线。从图 3.22(d)中的插图可以看出，spin-1 样品的暗电流最小，对应于器件的泄漏电流最小，这主要与 spin-1 样品对应的钙钛矿薄膜具有最高的覆盖率、最少的孔洞与晶界有关。对于光伏电池来说，泄漏电流低有利于器件的光电转化。根据以往相关报道，暗电流曲线的线性部分与 x 轴的截距对应的就是器件的开路电压。spin-0、spin-1 与 spin-2 器件的暗电流截距分别为 1.30 V、1.36 V 与 1.27 V。spin-1 器件的开路电压最大，spin-0 器件次之，spin-2 器件最小。该趋势与三种器件的实测数据相一致。

三种器件分三组，每组 20 个电池器件，其 PCE 分布直方图如图 3.22(e)所示。spin-1 器件的 PCE 主要分布在 6.9%～8.1%范围内，标准差为 0.405。相比较而言，spin-0 器件与 spin-2 器件的 PCE 分别主要分布在 5.6%～7.0%与 5.3%～6.6%范围内，标准差分别为 0.449 与 0.428。由此可知，spin-1 器件的光电转化特性最佳，数据分布最集中，工艺的可重复性高。后续全无机钙钛矿薄膜均采用 spin-1 的工艺制备。

3.3.4 复合电子传输层形貌表征

尽管通过对 $CsPbBr_3$ 全无机钙钛矿薄膜制备工艺进行改进，器件的性能得到了一定程度的提升，但器件的光电流仍不是特别理想，可能与 TiO_2 电子传输层的电子迁移率较低有关。相较于 TiO_2，SnO_2 材料具有更优的导电性与电子迁移率[65]，可通过将 TiO_2 与 SnO_2 结合形成复合电子传输层来进一步提升器件光电特性。采用 TiO_2/SnO_2 复合电子传输层的全无机钙钛矿光伏电池器件的截面 SEM 图如图 3.23 所示，其结构组成为 FTO/c-TiO_2/SnO_2/$CsPbBr_3$/CuPc/碳电极。TiO_2/SnO_2 复合电子传输层与 $CsPbBr_3$ 钙钛矿光敏层的厚度分别为 130 nm 与 585 nm。单个钙钛矿晶粒即可贯穿电子、空穴传输层，可有效避免光生载流子在晶界处产生的非辐射复合。

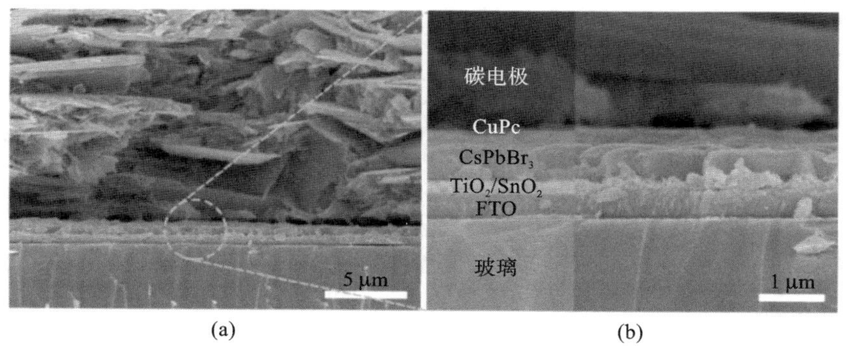

图 3.23 采用 TiO_2/SnO_2 复合电子传输层的全无机钙钛矿光伏电池器件的截面 SEM 图

上述器件的能级排布图如图 3.24 所示，相对 $CsPbBr_3$ 钙钛矿而言，SnO_2 导带和价带都较深，可有效传输电子、阻挡空穴，CuPc 导带和价带相对较高，可用来传输空穴、阻挡电子。最终，电子经 TiO_2 电子传输层被 FTO 收集，空穴被碳电极收集。

图 3.25(a)～(c)展示了 TiO_2 电子传输层、TiO_2/SnO_2 复合电子传输层和 $CsPbBr_3$ 钙钛矿层的平面 SEM 图，图 3.25(d)～(f)是它们对应的 AFM 图。由于 TiO_2 薄膜采用化学浴法沉积，膜层表面难免有许多 TiO_2 颗粒堆积残留，因此膜层表面较为粗糙，RMS 为 47.49 nm。沉积 SnO_2 薄膜后，复合薄膜的表面粗

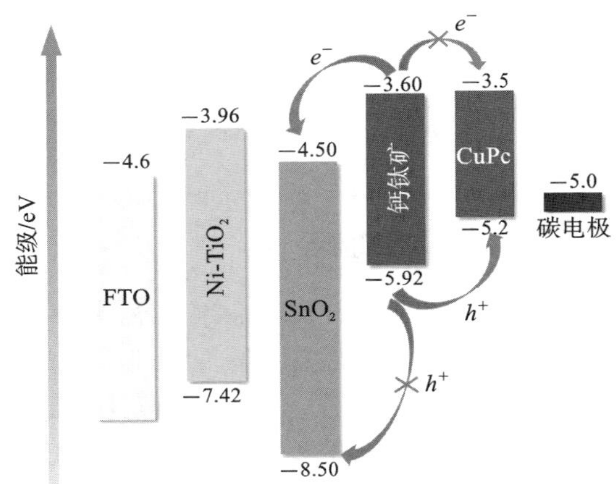

图 3.24　采用 TiO_2/SnO_2 复合电子传输层的全无机钙钛矿光伏电池器件的能级排布图

糙度降低，RMS 仅为 37.41 nm。因此，在复合薄膜上沉积的 $CsPbBr_3$ 钙钛矿层质量也得到提高，RMS 由原来的 50.65 nm 下降至 45.65 nm，平均晶粒尺寸增大至 1.18 μm，膜层更加平整，更有利于钙钛矿层与空穴传输层的良好接触。

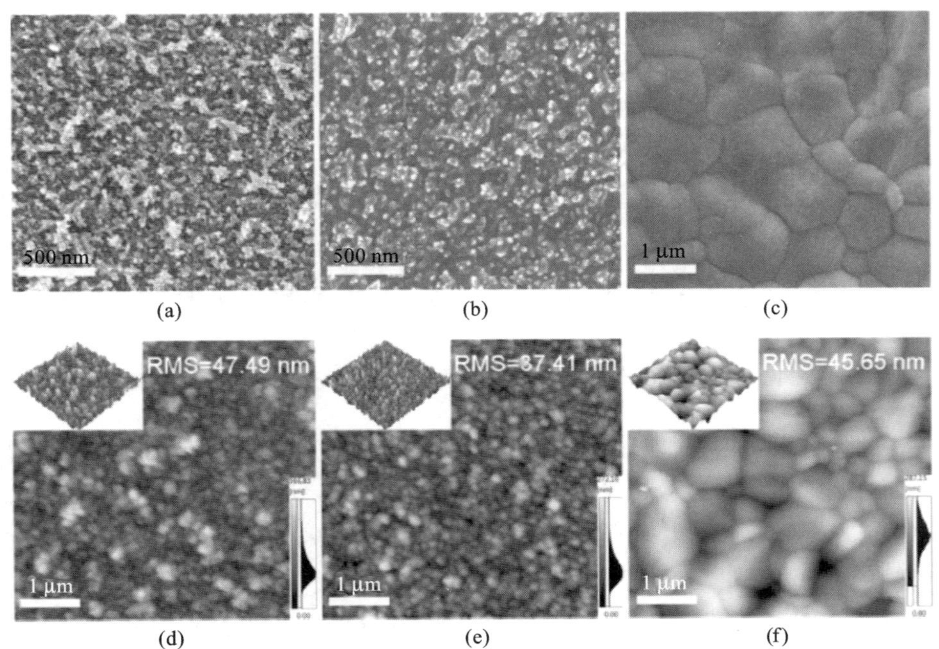

图 3.25　(a)、(d)用化学浴法制备的 TiO_2 致密层，(b)、(e)TiO_2 表面旋涂的 SnO_2 钝化层与(c)、(f)复合薄膜的 $CsPbBr_3$ 钙钛矿层所对应的平面 SEM 与 AFM 图

图3.26展示了TiO_2/SnO_2复合薄膜的X射线光电子能谱(XPS)谱图。结合能487.7 eV与496.2 eV处的特征峰分别对应的是Sn $3d_{5/2}$与Sn $3d_{3/2}$轨道[66]。结合能在531.4 eV处的特征峰来源于O 1s轨道,表明了SnO_2薄膜中O^{2-}的化学态。O 1s轨道在532.0 eV与532.8 eV处的特征峰可能来源于薄膜中的羟基或表面吸收的水分子[67]。谱图中无法观测到Ti元素,主要是因为XPS测试的薄膜深度有限,且SnO_2将TiO_2完全覆盖。

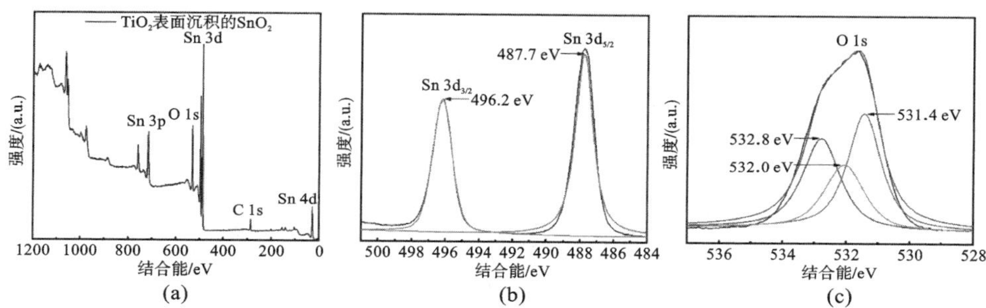

图3.26 TiO_2/SnO_2复合薄膜的XPS谱图

此外,得益于SnO_2薄膜的抗反射特性[66],沉积SnO_2后TiO_2薄膜的光透过率升高,如图3.27所示,进而促使器件的光电流增大。

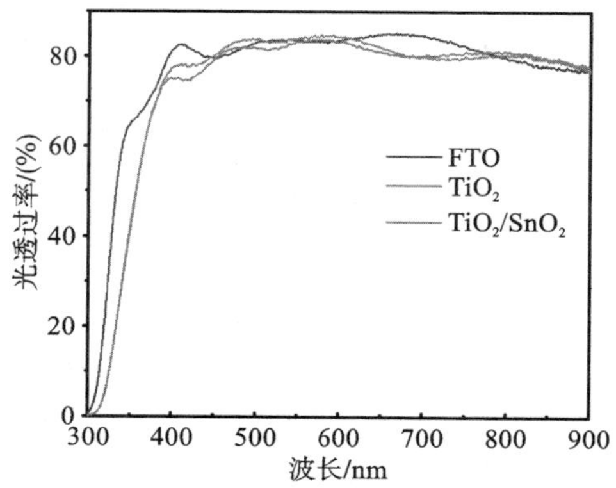

图3.27 FTO、TiO_2与TiO_2/SnO_2三类薄膜光透过率对比

3.3.5 复合电子传输层器件光伏特性分析

如图3.28(a)所示,采用TiO_2/SnO_2复合电子传输层后,器件的最优光电转化效率提升至8.79%,J_{SC}提高至8.24 mA/cm^2,V_{OC}提升至1.310 V,FF提高至 0.814。图 3.28(b)展示了两类最优器件在最大输出功率点的光电转化效率与光电流输出特性。TiO_2电子传输层光伏电池器件的稳定输出光电流为 6.66 mA/cm^2，对应的输出效率为 7.59%，TiO_2/SnO_2 复合电子传输层光伏电池器件的稳定输出光电流为 7.33 mA/cm^2，对应的输出效率为 8.37%。并且，TiO_2/SnO_2 复合电子传输层电池器件在超过 200 s 的持续光照下，输出效率稳定不变，而 TiO_2电子传输层电池器件的输出效率下降至 7.28%。说明 TiO_2/SnO_2复合电子传输层光伏电池器件的输出稳定性更佳。采用 TiO_2/SnO_2 复合电子传输层后，由 J-V 测试曲线可以看出，光伏电池器件的光电流提升明显，图 3.28(c)所示的 IPCE 曲线也证明了这一点。两类器件在 350～515 nm 波长范围内的 IPCE 值基本都超过了 80%，且曲线都截止在 535 nm 处，与 $CsPbBr_3$材料的光吸收边界一致。IPCE 曲线经积分所得两类电池器件光电流分别为 7.37 mA/cm^{2}与 7.80 mA/cm^2，与 J-V 曲线实测值接近，验证了数据的可信度。此外，还研究了器件在较大面积下的光电特性，如图 3.28(d)所示。TiO_2电子传输层光伏电池器件输出的 J_{SC}为 6.5 mA/cm^2，V_{OC}为 1.377 V，FF 为 0.683，最优的 PCE 为 6.11%。相比较而言，采用 TiO_2/SnO_2 复合电子传输层器件的 J_{SC}为 6.93 mA/cm^2，V_{OC}为 1.396 V，FF 为 0.713，最优的 PCE 为 6.9%，展现出性能提升的趋势。

光伏电池器件在服役环境下的稳定性也是需要考量的另一重要性能指标。因此，研究了未封装电池器件在大气环境(25 ℃)与热老化环境(60 ℃)下光电转化效率的变化趋势，如图 3.28(e)、(f)所示。两类电池器件在大气环境下超过 1000 h 的测试周期内光电转化效率并未表现出下降趋势。热老化环境下，采用 TiO_2/SnO_2 复合电子传输层的电池器件的性能未出现明显衰减，而采用 TiO_2 电子传输层的电池器件的性能却在原来的基础上衰减了 2.6%。

如图 3.29 所示，CuPc 空穴传输层与碳对电极层均有较好的疏水性与化学稳定性。这两层覆盖在钙钛矿薄膜上，可有效阻挡水分子进入，防止钙钛矿发生水解，保证了电池器件性能的稳定。TiO_2材料具有很强的光催化活性，在热老化试验中，其催化活性有可能会被激发，从而导致钙钛矿光敏层分解，故电池器件的性能会稍受影响。SnO_2禁带更宽，化学性质更稳定，故基于 TiO_2/SnO_2复合电子传输层的电池器件在热老化过程中性能可保持稳定。

由图 3.30(a)所示的 $CsPbBr_3$钙钛矿薄膜在不同基底上的稳态 PL 谱线可知，电子传输层的引入均能使钙钛矿的荧光发生猝灭。电子传输层能有效抽取光生电子，进而减少载流子复合。TiO_2/SnO_2复合传输层薄膜相较于 TiO_2单层薄膜的荧光猝灭效果更明显，故 TiO_2/SnO_2 复合电子传输层薄膜的电子抽取能

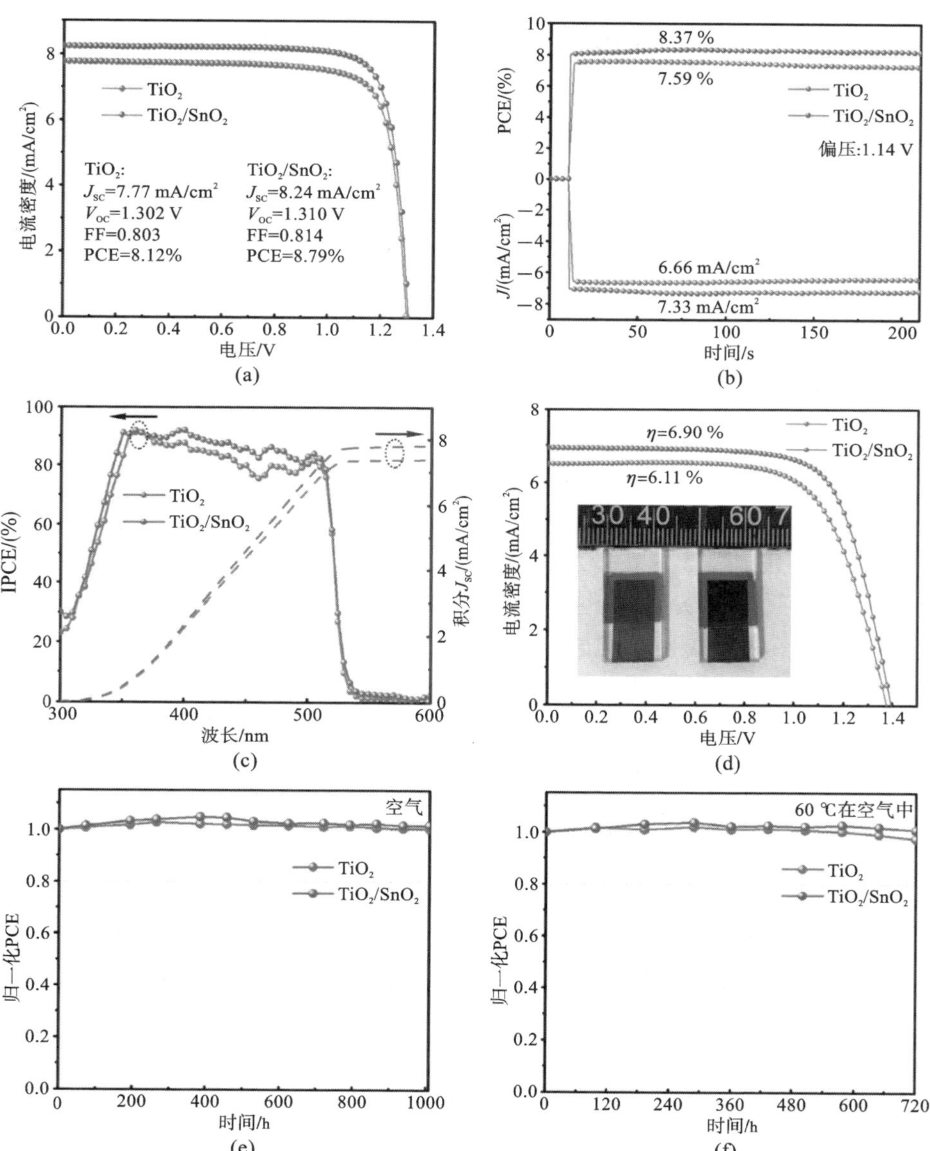

图 3.28　采用 TiO_2 电子传输层与 TiO_2/SnO_2 复合电子传输层两类钙钛矿光伏电池器件的(a)最佳 *J-V* 曲线、(b)最大输出功率追踪曲线与(c)IPCE 曲线;(d)1 cm^2 有效面积下,两类电池器件的 *J-V* 曲线对比;两类未封装电池器件在(e)大气与(f)热老化环境下光电转化效率的变化趋势

(a) (b)

图 3.29 (a)CuPc 空穴传输层与(b)碳对电极层的接触角测量结果

力更佳。并且，$TiO_2/SnO_2/CsPbBr_3$ 样品荧光峰值的位置相较于 $TiO_2/CsPbBr_3$ 样品的发生了蓝移，侧面说明了在复合薄膜上沉积的钙钛矿光敏层缺陷态更少。三种样品的 TR-PL 的测试结果如图 3.30(b)所示，根据谱线计算所得的荧光寿命详细记录在表 3.7 中。未采用电子传输层的钙钛矿样品 FTO/$CsPbBr_3$ 计算所得的 τ_1 和 τ_2 分别为 56.03 ns 与 16.14 ns，平均荧光寿命 τ_{ave} 为 35.67 ns。当引入 TiO_2 电子传输层时，τ_1 和 τ_2 分别急剧下降至 11.83 ns 与 2.45 ns，平均荧光寿命 τ_{ave} 降为 5.47 ns。当采用 TiO_2/SnO_2 复合电子传输层时，τ_1、τ_2、τ_{ave} 分别继续下降至 5.02 ns、1.47 ns、2.20 ns。与稳态 PL 的测试结果一致，在钙钛矿光敏层相同的情况下，TiO_2/SnO_2 复合电子传输层薄膜相较于 TiO_2 单层薄膜具有更优的电子抽取能力，更有利于光电转化。

图 3.30(c)展示了采用两种不同电子传输层的电池器件的瞬态开路电压衰减曲线。直观地看，采用 TiO_2/SnO_2 复合电子传输层的电池器件在光照下开路电压更高，关灯时，光电压衰减更慢。根据光电压衰减曲线，可以计算出器件内部的载流子寿命 τ_n，公式如下：

$$\tau_n = \frac{k_B T}{e}\left(\frac{dV_{OC}}{dt}\right)^{-1} \tag{3.6}$$

式中：k_B 为玻尔兹曼常数；T 与 e 分别为绝对温度与正元电荷电荷量。

计算所得的光生载流子寿命与偏压的关系如图 3.30(c)中插图所示。由此可知，TiO_2/SnO_2 器件的光生载流子寿命更长，电池内部复合较慢，更利于器件 FF 与 V_{OC} 的提升。图 3.30(d)展示了两类器件的暗电流测试曲线，可见 TiO_2/SnO_2 器件的暗电流更低，对应于更低的泄漏电流，说明 SnO_2 的覆盖对 TiO_2 薄膜表面的分流位点有钝化作用。另外，对于 TiO_2 与 TiO_2/SnO_2 两类器件，由暗电流曲线线性部分外推得到的开路电压分别为 1.36 V 与 1.38 V，也就是说，TiO_2/SnO_2 器件的固有开路电压大于 TiO_2 器件的，两者在光照下实测得到的 V_{OC} 趋势也验证了这一点。

随后又针对这两类器件开展了电化学阻抗谱分析，以研究器件内部光生载流子的传输与复合现象。测试在标准太阳光照下进行，并施加 0.8 V 的偏压，频率设为0.01 Hz～1 MHz,结果如图3.30(e)所示。两条奈奎斯特曲线均表现出两个半圆弧的特征,可采用插图中的等效电路对曲线进行拟合。拟合后可得 TiO_2/SnO_2 器件的电荷传输电阻和复合电阻分别为173 Ω与823 Ω,而 TiO_2 器件的电荷传输电阻和复合电阻分别为305 Ω与446 Ω。这说明采用 TiO_2/SnO_2 复合电子传输层的器件电荷传输速度更快,载流子复合率更低。串联电阻值为奈奎斯特曲线与实轴的交点。TiO_2/SnO_2 器件的串联电阻为35.6 Ω,小于 TiO_2 器件的46.9 Ω,更有利于电池获取更高的填充因子。CPE2值可反映器件界面处的电荷状态。TiO_2/SnO_2 器件的CPE2值为67.9 nF/cm²,小于 TiO_2 器

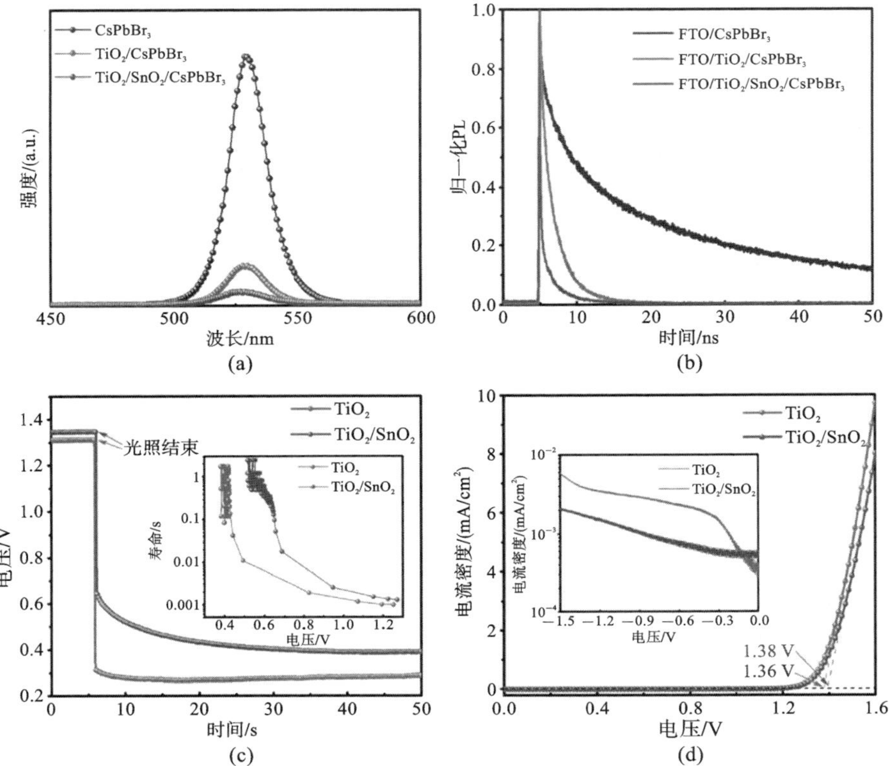

图3.30 $CsPbBr_3$ 钙钛矿薄膜在不同基底上的(a)稳态PL与(b)TR-PL谱线;(c)两种不同电子传输层电池器件瞬态光电压变化趋势(插图为根据光电压变化计算所得的光生载流子寿命曲线);(d)两类电池器件暗态下的 *J-V* 测试曲线;(e)两类器件光照下所测阻抗谱的奈奎斯特曲线(插图为用于拟合的等效电路);(f)两类器件暗态下的莫特-肖特基曲线

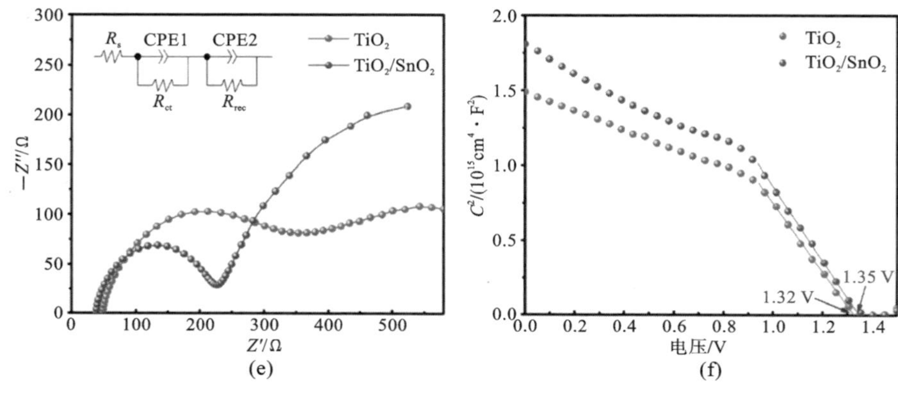

续图 3.30

件的 158 nF/cm²，说明 TiO_2/SnO_2 器件界面处电荷积累较少。这也主要得益于 TiO_2/SnO_2 复合电子传输层出色的光电子分离与输运能力，才保证了电池器件的优异性能。图 3.30(f)所示为两类器件的莫特-肖特基曲线。根据以往报道，曲线线性部分外延与 x 轴的截距大小可反映电池器件内部内建电场的大小[68]。TiO_2/SnO_2 器件的内建电场为 1.35 V，要高于 TiO_2 器件的 1.32 V。内建电场越高，越有利于光生载流子的分离，耗尽层更宽，可有效防止光生载流子反向扩散[69]，进而促进光电转化。

表 3.7　$CsPbBr_3$ 钙钛矿薄膜在不同基底上的荧光寿命各参数统计

样品	τ_{ave}/ns	τ_1/ns	A_1	τ_2/ns	A_2
$FTO/CsPbBr_3$	35.67	56.03	48.97%	16.14	51.03%
$FTO/TiO_2/CsPbBr_3$	5.47	11.83	32.20%	2.45	67.80%
$FTO/TiO_2/SnO_2/CsPbBr_3$	2.20	5.02	20.46%	1.47	79.54%

3.3.6　小结

本节提出了一种改进的多步旋涂法来制备 $CsPbBr_3$ 钙钛矿光敏层。改进后，钙钛矿薄膜的相纯度、覆盖率以及晶粒尺寸相较于用传统工艺制备的钙钛矿薄膜均得到了极大提升。所制备的全无机碳电极钙钛矿光伏电池器件的效率也从7.05%提升至 8.12%。随后，又采用 SnO_2 修饰层来钝化 TiO_2 电子传输层表面的缺陷，进一步将器件效率提升至 8.79%，并且，在大气与热老化环境下均展现了出色的稳定性。本研究为廉价、高效、高稳定性光伏电池在未来的实际应用奠定了基础。

3.4 基于反溶剂法的全无机钙钛矿光伏电池

在 $CsPbBr_3$ 晶体的生长过程中，$PbBr_2$ 层一方面为 $CsPbBr_3$ 的生长提供形核中心，另一方面也起着晶体生长“模板”的作用，其形貌对最终 $CsPbBr_3$ 薄膜的形貌具有较大的影响[70]。Yan 课题组曾报道了一种用吡啶蒸气后退火工艺处理 $PbBr_2$ 薄膜的方法[71]，可有效降低 $CsPbBr_3$ 薄膜的形成能和退火温度，但器件性能不够理想，仅获得 6.05%的 PCE。

本节提出一种新颖且易操作的反溶剂法来改善 $PbBr_2$ 前驱体层的形核及结晶过程，进而提高最终生成的 $CsPbBr_3$ 薄膜质量。基于该方法制备的平板型 $CsPbBr_3$ 钙钛矿光伏电池获得了 8.55%的效率，相较于用传统两步法工艺制备的器件性能提升 23%。此外，器件也表现出优异的湿度及热稳定性。本研究为制备高品质 $CsPbBr_3$ 薄膜开辟了新思路，也推动了 $CsPbBr_3$ 薄膜在高性能光电子器件中的应用。

3.4.1 器件制备

试验中所用到的主要化学试剂、耗材和仪器设备详见附录。基于反溶剂法沉积的 $CsPbBr_3$ 薄膜的平板型碳基钙钛矿光伏电池的制备流程如下。

(1)用玻璃刀将 FTO 导电玻璃裁切成 1.25 cm×2.5 cm 的小块，然后用激光将 FTO 导电玻璃刻蚀成两部分。分别用清洗剂、去离子水、丙酮和乙醇对 FTO 导电玻璃进行超声清洗 15 min，并用 N_2 吹干 FTO 玻璃基底，再对基底进行紫外臭氧处理 30 min，去除基底表面的残余有机物并增大基底表面的结合能。

(2)TiO_2 电子传输层的制备：取 200 mL 去离子水置于 500 mL 烧杯中，然后将烧杯置于冰水混合物中，在冰浴条件下向烧杯中注入 4.4 mL 四氯化钛($TiCl_4$)溶液，并向其中加入 0.475 g $NiCl_2 \cdot 6H_2O$ 掺杂剂，然后用玻璃棒搅拌均匀。接着将 FTO 导电玻璃竖直放置于装有 $TiCl_4$ 前驱体溶液中，再将烧杯放置在水浴锅中，水浴锅加热温度设为 70 ℃。3 h 后，取出沉积有 TiO_2 薄膜的 FTO 基底，用去离子水超声清洗 5 min，去除其表面残留的粉末，最后将基底放置在 200 ℃热板上退火 1 h。

(3)$CsPbBr_3$ 薄膜的制备：先沉积 $PbBr_2$ 前驱体层。将 1 mmol $PbBr_2$ 粉末加入 1 mL DMF 溶剂中，然后将溶液放入 75 ℃烘箱中加热，直至完全溶解。沉积 $PbBr_2$ 层之前将 $PbBr_2$ 溶液和基底放在 75 ℃环境下进行预热，然后，以 2000 r/min的转速将 $PbBr_2$ 溶液旋涂到基底上，旋涂时间为 30 s。运用反溶剂法时，

在旋涂 $PbBr_2$ 溶液开始后第 2 s、第 5 s 或第 8 s 时，向基底滴加 115 μL 氯苯反溶剂。对于对照组中的 $PbBr_2$ 薄膜，在旋涂 $PbBr_2$ 溶液的过程中无须进行任何其他操作。紧接着，将旋涂有 $PbBr_2$ 层的基底置于 90 ℃的热板上退火 1 h 使其结晶。

采用唐群委教授团队提出的多步沉积法沉积 CsBr 前驱体层：将 0.07 mol/L CsBr前驱体溶剂滴加到 $PbBr_2$ 层上，以 2000 r/min 转速旋涂 30 s，然后对薄膜进行 250 ℃退火，时间为 5 min。重复操作该旋涂和退火步骤，共计 5 次。再向薄膜滴加异丙醇溶剂，以 2000 r/min 转速旋涂 30 s，对 $CsPbBr_3$ 薄膜进行清洗。最后，在 250 ℃环境下对薄膜退火 5 min，完成 $CsPbBr_3$ 薄膜的制备。

(4)空穴传输层以及碳电极层的制备：在 $CsPbBr_3$ 光敏层上蒸镀 35 nm 厚的 CuPc 作为空穴传输层，蒸发速率约为 0.5 Å/s，蒸发室真空度也控制在 0.9×10^{-4} Pa 左右。最后在 CuPc 空穴传输层上刮涂商用碳浆料，并将其放置在 85 ℃热板上加热 15 min 进行烘干，至此完成碳对电极的制备。

3.4.2 薄膜表征

图 3.31 所示为用反溶剂法制备 $CsPbBr_3$ 薄膜的示意图，在开始旋涂 $PbBr_2$ 前驱体薄膜后的特定时间(滴加时间对薄膜质量具有非常大的影响)，向基底滴加氯苯反溶剂。利用氯苯反溶剂与 DMF 溶剂互相排斥的原理，滴加氯苯反溶剂可以加速去除旋涂时 $PbBr_2$ 薄膜中的 DMF，从而降低 $PbBr_2$ 在溶液中的溶解度。薄膜中因 DMF 溶剂挥发而生成的空隙会促进 $PbBr_2$ 晶体析出更多晶核和生长。因此，反溶剂处理有利于 $PbBr_2$ 薄膜的均匀形核，改善其结晶特性。随后，通过多步旋涂工艺沉积 CsBr 前驱体层。随着 CsBr 旋涂次数的增加，CsBr 逐渐与内部的 $PbBr_2$ 前驱体反应，薄膜颜色也由白灰色逐渐变为橙黄色，标志着 $CsPbBr_3$ 晶体的形成。图 3.19 底部的箭头展现了整个制备过程中 $CsPbBr_3$ 薄膜相成分的转变过程，即从 $PbBr_2$ 相先转变为 $CsPb_2Br_5$ 相，再转变为 $CsPbBr_3$ 相。

XRD 谱图(见图 3.32(a))揭示了基于不同反溶剂工艺参数制备的 $PbBr_2$ 薄膜和对照组 $PbBr_2$ 薄膜(未使用反溶剂)的结晶特性。从中可以看出，旋涂 $PbBr_2$ 开始后第 5 s 滴加氯苯反溶剂所制备的薄膜(记作 5 s-$PbBr_2$ 薄膜，以此类推)相较于其他 $PbBr_2$ 薄膜呈现出更强的 XRD 衍射峰，尤其是(130)和(140)晶面所对应的峰，表明该薄膜具有最高的结晶度。而 2 s-$PbBr_2$ 薄膜和 8 s-$PbBr_2$ 薄膜与对照组 $PbBr_2$ 薄膜的结晶性并没有较明显的差别。图 3.32(b)中的 XRD 谱图进一步揭示了基于上述 $PbBr_2$ 薄膜所制备的 $CsPbBr_3$ 薄膜的结晶性差异。

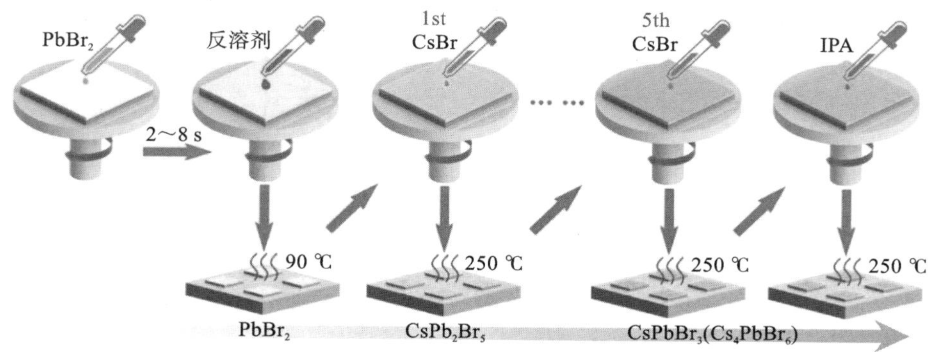

图 3.31　用反溶剂法制备 $CsPbBr_3$ 薄膜的示意图

基于反溶剂法的 $CsPbBr_3$ 薄膜和对照组薄膜均在 15.19°、21.58°、30.69°、34.48°、44.10°和 49.56°位置处呈现出明显的衍射峰，分别对应着立方晶型 $CsPbBr_3$ 相的(100)、(110)、(200)、(210)、(220)和(310)晶面。这些薄膜在 11.60°、24.03°、29.38°与 30.29°处也存在衍射峰，对应着四方晶型 $CsPb_2Br_5$ 相的(002)、(202)、(213)、(221)晶面。$CsPbBr_3$ 薄膜中 $CsPb_2Br_5$ 相的存在既可能与未反应的 $PbBr_2$ 前驱体有关，又可能与 $CsPbBr_3$ 相在超过 150 ℃高温退火过程中会部分分解成 $CsPb_2Br_5$ 相有关[64]。此外，该薄膜在 12.68°、12.89°、25.55°、27.56°及 28.69°处较小的衍射峰表明有少量的 Cs_4PbBr_6 杂质相生成，这种现象也出现在之前报道的用溶液法制备的 $CsPbBr_3$ 薄膜中[23]。对于基于 2 s-$PbBr_2$ 薄膜所制备的 $CsPbBr_3$ 薄膜(记为 2 s-$CsPbBr_3$ 薄膜，以此类推)来说，所有 $CsPbBr_3$ 相所对应的衍射峰强度相较于对照组 $CsPbBr_3$ 薄膜的更弱，表明在 $PbBr_2$ 薄膜旋涂开始后的第 2 s 滴加反溶剂反而会降低 $CsPbBr_3$ 晶体最终的结晶度。当在第 5 s 滴加反溶剂时，$CsPbBr_3$ 薄膜的衍射峰强度最强，半峰宽最小，而且 $CsPb_2Br_5$ 和 Cs_4PbBr_6 杂质相所对应的衍射峰强度最弱。这表明 5 s-$CsPbBr_3$ 薄膜的结晶过程得到了显著改善，获得了最高的结晶度和相纯度。当继续延迟到第 8 s 滴加反溶剂时，所制备的 $CsPbBr_3$ 薄膜与对照组薄膜的 XRD 谱图相比，$CsPbBr_3$ 相对应的衍射峰强度稍有提升，其他方面没有较明显的差异，表明第 8 s 滴加反溶剂对 $CsPbBr_3$ 薄膜结晶性的影响并不大。

通常，在 $PbBr_2$ 薄膜旋涂的第一阶段(0～3 s)，主要发生的动作为将 $PbBr_2$ 铺平到基底上并移除前驱体溶液中的 DMF 溶剂，由于此时的溶液还远未达到超饱和状态，因此在此过程中滴加氯苯反溶剂并不能有效促进 $PbBr_2$ 均匀形核[72]。相反，结合此前 XRD 分析，过早滴加反溶剂反而不利于后续 $CsPbBr_3$ 薄膜的结晶。在旋涂的第二阶段(4～6 s)，$PbBr_2$ 已均匀铺展在基底上，氯苯反溶

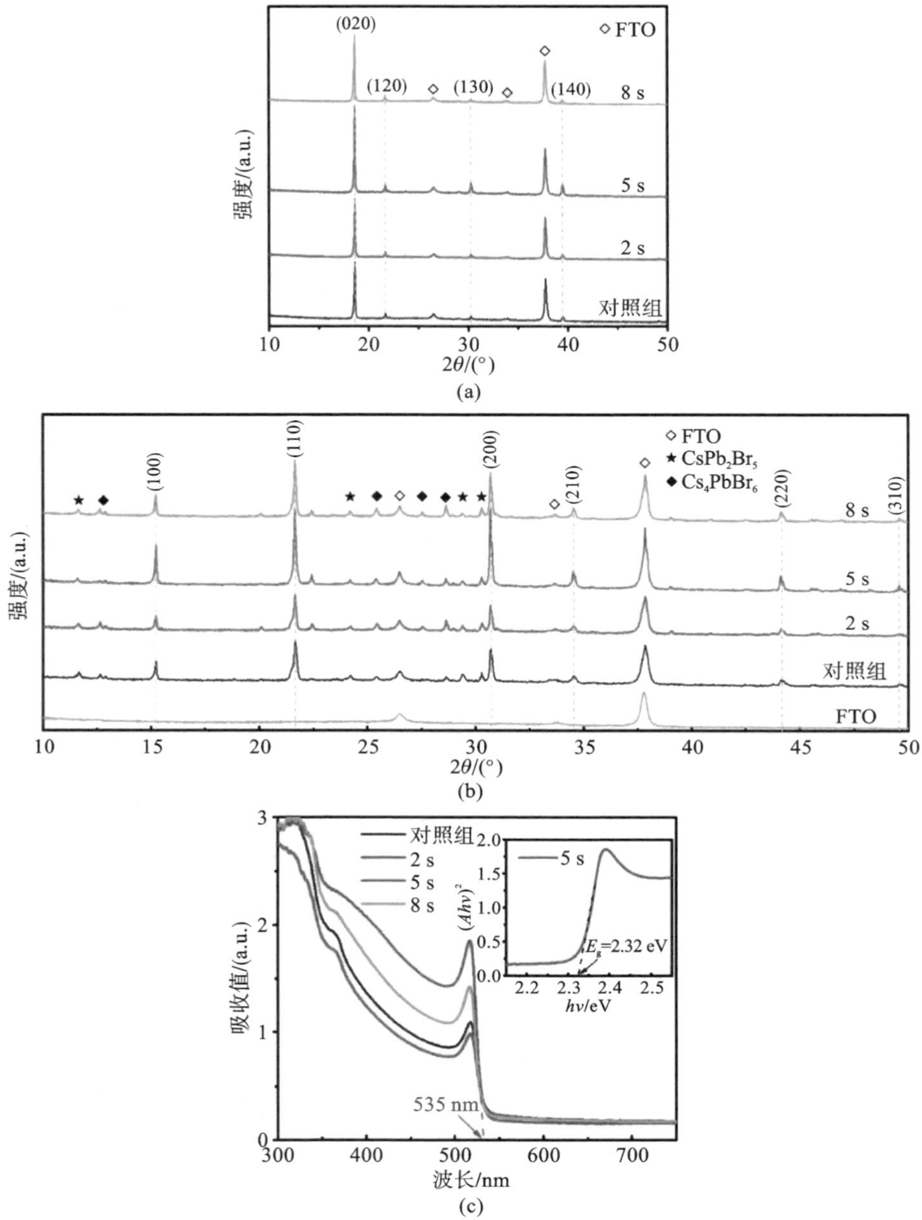

(a)

(b)

(c)

图 3.32 (a)使用反溶剂和未使用反溶剂制备的 $PbBr_2$ 薄膜的 XRD 谱图；基于不同 $PbBr_2$ 薄膜所生成的 $CsPbBr_3$ 薄膜的(b)XRD 谱图与(c)紫外-可见光光吸收谱图

剂的引入会显著加速剩余 DMF 溶剂的挥发，促进 $PbBr_2$ 薄膜快速和均匀形核，进而提高 $CsPbBr_3$ 薄膜最终的质量。旋涂开始大约 6 s 后(第三阶段)，随着溶剂的挥发，较湿的 $PbBr_2$ 薄膜逐渐变干，$PbBr_2$ 薄膜的形核过程基本完成，$PbBr_2$ 晶体开始生长，在该阶段滴加反溶剂对 $PbBr_2$ 结晶的影响并不大，与 XRD 测试结果一致。

随后，进一步研究不同反溶剂工艺参数对 $CsPbBr_3$ 薄膜光吸收性能的影响。紫外-可见光光吸收谱图(见图 3.32(c))表明所有 $CsPbBr_3$ 薄膜的光吸收截止边在 535 nm 左右，对应的光学禁带宽度约为 2.32 eV，如图 3.32(c)中插图所示。此外，从图中可以清晰地看出，2 s-$CsPbBr_3$ 薄膜的光吸收性能甚至弱于对照组薄膜的，而 5 s-$CsPbBr_3$ 薄膜具有最强的光吸收能力，这主要可归功于薄膜最高的结晶度、相纯度及覆盖率。薄膜的光吸收性能增强有利于对入射光的充分利用，提高器件的光电流输出。

$PbBr_2$ 作为 $CsPbBr_3$ 晶体的前驱体之一，不仅为 $CsPbBr_3$ 提供结晶核心，还作为晶体生长的“框架”，所以 $PbBr_2$ 薄膜的形貌对最终生成的 $CsPbBr_3$ 薄膜也具有非常大的影响[73]。$PbBr_2$ 晶体薄膜的沉积通常包含两个主要过程：形核及晶体生长。为了制备出覆盖率高和均匀一致的 $PbBr_2$ 薄膜，需确保在 $PbBr_2$ 晶体生长之前获得足够多的和均匀分布的形核位点[74]。增大前驱体溶液在旋涂过程中的超饱和度可以有效达到这一效果，这也正是用反溶剂法制备 $PbBr_2$ 薄膜的出发点。

从图 3.33(a)的平面 SEM 图中可以看出，未使用反溶剂工艺制备的 $PbBr_2$ 薄膜存在较多微米级别的孔洞，均匀性较差，这主要是由于薄膜形核不均匀。基于该 $PbBr_2$ 薄膜制备的 $CsPbBr_3$ 薄膜的形貌和覆盖率也很不理想，平均晶粒尺寸只有约 593 nm，伴随较多晶界产生(见图 3.35(a))。$CsPbBr_3$ 薄膜中的孔洞会作为泄漏电流通道，增大暗电流，降低电荷收集效率[37]。而多晶钙钛矿晶界处由于存在大量杂质，被广泛认为是载流子非辐射复合中心，因此，$CsPbBr_3$ 薄膜中较多的晶界会增大器件的复合损失[36,75]。当在 $PbBr_2$ 旋涂开始后的第 2 s 滴加氯苯反溶剂时，$PbBr_2$ 薄膜的均匀性在宏观上显得更差(磨砂质感)，其表面 RMS 值由对照组的 75.8 nm 增大至 98.8 nm，进一步揭示了薄膜均匀度的降低，如图 3.34(a)、(b)、(e)、(f)所示。这一现象主要可归因于反溶剂滴加过早，导致 $PbBr_2$ 形核环境变得更加恶劣。基于 2 s-$PbBr_2$ 薄膜所制备的 $CsPbBr_3$ 薄膜形貌同样较差，也存在大量孔洞和晶界(见图 3.35(b))。

当在第 5 s 滴加反溶剂时，$PbBr_2$ 前驱体溶液快速浓缩并达到超饱和状态，导致 $PbBr_2$ 快速均匀形核，因此生成的 $PbBr_2$ 薄膜较为光滑、致密(见图 3.33(c))，其表面 RMS 大幅降低至 30.0 nm (见图 3.34(c))。以 5 s-$PbBr_2$ 薄膜为

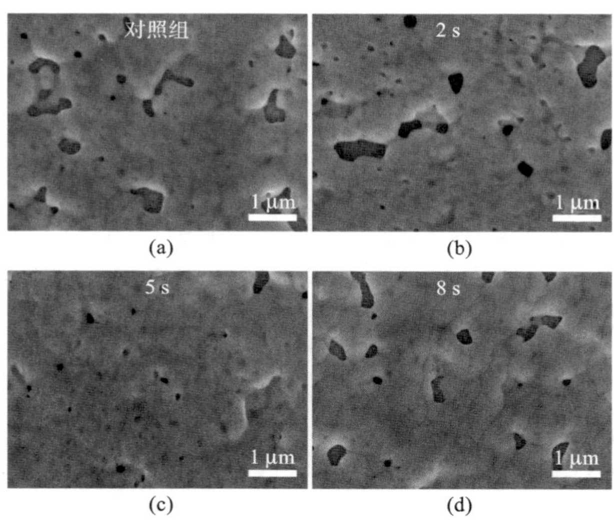

图 3.33 (a)对照组 $PbBr_2$ 薄膜、(b)2 s-$PbBr_2$ 薄膜、(c)5 s-$PbBr_2$ 薄膜及 (d)8 s-$PbBr_2$ 薄膜的平面 SEM 图

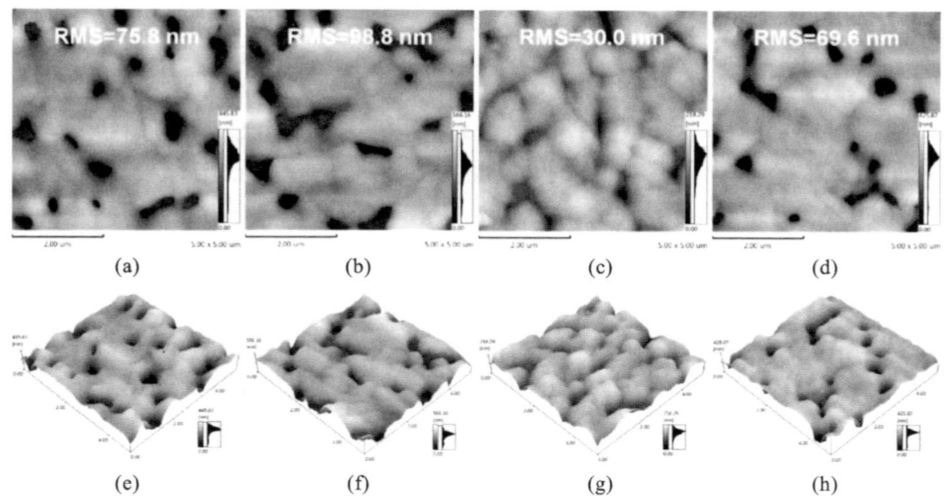

图 3.34 (a)对照组 $PbBr_2$ 薄膜、(b)2 s-$PbBr_2$ 薄膜、(c)5 s-$PbBr_2$ 薄膜及 (d)8 s-$PbBr_2$ 薄膜的平面 AFM 图;(e)对照组 $PbBr_2$ 薄膜、(f)2 s-$PbBr_2$ 薄膜、(g)5 s-$PbBr_2$ 薄膜及 (h)8 s-$PbBr_2$ 薄膜的三维高度 AFM 图

“模板”的 $CsPbBr_3$ 薄膜(见图 3.35(c))同样获得了较高的覆盖率,没有孔洞形成,平均晶粒尺寸也提高到 1.08 μm,与此同时,晶界密度也大大降低。晶粒尺寸的增大可以有效改善 $CsPbBr_3$ 钙钛矿的表面和体特性,如增强结晶性、减少表面和体内的电子陷阱态以及与针孔相关的结构缺陷等,有利于提高载流子传输特性。当滴加反溶剂的时间延至第 8 s 时,生成的 $PbBr_2$ 和 $CsPbBr_3$ 薄膜的形貌和粗糙度仅略有改善(见图 3.33(d)、图 3.34(d)、图 3.34(h)及图 3.35(d)),与对照组的差异较小。图 3.35(e)所呈现的对照组 $CsPbBr_3$ 薄膜的横截面 SEM 图也揭示了薄膜内部晶粒排列较混乱,存在较多晶界。相反,反溶剂处理后的 5 s-$CsPbBr_3$ 薄膜内部晶粒排列较有序、紧密(见图 3.35(f)),每颗晶粒在垂直于基底的方向上贯穿整个薄膜,这保证了光生载流子从钙钛矿光敏层向外传出到电子传输层和空穴传输层的过程中跨过较少的晶界,进而减小不必要的非辐射复合损失,提高电荷收集效率。

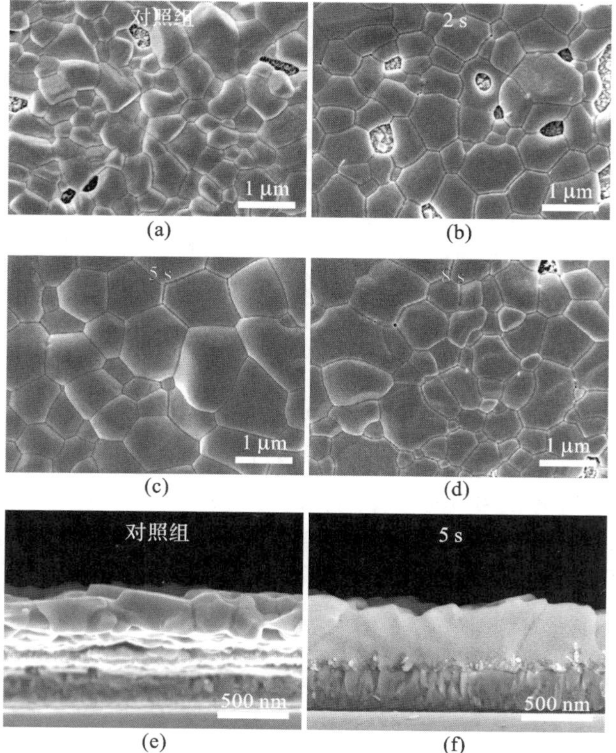

图 3.35 (a)对照组 $CsPbBr_3$ 薄膜、(b)2 s-$CsPbBr_3$ 薄膜、(c)5 s-$CsPbBr_3$ 薄膜及 (d)8 s-$CsPbBr_3$ 薄膜的平面 SEM 图;(e)对照组 $CsPbBr_3$ 薄膜和 (f)5 s-$CsPbBr_3$ 薄膜的横截面 SEM 图

稳态光致发光光谱被用来探究基于不同反溶剂工艺参数制备的 $CsPbBr_3$ 薄膜的缺陷态。由于测试的 $CsPbBr_3$ 样品直接沉积在 FTO 基底上，没有任何电荷传输层的参与，处于激发态的光生载流子不能被及时抽取出去，进而导致电子和空穴在钙钛矿层内发生辐射复合。稳态光致发光强度越高，代表电荷陷阱态或缺陷越少[76,77]。从图 3.36(a)中可以看出，2 s-$CsPbBr_3$ 薄膜表现出最强的光致发光猝灭，表明薄膜内部的缺陷最多，这与薄膜中较多的孔洞和晶界密切相关。相较于对照组薄膜，5 s-$CsPbBr_3$ 薄膜的稳态光致发光强度得到了显著提高，在所有测试样品中其光致发光强度也是最高的，表明薄膜内部的缺陷态密度最低。这主要可归功于旋涂第 5 s 时滴加反溶剂对 $CsPbBr_3$ 薄膜结晶性、晶粒尺寸和晶界密度等的改善。此外，相较于对照组薄膜，5 s-$CsPbBr_3$ 薄膜的稳态光致发光光谱的峰位发生了轻微的蓝移，进一步表明薄膜内部的缺陷得到了抑制[47,78,79]。相应薄膜的瞬态光致发光光谱测试结果如图 3.36(b)所示，从中可以对样品的电荷传输性能及载流子寿命进行评估。钙钛矿层内载流子传输过程与晶界处的杂质含量密切相关[48]，较长的载流子寿命对应着较低的由缺陷引起的非辐射复合速率。

快衰减过程主要与界面的载流子猝灭过程相关，慢衰减过程主要与钙钛矿晶体内部缺陷引起的非辐射复合过程相关。由瞬态荧光衰减曲线拟合得到的 $CsPbBr_3$ 薄膜的载流子寿命参数被总结在表 3.8 中。对照组 $CsPbBr_3$ 薄膜的 τ_1 和 τ_2 分别为 19.75 ns 和 6.17 ns，对应的平均载流子寿命 τ_{ave} 为 11.86 ns。2 s-$CsPbBr_3$ 薄膜相较于对照组薄膜获得了更低的载流子寿命，τ_{ave} 仅为 11.14 ns，表明薄膜内缺陷引起的非辐射复合损失最大，与稳态荧光最强的猝灭现象对应。当滴加反溶剂的时间为第 5 s 时，$CsPbBr_3$ 薄膜的 τ_1 和 τ_2 均得到了显著提高，τ_{ave} 也增大至 16.88 ns。延长的载流子寿命表明 5 s-$CsPbBr_3$ 薄膜内的载流子复合得到了较好的抑制，有利于提高器件的电流输出和电压输出。继续延迟反溶剂的滴加时间至第 8 s 时，薄膜的 τ_{ave} 又下降为 13.45 ns。

表 3.8　从瞬态荧光衰减谱图中拟合得到的不同 $CsPbBr_3$ 薄膜的载流子寿命参数

样品	τ_{ave}/ns	τ_1/ns	A_1	τ_2/ns	A_2
对照组 $CsPbBr_3$ 薄膜	11.86	19.75	41.9%	6.17	58.1%
2 s-$CsPbBr_3$ 薄膜	11.14	19.28	39.0%	5.94	61.0%
5 s-$CsPbBr_3$ 薄膜	16.88	25.32	54.1%	6.93	45.9%
8 s-$CsPbBr_3$ 薄膜	13.45	21.84	44.3%	6.65	56.7%

基于反溶剂法的 $CsPbBr_3$ 薄膜制备的平板型碳基全无机钙钛矿光伏电池的结构如图 3.36(c)所示。其中，$CsPbBr_3$ 光敏层的厚度约为 450 nm，与之前报

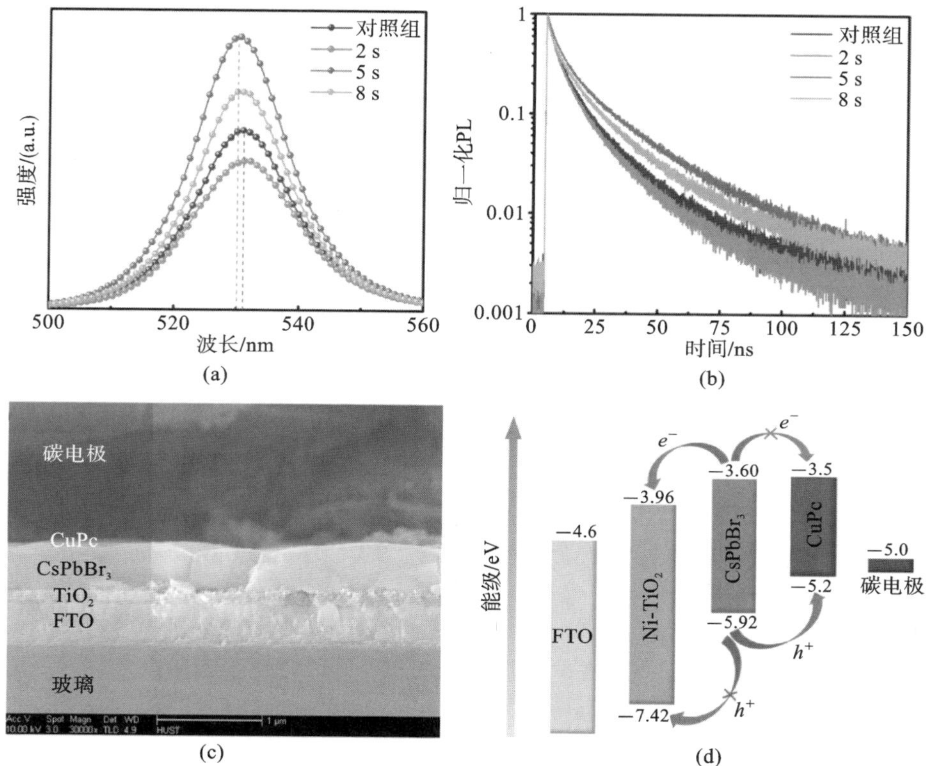

图 3.36　基于不同反溶剂工艺参数制备的 $CsPbBr_3$ 薄膜和对照组薄膜的 (a) 稳态光致发光和 (b) 瞬态荧光衰减谱图；所制备的 $CsPbBr_3$ 钙钛矿光伏电池的 (c) 横截面 SEM 图及 (d) 能级排布图

道的用溶液法及气相沉积法制备的薄膜的厚度相当，可以对入射光进行充分吸收。图 3.36(d) 给出了所制备器件的能级排布图，$CsPbBr_3$ 光敏层、镍掺杂 TiO_2 电子传输层及 FTO 基底之间的导带位置依次降低，有利于电子被顺利传输和收集到 FTO 电极。$CsPbBr_3$ 层的价带、CuPc 空穴传输层的价带及碳电极层的功函数依次上升，有利于空穴被顺利收集到碳电极。

3.4.3　器件光伏特性分析

基于不同 $CsPbBr_3$ 薄膜所制备的电池器件在标准光强（100 mW/cm^2）下的主要光伏性能参数（J_{SC}、V_{OC}、FF 及 PCE）被总结在表 3.9 中。从中可以看出，基于 5 s-$CsPbBr_3$ 薄膜的钙钛矿光伏电池（记作 5 s-$CsPbBr_3$ 器件，以此类推）呈现出最佳的综合性能，而 2 s-$CsPbBr_3$ 器件的性能最差。为了更直观地体现在旋涂第 5 s 时滴加反溶剂对器件性能的提升作用，5 s-$CsPbBr_3$ 器件和对照组器件的性能参数被绘制成图 3.37 所示的箱式图。5 s-$CsPbBr_3$ 器件的各项光伏参数相较于对照组器件均得到了显著提升，平均 PCE 也由 6.23%提升至 7.99%。这主要归功于 5 s-$CsPbBr_3$ 薄膜质量的改善和内部缺陷态密度的降低，促进了电荷传输并有效抑制了载流子复合。此外，5 s-$CsPbBr_3$ 器件的 PCE 分布相对集中，标准差仅为 0.33，小于对照组器件 PCE 的标准差（0.45），表明前者具有更高的可重复制备性。这从侧面验证了反溶剂工艺（第 5 s）在制备高均匀性 $CsPbBr_3$ 薄膜方面更具优势。

表 3.9　基于不同 $CsPbBr_3$ 薄膜所制备的电池器件的电学性能参数（每组样品的采样数为 25）

器件		J_{SC}/(mA/cm²)	V_{OC}/V	FF	PCE/(%)
对照组	平均值	7.02±0.59	1.255±0.049	0.707±0.048	6.23±0.83
	最佳值	7.36	1.292	0.730	6.94
	稳态值	5.70	1.08	—	6.16
2 s-$CsPbBr_3$	平均值	6.81±0.72	1.246±0.057	0.710±0.041	6.02±0.95
	最佳值	7.25	1.268	0.727	6.68
	稳态值	5.37	1.06	—	5.69
5 s-$CsPbBr_3$	平均值	7.79±0.42	1.325±0.041	0.774±0.023	7.99±0.64
	最佳值	7.92	1.362	0.793	8.55
	稳态值	6.74	1.18	—	7.95
8 s-$CsPbBr_3$	平均值	7.17±0.48	1.276±0.045	0.713±0.037	6.52±0.73
	最佳值	7.48	1.315	0.741	7.29
	稳态值	5.87	1.12	—	6.57

图 3.38(a)给出了所测试的对照组器件和 5 s-$CsPbBr_3$ 器件中性能最佳器件的 J-V 特性曲线。最佳的对照组器件获得了 6.94%的 PCE，其 J_{SC} 为 7.36 mA/cm²，V_{OC} 为 1.292 V，FF 为 0.730。使用反溶剂工艺（第 5 s）处理后，最佳器件的 J_{SC} 提高到 7.92 mA/cm²，V_{OC} 提高到 1.362 V，FF 提高到 0.793，相应的 PCE 增大至 8.55%。这两种器件的 IPCE 图（见图 3.38(b)）进一步揭示了 5 s-$CsPbBr_3$ 器件对入射光的吸收和转化更好，因此获得了更高的 J_{SC}。上述两种器件的正向和反向扫描 J-V 曲线（见图 3.38(c)）反映了二者都存在较明显的迟滞现象，这可能与器件内部不平衡的电荷传输及离子迁移等相关[80]。在存在迟滞现象的情况下，为了更加准确地评估器件的性能，还需要测试器件在最大功率点处的稳态输出电流密度和效率。如图 3.38(d)所示，在施加 1.08 V 偏压的条件下，最佳对照组器件的稳态输出电流密度为 5.70 mA/cm²，相应的稳态输出

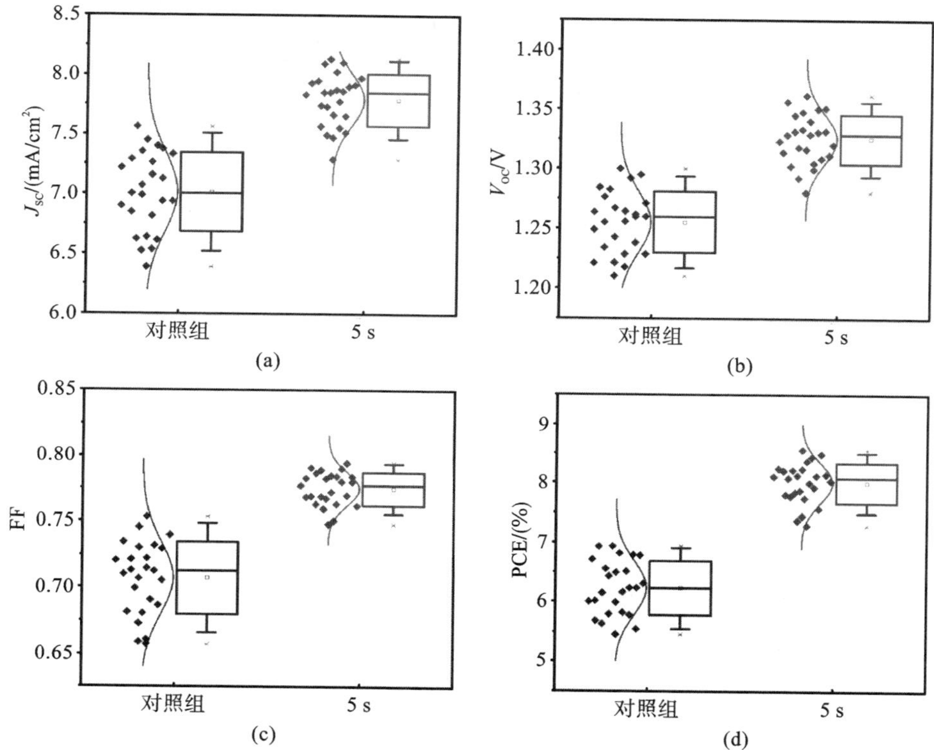

图 3.37　对照组器件和 5 s-$CsPbBr_3$ 器件的主要光伏性能参数 (a)J_{SC}、(b)V_{OC}、(c)FF、(d)PCE 箱式图

PCE 仅为 6.16%。5 s-$CsPbBr_3$ 器件在 1.18 V 偏压下获得了 6.74 mA/cm^2 的稳态输出电流密度和 7.95%的稳态输出 PCE。对照组器件和 5 s-$CsPbBr_3$ 器件的稳态输出效率与它们的反向扫描 PCE 的比值分别为 0.89 和 0.93。后者较高的比值反映出 5 s-$CsPbBr_3$ 器件的迟滞更小，也从侧面揭示了器件更高的电荷传输速率和更少的界面电荷聚集[81]。

对照组器件和 5 s-$CsPbBr_3$ 器件的暗态 J-V 曲线如图 3.38(e)所示。在无光照条件下，施加负偏压时二者的暗电流密度均远小于施加正偏压时的，器件呈现出良好的“二极管”特性。5 s-$CsPbBr_3$ 器件相较于对照组器件具有更低的泄漏电流，表明器件的并联阻抗更大，这主要归因于 5 s-$CsPbBr_3$ 薄膜存在更高的覆盖率和更低的晶界密度。暗电流的减小有助于器件 J_{SC} 和 FF 的提高。从暗态 J-V 曲线的线性部分与电压轴的交点推断出，对照组器件和 5 s-$CsPbBr_3$ 器件的 V_{OC} 分别为 1.32 V 和 1.40 V(见图 3.38(e)中的插图)，与光照条件下的 J-V 测试结果相符，进一步揭示了经反溶剂处理的器件内部具有更小的载流子

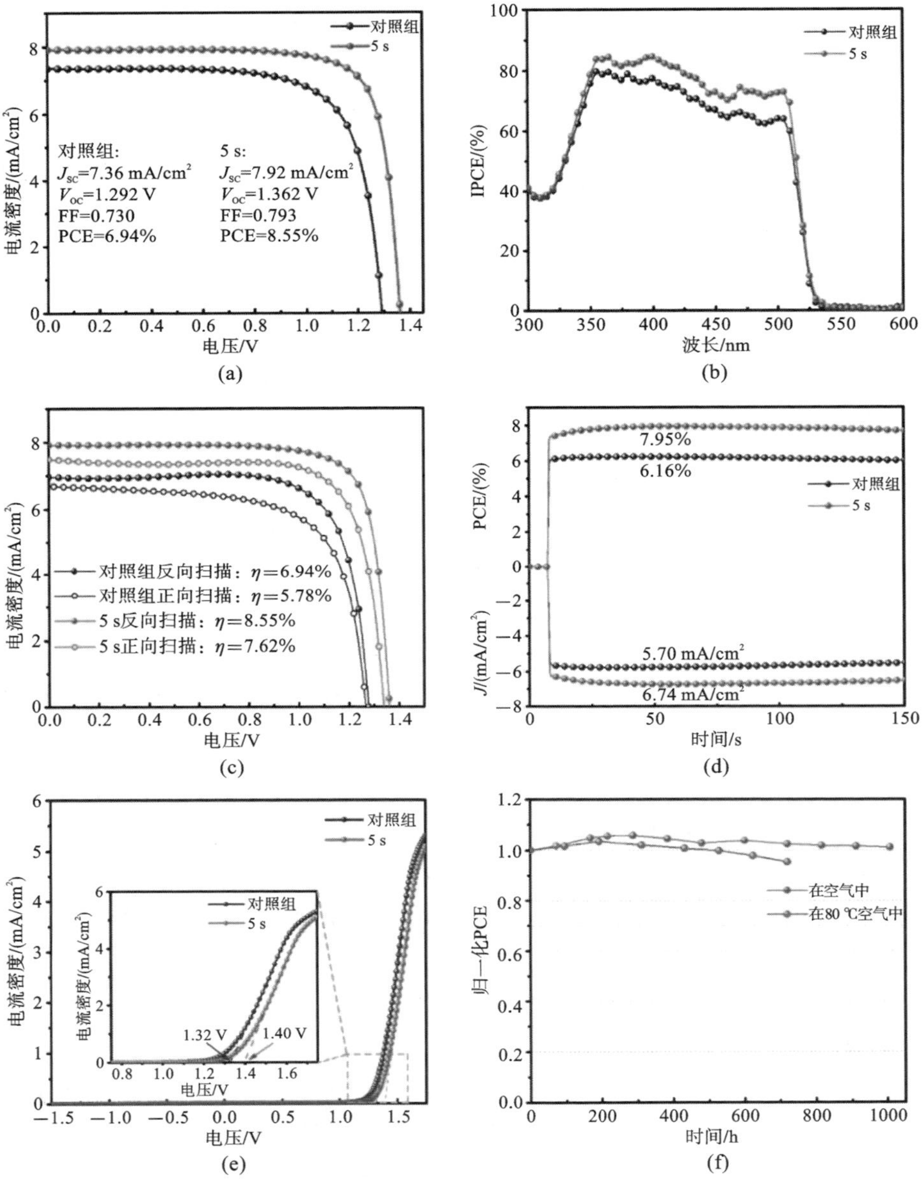

图 3.38　对照组器件和 5 s-$CsPbBr_3$ 器件中性能最佳器件在光照条件下的 (a)*J-V* 特性曲线、(b)IPCE 图、(c)正向和反向扫描 *J-V* 曲线、(d)在最大功率点处的稳态输出电流密度和效率；(e)对照组器件和 5 s-$CsPbBr_3$ 器件的暗态 *J-V* 曲线；(f)未封装的对照组器件与 5 s-$CsPbBr_3$ 器件在空气中存放 1000 h 和在 80 ℃环境中存放 1 个月时的 PCE 相对变化曲线

复合损失。进一步评估优化的 5 s-$CsPbBr_3$ 器件的湿度和热稳定性。当将未封装器件在空气中放置超过 1000 h 后，器件的效率几乎没有任何降低（见图 3.38(f)）。除了 $CsPbBr_3$ 钙钛矿本身具有较高的稳定性外，器件优异的湿度稳定性还可归功于高疏水性和高稳定性的 CuPc 空穴传输层和碳对电极对钙钛矿层的保护。当未封装器件在 80 ℃烘箱内放置 1 个月后，器件的效率仍能保持其初始 PCE 值的 95.2%，这主要是由于 $CsPbBr_3$ 晶体具有出色的热稳定性，其热分解温度高达 467 ℃。

电化学阻抗谱也被用来揭示所制备器件界面载流子的传输和复合机制。图 3.39(a)绘制了对照组器件和 5 s-$CsPbBr_3$ 器件在光照条件下的奈奎斯特曲线，测试时施加的偏压为 0.8 V，扫描范围为 0.01 Hz～1 MHz。每条奈奎斯特曲线都包含两个半圆，其中，高频段（左边）较小的半圆弧代表钙钛矿/空穴传输层或空穴传输层/电极层界面的电荷传输电阻 R_{ct}，低频段较大的半圆弧与电子传输层/钙钛矿层界面的电荷复合密切相关，反映了器件的电荷复合电阻 R_{rec}。通过对等效电路（见图 3.39(a)中插图）进行拟合，得到对照组器件和 5 s-$CsPbBr_3$ 器件的 R_{ct}，分别为 143 Ω 和 87.5 Ω，表明后者内部的电荷抽取更快。5 s-$CsPbBr_3$ 器件的 R_{rec} 也由对照组器件的 1.21 kΩ 提高到 1.68 kΩ，电荷复合电阻的增大意味着器件内由缺陷引起的电荷复合速率更低，有助于提高器件的 V_{OC}。由奈奎斯特曲线与横轴的交点可知，5 s-$CsPbBr_3$ 器件的 R_s 由对照组器件的 38.5 Ω 降至 36.4 Ω，有利于提高器件的 FF。此外，5 s-$CsPbBr_3$ 器件具有比对照组器件更小的化学电容值（194 nF/cm^2 vs 312 nF/cm^2），表明前者存在更少的界面电荷聚集，这与器件更少的迟滞现象对应。综上，5 s-$CsPbBr_3$ 器件的 J_{SC}、V_{OC} 和 FF 相较于对照组器件的均得到提高，这与 J-V 测试结果相符。

开路电压衰减（OCVD）测试（见图 3.39(b)）表明 5 s-$CsPbBr_3$ 器件相较于对照组器件具有更高的初始 V_{OC} 和更长的开路电压衰减过程，暗示器件内的复合速率更低。

如图 3.39(b)中的插图所示，计算得到的 5 s-$CsPbBr_3$ 器件在不同偏压下的 τ_n 都大于对照组器件的 τ_n，载流子寿命的延长意味着器件内部由缺陷引起的非辐射复合损失得到了有效抑制，有利于提高器件的 V_{OC}。钙钛矿光伏电池的界面电荷复合机制还可以通过理想因子 n 来探究，n 可由 V_{OC} 随光照强度 ψ 变化而变化的情况来估算[82]。相关报道表明，当 ψ 高于 0.1 个太阳光强度（10 mW/cm^2）时，电池 V_{OC} 随光照强度的降低而缓慢降低，该过程主要与界面电荷复合相关。而当 ψ 低于 0.1 个太阳光强度时，由泄漏电流和缺陷引起的复合相对较大，器件 V_{OC} 随着光照强度的降低而迅速降低。这与本研究中对照组器件和 5 s-$CsPbBr_3$ 器件的 V_{OC}-ψ 测试结果一致（见图 3.39(c)）。

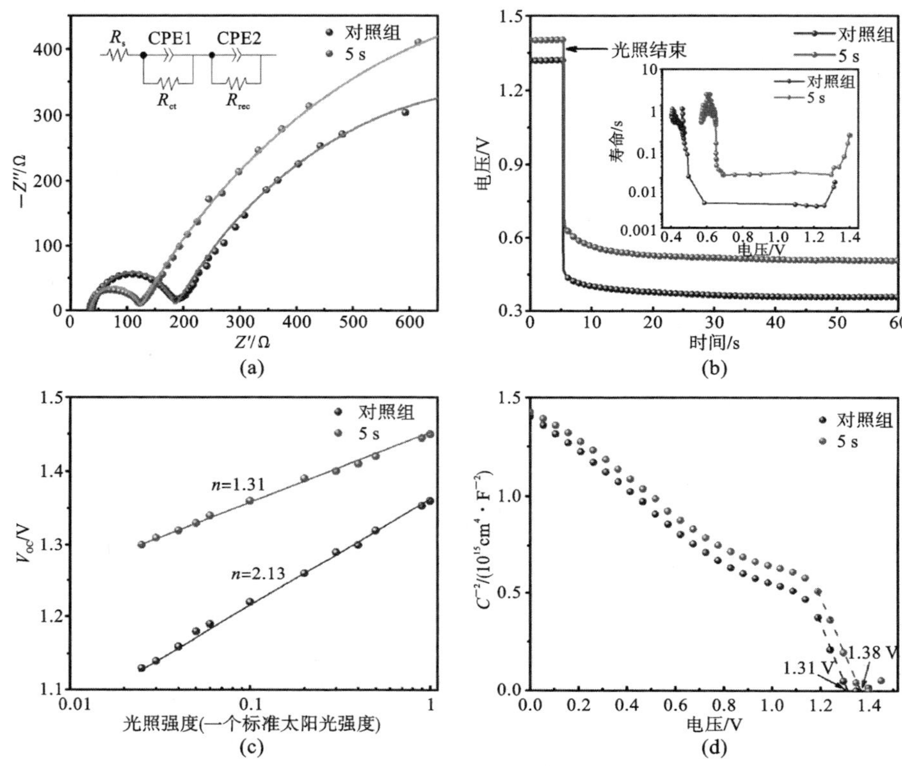

图 3.39　(a)对照组器件和 5 s-$CsPbBr_3$ 器件在光照条件下的奈奎斯特曲线(插图为简化的等效电路图);(b)对照组器件和 5 s-$CsPbBr_3$ 器件的 OCVD 曲线(插图为计算得到的载流子寿命分布图);对照组器件和 5 s-$CsPbBr_3$ 器件 (c)随着光照强度变化的 V_{OC}变化曲线以及 (d)在不同偏压下(暗态)的莫特-肖特基曲线

计算得到的对照组器件和 5 s-$CsPbBr_3$ 器件的理想因子分别为 2.13 和 1.31,显著减小的 n 值进一步证实了 5 s-$CsPbBr_3$ 器件的界面电荷复合得到了有效抑制。这主要同 5 s-$CsPbBr_3$ 光敏层与电荷传输层之间形成了良好的界面接触以及界面缺陷的减少相关。图 3.39(d)展示了两种器件在暗态下的莫特-肖特基曲线。由曲线线性部分与电压轴的交点可知,对照组器件和 5 s-$CsPbBr_3$ 器件的内建电场分别为 1.31 V 和 1.38 V,与它们各自的 V_{OC}相近。后者较大的内建电场暗示器件内部较少的电荷陷阱态和界面电荷聚集,同时,增大的内建电场也有利于促进光生载流子的分离[83]。因此,5 s-$CsPbBr_3$ 器件倾向于获得更高的 J_{SC}和 V_{OC}。

3.4.4 小结

本节首次提出一种新颖而易操作的反溶剂法来改善 $PbBr_2$ 前驱体层的形核及结晶过程，进而提高最终生成的 $CsPbBr_3$ 薄膜质量。此外，对滴加氯苯反溶剂的时间这一关键参数进行深入研究和优化。测试结果表明，由于氯苯反溶剂与 DMF 溶剂具有相互排斥的特性，氯苯反溶剂可以加速去除旋涂中的 $PbBr_2$ 前驱体溶液中的 DMF 溶剂，致使 $PbBr_2$ 快速形核，增加生长核心，最终生成均匀、覆盖率高的 $PbBr_2$ 薄膜。因此，以 $PbBr_2$ 薄膜为生长“模板”的 $CsPbBr_3$ 薄膜呈现出更均匀致密的形貌和更大的晶粒尺寸。基于反溶剂工艺制备的平板型 $CsPbBr_3$ 钙钛矿光伏电池获得了 8.55%的效率，而基于传统两步法工艺制备的器件仅获得了 6.94%的效率。器件性能的提升主要归功于 $CsPbBr_3$ 薄膜质量的提升，有效减少了泄漏电流通道及非辐射复合中心，进而提高了电荷收集效率和减小了载流子复合损失。此外，器件呈现出了优异的湿度及热稳定性，未封装器件在空气中存放 1000 h 后性能未发生衰减，当在 80 ℃烘箱中存放一个月后其 PCE 仍能保持初始 PCE 的 95.2%。本研究为制备高品质 $CsPbBr_3$ 薄膜开辟了新思路，也推动了 $CsPbBr_3$ 钙钛矿在高性能光电子器件中的应用。

3.5 基于碱金属离子掺杂的双卤素全无机钙钛矿光伏电池

全无机钙钛矿光伏电池具有极佳的耐湿与耐热稳定性，并往往采用 $CsPbBr_3$ 材料作为器件的光吸收层。然而，$CsPbBr_3$ 材料禁带宽度较大(2.32 eV)，导致光敏层光吸收谱较窄(边界截止于 535 nm)，进而限制了光伏电池器件光电流的增大。研究表明采用部分 I^- 替代钙钛矿光敏层中的 Br^- 可有效提升器件效率[84-87]，这种材料主要有 $CsPbI_2Br$ 与 $CsPbIBr_2$ 两种。已报道的 $CsPbI_2Br$ 器件的效率往往要高于 $CsPbIBr_2$ 器件，但 $CsPbI_2Br$ 材料对空气极其敏感，阻碍了它的广泛应用[88]，而 $CsPbIBr_2$ 材料禁带宽度适中(2.05 eV)，稳定性更高，更具发展前景，故本节讨论的是基于 $CsPbIBr_2$ 光敏层的钙钛矿光伏电池。

$CsPbIBr_2$ 电池器件常面临由缺陷和能级失调导致的能量损失[89]，主要还是与用传统旋涂法制备的 $CsPbIBr_2$ 薄膜的孔洞与晶界较多相关[90]。科研人员相继提出了光预处理、分子交换与界面钝化等方式来改善钙钛矿薄膜质量，最终得到了 10.88%的最佳光电转化效率[87]。但最佳器件的 V_{OC} 仅有 1.17 V，说明较大的能量损失仍然存在，且器件采用价格昂贵的 spiro-OMeTAD 和金分别作为空穴传输层与对电极层，使得器件制备成本偏高。用离子掺杂来改善无机钙钛矿薄膜质量的方法也常常有所报道，包括碱金属离子（Na^+、K^+、Li^+、Rb^+）、镧系离子（Yb^{3+}、Er^{3+}、Ho^{3+}、Tb^{3+}、Sm^{3+}）、过渡金属离子（Sr^{2+}、Mn^{2+}、Eu^{2+}）等[23,38,63,91]。目前，$CsPbIBr_2$金属离子掺杂的相关报道主要集中在对B点位（Pb^{2+}）的掺杂，对A点位（Cs^+）掺杂的报道寥寥无几。相对A点位的Cs^+来说，其他碱金属离子的半径更小，部分替换后，会改变晶格收缩、晶化过程以及能量分布[92]。

本节提出了一种Li离子掺杂的策略来调节$CsPbIBr_2$钙钛矿薄膜的光学与电学特性。适当掺杂后，钙钛矿薄膜的结晶度得到提升，晶粒长大，覆盖率提升，薄膜孔洞减少，晶界减少，缺陷变少，所制备光伏电池器件的性能得到了极大提升。本研究为高效、高稳定性$CsPbIBr_2$全无机钙钛矿光伏电池的发展提供了新思路。

3.5.1 器件制备

（1）基底的准备：将用激光刻蚀好的FTO浸泡于加有清洁剂的去离子水中，超声清洗15 min；取出后，再用去离子水漂洗两次；然后分别采用丙酮和乙醇各超声清洗15 min；最后用氮气枪吹干备用。清洗后的FTO基底在使用之前，还需对其表面用紫外臭氧清洗机处理30 min进行表面改性。

（2）TiO_2电子传输层的制备：TiO_2电子传输层采用化学浴沉积的方式制备。将$TiCl_4$水溶液在冰水浴下稀释为200 mmol/L，并掺入0.01 mol/L的$NiCl_2 \cdot 6H_2O$。然后，将清洗过后的FTO基底垂直放入稀释后的$TiCl_4$水溶液玻璃器皿内，保持70 ℃水浴加热3 h。之后，取出基底并采用去离子水超声清洗2 min去除薄膜表面松散的材料结构，再在200 ℃的热板上退火1 h。

（3）钙钛矿光敏层的制备：$CsPbIBr_2$双卤素钙钛矿薄膜采用旋涂法制备。首先将369 mg $PbBr_2$与260 mg CsI溶解于1 mL DMSO溶液中，50 ℃环境下磁力搅拌至其充分溶解以备用。再将42.40 mg LiCl溶解于1 mL DMSO溶液中形成1 mol/L的LiCl掺杂溶液。取0、20 μL、40 μL、60 μL掺杂剂添加至四瓶$CsPbIBr_2$前驱体溶液中以形成0、2%、4%与6%质量掺杂的Li离子掺杂$CsPbIBr_2$前驱体。接着，将配制好的钙钛矿前驱体旋涂至电子传输层表面（低速1500 r/min、20 s与高速5000 r/min、60 s）。然后，在280 ℃的热板上退火10 min以促进钙钛矿结晶。

（4）空穴传输层以及碳电极层的制备：CuPc空穴传输层采用真空热蒸发的方式进行沉积，本底真空度为0.9×10^{-4} Pa，电流设为85 A，厚度控制为25 nm，采用附带晶振片的膜厚仪对薄膜的厚度进行监测。最后在CuPc空穴传输层上刮涂商用碳浆料，并将其放置在 85 ℃热板上加热 15 min 进行烘干，至此完成碳对电极的制备。

3.5.2 薄膜形貌表征

图 3.40(a)、(b)展示了具有 FTO/c-TiO_2/$CsPbIBr_2$/CuPc/碳电极结构的光伏电池器件的截面 SEM 图。其中，c-TiO_2电子传输层采用 $TiCl_4$水解法在低温下制备。无机钙钛矿光敏层采用旋涂法制备，厚度约为 250 nm。由图 3.40(b)可知，单个钙钛矿晶粒可直接连接电子传输层与空穴传输层，同样可避免光生载流子传输过程中在晶界处的非辐射复合。图 3.40(c)所示为 Li 离子掺杂前后钙钛矿薄膜的 XRD 谱图。两种曲线在 14.99°、21.26°、30.11°、33.83°与 37.23°处均展现了明显的特征峰，它们分别对应的是 $CsPbIBr_2$-α 相的(100)、(110)、(200)、(210)与(211)晶面。4% Li 离子掺杂后钙钛矿薄膜未展现其他新峰，但加强了(100)与(200)晶面处的峰值强度，说明钙钛矿薄膜结晶度更高，这可能与钙钛矿薄膜掺杂后晶界和缺陷的减少有关。由于 TiO_2 电子传输层基底也在(100)晶面处有明显特征峰，故 Li 离子掺杂后钙钛矿(100)晶面处的特征峰的加强将更有利于光生载流子的注入与输运。另外，如图 3.40(c)中的插图所示，掺杂 Li 离子后，钙钛矿薄膜的 XRD 谱线向高 2θ 角方向有一定程度的偏移，这可能与 Li 离子掺杂 $CsPbIBr_2$晶格常数变小有关[92]。图 3.40(d)所示的光吸收谱图说明掺杂前后 $CsPbIBr_2$薄膜的光吸收边界不变，均在 604 nm 处，对应于 2.05 eV 的禁带宽度，与前期报道一致[93]。但 Li 离子掺杂 $CsPbIBr_2$薄膜在近紫外光区域展现了更优的光吸收特性，将更有利于用其制备的光伏电池器件光电流的增大。此外，用 UPS 来详细表征掺杂前后 $CsPbIBr_2$薄膜的电子结构，结果如图 3.40(e)、(f)所示。根据对二次电子能量截止边的线性延伸($E_{截止}$)以及公式 $\varphi=21.22-(E_{截止}-E_i)$(其中由于仪器校准过，故 E_i 为 0 eV)，未掺杂与 4% Li 离子掺杂钙钛矿薄膜的功函数 φ 分别为 4.59 eV 与 4.57 eV，如图 3.40(e)所示。根据图 3.40(f)所示的价带谱，两类钙钛矿薄膜价带与费米能级 E_F 之间的能级差分别为1.33 eV与 1.31 eV。再代入 2.05 eV 的禁带宽度，可以计算得到钙钛矿薄膜掺杂前后的导带底分别为 3.87 eV 与 3.83 eV。根据计算结果，绘制图 3.41 所示的全无机钙钛矿光伏电池器件各功能层的能级排布图。掺杂 Li 离子后，$CsPbIBr_2$钙钛矿层与碳对电极的能级差由 0.92 eV 减小至 0.88 eV，使得 $CsPbIBr_2$、CuPc 与碳电极三者之间的价带过渡更加平缓，更有利于空穴的输运。

一般说来，一个典型的无机 ABX_3($A=Cs^+$，$B=Pb^{2+}$，$X=I^-$、Br^-)钙钛矿材料具有一个准立方体的晶体结构(见图 3.42(a))。该结构由 $PbBr_6^{4-}$ 形成的

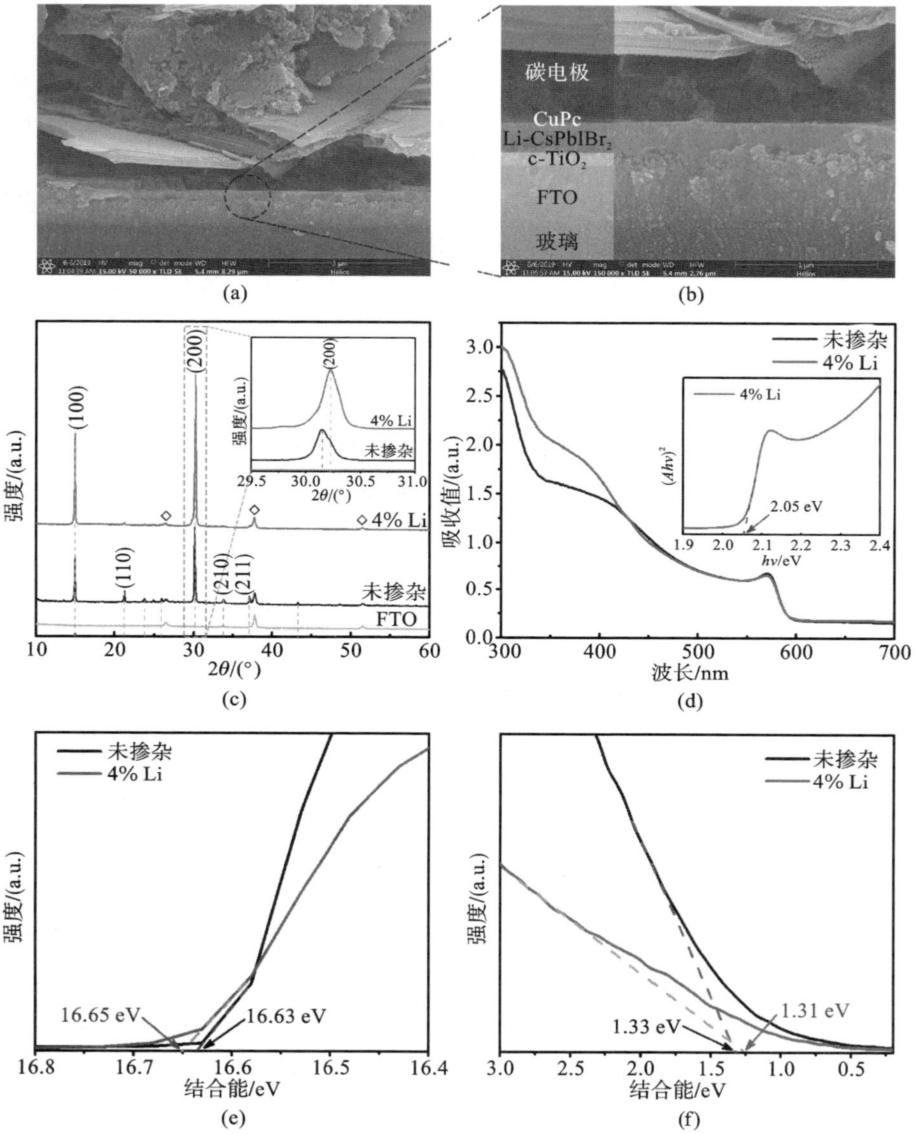

图 3.40 (a)全无机钙钛矿光伏电池器件的截面 SEM 图及(b)局部放大图；$CsPbIBr_2$ 钙钛矿薄膜 Li 离子掺杂前后的(c)XRD 谱图，(d)光吸收谱图与(e)、(f)UPS 谱图

正八面体单元通过六角共享互连而成。当 A 点位的 Cs 离子(离子半径为1.67 Å)部分被 Li 离子(0.76 Å)替代后，A 点位与 $PbBr_6^{4-}$ 正八面体单元间的尺度比

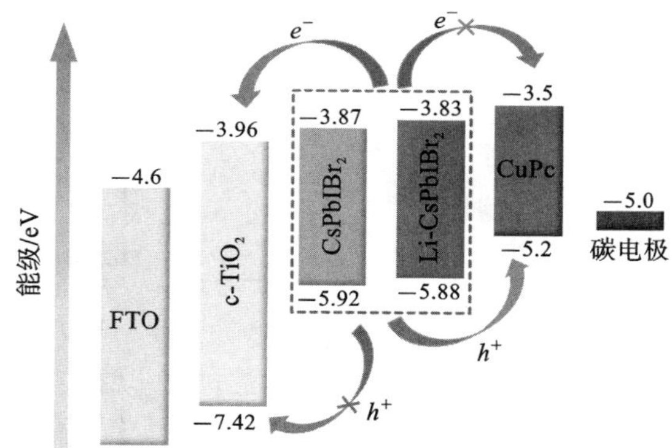

图 3.41　全无机钙钛矿光伏电池器件各功能层的能级排布图

将会改变，进而导致钙钛矿立方体结构的收缩，并影响原子间的结合特性[92]。该研究采用 XPS 测试来说明钙钛矿薄膜掺杂前后各元素化学态的变化，结果如图 3.42(b)～(f)所示。如图 3.42(b)所示，Li 离子掺杂 $CsPbIBr_2$ 薄膜中结合能 56.10 eV 处对应 Li 元素特征峰，证明了 Li 元素的成功掺杂。但特征峰的强度相对较低，可能是因为 Li 元素的掺杂程度较浅。根据图 3.42(c)～(f)，钙钛矿薄膜经过 Li 离子掺杂后，各元素(Cs、Pb、I 与 Br)所对应特征峰的位置均向高结合能方向偏移：Cs $3d_{3/2}$ 与 Cs $3d_{5/2}$ 特征峰位置由 738.51 eV 与 724.62 eV 处偏移至 738.65 eV 与 724.75 eV 处；Pb $4f_{5/2}$ 与 Pb $4f_{7/2}$ 特征峰位置由 142.50 eV 与 137.01 eV 处偏移至 142.72 eV 与 138.21 eV 处；I $3d_{3/2}$ 与 I $3d_{5/2}$ 特征峰位置由 630.62 eV 与 619.14 eV 处偏移至 630.84 eV 与 619.41 eV 处；Br $3d_{3/2}$ 与 Br $3d_{5/2}$ 特征峰位置由 69.61 eV 与 68.50 eV 处偏移至 69.78 eV 与 68.78 eV处。特征峰位置的偏移从侧面说明了 Li 离子在钙钛矿晶格中的掺入，而结合能的提高也说明了钙钛矿薄膜中各元素间化学结合强度的增大，有利于获取一个更强的相稳定性[94]。总的来说，$CsPbIBr_2$ 薄膜中 Li 离子掺杂可调节钙钛矿晶体中元素间的连接状态并避免相分离的发生。

随后，采用 SEM 与 AFM 图进一步表征 Li 离子掺杂对钙钛矿薄膜形貌的影响规律。未掺杂 $CsPbIBr_2$ 钙钛矿薄膜的表面 SEM 图如图 3.43(a)所示，可见薄膜表面有许多细小孔洞，覆盖率并不高。这些孔洞均会导致空穴传输层与电子传输层直接接触，进而诱发光电流泄漏与非辐射复合损失。未掺杂 $CsPbIBr_2$ 钙钛矿薄膜的晶粒尺寸较小，约为 530 nm，因此晶界较多。在掺杂了 4%Li 离子后，钙钛矿薄膜更加致密，未见明显孔洞，结晶质量得到明显提高(见图3.43(d))。掺杂后钙钛矿薄膜的晶粒尺寸增大至 750 nm，因此相对而言晶界偏少。晶体表面或内部的晶界往往因材料不纯或缺陷较多而被认为是复合

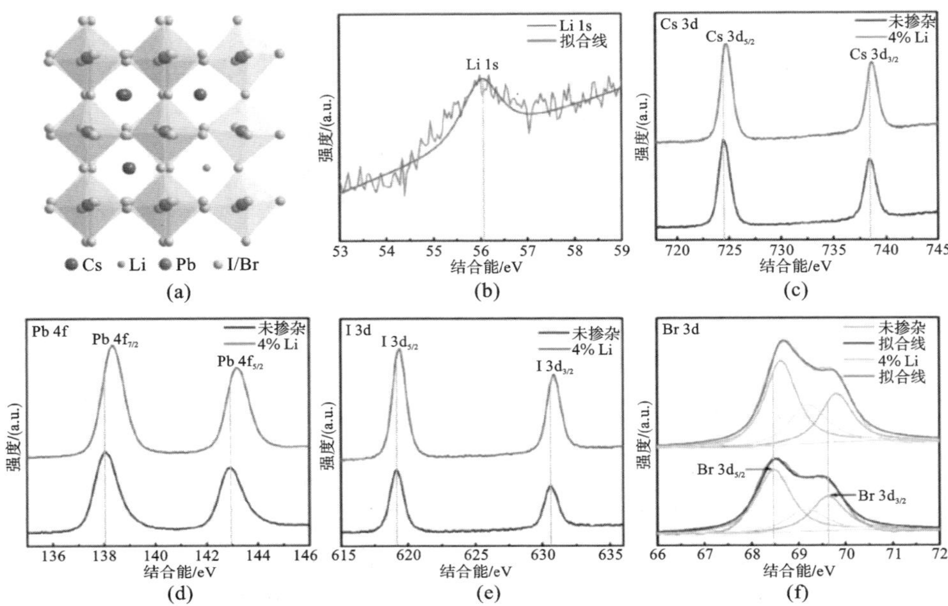

图 3.42 (a)Li 离子掺杂 $CsPbIBr_2$ 钙钛矿晶体结构示意图；(b)Li 1s、(c)Cs 3d、(d)Pb 4f、(e)I 3d 与(f)Br 3d 的 XPS 谱图

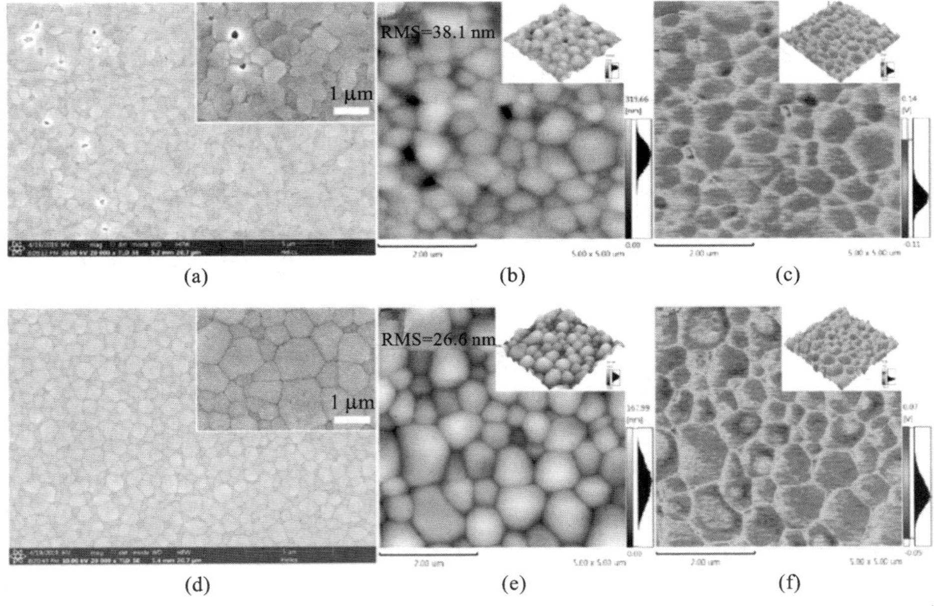

图 3.43 未掺杂 $CsPbIBr_2$ 钙钛矿薄膜的(a)表面 SEM 图、(b)AFM 图与(c)SKPM 图；4% Li 离子掺杂 $CsPbIBr_2$ 钙钛矿薄膜的(d)表面 SEM 图、(e)AFM 图与(f)SKPM 图

中心，会诱发严重的光生载流子复合，进而阻碍电荷输运与捕获。掺杂后钙钛矿薄膜中晶界的减少将更有利于光伏电池器件的光电转化过程。关于薄膜覆盖率与晶粒尺寸，AFM 测试结果与 SEM 测试结果一致。另外，图 3.43(b)、(e)的 AFM 图表明掺杂 Li 离子后钙钛矿薄膜的表面粗糙度由 38.1 nm 减小至 26.6 nm，更有利于钙钛矿光敏层与空穴传输层的紧密接触，进而减小串联电阻，提高器件填充因子。扫描开尔文探针显微镜(SKPM)图也用来分析钙钛矿表面电势的变化。如图 3.43(c)、(f)所示，钙钛矿晶界处的表面电势要明显高于晶面处的，这可能是因为晶界处有更多的杂质和缺陷。Li 离子掺杂钙钛矿薄膜的平均表面电势为0.02 eV，小于未掺杂薄膜的 0.03 eV，也从侧面说明了掺杂 Li 离子后钙钛矿薄膜将更加平整且缺陷更少。

3.5.3 器件光伏特性分析

对掺杂前后钙钛矿薄膜在 FTO 基底上的稳态 PL 和 TR-PL 进行详细表征。图 3.44(a)所示的稳态 PL 谱图表明，钙钛矿薄膜在掺杂 Li 离子前后均在 614 nm 处有明显的荧光发射峰。但在掺杂 Li 离子后，谱线的峰值位置发生了细微的蓝移。之前有报道说明，钙钛矿表面和晶界处的缺陷将会引发辐射复合，进而引起薄膜发生峰的红移[78]。因此，图 3.44(a)中 PL 谱线的蓝移说明钙钛矿薄膜在掺杂 Li 离子后缺陷会减少[46]。另外，钙钛矿薄膜掺杂 Li 离子后，PL 荧光发射峰的峰值更高。与两类薄膜对应的 TR-PL 谱线如图 3.44(b)所示。TR-PL 谱线可分为快衰减与慢衰减两个部分，分别对应自由载流子复合与钙钛矿内部的辐射复合。

计算所得各参数均统计在表 3.10 中。未掺杂钙钛矿薄膜的 τ_1 和 τ_2 分别为 0.78 ns 与 0.83 ns，对应于 0.82 ns 的平均荧光寿命 τ_{ave}。掺杂 Li 离子后，τ_1 和 τ_2 分别增大至 1.57 ns 和 0.72 ns，对应于 1.33 ns 的平均荧光寿命。在没有电荷传输层的情况下，钙钛矿薄膜受激发产生的光生载流子不能被有效抽取，因而形成以辐射复合为主的荧光发射峰。Li 离子掺杂钙钛矿薄膜的 PL 荧光发射峰峰值更高、荧光寿命更长的结果表明该薄膜内部缺陷更少。此外，采用暗态下的空间电荷限制电流(SCLC)测试来进一步验证上述结论，如图 3.44(c)所示。该测试所采用的器件为只含有电子传输层的器件。SCLC 测试曲线可划分为三部分：欧姆区、陷阱填充限制区与无陷阱区。欧姆区为低压时电流与电压成线性关系的部分；陷阱填充限制区为中压时电流随电压增大而迅速增大的部分；无陷阱区为高压时电流随电压增大而缓慢增大的部分[59]。根据欧姆区与陷阱填充限制区曲线线性部分交界处的电压 V_{TFL}，可以计算出薄膜的缺陷态密度，公式如下：

$$V_{\mathrm{TFL}}=\frac{e n_{\mathrm{trap}} L^{2}}{2 \varepsilon_{0} \varepsilon} \tag{3.7}$$

式中:e 为元电荷电荷量;L 为钙钛矿薄膜的厚度(约为 450 nm);ε 和 ε_0 分别为 $CsPbIBr_2$ 的相对介电常数(约为 8)与真空介电常数。

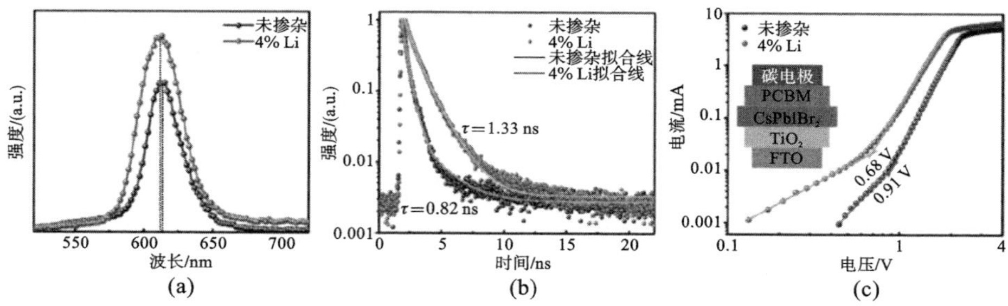

图 3.44 未掺杂与 Li 离子掺杂钙钛矿薄膜的(a)稳态 PL、(b)TR-PL 与(c)SCLC 测试曲线

表 3.10 未掺杂与 Li 离子掺杂钙钛矿薄膜 TR-PL 曲线拟合各参数统计

样品	τ_{ave}/ns	τ_1/ns	A_1	τ_2/ns	A_2
未掺杂	0.82	0.78	7.26	0.83	29.90
掺杂 Li 离子后	1.33	1.57	10.21	0.72	9.08

经计算,钙钛矿薄膜在掺杂 Li 离子前后的 V_{TFL} 分别为 0.91 V 与 0.68 V,分别对应于 $3.99\times10^{15}\ \mathrm{cm^{-3}}$ 和 $2.98\times10^{15}\ \mathrm{cm^{-3}}$ 的缺陷态密度。故以上计算结果进一步验证了掺杂 Li 离子后钙钛矿薄膜缺陷减少的结论。

利用不同掺杂程度钙钛矿薄膜所制备的光伏电池器件的光伏特性参数详细统计在表 3.11 中。每组数据均从四种掺杂浓度(0、2%、4%与 6%)的钙钛矿电池器件中抽取 25 个。可明显看出,掺杂后器件的短路电流 J_{SC}、开路电压 V_{OC}、填充因子(FF)以及光电转化效率(PCE)均得到了不同程度的提升,可能与前面所讨论的钙钛矿掺杂后结晶度更高、缺陷更少、载流子寿命更长相关。Li 离子掺杂浓度为 4%时,光伏电池器件的平均效率由 6.78%增大至 8.51%,为最佳掺杂浓度。图 3.45(a)~(d)展示了未掺杂与 4% Li 离子掺杂两类钙钛矿光伏电池四种光伏特性参数的方框统计图。未掺杂钙钛矿器件效率主要分布在 6.1%~7.4%范围内,标准差为 0.393;而 Li 离子掺杂钙钛矿器件的效率主要分布在 8%~9.2%范围内,标准差为 0.318。由此可知,掺杂 Li 离子后器件不但效率得到了极大提升,且性能分布更加集中,这与掺杂 Li 离子后钙钛矿薄膜质量变高密不可分。图 3.45(e)展示了未掺杂与 4% Li 离子掺杂两类钙钛矿光伏电池器件 AM 1.5G(100 $\mathrm{mW/cm^2}$)标准太阳光照下的最佳 J-V 曲线对比。未掺杂器件的 J_{SC} 为 9.32 $\mathrm{mA/cm^2}$,V_{OC} 为 1.147 V,FF 为 0.693,最终的 PCE

为7.41%。钙钛矿光敏层经Li离子掺杂后，J_{SC}提升至10.27 mA/cm²，V_{OC}增大为1.213 V，FF提高至0.743，最终的PCE明显提高至9.25%。采用IPCE测试来验证掺杂Li离子后钙钛矿电池器件光电流的提升，结果如图3.46所示。相比较而言，Li离子掺杂器件在350～550 nm光谱范围内的IPCE有显著提升，积分电流可达8.86 mA/cm²，高于未掺杂器件的8.01 mA/cm²。两类器件的积分电流均与实测值接近，证明了数据的一致性与可信度。两类器件在最大功率点处的输出稳定性如图3.45(f)、(g)所示。未掺杂器件在0.94 V偏压下的稳定输出J_{SC}为7.22 mA/cm²，PCE为6.79%。而Li离子掺杂器件在最大功率点(1.02 V)处的稳定输出J_{SC}提高至8.51 mA/cm²，PCE高达8.68%。另外，相比较而言，Li离子掺杂器件在800 s的测试周期内输出更加稳定，这可能与钙钛矿光敏层掺杂Li离子后缺陷减少有关。对这两类器件在未封装条件下的湿度与热稳定性进行进一步分析，结果如图3.47所示。相比较而言，掺杂Li离子后钙钛矿器件的稳定性更优：在长达一个月的测试周期内，器件在40%湿度与60 ℃热冲击环境下效率仍可分别保留96%与94.1%。具有疏水性和稳定化学性质的CuPc空穴传输层与碳对电极层保证了器件的耐湿特性；$CsPbIBr_2$自身高达460 ℃的热分解温度保证了器件的耐热特性；而掺杂Li离子后钙钛矿薄膜更高的相稳定性促使器件稳定性的提升。

表3.11　利用不同掺杂程度钙钛矿薄膜所制备的光伏电池器件的光伏特性参数

掺杂程度		J_{SC}/(mA/cm²)	V_{OC}/V	FF	PCE/(%)
未掺杂	平均值	9.12±0.60	1.11±0.05	0.67±0.04	6.78±0.68
	最佳值	9.32	1.15	0.69	7.41
2%Li	平均值	9.45±0.57	1.168±0.03	0.701±0.03	7.74±0.75
	最佳值	9.81	1.19	0.72	8.42
4%Li	平均值	9.97±0.49	1.183±0.03	0.721±0.02	8.51±0.06
	最佳值	10.27	1.22	0.74	9.25
6%Li	平均值	9.36±0.65	1.129±0.043	0.683±0.038	7.22±0.078
	最佳值	9.65	1.16	0.71	7.97

此外，采用多种不同的测试方法来分析Li离子掺杂所带来的性能提升背后的机理。图3.48(a)所示的两类器件的暗电流测试曲线说明Li离子掺杂钙钛矿光伏电池器件的泄漏电流更低。这主要得益于Li离子掺杂钙钛矿薄膜具有更少的孔洞与晶界，减少了电流短路通道，对器件的J_{SC}与FF更加有益。据之前报道，钙钛矿光伏电池器件暗电流曲线线性外延部分与电压轴的截距大小反映了器件本征开路电压的大小[39]。如图3.48(b)所示，未掺杂与4% Li离子

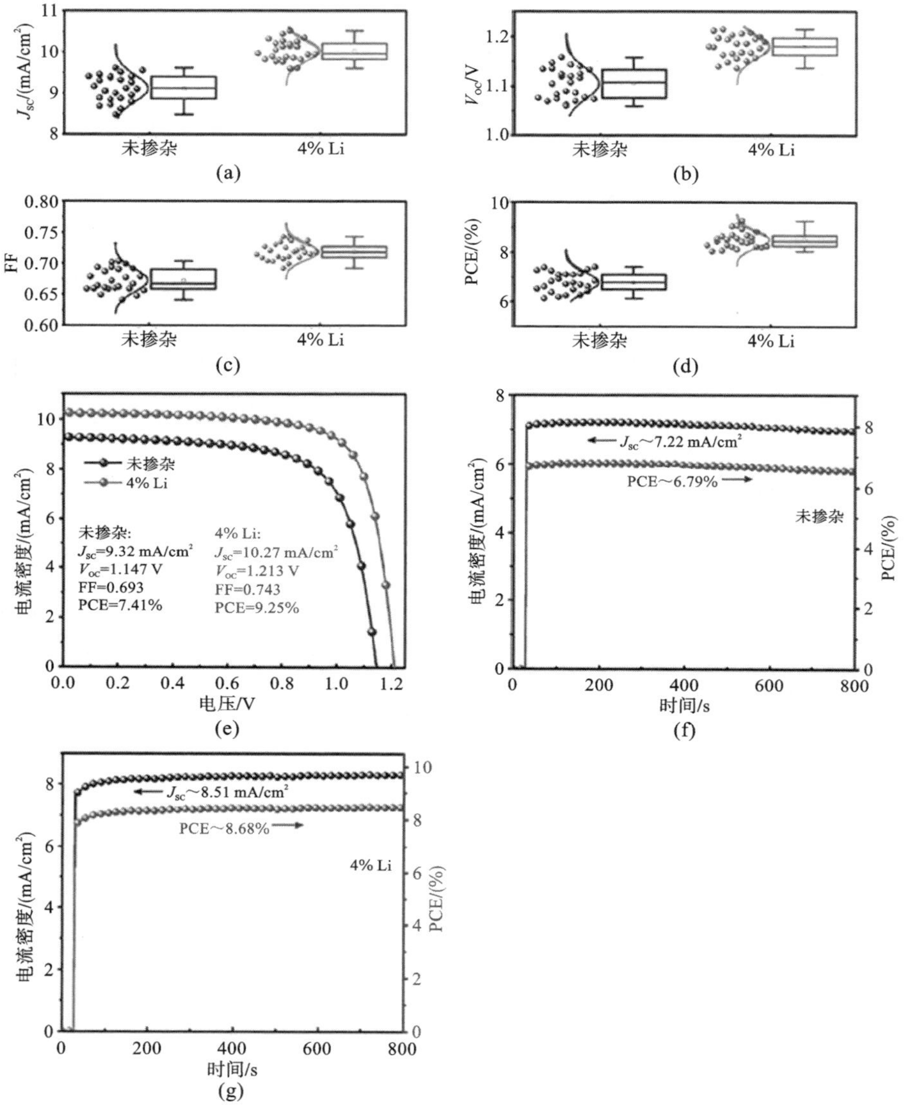

图 3.45 未掺杂与 4% Li 离子掺杂钙钛矿光伏电池器件(a)J_{SC}、(b)V_{OC}、(c)FF 与(d)PCE 的方框统计图;(e)最佳 J-V 曲线对比;(f)未掺杂与(g)4% Li 离子掺杂钙钛矿光伏电池器件最大功率点处的输出特性

掺杂钙钛矿光伏电池器件的本征开路电压分别为 1.15 V 与 1.23 V,与实测值一致。图 3.48(c)所示为两类器件的瞬态光电压测试曲线,表明 Li 离子掺杂钙钛矿光伏电池器件光照下开路电压更高以及转暗态时光电压衰减慢、载流子寿

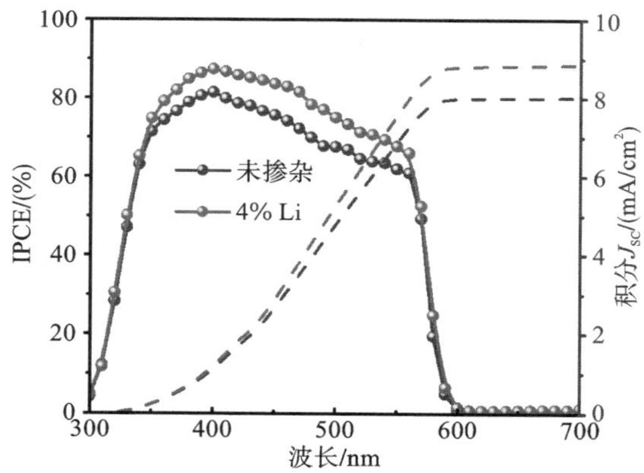

图 3.46　未掺杂与 4% Li 离子掺杂钙钛矿光伏电池器件 IPCE 曲线对比

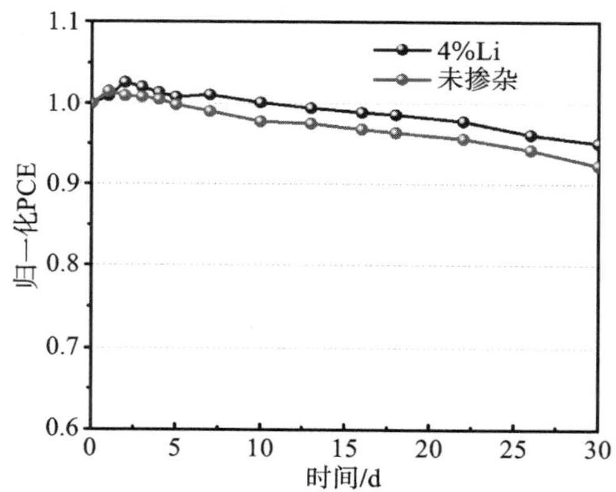

图 3.47　未掺杂与 4% Li 离子掺杂钙钛矿光伏电池器件的稳定性测试曲线

命更长，也说明掺杂 Li 离子后器件内部载流子复合得到了有效抑制。图 3.48(d)展示了两类钙钛矿光伏电池器件在光照与 1 V 偏压下电化学阻抗谱测试中的奈奎斯特曲线及其等效电路。左边高频部分的半圆弧对应的是反映电荷传输特征的 RC 回路(包括 R_{ct} 与 CPE1)，右边低频部分的半圆弧对应的是反映载流子复合特征的 RC 回路(包括 R_{rec} 与 CPE2)。经等效电路对曲线进行拟合可知，掺杂 Li 离子后器件的 R_{ct} 由 54.62 Ω 减小至 35.55 Ω，电荷传输的阻抗更小。同时，掺杂 Li 离子后器件的 R_{rec} 由 59.95 Ω 提升至 103 Ω，非辐射复合得到有效抑制，进而获得更高的开路电压。另外，Li 离子掺杂器件串联电阻 R_s 的值也由掺杂前的 39.64 Ω 减小至 34.82 Ω，有利于器件填充因子 FF 的提升。此外，Li 离子掺杂器件 CPE2 的值(48.80 nF/cm^2)要小于未掺杂器件的(66.82 nF/cm^2)，说明了器件内部界面处电荷积累的减少。

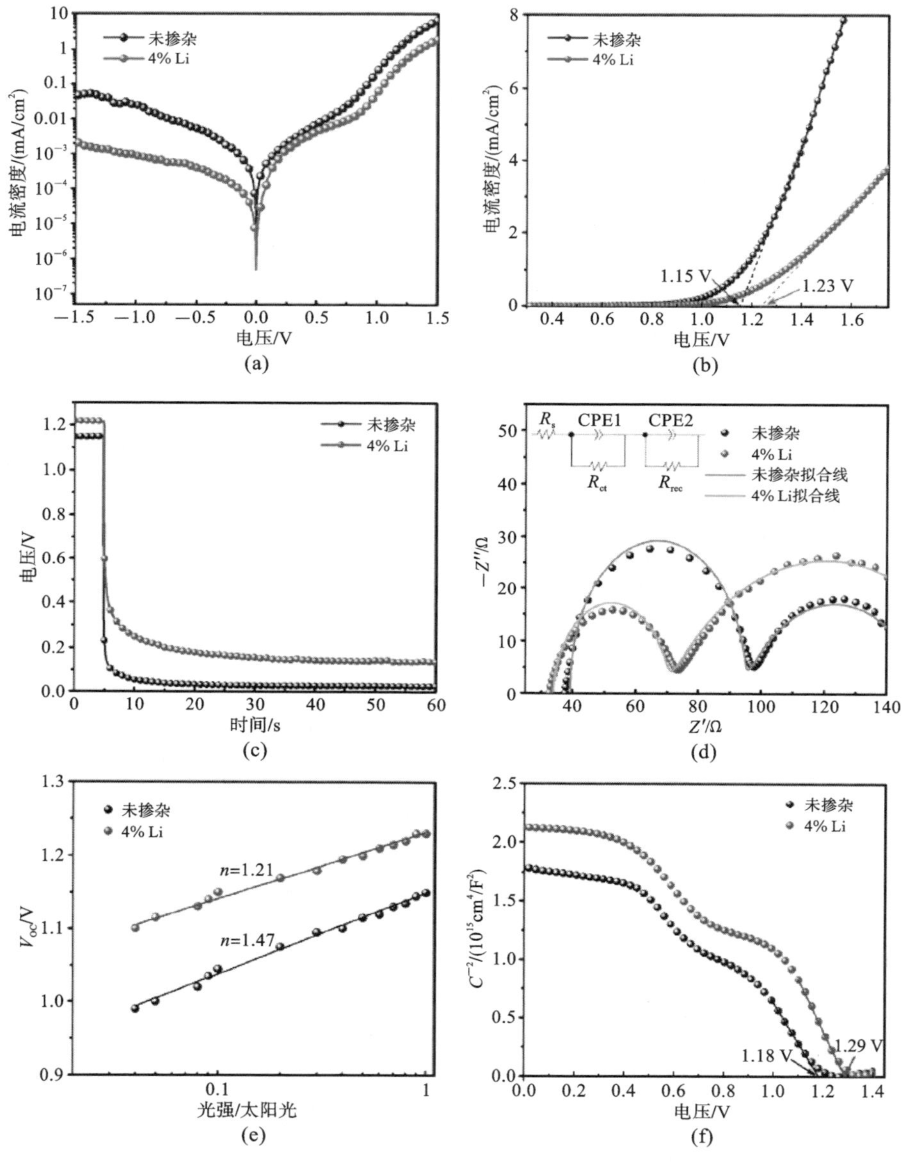

图 3.48　(a)对数坐标与(b)线性坐标下的未掺杂与 4% Li 离子掺杂钙钛矿光伏电池器件的暗电流测试曲线；两类电池器件的(c)瞬态光电压测试曲线、(d)电化学阻抗谱、(e)开路电压-光强与(f)莫特-肖特基曲线对比

图 3.48(e)所示的光伏电池器件的输出光电压与输入光强的关系曲线可用来分析器件内部的复合过程[57]。由于测试时器件处于开路状态，故所有的光生

载流子最终都会被复合损失。当光强下降时，输出光电压的下降主要由于器件界面处的载流子复合。

经计算，未掺杂与 Li 离子掺杂钙钛矿光伏电池器件的理想因子分别为 1.47与 1.21，理想因子越小，说明器件内复合损失越小。

图 3.48(f)所示为两类器件的莫特-肖特基曲线，其中电容与偏压的关系如以下公式所示：

$$\frac{1}{C^2}=\frac{2}{q\varepsilon\varepsilon_0 N_D}\left(V_{\mathrm{bi}}-V-\frac{k_{\mathrm{B}}T}{q}\right) \tag{3.8}$$

式中：C 为空间电荷区的电容；V_{bi}为内建电场电压；V 为器件所施加的偏压；ε 为静态介电常数；ε_0为真空介电常数；N_D 为施主掺杂浓度；k_{B} 为玻尔兹曼常数。

由式(3.8)可知，V_{bi}的值等于曲线线性部分与电压轴的截距。经计算，未掺杂与 Li 离子掺杂钙钛矿光伏电池器件的内建电场电压分别为 1.18 V 与 1.29 V。增强的内建电场将促进光生载流子的分离与输运，在异质结界面处形成更宽的耗尽层，进而减少载流子复合[95]。

以上测试均说明钙钛矿光敏层经 Li 离子掺杂后，所制备光伏电池器件的光电特性更加优异。

3.5.4 小结

本节提出了一种 Li 离子掺杂的策略来调节 $CsPbIBr_2$钙钛矿薄膜的光电特性。适当掺杂后，钙钛矿薄膜的结晶度提高，晶粒长大，覆盖率增大，薄膜孔洞减少，晶界减少，缺陷变少。所制备光伏电池器件的效率由掺杂前的 7.41%提升至 9.25%，性能得到了极大提升，且器件稳定性也十分出色。本研究为高效、高稳定性 $CsPbIBr_2$全无机钙钛矿光伏电池的发展提供了新思路。

参考文献

[1] KULBAK M，CAHEN D，HODES G. How important is the organic part of lead halide perovskite photovoltaic cells? Efficient $CsPbBr_3$ cells[J]. The Journal of Physical Chemistry Letters，2015，6(13)：2452-2456.

[2] SUTTON R J，EPERON G E，MIRANDA L，et al. Bandgap-tunable cesium lead halide perovskites with high thermal stability for efficient solar cells[J]. Advanced Energy Materials，2016，6(8)：1502458.

[3] CHANG X W，LI W P，ZHU L Q，et al. Carbon-based $CsPbBr_3$ perovskite solar cells：all-ambient processes and high thermal stability[J]. ACS Applied Materials & Interfaces，2016，8(49)：33649-33655.

[4] LIANG J,WANG C X,WANG Y R,et al. All-inorganic perovskite solar cells[J]. Journal of the American Chemical Society,2016,138(49):15829-15832.

[5] QIN P,TANAKA S,ITO S,et al. Inorganic hole conductor-based lead halide perovskite solar cells with 12.4% conversion efficiency[J]. Nature Communications,2014,5(1):1-6.

[6] HAINS A W,LIANG Z,WOODHOUSE M A,et al. Molecular semiconductors in organic photovoltaic cells[J]. Chemical Reviews,2010,110(11):6689-6735.

[7] STÜBINGER T,BRÜTTING W. Exciton diffusion and optical interference in organic donor-acceptor photovoltaic cells[J]. Journal of Applied Physics,2001,90(7):3632-3641.

[8] KE W J,ZHAO D W,GRICE C R,et al. Efficient fully-vacuum-processed perovskite solar cells using copper phthalocyanine as hole selective layers[J]. Journal of Materials Chemistry A,2015,3(47):23888-23894.

[9] KUMAR C V,SFYRI G,RAPTIS D,et al. Perovskite solar cell with low cost Cu-phthalocyanine as hole transporting material[J]. RSC Advances,2015,5(5):3786-3791.

[10] ZHANG F G,YANG X C,CHENG M,et al. Boosting the efficiency and the stability of low cost perovskite solar cells by using CuPc nanorods as hole transport material and carbon as counter electrode[J]. Nano Energy,2016,20:108-116.

[11] YANG J L,YAN D H. Weak epitaxy growth of organic semiconductor thin films[J]. Chemical Society Reviews,2009,38(9):2634-2645.

[12] EL-NAHASS M M,EL-GOHARY Z,SOLIMAN H S. Structural and optical studies of thermally evaporated CoPc thin films[J]. Optics & Laser Technology,2003,35(7):523-531.

[13] CHEN Q,ZHOU H P,FANG Y H,et al. The optoelectronic role of chlorine in $CH_3NH_3PbI_3$(Cl)-based perovskite solar cells[J]. Nature Communications,2015,6(1):7269.

[14] ADAMOVICH V I,CORDERO S R,DJUROVICH P I,et al. New charge-carrier blocking materials for high efficiency OLEDs[J]. Organic Electronics,2003,4(2-3):77-87.

[15] WANG Q,SHAO Y C,DONG Q F,et al. Large fill-factor bilayer iodine perovskite solar cells fabricated by a low-temperature solution-process [J]. Energy & Environmental Science,2014,7(7):2359-2365.

[16] FANG Y J,BI C,WANG D,et al. The functions of fullerenes in hybrid perovskite solar cells[J]. ACS Energy Letters,2017,2(4):782-794.

[17] NIE W,TSAI H,ASADPOUR R,et al. High-efficiency solution-processed perovskite solar cells with millimeter-scale grains[J]. Science,2015,347(6221):522-525.

[18] SONG D D,CUI P,WANG T Y,et al. Managing carrier lifetime and doping property of lead halide perovskite by postannealing processes for highly efficient perovskite solar cells[J]. The Journal of Physical Chemistry C,2015,119(40):22812-22819.

[19] NIE W,BLANCON J C,NEUKIRCH A J,et al. Light-activated photocurrent degradation and self-healing in perovskite solar cells[J]. Nature Communications,2016,7(1):1-9.

[20] TENG P P,HAN X P,LI J W,et al. An elegant face-down liquid-space-restricted deposition of $CsPbBr_3$ films for efficient carbon-based all-inorganic planar perovskite solar cells[J]. ACS Applied Materials & Interfaces,2018,10(11):9541-9546.

[21] DUAN J L,ZHAO Y Y,HE B L,et al. High-purity inorganic perovskite films for solar cells with 9.72% efficiency[J]. Angewandte Chemie,2018,130(14):3849-3853.

[22] ZHAO Y Y,WANG Y D,DUAN J L,et al. Divalent hard Lewis acid doped $CsPbBr_3$ films for 9.63%-efficiency and ultra-stable all-inorganic perovskite solar cells[J]. Journal of Materials Chemistry A,2019,7(12):6877-6882.

[23] DUAN J L,ZHAO Y Y,YANG X Y,et al. Lanthanide ions doped $CsPbBr_3$ halides for HTM-free 10.14%-efficiency inorganic perovskite solar cell with an ultrahigh open-circuit voltage of 1.594 V[J]. Advanced Energy Materials,2018,8(31):1802346.

[24] ZHAO Y Y,DUAN J L,YUAN H W,et al. Using SnO_2 QDs and $CsMBr_3$($M=Sn,Bi,Cu$) QDs as charge-transporting materials for 10.6%-efficiency all-inorganic $CsPbBr_3$ perovskite solar cells with an ultrahigh open-circuit voltage of 1.610 V[J]. Solar RRL,2019,3(3):1800284.

[25] ZENG J P, LI X M, WU Y, et al. Space-confined growth of $CsPbBr_3$ film achieving photodetectors with high performance in all figures of merit[J]. Advanced Functional Materials, 2018, 28(43): 1804394.

[26] LUO P F, ZHOU Y G, ZHOU S W, et al. Fast anion-exchange from $CsPbI_3$ to $CsPbBr_3$ via Br_2-vapor-assisted deposition for air-stable all-inorganic perovskite solar cells[J]. Chemical Engineering Journal, 2018, 343: 146-154.

[27] DUAN J L, DOU D W, ZHAO Y Y, et al. Spray-assisted deposition of $CsPbBr_3$ films in ambient air for large-area inorganic perovskite solar cells [J]. Materials Today Energy, 2018, 10: 146-152.

[28] CHEN W, ZHANG J, XU G, et al. A semitransparent inorganic perovskite film for overcoming ultraviolet light instability of organic solar cells and achieving 14.03% efficiency[J]. Advanced Materials, 2018, 30(21): 1800855.

[29] AJJOURI Y E, PALAZON F, SESSOLO M, et al. Single-source vacuum deposition of mechanosynthesized inorganic halide perovskites [J]. Chemistry of Materials, 2018, 30(21): 7423-7427.

[30] LI H, TONG G Q, CHEN T T, et al. Interface engineering using perovskite derivative-phase for efficient and stable $CsPbBr_3$ solar cells [J]. Journal of Materials Chemistry A, 2018, 6(29): 14255-14261.

[31] BURWIG T, FRÄNZEL W, PISTOR P. Crystal phases and thermal stability of co-evaporated $CsPbX_3$ ($X=I$; Br) thin films [J]. The Journal of Physical Chemistry Letters, 2018, 9(16): 4808-4813.

[32] LIU Z K, BEKENSTEIN Y, YE X C, et al. Ligand mediated transformation of cesium lead bromide perovskite nanocrystals to lead depleted Cs_4PbBr_6 nanocrystals[J]. Journal of the American Chemical Society, 2017, 139 (15): 5309-5312.

[33] LEI J, GAO F, WANG H X, et al. Efficient planar $CsPbBr_3$ perovskite solar cells by dual-source vacuum evaporation [J]. Solar Energy Materials and Solar Cells, 2018, 187: 1-8.

[34] DING Y, HE B L, ZHU J W, et al. Advanced modification of perovskite surfaces for defect passivation and efficient charge extraction in air-stable $CsPbBr_3$ perovskite solar cells [J]. ACS Sustainable Chemistry & Engineering, 2019, 7(23): 19286-19294.

[35] WAN X J, YU Z, TIAN W M, et al. Efficient and stable planar all-

inorganic perovskite solar cells based on high-quality $CsPbBr_3$ films with controllable morphology[J]. Journal of Energy Chemistry,2020,46:8-15.

[36] XI J, XI K, SADHANALA A, et al. Chemical sintering reduced grain boundary defects for stable planar perovskite solar cells [J]. Nano Energy,2019,56:741-750.

[37] CASTRO-MÉNDEZ A F, HIDALGO J, CORREA-BAENA J P. The role of grain boundaries in perovskite solar cells[J]. Advanced Energy Materials,2019,9(38):1901489.

[38] BAI D L, ZHANG J R, JIN Z W, et al. Interstitial Mn^{2+}-driven high-aspect-ratio grain growth for low-trap-density microcrystalline films for record efficiency $CsPbI_2Br$ solar cells[J]. ACS Energy Letters,2018,3(4):970-978.

[39] LIU X Y, TAN X H, LIU Z Y, et al. Boosting the efficiency of carbon-based planar $CsPbBr_3$ perovskite solar cells by a modified multistep spin-coating technique and interface engineering[J]. Nano Energy, 2019, 56: 184-195.

[40] LEI J, GAO F, WANG H X, et al. Efficient planar $CsPbBr_3$ perovskite solar cells by dual-source vacuum evaporation[J]. Solar Energy Materials and Solar Cells,2018,187:1-8.

[41] HUANG A B, LEI L, ZHU J T, et al. Achieving high current density of perovskite solar cells by modulating the dominated facets of room-temperature DC magnetron sputtered TiO_2 electron extraction layer[J]. ACS Applied Materials & Interfaces,2017,9(3):2016-2022.

[42] LIU X Y, LIU Z Y, YE H B, et al. Novel efficient C_{60}-based inverted perovskite solar cells with negligible hysteresis[J]. Electrochimica Acta,2018,288:115-125.

[43] TANG Z G, UCHIDA S, BESSHO T, et al. Modulations of various alkali metal cations on organometal halide perovskites and their influence on photovoltaic performance[J]. Nano Energy,2018,45:184-192.

[44] BAO S, WU J H, HE X, et al. Mesoporous Zn_2SnO_4 as effective electron transport materials for high-performance perovskite solar cells[J]. Electrochimica Acta,2017,251:307-315.

[45] LI G P, WANG H, ZHU Z F, et al. Shape and phase evolution from $CsPbBr_3$ perovskite nanocubes to tetragonal $CsPb_2Br_5$ nanosheets with an

indirect bandgap[J]. Chemical Communications,2016,52(75):11296-11299.

[46] SHAO Y C, XIAO Z G, BI C, et al. Origin and elimination of photocurrent hysteresis by fullerene passivation in $CH_3NH_3PbI_3$ planar heterojunction solar cells[J]. Nature Communications,2014,5(1):1-7.

[47] TIAN C B,ZHANG S J,MEI A,et al. A multifunctional bis-adduct fullerene for efficient printable mesoscopic perovskite solar cells[J]. ACS Applied Materials & Interfaces,2018,10(13):10835-10841.

[48] ZHAO W E, YAO Z, YU F Y, et al. Alkali metal doping for improved $CH_3NH_3PbI_3$ perovskite solar cells[J]. Advanced Science, 2018, 5 (2):1700131.

[49] LING X F, YUAN J Y, LIU D Y, et al. Room-temperature processed Nb_2O_5 as the electron-transporting layer for efficient planar perovskite solar cells[J]. ACS Applied Materials & Interfaces, 2017, 9(27): 23181-23188.

[50] FENG J S,YANG Z,YANG D,et al. E-beam evaporated Nb_2O_5 as an effective electron transport layer for large flexible perovskite solar cells[J]. Nano Energy,2017,36:1-8.

[51] MALI S S, KIM H, KIM H H, et al. Nanoporous p-type NiO_x electrode for p-i-n inverted perovskite solar cell toward air stability[J]. Materials Today,2018,21(5):483-500.

[52] ZHANG W,PATHAK S,SAKAI N,et al. Enhanced optoelectronic quality of perovskite thin films with hypophosphorous acid for planar heterojunction solar cells[J]. Nature Communications,2015,6(1):1-9.

[53] LIU Z Y,SUN B,LIU X Y,et al. Efficient carbon-based $CsPbBr_3$ inorganic perovskite solar cells by using Cu-phthalocyanine as hole transport material[J]. Nano-Micro Letters,2018,10(2):34.

[54] QIN M C,MA J J,KE W J,et al. Perovskite solar cells based on low-temperature processed indium oxide electron selective layers[J]. ACS Applied Materials & Interfaces,2016,8(13):8460-8466.

[55] HOU Y, CHEN X, YANG S, et al. Low-temperature processed In_2S_3 electron transport layer for efficient hybrid perovskite solar cells[J]. Nano Energy,2017,36:102-109.

[56] DUALEH A, MOEHL T, TÉTREAULT N, et al. Impedance spectroscopic analysis of lead iodide perovskite-sensitized solid-state solar cells

[J]. ACS Nano,2014,8(1):362-373.

[57] XU H Z, DUAN J L, ZHAO Y Y, et al. 9.13%-efficiency and stable inorganic $CsPbBr_3$ solar cells. Lead-free $CsSnBr_{3-x}I_x$ quantum dots promote charge extraction[J]. Journal of Power Sources,2018,399:76-82.

[58] DUAN J L, ZHAO Y Y, WANG Y D, et al. Hole-boosted Cu(Cr, M)O_2 nanocrystals for all-inorganic $CsPbBr_3$ perovskite solar cells [J]. Angewandte Chemie International Edition,2019,131(45):16293-16297.

[59] LI M J, LI B, CAO G Z, et al. Monolithic $MAPbI_3$ film for high-efficiency solar cells via coordination and heating assistance process[J]. Journal of Materials Chemistry A,2017,5(40):21313-21319.

[60] LI J W, DONG Q S, LI N, et al. Direct evidence of ion diffusion for the silver-electrode-induced thermal degradation of inverted perovskite solar cells[J]. Advanced Energy Materials,2017,7(14):1602922.

[61] GONG X, SUN Q, LIU S S, et al. Highly efficient perovskite solar cells with gradient bilayer electron transport materials[J]. Nano Letters,2018, 18(6):3969-3977.

[62] LI Y N, DUAN J L, ZHAO Y Y, et al. All-inorganic bifacial $CsPbBr_3$ perovskite solar cells with a 98.5%-bifacial factor [J]. Chemical Communications,2018,54(59):8237-8240.

[63] LI Y N, DUAN J L, YUAN H W, et al. Lattice modulation of alkali metal cations doped $Cs_{1-x}R_xPbBr_3$ halides for inorganic perovskite solar cells [J]. Solar RRL,2018,2(10):1800164.

[64] PALAZON F, DOGAN S, MARRAS S, et al. From $CsPbBr_3$ nano-inks to sintered $CsPbBr_3$-$CsPb_2Br_5$ films via thermal annealing: implications on optoelectronic properties[J]. The Journal of Physical Chemistry C, 2017, 121 (21):11956-11961.

[65] GUO Z L, GAO L G, ZHANG C, et al. Low-temperature processed non-TiO_2 electron selective layers for perovskite solar cells [J]. Journal of Materials Chemistry A,2018,6(11):4572-4589.

[66] KE W J, FANG G J, LIU Q, et al. Low-temperature solution-processed tin oxide as an alternative electron transporting layer for efficient perovskite solar cells[J]. Journal of the American Chemical Society,2015,137 (21):6730-6733.

[67] WANG Y, DUAN C H, LI J S, et al. Performance enhancement of

inverted perovskite solar cells based on smooth and compact PC61BM:SnO_2 electron transport layers[J]. ACS Applied Materials & Interfaces,2018,10(23):20128-20135.

[68] AHARON S,GAMLIEL S,COHEN B E,et al. Depletion region effect of highly efficient hole conductor free $CH_3NH_3PbI_3$ perovskite solar cells[J]. Physical Chemistry Chemical Physics,2014,16(22):10512-10518.

[69] LIU L F, MEI A, LIU T F, et al. Fully printable mesoscopic perovskite solar cells with organic silane self-assembled monolayer[J]. Journal of the American Chemical Society,2015,137(5):1790-1793.

[70] CHEN Q,ZHOU H P,HONG Z R,et al. Planar heterojunction perovskite solar cells via vapor-assisted solution process[J]. Journal of the American Chemical Society,2014,136(2):622-625.

[71] TANG K C, YOU P, YAN F. Highly stable all-inorganic perovskite solar cells processed at low temperature[J]. Solar RRL,2018,2(8):1800075.

[72] XIAO M D,HUANG F Z,HUANG W C,et al. A fast deposition-crystallization procedure for highly efficient lead iodide perovskite thin-film solar cells[J]. Angewandte Chemie,2014,126(37):10056-10061.

[73] LIU M Z, JOHNSTON M B, SNAITH H J. Efficient planar heterojunction perovskite solar cells by vapour deposition[J]. Nature,2013,501(7467):395-398.

[74] HEO J H,SONG D H,IM S H. Planar $CH_3NH_3PbBr_3$ hybrid solar cells with 10.4% power conversion efficiency, fabricated by controlled crystallization in the spin-coating process[J]. Advanced Materials,2014,26(48):8179-8183.

[75] NIU T Q, LU J, MUNIR R, et al. Stable high-performance perovskite solar cells via grain boundary passivation[J]. Advanced Materials,2018,30(16):1706576.

[76] LIANG J W,CHEN Z L,YANG G,et al. Achieving high open-circuit voltage on planar perovskite solar cells via chlorine-doped tin oxide electron transport layers[J]. ACS Applied Materials & Interfaces,2019,11(26):23152-23159.

[77] JIANG Q, CHU Z M, WANG P Y, et al. Planar-structure perovskite solar cells with efficiency beyond 21%[J]. Advanced Materials,

2017,29(46):1703852.

[78] XUE Q F,BAI Y,LIU M Y,et al. Dual interfacial modifications enable high performance semitransparent perovskite solar cells with large open circuit voltage and fill factor[J]. Advanced Energy Materials, 2017, 7(9):1602333.

[79] SHAO Y C, XIAO Z G, BI C, et al. Origin and elimination of photocurrent hysteresis by fullerene passivation in $CH_3NH_3PbI_3$ planar heterojunction solar cells[J]. Nature Communications,2014,5(1):1-7.

[80] WU Y L, WAN L, FU S, et al. Liquid metal acetate assisted preparation of high-efficiency and stable inverted perovskite solar cells[J]. Journal of Materials Chemistry A,2019,7(23):14136-14144.

[81] SNAITH H J,ABATE A,BALL J M,et al. Anomalous hysteresis in perovskite solar cells[J]. Journal of Physical Chemistry Letters,2014,5(9):1511-1515.

[82] TANG M X,HE B L,DOU D W,et al. Toward efficient and air-stable carbon-based all-inorganic perovskite solar cells through substituting $CsPbBr_3$ films with transition metal ions[J]. Chemical Engineering Journal, 2019,375:121930.

[83] WANG D,LI W J,DU Z B,et al. $CoBr_2$-doping-induced efficiency improvement of $CsPbBr_3$ planar perovskite solar cells[J]. Journal of Materials Chemistry C,2020,8(5):1649-1655.

[84] TIAN J J,XUE Q F,TANG X F,et al. Dual interfacial design for efficient $CsPbI_2Br$ perovskite solar cells with improved photostability[J]. Advanced Materials,2019,31(23):1901152.

[85] CHEN W J,CHEN H Y,XU G Y,et al. Precise control of crystal growth for highly efficient $CsPbI_2Br$ perovskite solar cells[J]. Joule,2019,3(1):191-204.

[86] ZHU W D, ZHANG Z Y, CHAI W M, et al. Band alignment engineering towards high efficiency carbon-based inorganic planar $CsPbIBr_2$ perovskite solar cells[J]. ChemSusChem,2019,12(10):2318-2325.

[87] SUBHANI W S,WANG K,DU M Y,et al. Interface-modification-induced gradient energy band for highly efficient $CsPbIBr_2$ perovskite solar cells[J]. Advanced Energy Materials,2019,9(21):1803785.

[88] ZHU W D, ZHANG Q N, CHEN D Z, et al. Intermolecular

exchange boosts efficiency of air-stable, carbon-based all-inorganic planar $CsPbIBr_2$ perovskite solar cells to over 9%[J]. Advanced Energy Materials, 2018, 8(30): 1802080.

[89] ZHANG Q N, ZHU W D, CHEN D Z, et al. Light processing enables efficient carbon-based, all-inorganic planar $CsPbIBr_2$ solar cells with high photovoltages[J]. ACS Applied Materials & Interfaces, 2018, 11(3): 2997-3005.

[90] LIU C, LI W Z, CHEN J H, et al. Ultra-thin MoO_x as cathode buffer layer for the improvement of all-inorganic $CsPbIBr_2$ perovskite solar cells[J]. Nano Energy, 2017, 41: 75-83.

[91] LAU C F J, ZHANG M, DENG X F, et al. Strontium doped low temperature processed $CsPbI_2Br$ perovskite solar cells[J]. ACS Energy Letters, 2017, 2(10): 2319-2325.

[92] LI Y N, DUAN J L, YUAN H W, et al. Lattice modulation of alkali metal cations doped $Cs_{1-x}R_xPbBr_3$ halides for inorganic perovskite solar cells [J]. Solar RRL, 2018, 2(10): 1800164.

[93] MA Q S, HUANG S J, WEN X M, et al. Hole transport layer free inorganic $CsPbIBr_2$ perovskite solar cell by dual source thermal evaporation [J]. Advanced Energy Materials, 2016, 6(7): 1502202.

[94] NAM J K, CHAI S U, CHA W, et al. Potassium incorporation for enhanced performance and stability of fully inorganic cesium lead halide perovskite solar cells[J]. Nano Letters, 2017, 17(3): 2028-2033.

[95] ZHANG J R, BAI D L, JIN Z W, et al. 3D-2D-0D interface profiling for record efficiency all-inorganic $CsPbBrI_2$ perovskite solar cells with superior stability[J]. Advanced Energy Materials, 2018, 8(15): 1703246.

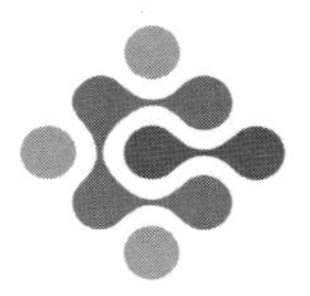

第 4 章 碳电极钙钛矿光伏器件封装与集成

4.1 碳电极钙钛矿光伏电池 PDMS 封装

钙钛矿光敏材料易潮解，这会导致光伏器件失效。不仅如此，通常所用到的空穴传输材料，包括 Spiro-OMeTAD 和 PTAA 等都需要掺入少量添加剂以提高材料的载流子迁移率。锂盐（Li-TFSI）和 4-叔丁基吡啶（4-tBP）极易潮解，使得采用这种有机空穴传输层的钙钛矿电池的稳定性极难得到改善。研究人员曾尝试采用一些无机空穴传输层代替有机空穴传输层来提升器件稳定性。2014 年，日本兵库县立大学的 Ito 教授将无机 P 型半导体材料 CuSCN 应用到具有 FTO/TiO_2/$CH_3NH_3PbI_3$/CuSCN/Au 结构的钙钛矿电池的制备过程中以提高电池的稳定性，但电池的光电转化效率只有 4.86%[1]。2015 年，美国加州大学洛杉矶分校的杨阳教授采用 P 型多晶态 NiO_x 作为空穴传输层应用到反式结构钙钛矿电池中，光电转化效率最高可达 16.1%，并在保存了 60d 后，器件效率能维持 90%[2]。大连理工大学的孙立成教授采用小分子有机 P 型半导体酞菁铜作为空穴传输层也取得了类似的加强效果[3]。2017 年，荷兰埃因霍芬理工大学的 Schropp 教授所在的课题组采用原子层沉积技术在钙钛矿光敏层表面镀一层超薄的 Al_2O_3，能够有效保护钙钛矿，提升电池稳定性[4]。无空穴传输层碳电极钙钛矿光伏电池的出现也从根本上改善了电池的稳定性[5,6]。

目前，钙钛矿光伏电池的稳定性确实越来越高，但是远没有达到商业化应用的水准。因此，有必要通过后续的封装技术来延长器件使用寿命。本节提出了一种基于 PDMS 的低温碳电极钙钛矿光伏电池封装方法，并通过一系列测试详细分析了封装过程对器件性能的影响。

4.1.1 基于 PDMS 的电池封装工艺研究

试验中所用到的主要化学试剂、耗材和仪器设备详见附录。碳电极钙钛矿

光伏电池的制备流程与 2.1.1 节所描述的类似，不同点在于为了改善钙钛矿薄膜质量，提高薄膜覆盖率，在用两步法制备钙钛矿薄膜的碘化铅溶液中加入了少量 DMSO，DMF 与 DMSO 溶液的体积比为 5∶1。

电池制备完毕之后，需要用 PDMS 对电池进行封装。首先将 PDMS 与其对应的固化剂按照 10∶1 的重量比混合。充分混合后，将 PDMS 混合液放入真空干燥箱多次抽真空以去除溶液中的大量气泡。之后，将 PDMS 滴加在碳电极钙钛矿光伏电池的表面，静置几分钟，使液体充分铺开，从而包裹电池的表面。然后，将器件放入鼓风干燥箱中在 80 ℃下加热 2 h，使 PDMS 充分固化，电池封装完毕。最后，用手术刀将多余部分的 PDMS 除去，以露出电极，便于测试。

4.1.2 封装电池性能测试与分析

碳电极钙钛矿光伏电池封装前后最佳器件在 AM 1.5G 的标准太阳光照下的 *J-V* 曲线如图 4.1(a)所示，对应的 IPCE 测试结果如图 4.1(b)所示。同时对 67 个封装电池与 61 个未封装电池的效率分布进行统计，结果如图 4.1(c)、(d)所示，详细的光伏性能参数记录在表 4.1 中。可以发现封装后，器件开路电压为 0.97 V，短路电流为 23.5 mA/cm^2，最终的光电转化效率可达 10.8%，平均效率也从 4.95%提升到了 7.64%。分析 IPCE 的测试结果可知，电池对 400～800 nm 波段光的利用率得到极大的提升。IPCE 曲线在 535 nm 处达到极大值，单色光的光电转化效率可达 94%。

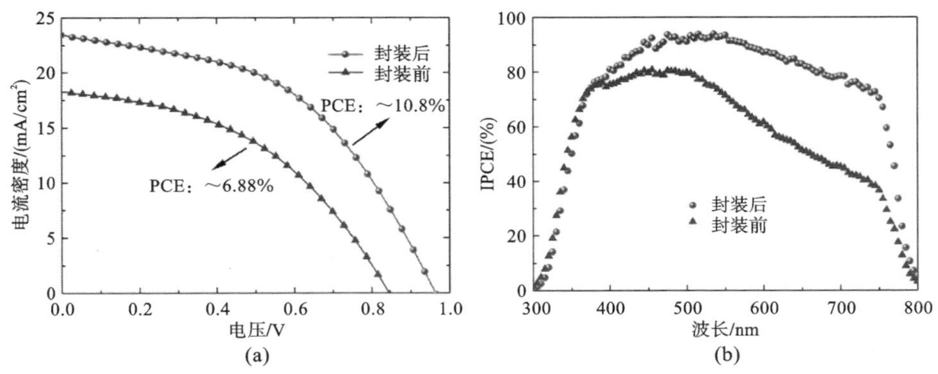

图 4.1 (a)碳电极钙钛矿光伏电池封装后(器件 A)与封装前(器件 B)在 AM 1.5G 太阳光照下的 *J-V* 曲线图；(b)电池封装前后所对应的 IPCE 测试曲线图；(c)、(d)电池封装后与电池封装前效率分布直方图

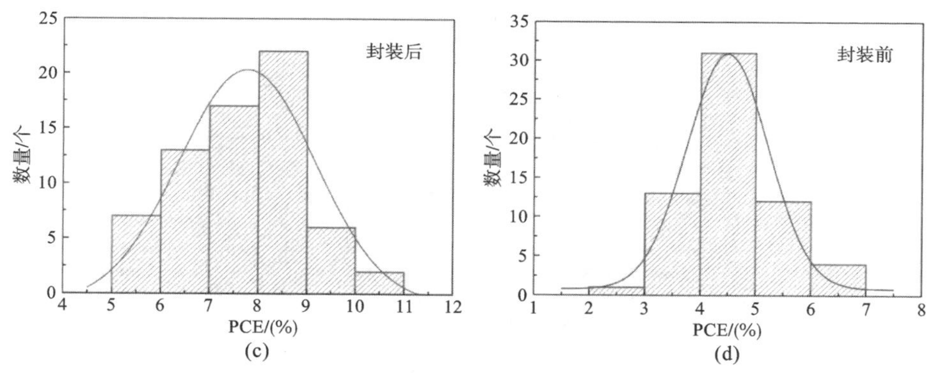

续图 4.1

表 4.1　电池封装前后光伏性能参数的最优值及平均值(括号中的数据为平均值)

电池类型	J_{SC}/(mA/cm²)	V_{OC}/V	FF	PCE/(%)
封装后电池	23.5 (19.6)	0.97 (0.88)	0.474 (0.445)	10.8 (7.64)
未封装电池	18.3 (13.9)	0.85 (0.83)	0.440 (0.420)	6.88 (4.95)

通过 IPCE 的测试结果,还能计算出钙钛矿电池在不同波长光照下产生的电子通量。电池的电子通量等于太阳光通量与 IPCE 数值的积,如图 4.2 所示。

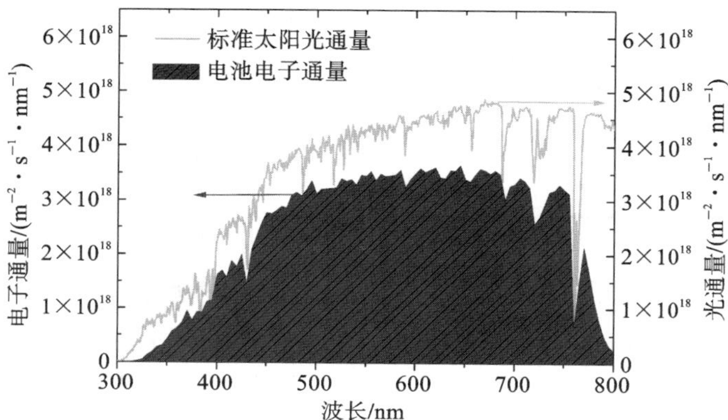

图 4.2　电池在不同波长光照下产生的电子通量

如图 4.3 所示,封装后,在标准太阳光照下不采用掩膜时单块电池的电压可达 1.034 V,展现了出色的光伏特性,有效面积为 1.25 cm²。

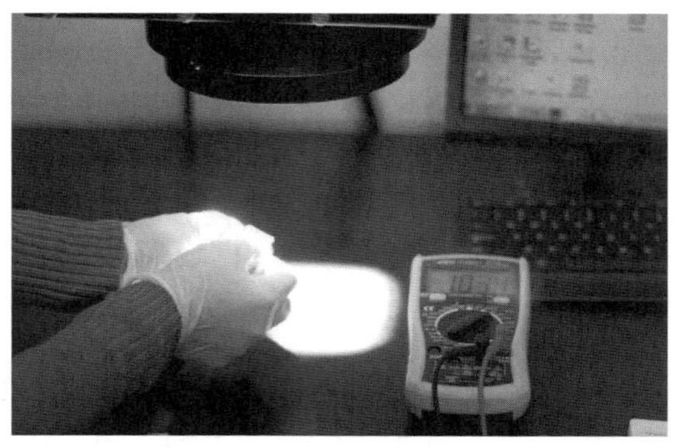

图 4.3　封装后单块电池在标准太阳光照下的测试照片(电池有效面积为 1.25 cm^2)

电池在持续光照且给定偏压下的稳态能量输出是评价光伏电池性能的另一重要因素[7],测试结果如图 4.4 所示。测试时,电池的偏压设置在最大功率点外,为 0.61 V。可以看出,电池初始的光电流大小与 J-V 曲线中所对应的光电流大小一致。但随着光照时间的持续增加,电池的光电转化效率从初始的 9.88%下降到了 8.51%,衰减了约 14%。此种类型的光电流衰减可能与电池自身的迟滞现象有关[8]。

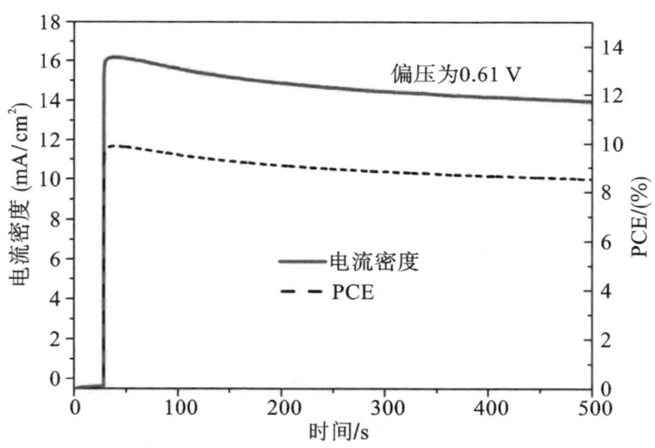

图 4.4　电池在最大功率点处的光稳定性测试结果

钙钛矿光伏电池虽然光电转化效率很高,但通常存在非常明显的迟滞现象,即正扫、反扫的电流-电压曲线不一致,在平板型钙钛矿光伏电池中尤其突出。迟滞现象对电池的稳定性和光电转化效率的准确性提出了疑问。在不同扫描速率下对电池的 J-V 曲线进行测量,结果如图 4.5 所示。为了辅助量化迟滞现象,这里引入迟滞因子(HI),定义如下[9]:

$$\mathrm{HI}=\frac{|J_{\mathrm{scan-}}(V_{\mathrm{OC}}/2)-J_{\mathrm{scan+}}(V_{\mathrm{OC}}/2)|}{J_{\mathrm{scan-}}(V_{\mathrm{OC}}/2)} \tag{4.1}$$

式中：$J_{scan-}(V_{OC}/2)$是反扫曲线中 1/2 开路电压处所对应的光电流密度；$J_{scan+}(V_{OC}/2)$是正扫曲线中 1/2 开路电压处所对应的光电流密度。

较小迟滞因子对应的电池没有明显迟滞现象，迟滞因子越大意味着电池迟滞现象越明显[10]。如图 4.5(a)所示，当扫描速率为 0.01 V/s 时，正扫、反扫的 *J-V* 曲线几乎重合，电池的光电转化效率只相差 0.1%，经计算，迟滞因子仅有 0.03。如图 4.5(b)所示，当扫描速率增加到 0.03 V/s 时，电池的光电转化效率由 10.1%下降到了9.15%，迟滞因子增大到了 0.06，迟滞现象逐渐明显。如图 4.5(c)、(d)所示，当扫描速率持续增大到 0.05 V/s 和 0.1 V/s 时，迟滞因子也随之增大到了 0.14 和 0.16，根据正扫、反扫 *J-V* 曲线，计算出的光电转化效率分别下降了 18.8%和 17.7%。由此可见，迟滞现象随扫描速率的增大而愈加明显，受影响最大的是电池的填充因子，光电流密度及开路电压也有微小变化。迟滞现象的发生可能与电池内部不平衡载流子运输和收集[11]、钙钛矿材料自身铁电性[12]、离子迁移或者缺陷[13]有关，具体原因在这里不做深入探讨。后期可通过界面修饰、表面钝化和降低缺陷等方式来消除迟滞现象[14-17]。

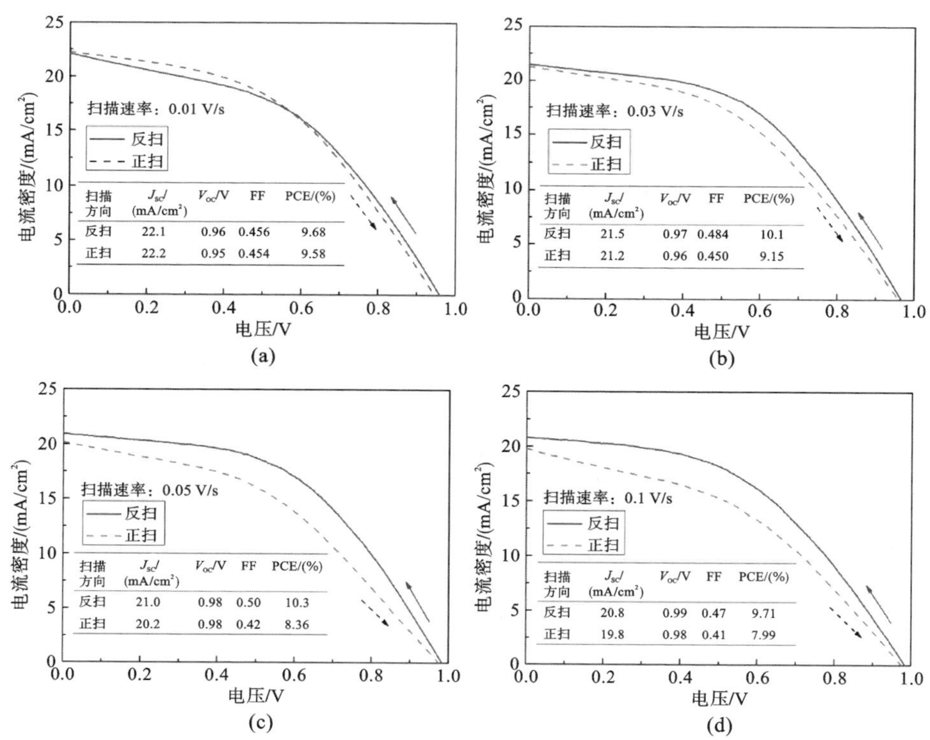

图 4.5　电池在不同扫描速率下的正扫、反扫 *J-V* 曲线图

考虑到钙钛矿光伏电池的实际应用，将封装后的四块电池单元通过串联方式连接成一块电池组，如图 4.6(a)所示。在 AM 1.5G 标准太阳光照下，电池组成功驱动了 12 个蓝色 LED 小灯，如图 4.6(b)所示。经测试，电池组的短路电流 J_{SC}为 2.62 mA/cm^2，开路电压 V_{OC}可达 3.76 V，填充因子(FF)为 0.586，最终的光电转化效率(PCE)为 5.77%（有效面积为 5 cm^2），如图 4.6(c)所示。还组装了图 4.6(d)所示的 10 cm×10 cm 的光伏电池模组，有效面积为 35 cm^2，并在光照下成功驱动电机旋转。

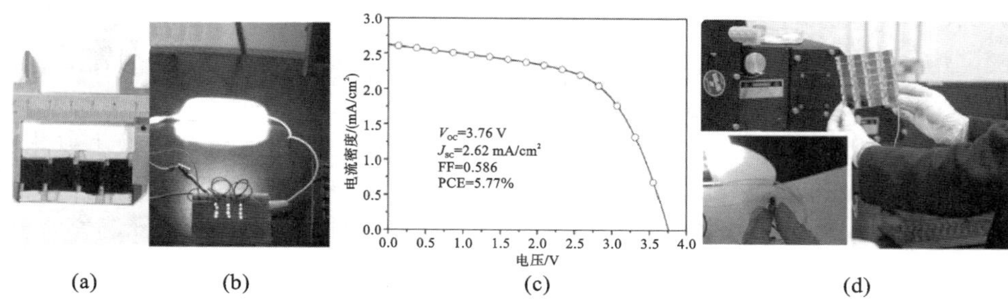

图 4.6　(a)四块电池单元串联后组成的电池组照片；(b)电池组在标准太阳光照下驱动 12 个蓝色 LED 小灯；(c)电池组在标准太阳光照下的 *J-V* 曲线图；(d)由 28 块电池单元组成的 10 cm×10 cm 的光伏电池模组(有效面积为 35 cm^2，插图显示的是电池模组在光照下所驱动的电机)

对碳电极钙钛矿光伏电池封装前后的稳定性也进行了详细跟踪，测试结果如图 4.7(a)所示。封装后及未封装电池均存储在开放的大气环境下，室温，湿度大概为 20%。未封装电池的初始效率为 6.21%，封装后电池的初始效率为 8.61%。1500 h 之后，未封装电池的效率开始衰减，但封装后电池效率在整个测试周期内都非常稳定。电池封装前后效率随时间变化的详细数据见表 4.2。

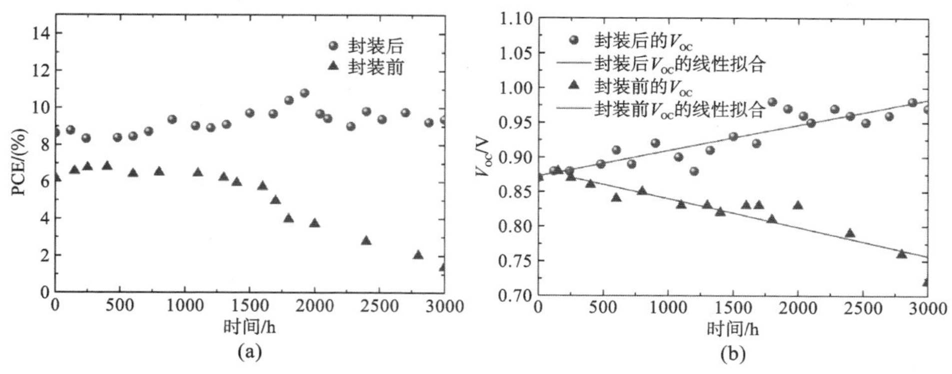

图 4.7　(a)封装前后电池稳定性测试结果；(b)封装前后电池开路电压随时间的变化趋势

封装前后电池开路电压随时间的变化趋势如图 4.7(b)所示。封装后电池开路电压由最初的 0.87 V 一直上升到 0.98 V,最后稳定在 0.97 V 左右。然而,未封装电池的开路电压呈持续下降趋势。在不考虑封装后电池钙钛矿光敏层发生潮解的情况下,认为电池开路电压的提升可能与钙钛矿层和碳电极层的接触界面的变化[18]及钙钛矿材料自身的铁电性[19]有关。更详细的原因还有待进一步探究。

表 4.2 碳电极钙钛矿光伏电池封装前后光电转化效率随时间变化记录表

时间/h	封装后电池				未封装电池			
	1	2	3	4	5	6	7	8
0	8.61%	8.33%	7.96%	8.58%	6.21%	5.56%	5.79%	4.6%
600	8.44%	8.76%	8.02%	8.71%	6.41%	5.5%	6.23%	4.58%
1200	8.9%	8.73%	8.37%	8.62%	6.46%	5.53%	6.05%	4.63%
1800	10.4%	9.42%	8.44%	8.77%	3.79%	4.7%	4.96%	2.68%
2400	9.81%	9.27%	8.58%	8.63%	2.78%	3.98%	3.54%	2.03%
3000	9.38%	8.53%	8.35%	8.7%	1.38%	2.69%	3.01%	1.57%

印刷在钙钛矿薄膜上的碳电极层的厚度大概为 40 μm,能保护钙钛矿光敏材料,以防止其与空气中的湿气直接接触而导致分解。但碳电极层的保护作用十分有限,所制备的碳电极具有一种疏松多孔的结构特点,如果电池长期暴露在温湿度较高的恶劣环境中,钙钛矿光敏层仍会发生潮解。图 4.8(a)所示为封装前后电池在大气环境下老化 3000 h 后的光学照片,可发现未封装电池老化后,钙钛矿光敏层发生了明显的分解,而封装电池老化后其并没有发生明显变化。原因在于,较厚的 PDMS 保护层能非常有效地隔绝水和氧气,如图 4.8(b)所示,防止钙钛矿层分解,从而延长电池使用寿命。

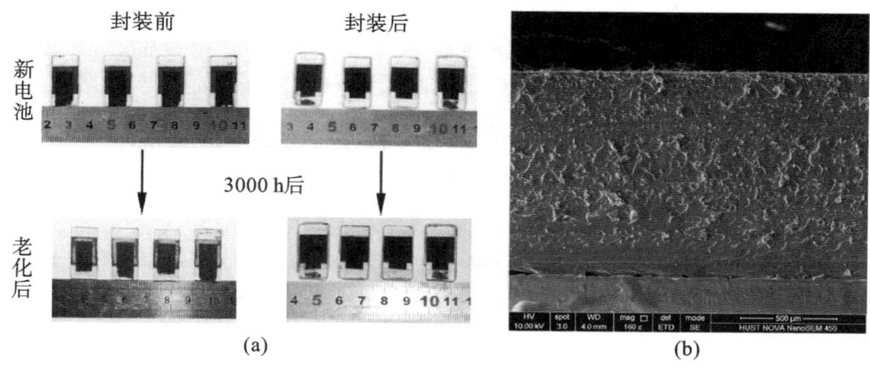

图 4.8 (a)封装前后电池老化 3000 h 后的光学照片;(b)封装后器件的截面 SEM 图

如图 4.9(a)、(b)所示,在改进了钙钛矿光敏层制备工艺后,钙钛矿薄膜的覆盖率得到了极大提高,无论是在低倍镜下还是在高倍镜下观察,均看不到明

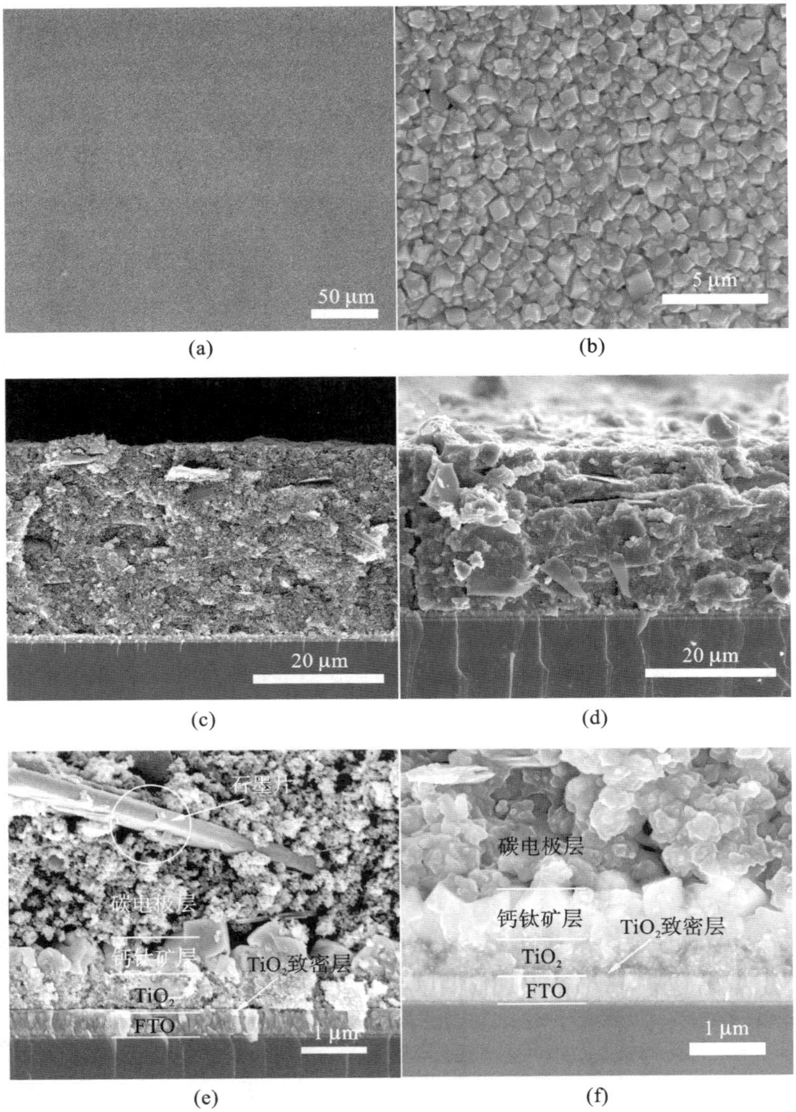

(a) (b)

(c) (d)

(e) (f)

图 4.9 (a)高倍镜下及(b)低倍镜下采用改进两步法制备钙钛矿薄膜的平面 SEM 图;(c)、(e)封装前及(d)、(f)封装后碳电极钙钛矿电池的截面 SEM 图

显的孔洞。电池封装前后的截面 SEM 图如图 4.9(c)~(f)所示,详细的分层信息在图 4.9(e)、(f)中标出,由此可见,用 PDMS 封装并不会影响电池的结构分层。但可以明显发现封装后电池的碳电极层变得更加紧实,和封装前疏松多孔的结构呈鲜明对照。钙钛矿层与碳电极层的接触界面于封装后得到了改善,这

是因为 PDMS 在呈液态时渗入碳结构中的孔隙里，然后在升温固化过程中对界面产生了挤压，从而改善了界面的接触情况。改善的界面将有利于光生载流子的传输，进而提升电池的光伏特性。

图 4.10(a)所示为钙钛矿材料光致发光原理示意图。由于钙钛矿材料的激子结合能较低[20]，在光照下自由载流子及弱束缚激子很容易被激发。光生载流子复合会导致荧光现象的发生。在钙钛矿表面印刷碳电极之后，碳电极可充当空穴受体，促进光生载流子的分离和传输，抑制其复合，进而减弱荧光现象[21]。图 4.10(b)所示为 $CH_3NH_3PbI_3$、$CH_3NH_3PbI_3$/碳电极、$CH_3NH_3PbI_3$/碳电极/PDMS 三类样品的稳态 PL 谱图，用于激发的激光波长为 532 nm，三类薄膜均在 780 nm 处产生强烈的荧光峰，在印刷了碳电极之后，PL 峰值受到明显的抑制，且在封装 PDMS 后，峰值变得更小。三类样品的瞬态 PL 谱图如图 4.10(c)所示。通过一阶指数衰减函数对衰减曲线进行拟合，可得时间常数 τ_e，τ_e 与钙钛矿材料电子空穴的寿命相关。三类样品拟合所得 τ_e 分别为 58.24 ns、43.52 ns 和 36.80 ns。当光敏材料相同时，τ_e 越大，荧光衰减越慢，载流子输运越慢。

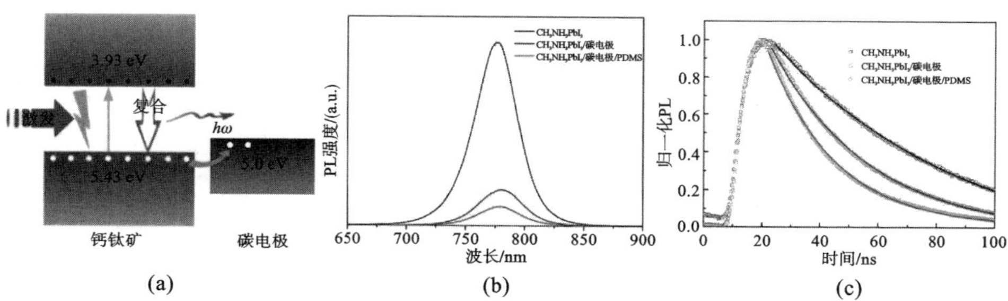

图 4.10 (a)钙钛矿材料光致发光原理示意图；(b)三类样品的稳态 PL 谱图(激光波长为 532 nm)；(c)三类样品的瞬态 PL 谱图(激光波长为 440 nm)

图 4.11 所示为钙钛矿薄膜在激光共聚焦显微镜下的图像。该测试能够显示钙钛矿薄膜荧光发射点的空间分布[22]，激光波长为 640 nm。如图 4.11(a)所示，钙钛矿薄膜的荧光亮斑呈红色，分布不是特别均匀，可能与激光的均匀度有关。在钙钛矿光敏层表面印刷了碳电极及封装了 PDMS 后，荧光的强度逐渐减弱，说明荧光现象受到抑制。

综上所述，采用 PDMS 对器件进行封装将有助于光生载流子的分离和输运，减少光生载流子的复合，有助于光电转化性能的提升。

同时，瞬态光电流和光电压测试用来研究器件内部的电荷输运及复合特性。开灯时的瞬态电流指的是激发到器件表面电荷的流量。如图 4.12(a)所示，封装后电池的光电流快速上升并迅速到达稳定点，但未封装电池的光电流在瞬间达到最大值，随后衰减，最终又缓慢上升到稳定点。有报道认为，未封装

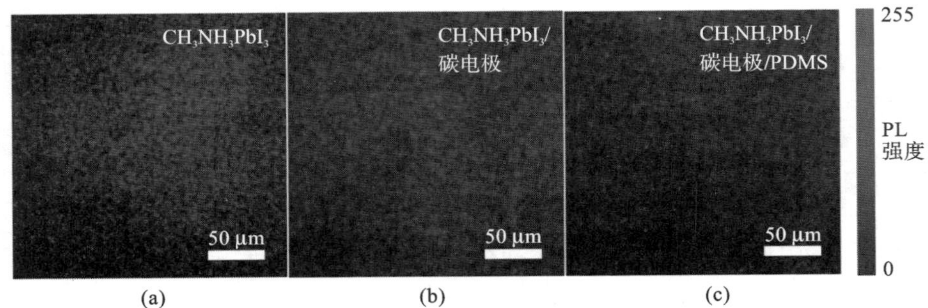

图 4.11　钙钛矿薄膜在激光共聚焦显微镜下的图像

电池光电流的衰减及随后的稳定可归因于与复合相关的光生载流子在表面能陷态的捕获[23]。封装前后电池瞬态开路电压衰减曲线如图 4.12(b)所示，相比较而言，封装后电池在关灯后光电压衰减较为缓慢，对应于减少的载流子复合与延长的电荷寿命。然而，未封装电池光电压衰减的基线也说明电池处于一种亚稳定状态，持续光照的稳定性较差。根据瞬态开路电压衰减曲线，可以计算出电荷的寿命，计算公式如下：

$$\tau_{\mathrm{n}}=\frac{k_{\mathrm{B}}T}{q}\left(\frac{\mathrm{d}V_{\mathrm{OC}}}{\mathrm{d}t}\right)^{-1} \tag{4.2}$$

式中：k_{B}是玻尔兹曼常数；T 是绝对温度；q 是一个正电子的电荷量。

电荷寿命与光电压的关系如图 4.12(c)所示，由此可见电荷寿命随着光电压的增大而衰减。相对来说，封装后电池的电荷寿命较长。此外，关于两类器件的泄漏电流测试结果如图 4.12(d)所示。测试时，电池存放在黑暗环境下。两类器件均表现出类似于二极管的特性曲线，但封装后电池的泄漏电流更小，更有利于光生载流子的输运和收集。

同样地，采用电化学阻抗谱的分析测试方法来探究电池封装前后内部载流子的传输特性。图 4.13(a)所示为钙钛矿光伏电池的等效电路图，R_{s}、R_{tr}、R_{rec}分别代表电荷串联电阻、电荷转移电阻、电荷复合电阻。在暗态下对电池进行测量，测量的频率范围为 100 Hz～1 MHz。0.85 V 偏压下电池封装前后电化学阻抗谱测试的奈奎斯特曲线比较如图 4.13(b)所示，奈奎斯特曲线的高频部分放大图如图 4.13(c)所示。由此可见，封装后电池的奈奎斯特曲线有两个明显的圆弧，高频部分的小圆弧对应的是电荷转移电阻，低频部分的大圆弧对应的是电荷复合电阻。而未封装电池的两个圆弧之间的界限并不明显，主要是因为未封装电池的电荷转移电阻较大，使得高频部分的小圆弧与低频部分的大圆弧融为一体。图 4.13(d)所示的伯德图也是如此，封装后电池伯德图的两个峰值对应的是奈奎斯特曲线的两个圆弧。由于未封装电池在奈奎斯特曲线中只呈现一个圆弧，故在伯德图中也只存在一个峰值。通过等效电路对测试结果进

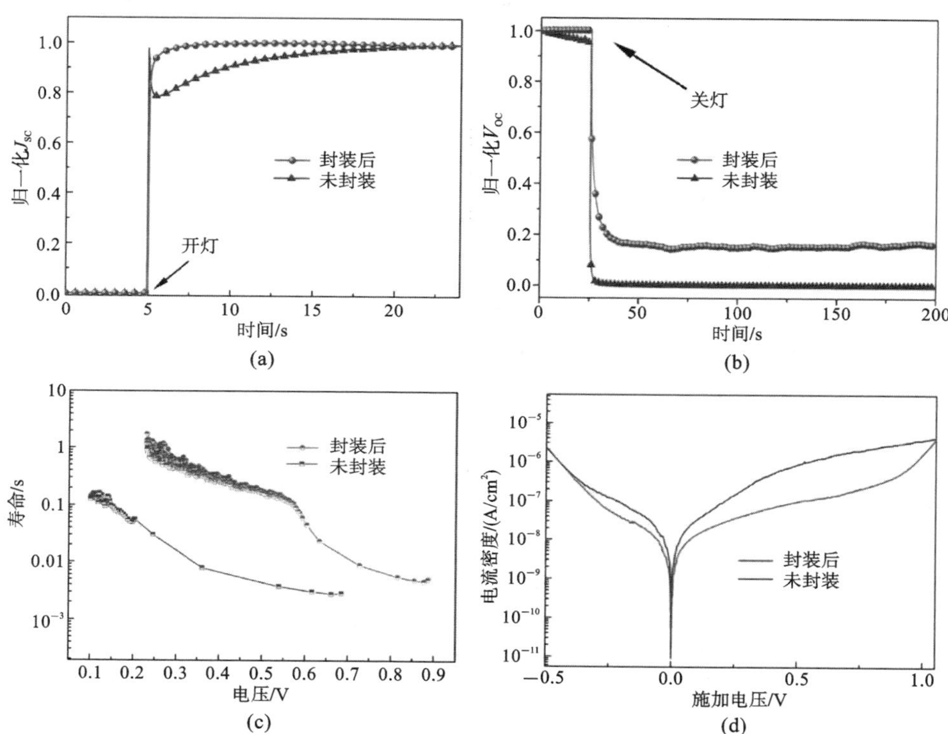

图 4.12 (a)封装前后电池瞬态光电流衰减曲线;(b)封装前后电池瞬态开路电压衰减曲线;(c)封装前后电池电荷寿命比较;(d)封装前后电池泄漏电流测试比较

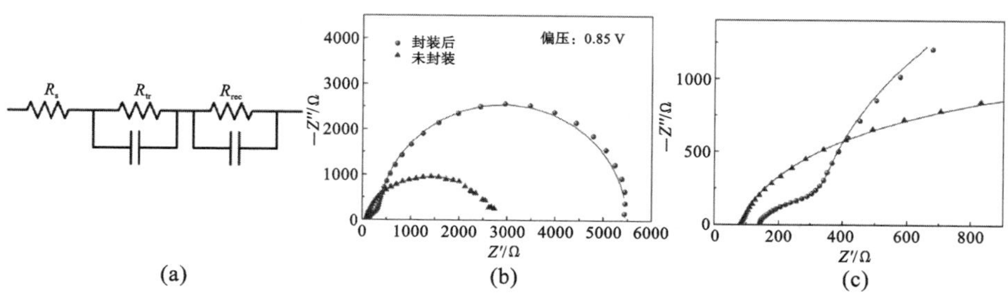

图 4.13 (a)钙钛矿光伏电池的等效电路图;(b)0.85 V偏压下电池封装前后电化学阻抗谱测试的奈奎斯特曲线比较;(c)奈奎斯特曲线的高频部分放大图;(d)与奈奎斯特曲线对应的伯德图;(e)通过拟合计算所得的电荷转移电阻与电池所施加偏压的关系图;(f)通过拟合计算所得的电荷复合电阻与电池所施加偏压的关系图

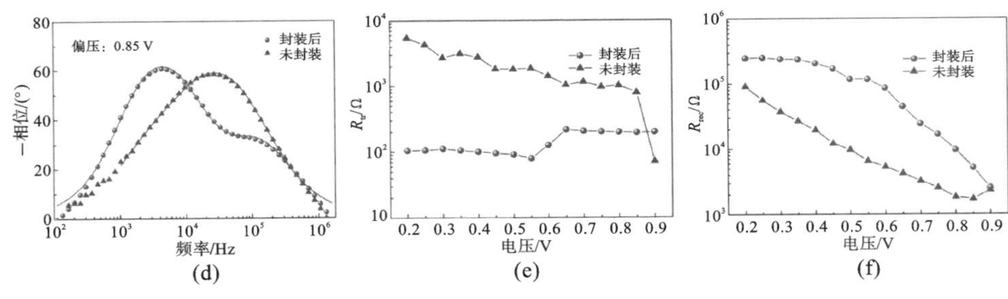

续图 4.13

行拟合，图 4.13(b)～(d)中的实线为拟合的结果，可以分别计算出三种电阻的数值(见表 4.3)，并绘制出 R_{tr}、R_{rec} 与电池所施加偏压的关系图，如图4.13(e)、(f)所示。由此可知，电池封装后具有更小的电荷转移电阻及更大的电荷复合电阻，与之对应的是更加有效的载流子传输及较低的载流子复合率。

表 4.3　0.85 V 偏压下封装前后电池电化学阻抗谱的详细拟合参数比较以及碳电极在经过 PDMS 处理之后薄膜方块电阻 R_{sq} 的变化

类别	封装后	未封装
R_s/Ω	145	83.7
R_{tr}/Ω	194	789
R_{rec}/Ω	5150	1710
C_{tr}/F	1.4×10^{-8}	6.74×10^{-8}
C_{rec}/F	3.11×10^{-8}	10.8×10^{-8}
$R_{sq}/(\Omega/\square)$	84	70

4.1.3　小结

本节提出一种基于 PDMS 的低温碳电极钙钛矿光伏电池封装方法。PDMS 材料具有透明、成本低、成型简单、生物兼容性好及化学稳定性高等优点。PDMS 不会破坏钙钛矿光敏材料，选择其作为封装材料能有效隔绝水和氧气，提高器件对环境湿气的耐受力。具体结论如下。

(1)封装后电池的光电性能得到了一定提升，器件开路电压为 0.97 V，短路电流为 23.5 mA/cm²，器件光电转化效率最高可达 10.8%，平均效率也从 4.95%增大到了 7.64%，提升约 54%。由 IPCE 测试结果可知，电池对 400～800 nm 波段光的利用率得到极大的提升，对单色光的光电转化效率最高可达 94%。此外，还分析了器件在最大功率点处的光稳定性及在不同扫描速率下的迟滞现象。四个电池单元串联后仍有5.77%的光电转化效率，并在光照下点亮了12个蓝色LED小灯。采用SEM断面分析、PL光谱分析、瞬态光电流、瞬态光电压、泄漏电流、电化学阻抗谱等测试详细分析了封装后器件光电转化性能提升的原因。研究发现，封装后电池的碳电极层变得更加紧实，钙钛矿层与碳电极层的接触界面得到改善。改善的界面将有助于光生载流子的分离和输运，降低泄漏电流，减少光生载流子的复合，进而提升电池的光伏特性。

(2)封装后电池的稳定性得到了极大提升，在长达3000 h的测试周期内电池的光电转化效率未出现明显衰减。印刷在钙钛矿薄膜上的碳电极层的厚度大概为40 μm，能保护钙钛矿光敏材料，以防止其与空气中的湿气直接接触而导致过早分解。但碳电极层的保护作用十分有限，若加上厚度为1 μm的PDMS保护层，则能非常有效地隔绝水和氧气，防止钙钛矿层分解，进而延长电池使用寿命。

4.2 碳电极钙钛矿光伏电池与光解水制氢集成

随着全球能源需求的不断增加和环境危机的持续升级，人们对新能源技术的追求力度越来越大。由于氢具有高能量密度、绿色环保等突出优点，利用太阳能进行光解水制氢受到研究人员的广泛关注。考虑到自由能的变化和氧化还原反应动力学的要求，将H_2O分解为H_2和O_2至少需要1.8～2.0 V的光电压[24,25]。理论上这个值可以通过选取具有合适的导带和价带的半导体材料在可见光的照射下实现。在这个体系中，一种半导体吸收2个光子产生一个H_2分子。然而事实证明，设计这样一种既能够产生具有高光电压的载流子又具有合适的能带结构驱动水分解的体系是比较困难的。增大带隙会产生较高的光电压，但这会降低对太阳光的吸收率，降低光电流。这种基于单一半导体的体系不可避免地面临着动力学上的限制，而且经常受到化学稳定性问题的困扰。

因此，一种比较明智的方式是设计由两种半导体复合而成的体系[26,27]，利用4个电子产生一个H_2分子来实现光解水制氢。类似于自然界光合作用的Z-scheme，其中两种半导体具有不同的光吸收谱，可以分别吸收太阳光谱中的一部分，并形成比较高的光电转化效率。这种串联的光电化学体系通常由光阳极/光阴极或光电极/光伏器件组成[28,29]。目前已经出现一些由光伏电池与光电极组合形成的光解水制氢器件，然而由于传统的光伏电池具有较低的工作电压，因此需要串联多个光伏电池才能驱动水分解反应[29]。近年来钙钛矿光伏电池的迅速发展为这种串联器件提供了新的思路。最近Gratzel研究组通过钙钛矿光伏电池与Fe_2O_3或$FeNiO_x$集成，取得了很好的效果[30,31]。基于前期的研究，本节研究了 TiO_2 光阳极与钙钛矿光伏电池集成器件的光解水制氢性能。

4.2.1 集成器件的制备

图 4.14 所示为 TiO_2 光阳极与钙钛矿光伏电池集成的结构示意图与 SEM 图。光阳极与光伏电池之间用铜带或导线连接，光伏电池的负极与作为光阴极的 Pt 片连接。由于 TiO_2 只吸收紫外光，可见光可以透过光阳极，激发光伏电池中的电子，形成电子空穴对。光生电子流向 Pt 电极还原 H^+ 形成 H_2，光生空穴与 TiO_2 光阳极中产生的电子复合，而光阳极中的光生空穴用于氧化 OH^- 形成 O_2。从 TiO_2 光阳极的角度看，集成相当于引入光伏电池以添加辅助偏压。

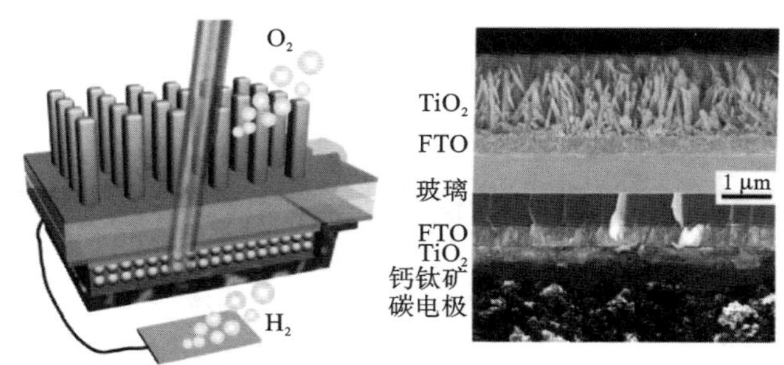

图 4.14 TiO_2 光阳极与钙钛矿光伏电池集成的结构示意图与 SEM 图

为了制备钙钛矿光伏电池，首先将作为基底的 FTO 导电玻璃切成约 12.5 mm×25 mm 的小块，然后利用 2 mol/L 的稀盐酸和 Zn 粉刻蚀部分 FTO 导电层。将 FTO 导电玻璃放入丙酮和乙醇溶液中各清洗 10 min，之后用大量去离子水冲洗。利用旋涂前驱体溶液的方式在 FTO 表面制备用于阻挡空穴的 TiO_2 致密层。前驱体溶液为 0.25 mol/L 的钛酸异丙酯(TTIP)乙醇溶液，其含 0.02 mol/L 的 HCl 以抑制水解。旋涂后在 500 ℃空气环境中退火 30 min 即可得到 TiO_2 致密层，厚度约为 50 nm。将购买的商用 TiO_2 膏用乙醇稀释后，将稀释液旋涂于致密层之上，烘干后缓慢加热至 500 ℃，保温 30 min 后自然冷却至室温，即可得到由 20 nm 的 TiO_2 颗粒组成的介孔层，厚度约为 400 nm。

利用常用的旋涂-浸涂两步法将碘化铅卤化物钙钛矿沉积于 TiO_2 介孔层之上，并稍做修改以提高沉积的可控性。在 60 ℃下将 553.2 mg 的 PbI_2 溶于 1 mL的 DMF 中得到 1.2 mol/L 的 PbI_2 溶液。取 30 μL 的 PbI_2 溶液滴于 50 ℃预热的 TiO_2 介孔层表面，然后以 3000 r/min 的转速旋涂 45 s，之后在 70 ℃热板上干燥 5 min。为了将 PbI_2 转化为 $CH_3NH_3PbI_3$，首先将样品浸入异丙醇中 1～2 s，然后将样品浸入含 CH_3NH_3I 的异丙醇溶液(10 mg/mL)中 15 min，最后用异丙醇冲洗样品。在浸入过程中薄膜的颜色会从黄色变为黑色，标志着 $CH_3NH_3PbI_3$ 钙钛矿的形成。最后用刀片将碳浆料刮涂在钙钛矿层上，以形成碳对电极。电池制备完成后用 PDMS 对其进行密封，只保留部分 FTO 导电层暴露在外，用于形成电接触。

TiO_2 光阳极采用水热法制备。首先利用丙酮、乙醇超声清洗 FTO 导电玻璃备用。将 25 mL 去离子水与 25 mL 盐酸(37%)混合，然后加入 0.8 mL 钛酸四丁酯(TBOT)充分搅拌以混合均匀，配制成纯 TiO_2 纳米棒的生长溶液。按照 $V_{SnCl_4}:V_{TBOT}=1\%$ 的比例配置 Sn 掺杂 TiO_2 纳米棒的生长溶液。由于所需 $SnCl_4$ 体积较小，且挥发、水解现象非常严重，为了提高滴加的精确性，首先将 $SnCl_4$ 溶解于稀盐酸溶液中，然后根据计算体积滴加。配置的反应生长溶液最终被倒入含聚四氟乙烯内胆的高压反应釜中，随后加入清洗过的导电玻璃，FTO 导电面倾斜向下，避免吸附反应后溶液中的沉淀。反应釜密封后放入鼓风干燥箱中 170 ℃加热 3～7 h。反应完成后，将样品取出用大量去离子水冲洗，然后放入管式炉中 450 ℃退火 2 h，以去除有机试剂，提高纳米棒结晶性。纳米棒结构如图 4.15 所示。

图 4.15　(a)～(c) TiO_2 纳米棒结构 SEM 图，生长时间分别为 4 h、5 h、6 h；(d)～(f) Sn 掺杂 TiO_2 纳米棒结构 SEM 图，生长时间分别为 4 h、5 h、6 h

为了测试集成器件的光解水制氢性能，需要将 TiO_2 光阳极与钙钛矿光伏电池互连并封装。图 4.16(a)显示的是钙钛矿光伏电池与 TiO_2 光阳极的光学照片，其尺寸分别为 1.25 cm×2.5 cm 和 1.0 cm×2.5 cm。将钙钛矿光伏电池和光阳极暴露的 FTO 导电层用导电银漆涂覆，然后利用导电铜带将导线端点固定到导电银漆上，然后再次涂抹导电银漆。钙钛矿光伏电池正极与光阳极之间用较短的多根导电丝代替长导线，如图 4.16(b)所示。待导电银漆干燥后，利用环氧树脂对整个集成器件进行密封，仅保留部分 TiO_2 薄膜暴露在外，导线由光伏电池负极引出用于测试，如图 4.16(c)、(d)所示。以 1 mol/L 的 KOH 溶液作为电解液(pH=13.5)配合 Pt 对电极和 Ag/AgCl 参比电极进行测量。用 3A 级的太阳光模拟器作为光源，光强调整至 100 mW/cm^2，由参比电池校准。光电流等数据由电化学工作站测量并记录。线性扫描伏安图的扫描速率为 20 mV/s。IPCE 由可调单色光源配合数字源表测量。

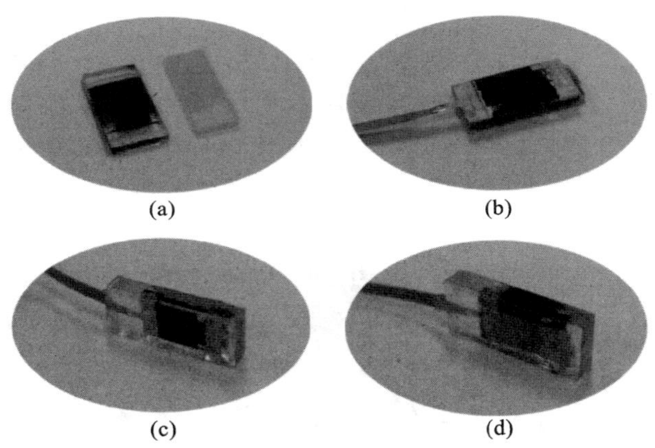

图 4.16　钙钛矿光伏电池与 TiO_2 光阳极集成结构照片

4.2.2　集成器件的性能测试

光伏电池的性能主要取决于透射光谱。为了平衡光阳极的光电流和光透过率，通过控制生长时间对 TiO_2 纳米棒的形貌进行了一些调整，如图 4.15 所示。显然，随着时间的延长，不管是纯 TiO_2 还是 Sn 掺杂 TiO_2 纳米棒，长度和密度都会显著增大。然而与纯 TiO_2 纳米棒相比，Sn 掺杂 TiO_2 纳米棒的密度更低一些。为了研究钙钛矿光伏电池的入射光谱，测量了不同生长时间下 TiO_2 纳米棒紫外-可见光透过率，如图 4.17 所示。在可见光区域，TiO_2 纳米棒的透过率随着生长时间的增加而降低。值得注意的是，与相同生长时间的纯 TiO_2 纳米棒相比，Sn 掺杂 TiO_2 纳米棒显示出更高的透过率。但当生长时间超过 6 h 时，两者之间的差距就变得非常小了。这一点也与 SEM 结果一致。

图 4.18 显示的是 TiO_2 光阳极和钙钛矿光伏电池的伏安曲线。伏安曲线是在两电极体系下测量的。随着 TiO_2 生长时间的增加，光阳极的电流随之增大。

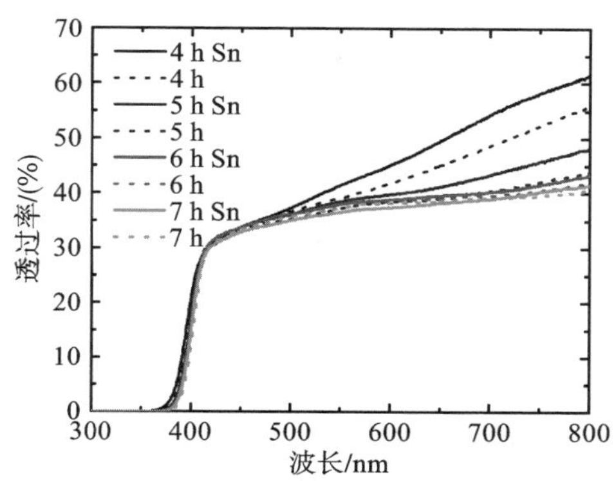

图 4.17 TiO_2纳米棒紫外-可见光透过率

4 h生长的Sn掺杂TiO_2纳米棒的电流密度可以到达1 mA/cm²，而6 h生长的Sn掺杂TiO_2纳米棒的电流密度可以达到1.25 mA/cm²。将TiO_2样品覆盖在电池表面以模拟串联集成器件的实际工作情况。在标准太阳光下且测量面积为0.125 cm²时，钙钛矿光伏电池的开路电压约为0.92 V，短路电流约为8 mA。在本试验中，由于TiO_2样品对光谱的影响，其开路电压约为0.87 V，短路电流约为5 mA。在各种尝试的组合中6 h生长的Sn掺杂TiO_2纳米棒取得了最好的效果，图4.18中6 h Sn线与PSC-6 h Sn线的交叉点为其工作状态，从图中可知电流密度约为1.2 mA/cm²。图4.18中，PSC-2 h测试线为钙钛矿光伏电池工作2 h后的测量结果。

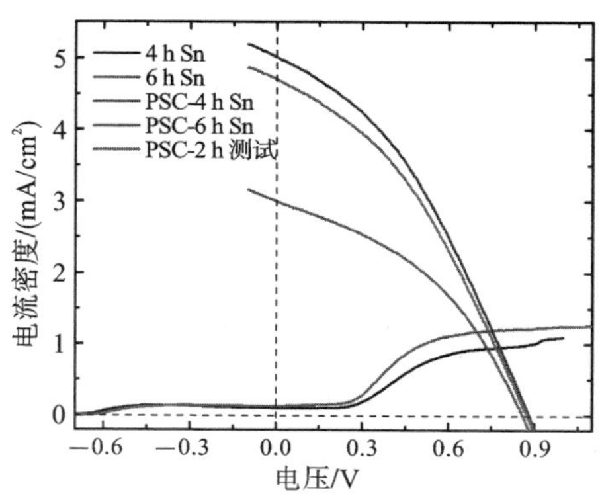

图 4.18 TiO_2光阳极和钙钛矿光伏电池的伏安曲线

为了研究集成器件的稳定性，选取工作电流较高的串联集成器件进行稳定性测量。如图4.19(a)所示，在光照循环通断的情况下，集成器件表现出良好的稳定性。电流随着光照的恢复而迅速恢复，没有任何衰减的迹象。并且在光照突然开启时没有出现明显的瞬态电流，表明该集成器件中电子能够进行快速、有效的传输。为进一步测量稳定性,在持续光照下,测量该集成器件在长时间条件下电流的变化,如图 4.19(b)所示。在一个多小时的连续测量中两个器件的光电流下降都较为微弱。钙钛矿光伏电池的稳定性问题一直是其应用推广的重要障碍,在长时间测量中钙钛矿光伏电池的短路电流衰减非常快,但其开路电压保持较好。而由伏安曲线可知,这种集成器件由于其工作点偏向开路电压一侧,因此表现出良好的稳定性。这也为钙钛矿光伏电池的应用提供了一种思路。

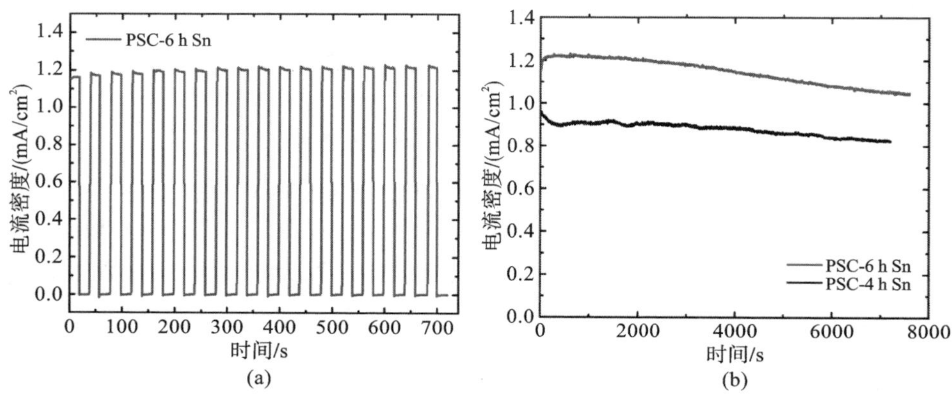

图 4.19　TiO_2 光阳极和钙钛矿光伏电池集成器件的稳定性测试

为了研究该集成器件对不同波长的光响应情况,分别测量 TiO_2 光阳极和钙钛矿光伏电池的 IPCE 和光子/电子通量。如图 4.20(a)所示,TiO_2 纳米棒基本只对紫外光产生响应,而钙钛矿光伏电池在整个紫外-可见光区域均具有较高的效率。在测得 IPCE 并已知标准光照条件的情况下,就可以计算出理论电流密度。如图 4.20(b)所示,曲线 1 为标准光照条件(AM 1.5G,100 mW/cm^2)下的光子通量,其物理意义为单位时间、单位面积上接收到的单位波长范围内的光子数量。由于已知 TiO_2 样品的光透过率,可以计算出到达钙钛矿光伏电池表面的光子通量,如图 4.20(b)中曲线 2 所示。光子通量与 IPCE 的积为电子通量。对电子通量进行积分可得到输出电流值。钙钛矿光伏电池的电流密度约为 4.8 mA/cm^2,TiO_2 光阳极的电流密度为 1.2 mA/cm^2。这与图 4.18 中所测得的数据基本一致。

4.2.3　小结

本节提出了一种基于钙钛矿光伏电池与 TiO_2 光阳极并应用于光解水制氢的集成器件。本节详细展示了集成器件的结构与制备过程,并对器件性能进行了系统研究。通过调控 TiO_2 纳米棒的形貌来改变光阳极的透过率,并通过 Sn 掺杂工艺来提高 TiO_2 纳米棒的光催化活性,以实现集成器件光解水制氢性能

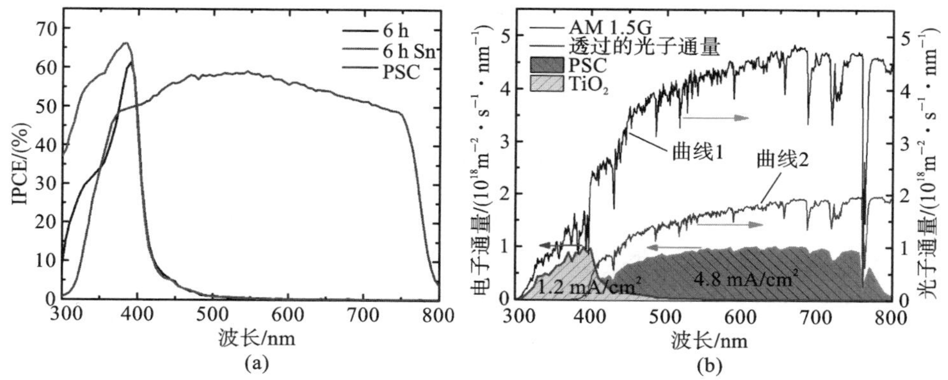

图 4.20　TiO_2 光阳极和钙钛矿光伏电池 IPCE(a)和光子/电子通量(b)

的提升。由伏安曲线可知，当钙钛矿光伏电池与水热生长 6 h 的 Sn 掺杂 TiO_2 纳米棒光阳极集成时，集成器件的光电流密度最高，为 1.2 mA/cm^2，太阳能转化为氢气的效率约为 1.5%。另外，尽管钙钛矿光伏电池在连续光照下的稳定性较差，本节所提出的集成器件仍表现出了出色的光解水制氢稳定性。尽管如此，目前集成器件的性能仍受限于 TiO_2 光阳极的光电流。未来可通过提升 TiO_2 光阳极紫外光区域的光催化活性和适当扩展光阳极光谱吸收范围等方法来提高集成器件的光氢转化效率。综上所述，随着光阳极和钙钛矿光伏电池技术的不断改进，基于两者的集成器件对于光解水制氢领域来说将是一种极具潜力的选择。

4.3　碳电极钙钛矿光伏电池与超级电容器集成

稳定的能量输出是钙钛矿光伏电池成功应用并最终产业化的重要因素之一。实际应用中白天黑夜的循环、气候日照的变化都会导致光伏电池的能量输出产生剧烈波动。因此，实现太阳能的光电转化与电能及时储存具有非常重要的意义，而光电转化与能量储存器件的有效集成将是光伏电池提供稳定能量输出、成功应用的重要途径，尤其是在能量要求不高、户外需要移动充电的柔性可穿戴电子产品领域具有非常好的应用前景。超级电容器是具有功率密度高、可快速充放电、循环寿命长、可靠性高等优点的新型储能器件，受到了研究人员的广泛重视[32-38]。如果能有效集成钙钛矿光伏电池与超级电容器，则将极大优化光伏电池器件的能量管理，推动相关技术在柔性电子产品上的应用，这也将是今后的发展趋势之一。

2013 年，北京大学的邹德春教授团队报道了一种集成染料敏化光伏电池与超级电容器的纤维状集成器件，整体能量转化效率达 2.1%[39]。2015 年，华中科技大学的王鸣魁教授研究组报道了基于 $CH_3NH_3PbI_3$ 的钙钛矿光伏电池与聚吡咯超级电容器的简单串并联集成装置，并研究了集成装置的能量转换与输出特性[40]。该电源组最高可输出 1.45 V 的电压，能量储存效率最高可达 10%。2016 年，香港理工大学的柴扬教授采用 $MoO_3/Au/MoO_3$ 的透明电极制备了共阳极或共阴极系统的钙钛矿光伏电池与超级电容器集成器件，可通过观察器件颜色来判断器件能量存储及消耗的状态[41]。关于印刷型碳电极钙钛矿光伏电池与超级电容器集成的研究也有相关报道[42]。虽然，研究人员提出了众多新颖、高效的集成方式，但总体来说，结构复杂、效果有限。本节提出了一种基于碳电极钙钛矿光伏电池和碳基超级电容器的集成器件，详细探究了器件光电转化及能量存储的性能特点，实现了光电转化与能量存储的统一，同时拓宽了单一电池器件的应用范围。

4.3.1 器件制备

试验中所用到的主要化学试剂、耗材和仪器设备详见附录。本节对碳电极钙钛矿光伏电池的制备过程不再赘述，下面主要描述碳基超级电容器的制备及其与钙钛矿光伏电池集成的过程。

(1)制备用于超级电容器的碳电极，其制备过程与 2.1.1 节中所描述的导电碳浆料的制备过程类似，不同之处在于导电碳浆料的配方中加入了 2 g 多孔活性炭，用于提升电极的电容特性。碳电极印刷在柔性的石墨纸上，再采用恒电流电化学沉积的方法在碳电极表面沉积一层 MnO_2，将整体作为超级电容器的正极。沉积所用溶液为 0.16 mol/L 的 $MnSO_4 \cdot H_2O$ 水溶液，反应电流密度设为 3.7 mA/cm^2，沉积时间为 3 min。沉积完毕后，用去离子水清洗，然后放入 45 ℃的烘箱中烘干。PVA-LiCl 固态电解质的配制过程如下：①将 1.696 g LiCl 溶解于 40 mL 去离子水中；②加入 4 g PVA 粉末；③在充分搅拌下将溶液缓慢升温到 95 ℃直至溶液变得澄清；④在 95 ℃下保持 2 h，去除溶液中多余的气泡，凝胶电解质配制完毕。另取一印刷后的碳电极作为超级电容器的负极。在两电极的表面分别涂抹 PVA-LiCl 凝胶电解质，然后以面对面的方式进行组装，中间采用纤维素膜进行分离。组装后，器件在 45 ℃下存放 12 h，确保凝胶电解质充分固化。固化后，碳基超级电容器制备完毕。

(2)碳电极钙钛矿光伏电池与超级电容器集成能量包的制备。试验中所采用的集成方式较为简单，对光伏电池与超级电容器采用共碳电极的纵向集成，即在印刷制备钙钛矿光伏电池的碳电极时，在碳电极固化之前将超级电容器的一极贴在未固化的碳电极上，固化后，集成能量包便制备完成。集成方式分为并联集成方式和串联集成方式。并联集成时，将沉积了 MnO_2 超级电容器的正极与光伏电池的碳电极贴合，超级电容器的负极与光伏电池的负极采用导电银浆连接。串联集成时，过程则相反，将超级电容器的负极与光伏电池的碳电极贴合，超级电容器的正极与光伏电池的负极外接负载。

4.3.2 钙钛矿光伏电池的表征及性能特点

碳电极钙钛矿光伏电池的结构与 2.1 节中所提到的电池结构相同，如图 4.21(a)所示。电池自下而上分别为 FTO、TiO_2 致密层、TiO_2 介孔层、钙钛矿及碳电极。分层结构可在图 4.21(b)所示的截面 SEM 图中清晰地识别出。集成所用电池在 AM 1.5G 标准太阳光照下测试的 J-V 曲线如图 4.21(c)所示。电池的开路电压、短路电流、填充因子和光电转化效率分别为 0.96 V、15.7 mA/cm²、0.52 和 7.79%。电池的 IPCE 测试结果如图 4.21(d)所示，积分计算所得的光电流密度为 15.8 mA/cm²，这与测试所得短路电流 J_{SC} 相近，进一步验证了测试数据的可信度。

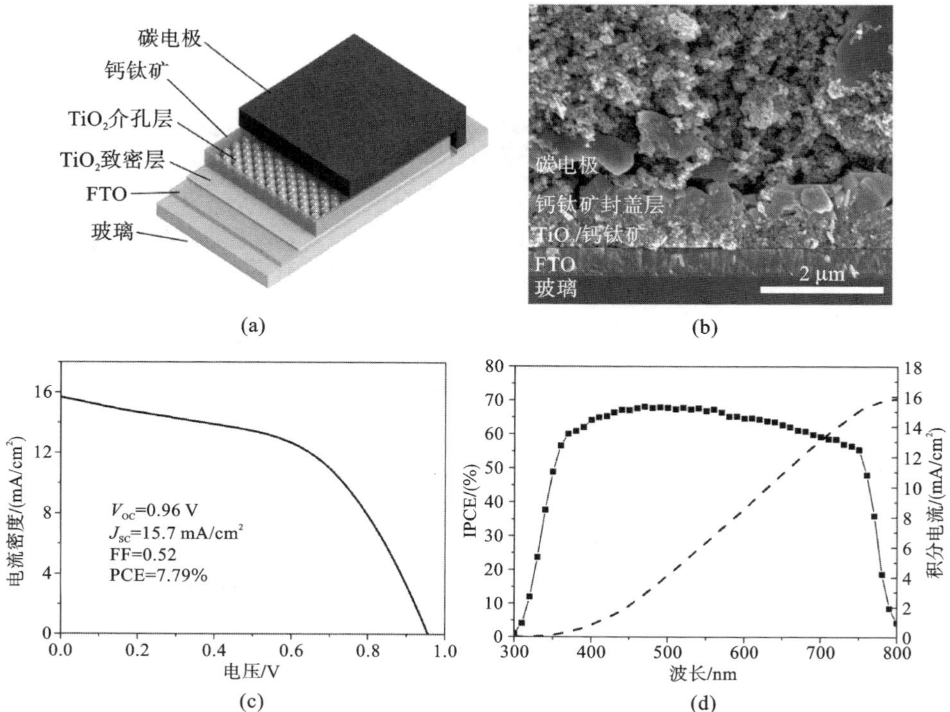

图 4.21 (a)碳电极钙钛矿光伏电池的结构图；(b)电池的截面 SEM 图；(c)电池在 AM 1.5G 标准太阳光照下测试所得的 J-V 曲线；(d)电池的 IPCE 测试结果

4.3.3 超级电容器的表征及性能特点

石墨纸有很好的柔性和导电性，是用作超级电容器电极基底的良好选择。石墨纸的 SEM 图如图 4.22(a)所示，其表面清晰可见大片的石墨片。多孔碳膜的 SEM 图如图 4.22(b)所示，其呈现出疏松多孔的结构特点。MnO_2在非对称赝电容超级电容器中是一种非常有潜力的正极材料，这里采用电化学的方法进行沉积。MnO_2 表面形貌如图 4.22(c)、(d)所示。可以看出，MnO_2具有较高的比表面积，呈现粗糙的表面形貌。这样的结构特点有利于离子吸附及电容量增大。

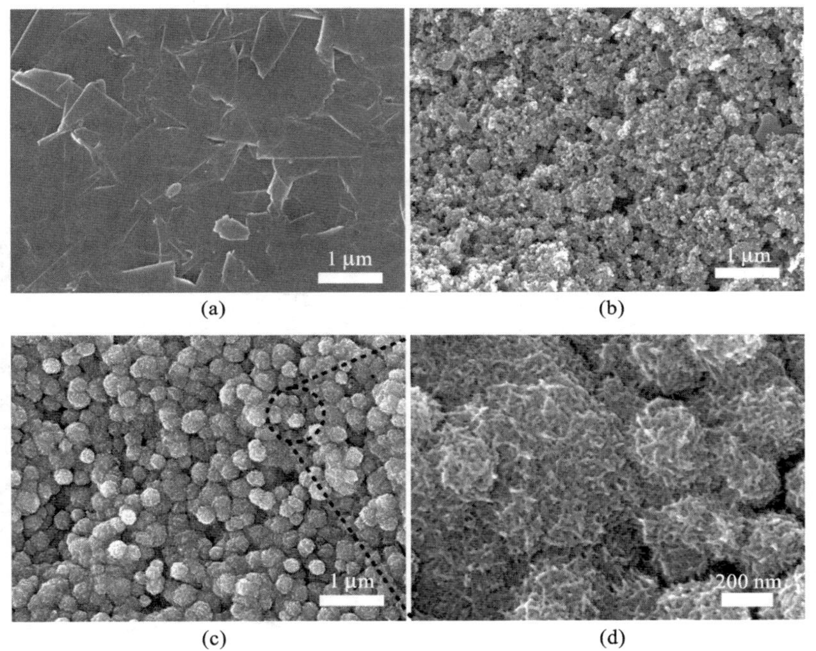

图 4.22 (a)石墨纸、(b)多孔碳膜、(c)低倍镜下和(d)高倍镜下 MnO_2 的 SEM 图

超级电容器 MnO_2/碳电极复合薄膜的 XPS 测试结果如图 4.23(a)所示。除了 C 1s 的信号，还探测到了 Mn 2p 以及 O 1s 的峰值，表明 MnO_2在碳电极层上形成。Mn 元素 2p 轨道的 XPS 测试结果如图 4.23(b)所示，谱线在 642.2 eV 以及 653.8 eV 有两个峰，分别对应 MnO_2 中 Mn $2p_{2/3}$和 Mn $2p_{1/2}$两个自旋轨道。

图 4.24 显示的是超级电容器的正、负极在 100 mV/s 扫描速率下的电流密度-电压测试曲线。正、负极的电压测试区间分别为 0～0.5 V 和－0.5～0 V。

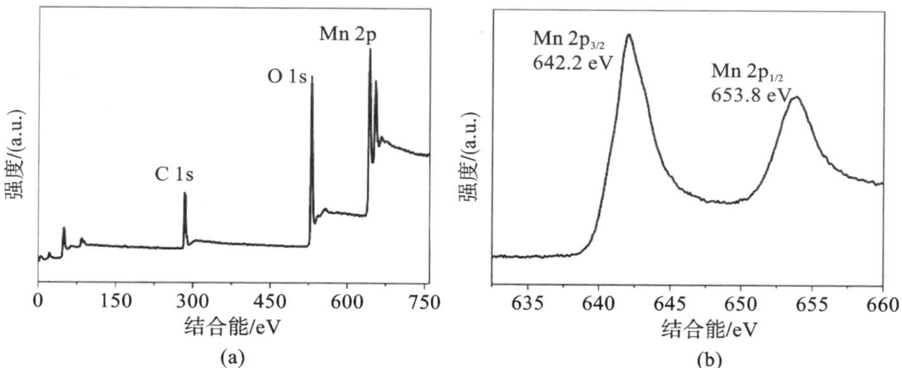

图 4.23　(a)超级电容器 MnO_2/碳电极复合薄膜的 XPS 测试结果;(b)Mn 元素 2p 轨道的 XPS 测试结果

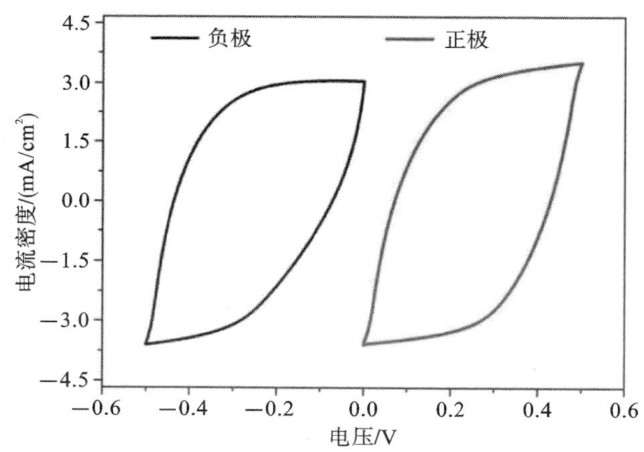

图 4.24　超级电容器的正、负极在 100 mV/s 扫描速率下的电流密度-电压测试曲线

电极的测试表征采用三电极体系:铂电极作为对电极,Ag/AgCl 电极作为参敏电极,1 mol/L 的 LiCl 水溶液作为电解液。

图 4.25(a)显示的是组装后的超级电容器在不同扫描速率下的电流密度-电压测试曲线。曲线形状表明电容器具有高容量、高稳定性的性能特点。图 4.25(b)显示的是电容器在不同电流密度下的恒电流充放电测试曲线,可发现放电时压降较小,辅助证明了电容的内阻较小。根据恒电流充放电曲线计算超级电容器的比电容,公式如下:

$$C = Q/(A \times \Delta V) = \int I \times \mathrm{d}t/(A \times \Delta V) = I \times t_{\mathrm{discharge}}/[A \times (V - I \times R_{\mathrm{drop}})] \tag{4.3}$$

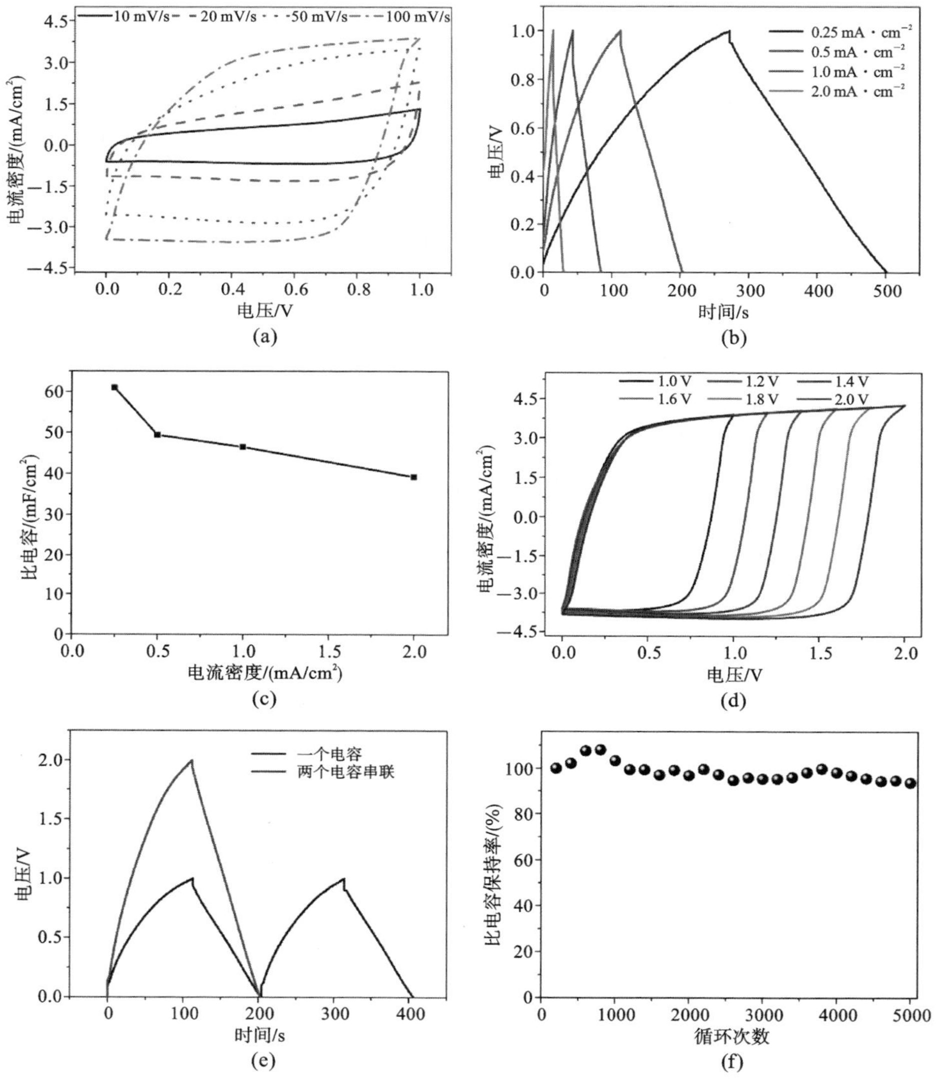

图 4.25 (a)组装后的超级电容器在不同扫描速率下的电流密度-电压测试曲线；(b)电容器在不同电流密度下的恒电流充放电测试曲线；(c)超级电容器的比电容与电流密度之间的关系；(d)组装后的超级电容器在不同电压下电流密度-电压测试曲线（扫描速率为 100 mV/s）；(e)两个电容器串联时的恒电流充放电测试曲线（电流密度为 0.5 mA/cm²）；(f)电压为 0～1 V，电流密度为 2.0 mA/cm² 条件下超级电容器的循环特性曲线

式中：I 为放电电流；$t_{\text{discharge}}$ 为放电时间；V 为充电电压；$I \times R_{\text{drop}}$ 为电容器刚开始放电时的压降；A 为超级电容器的有效面积。

超级电容器的比电容与电流密度之间的关系如图 4.25(c)所示，当放电的电流密度为 0.25 mA/cm^2 和 1.0 mA/cm^2 时，电容器的比电容可达 61.01 mF/cm^2 和 46.46 mF/cm^2，远超过很多已报道的类似的电容器[43-47]。再者，当采用 2.0 mA/cm^2 的高电流密度对电容器进行放电时，比电容仍保留了 64.3% 的初始值，展现了良好的倍率特性。超级电容器较高的比电容及良好的倍率特性主要归因于以下几点：

(1)采用高导电性的石墨纸作为电容器电极的基底，能够促进离子和电荷的有效传输；

(2)MnO_2/碳电极复合电极具有较大的比表面积，能够促进离子在电极和电解质之间的扩展；

(3)采用 LiCl/PVA 这种电解质也确保了离子的快速传输。

此外，值得说明的是，电容器的工作电压也可以拓展到 2.0 V，测试曲线如图 4.25(d)所示，这也是采用 MnO_2/碳电极复合电极来组装超级电容器的优势之一。图 4.25(e)展示的是两个电容串联时的恒电流充放电测试曲线，串联器件在 0～2 V 的电压下可循环测试。循环稳定性对超级电容器来说也很重要，2 mA/cm^2 电流密度下 0～1.0 V 恒电流充放电测试 5000 个循环，结果如图 4.25(f)所示。循环后，超级电容器仍保留了 96.2% 的初始比电容，展现了出色的循环稳定性，远高于很多已报道的基于 MnO_2 正极材料的超级电容器[48-50]。电容器出色的稳定性可能与电极之间稳定的离子传输、碳电极与基底较好黏附性以及 MnO_2/碳电极稳定的复合结构有关。

电容器自身的泄漏电流也比较小，如图 4.26 所示。500 s 后，器件的泄漏电流下降到 0.1 mA，并在 2 h 后维持在一个较低水平。较低的泄漏电流保证了器件自身较低的能量损耗。

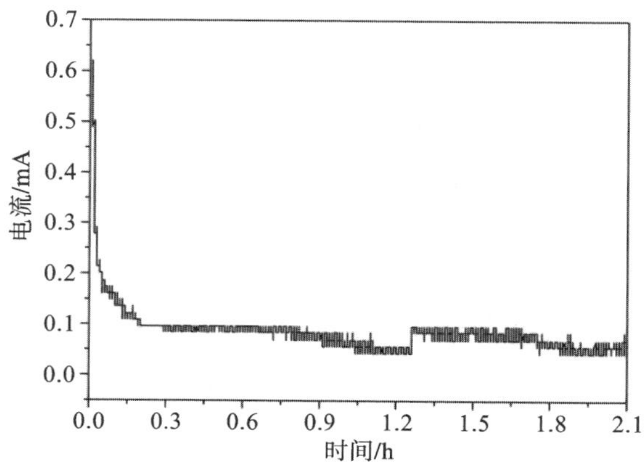

图 4.26　2.1 h 内超级电容器泄漏电流的测试曲线

4.3.4 集成能量包的表征及性能特点

碳电极钙钛矿光伏电池与超级电容器并联集成的原理图和结构示意图如图 4.27(a)所示。由光伏电池的电能转化而来的电能存储在超级电容器中，其可以在需要时释放出来。碳电极具有成型简单、可低温制备的优点，并在钙钛矿光伏电池和超级电容器中都用作电极。因此，可以在钙钛矿光伏电池的碳电极固化前将两器件进行纵向组装。集成后，电极 A、B 分别代表的是集成器件的负极和正极。图 4.27(b)所示为集成器件的截面 SEM 图，上半部分为超级电容器(SC)，下半部分为钙钛矿光伏电池(PSC)，进行局部放大后，钙钛矿光伏电池的分层结构清晰可见。

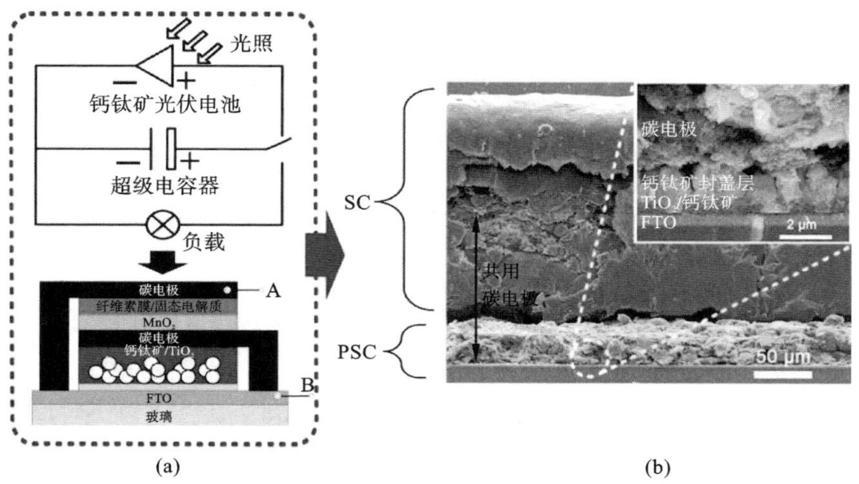

图 4.27 (a)碳电极钙钛矿光伏电池与超级电容器并联集成的原理图和结构示意图；(b)集成器件的截面 SEM 图

图 4.28(a)显示的是集成能量包在 0.0314 cm^2、0.071 cm^2、0.124 cm^2 及 1.875 cm^2 光照面积下光电压的实时响应曲线。光照时，能量包的光电压迅速上升，并在持续光照下达到一个稳定值。较大的光照面积能够产生较大的光电流，这将极大地缩短充电时间并获得一个更高的光电压。分析认为，集成能量包的稳定光电压略小于钙钛矿光伏电池的开路电压，这是集成器件内部电阻的消耗造成的[51]。根据集成器件光电压，可以计算出光充电过程中存储在超级电容器的能量，计算公式如下：

$$E_{SC}=0.5C_{SC}\times V^2 \tag{4.4}$$

式中：C_{SC} 是超级电容器的电容；V 是集成器件的光电压。

理想状态下，并联集成时，集成器件光电压可达到钙钛矿光伏电池的开路

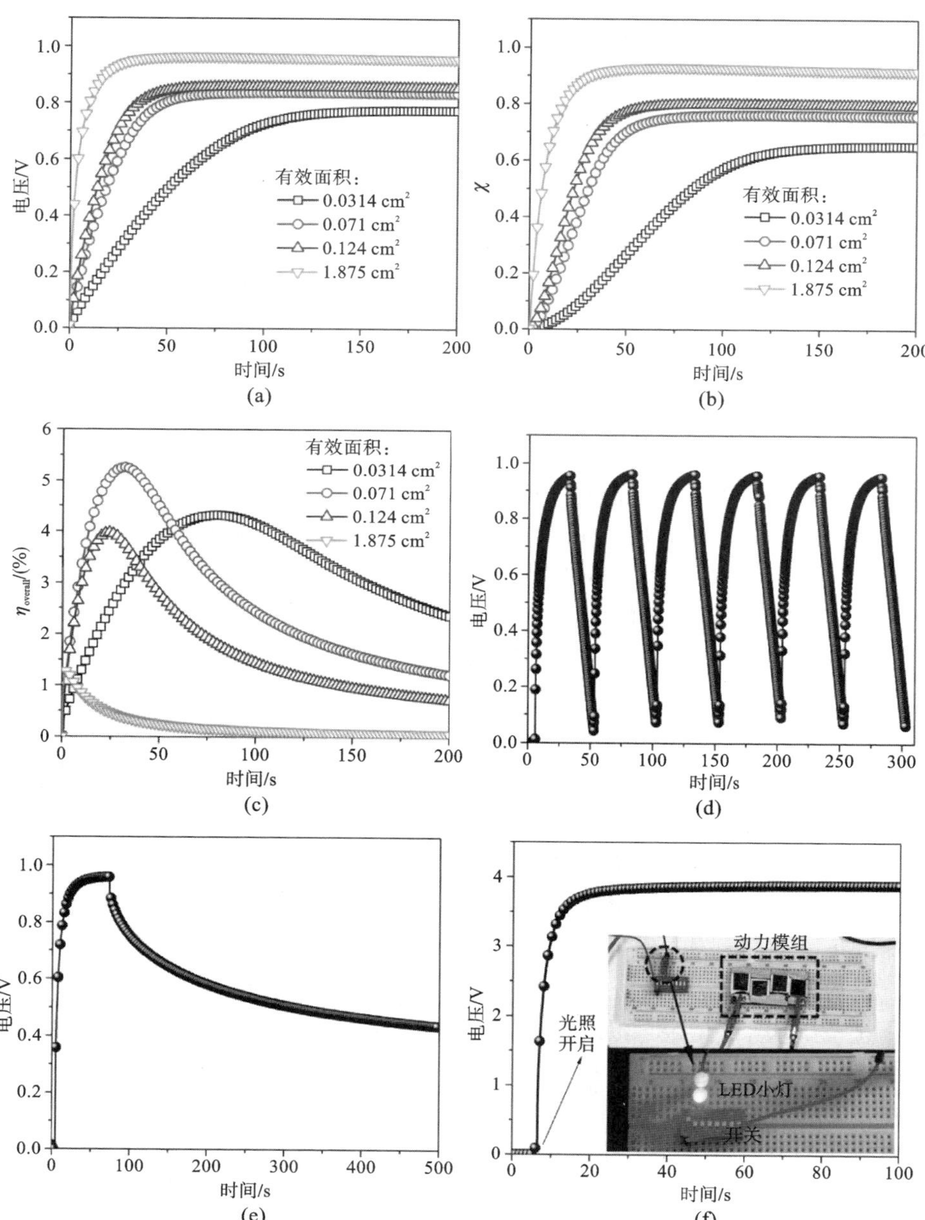

图 4.28　(a)0.0314 cm^2、0.071 cm^2、0.124 cm^2 及 1.875 cm^2 四种不同光照面积下集成能量包的电压-时间曲线;(b)能量存储率 χ 随时间的变化;(c)集成器件的整体能量转化效率随时间的变化;(d)集成能量包光充电/恒电流放电的循环测试曲线(有效面积为1.875 cm^2,电流密度为 2.0 mA/cm^2);(e)集成能量包的光充电及自放电测试曲线;(f)四个集成器件串联成的电池组的光充电电压-时间曲线(存储在集成能量包中的电能被用来驱动 LED 小灯)

电压。因此，存储在超级电容器中的最大能量 $E_{max}=0.5C_{SC}\times V_{OC}^2$。因此，定义能量存储率 χ 为

$$\chi=E_{SC}/E_{max} \tag{4.5}$$

能量存储率 χ 随时间的变化如图 4.28(b)所示。其变化趋势与光电压的变化趋势类似，在四种不同的光照面积下，χ 所能达到的最高值分别为 0.65、0.76、0.79 及 0.91。集成器件的整体能量转化效率 $\eta_{overall}$ 的计算公式如下：

$$\eta_{overall}=E_{SC}/(P_{in}\times S\times t_{charging}) \tag{4.6}$$

式中：P_{in} 是入射太阳光的强度，为 100 mW/cm^2；S 是集成器件受光照的有效面积；$t_{charging}$ 是光充电时间。

超级电容器的能量存储效率 η_{SC} 的计算公式如下：

$$\eta_{SC}=\eta_{overall}/\eta_{PSC} \tag{4.7}$$

式中：η_{PSC} 是钙钛矿光伏电池的光电转化效率。

集成器件的整体能量转化效率随时间的变化如图 4.28(c)所示，光充电开始时，集成器件的整体能量转化效率先逐渐上升，达到一个峰值后，逐渐下降。光照面积不同，$\eta_{overall}$ 达到峰值的时间也不相同，光照面积越大，越早达到峰值。四种不同光照面积下计算所得的最高整体能量转化效率分别为 4.32%、5.26%、3.97%和 1.27%，高于很多已报道的光伏电池与超级电容器的集成器件[39,52-54]。尤其是在 0.071 cm^2 的光照面积下，集成器件的整体能量转化效率达到最高点时，光电压为 0.70 V，因此，经计算，超级电容器的能量存储效率 η_{SC} 为 67.5%。

图 4.28(d)展示的是集成能量包光充电/恒电流放电的循环测试曲线，表明其具有良好的稳定性。还探究了集成能量包的自放电特性，如图 4.28(e)所示，电压的下降由急到缓，分析认为电压的衰减归因于钙钛矿光伏电池自身的消耗。最后，将 4 个集成能量包串联在一起，有效面积有 7.5 cm^2，如图 4.28(f)所示。这个串联系统在标准太阳光照下能在 15 s 内达到 3.8 V 的电压，非常接近 4 块钙钛矿光伏电池开路电压的总和。用光照对串联的集成能量包进行充电，存储的能量能被用来驱动 LED 小灯，光亮能够维持数分钟。此类器件展现了能量转化与能量存储两种功能集成的可行性，为未来多功能集成器件的发展打下基础。

碳电极钙钛矿光伏电池与超级电容器串联集成的原理图与结构示意图如图 4.29(a)、(b)所示。钙钛矿光伏电池的正极与超级电容器的负极相连，并留出三个电极 A′、B′、C′。电极 A′、B′用来给超级电容器预充电，电极 A′、C′用来外接负载。此类集成结构能够在很大程度上提高单个器件的瞬态能量输出。例如，单个钙钛矿光伏电池的开路电压是有局限性的(～1 V)，但与超级电容器

串联集成后，通过给超级电容器预充电，可获得加强的开路电压。图 4.29(c)显示的是在超级电容器预充电条件下串联集成器件的 J-V 测试曲线，详细的参数记录在表 4.4 中。与单个光伏电池一样，串联集成器件也表现出整流特性，说明超级电容器内的离子传输并不会影响钙钛矿电池的能量输出。集成后，器件的输出电压等于两个器件电压输出的总和，输出的电流也有略微提升。当超级电容器的预充电电压为 1 V 时，集成器件的开路电压有 2 V，短路电流有 21 mA/cm^2，填充因子有 0.55，最大功率输出可达 22.9 mW/cm^2。钙钛矿光伏电池与超级电容器对集成器件的能量输出均有贡献。此类集成结构是一种用来加强光伏电池瞬态能量输出的原型，在未来传感器、制动器、执行器等电子器件中具有很大的应用潜力。

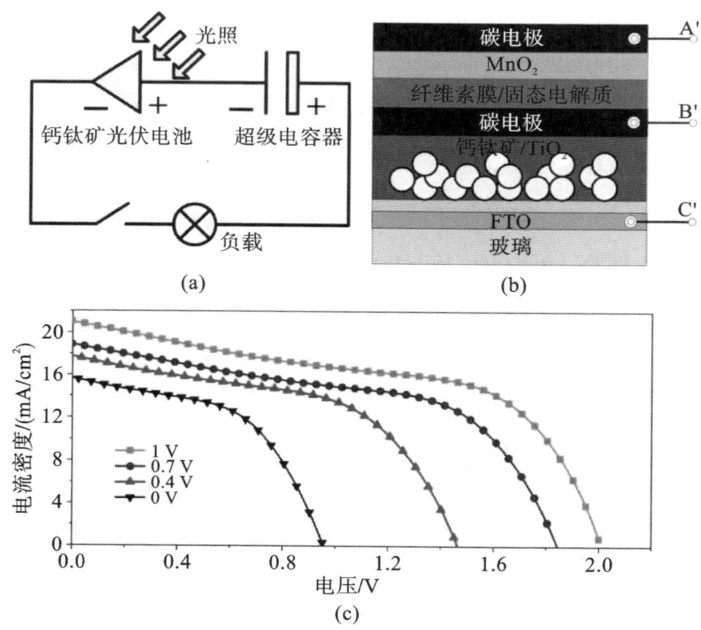

图 4.29　碳电极钙钛矿光伏电池与超级电容器串联集成的(a)原理图与(b)结构示意图；(c)在超级电容器预充电条件下串联集成器件的 J-V 测试曲线

表 4.4　超级电容器不同预充电电压下集成器件的详细光电性能参数

预充电电压/V	V_{OC}/V	J_{SC}/(mA/cm^2)	FF	P_{max}/(mW/cm^2)
0	0.96	15.7	0.52	7.79
0.4	1.46	17.8	0.53	13.7
0.7	1.84	18.8	0.54	18.7
1	2.0	21.0	0.55	22.9

4.3.5 小结

本节提出了一种将碳电极钙钛矿光伏电池与碳基超级电容器结合以实现能量转换与能量存储功能统一的集成结构。其中，超级电容器采用石墨纸作为基底，加入了活性炭的碳电极作为活性层，电化学沉积的 MnO_2 作为正极修饰层，PVA-LiCl 作为凝胶电解质。所制备的超级电容器展现了较高的比电容和倍率特性，并且，在 5000 个循环测试后，电容器仍保留了 96.2%的初始比电容，展现了出色的循环稳定性。钙钛矿电池与超级电容器的集成方式分为并联和串联两种。并联集成时，器件在光照下可往超级电容器中充电并在需要的场合释放储存的电能，实现了光电转化及能量存储功能的统一。不同的光照面积下，器件的能量存储效率及整体能量转化效率等性能参数均有所差异。串联集成时，通过给超级电容器预充电，提高了钙钛矿电池的开路电压，从而在很大程度上提高了单个器件的瞬态能量输出，这种集成结构是一种用来加强光伏电池瞬态能量输出的原型，在未来传感器、制动器、执行器等电子器件中具有很大的应用潜力。

4.4 碳电极钙钛矿光伏电池与热电模块集成

受光敏材料禁带宽度的限制，光伏电池通常只能吸收部分太阳光。很大一部分未被吸收的太阳光通过热转化或穿透方式消耗。科研人员尝试制备带多种不同光敏层的多节或串联电池来充分利用太阳光[55-58]，但由于光敏材料之间能级匹配较为困难，效果并不理想。从另一方面考虑，光热效应其实在光催化、能量吸收、制动器等方面有巨大应用潜力[59-61]，倘若能够利用太阳光产生的热能，并将其转化成电能加成到电池上将会是一个不错的解决方案[62-64]。热电模块是一种无振动、无噪声、小型、轻便、安全、可靠、服役寿命长、环境友好的固态电子器件，能利用泽贝克效应将热能直接转化为电能[65-67]。2005 年，就有研究人员提出将硅光伏电池与热电模块结合在一起进行发电，不过两者是分开的。接收的太阳光通过棱镜分成两道光束，紫外-可见光部分照射在光伏电池上用于光电转化，而红外光部分照射在热电模块上用于热电转化。2011 年，电子科技大学的王宁教授制备了一种包含染料敏化光伏电池与热电模块的集成器件[68]，获得的光伏-热电整体转化效率达到 13.8%，整体提升了 49%。2015 年，也有染料敏化光伏电池与热电模块集成以实现太阳能全光谱吸收和太阳光热利用的相关报道[69]。直至 2016 年，南京航空航天大学的宣益民教授通过引入三维数值模型在理论上证明了钙钛矿光伏电池与热电模块集成的可行性[70]。

但有关钙钛矿光伏电池与热电模块集成的研究仍鲜有报道，主要原因在于通常用作钙钛矿电池对电极的材料为贵金属——金或银，这两种对电极薄膜反射率高、光热性能差，使得两个器件集成的效果大打折扣。

碳电极具有光吸收度高、光热转化性能好的特点，将碳电极钙钛矿光伏电池与热电模块进行集成也就显得更加合适。本节首先讨论了环境温度对碳电极钙钛矿光伏电池性能的影响，然后提出了一种集成碳电极钙钛矿电池与热电模块的器件结构，并详细分析了其性能特点，成功获得了改善的光电转化性能。

4.4.1 环境温度对钙钛矿电池性能的影响

图 4.30 显示的是 100 ℃范围内升温和降温对碳电极钙钛矿光伏电池 J-V 曲线的影响。通过热风枪对钙钛矿光伏电池进行加热，并通过红外测温仪对电池表面的温度进行监测。明显可见，无论是升温还是降温，电池的开路电压和短路电流均呈现相同变化趋势，即升温一起下降，降温一起回升。

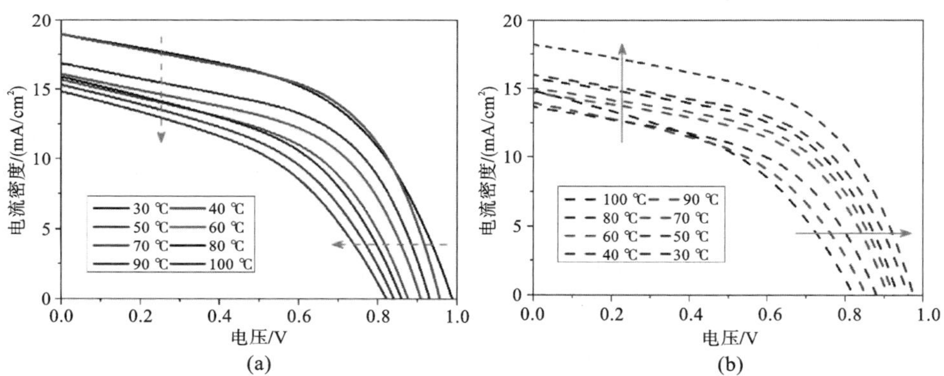

图 4.30 100 ℃范围内(a)升温和(b)降温对碳电极钙钛矿光伏电池 J-V 曲线的影响

为了详细地分析温度对电池光电性能的影响，将开路电压、短路电流、填充因子以及光电转化效率从 J-V 曲线中提取出来并绘出其与温度的变化关系图，如图 4.31 所示。当温度由 30 ℃上升到 100 ℃时，电池的开路电压由最初的 0.99 V 下降到 0.82 V，短路电流也由 19 mA/cm^{2}下降到 14.82 mA/cm^2，填充因子也从 0.51 下降到 0.43，从而导致电池的效率由最初的 9.54％衰减到 5.28％。电池逐渐冷却至室温后，电池的光电性能将会回升：开路电压由 0.82 V 恢复到0.98 V，短路电流由 14.82 mA/cm^{2}恢复到 18.2 mA · cm^2，从而电池的光电转化效率也恢复到 9.3％。因此，可以得出结论：太阳光持续照射导致的温升将会使钙钛矿电池性能衰减，然而，电池的冷却有助于光电性能的恢复。效率的此类衰减可能与随温升而提高的本征载流子浓度有关，浓度越高，载流子复合现象越严重[70,71]。

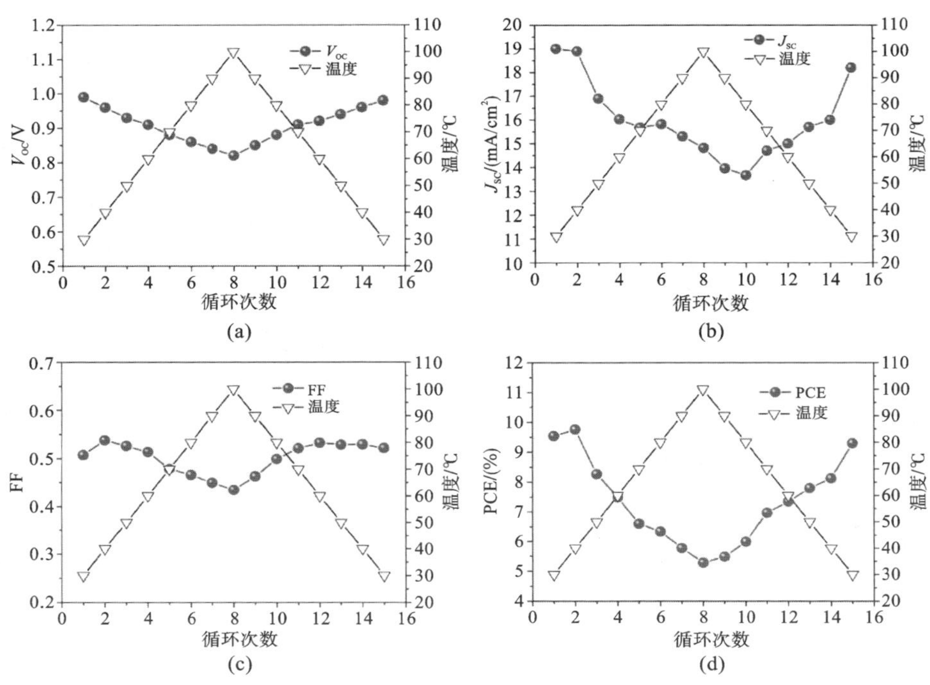

图 4.31　100 ℃范围内升温、降温对碳电极钙钛矿光伏电池的(a)开路电压、(b)短路电流、(c)填充因子以及(d)光电转化效率的影响

为了进一步探究碳电极钙钛矿光伏电池与温度相关的光伏特性，还测试了不同温度下钙钛矿电池的电化学阻抗谱，测试在暗态下进行，偏压设为 0 V。图 4.32(a)、(b)分别为测试所得的奈奎斯特图及对应的伯德图。通过对曲线进行模拟电路拟合，计算出电池在不同温度下的内部电荷转移电阻 R_{tr} 以及电荷复合电阻 R_{rec}，结果如图 4.32(c)、(d)所示。可以明显观察到，随着温度的升高，奈奎斯特曲线的第二个圆弧越来越小，直至 100 ℃时消失不见，这与电荷复合电阻的减小对应。然而电荷转移电阻变化不大。相应地，伯德图中低频下的峰值随温度上升不断减小。当钙钛矿电池的温度接近 100 ℃时，测试所得的奈奎斯特图和伯德图的形状与室温下的相比都发生了很大变化，导致无法用相同的电路模型进行拟合计算，故 R_{tr} 和 R_{rec} 的值并没有在图 4.32(c)、(d)中体现出来。通常来说，电荷复合电阻的减小意味着电池界面复合率的增大，进而导致电池光电转化性能的下降。

为此，提出了一种用于解释碳电极钙钛矿光伏电池性能的热衰减及自愈合现象的相关机制，过程如图 4.33 所示。图 4.33 中，上下两行的实线分别代表

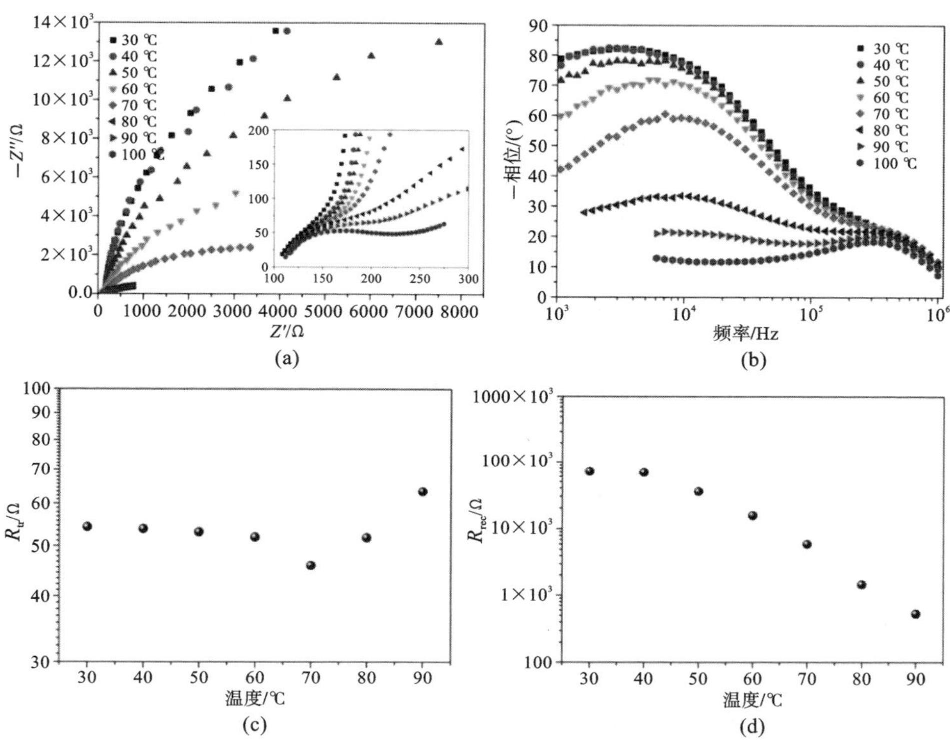

图 4.32 不同温度下碳电极钙钛矿光伏电池暗态下电化学阻抗谱的(a)奈奎斯特图和(b)伯德图;拟合计算所得的(c)电荷转移电阻及(d)电荷复合电阻与温度的关系图

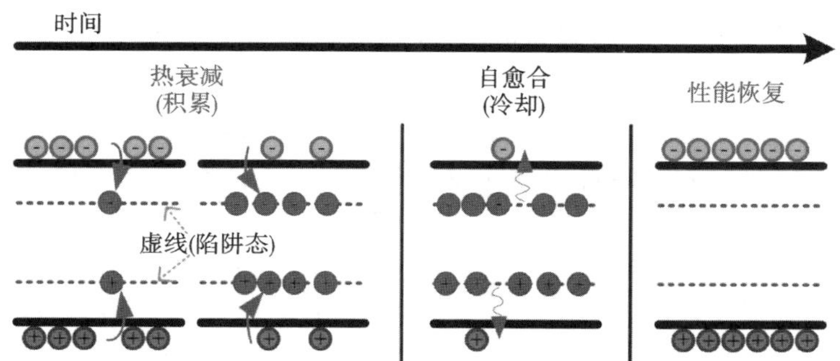

图 4.33 碳电极钙钛矿光伏电池性能的热衰减及自愈合过程分析图

的是钙钛矿光敏层的导带和价带，虚线代表的是钙钛矿材料在光照激发下处在亚稳态下的俘获态，箭头指明了光生载流子在俘获态积累和释放的过程。俘获态在半导体中是一种不希望产生的缺陷态，这种缺陷态会成为复合中心而加速电子空穴对的复合。被俘获的载流子将会导致快速的非辐射复合，严重影响材料准费米能级的分裂。在不断的热冲击下，被俘获的光生载流子越来越多，将会导致在薄膜块体表面形成带电区域，并进一步引起光电压以及光电流的衰退。当器件降温时，大部分被俘获的光生载流子消散开来，故在光照下，电池性能又几乎恢复到了初始状态。服役温度对碳电极钙钛矿光伏电池的光电特性影响甚大，因此，在分析钙钛矿光伏电池的稳定性问题时还需考虑到光照导致的温升对电池性能的影响。

4.4.2 集成器件制备

碳电极钙钛矿光伏电池的制备过程不再赘述，这里所用的热电模块采用的是德国 Mircropelt 公司生产的一款商用热电模块 TGP-651，它是基于 Bi_2Te_3 材料合成的，由 P 型和 N 型阵列构成。热电模块在室温下能够提供一个 60 $mV \cdot K^{-1}$ 的净泽贝克电压以及一个很高的电压输出（每 1 W 的热能输入，器件的电压输出可达 1.68 V）。碳电极钙钛矿光伏电池与热电模块的集成过程较为简单。两个器件通过串联的方式连接，钙钛矿光伏电池印刷有碳电极的那一面堆叠在热电模块的热面上。为了实现更好的热量传输，两个器件中间采用导热硅脂连接。

4.4.3 集成器件性能表征

如图 4.34(a)所示，太阳光的辐照范围主要集中在 300～1400 nm。同时，图 4.34(a)还显示了 FTO、FTO/TiO_2、FTO/TiO_2/钙钛矿、FTO/TiO_2/钙钛矿/碳电极四种薄膜的紫外-可见光-近红外光吸收谱。由此可见，FTO 以及 TiO_2 薄膜在 400～1400 nm 的光谱范围内均展现了出色的透光性。在沉积钙钛矿薄膜后，器件可在紫外-可见光(300～800 nm)范围内展现了良好的吸光性。钙钛矿薄膜表面印刷上碳电极之后，器件能够几乎完美地吸收整个太阳光谱，这也使得碳电极成为光热转化器件极佳的选择。为了探究碳电极薄膜的光热转化特性，采用红外热像仪观察四类薄膜在标准太阳光照下的温度变化。图 4.34(b)为器件在光照 10 min 时所拍摄的红外热像图。在太阳光照下碳电极薄膜表面的温度最高，达到了 45 ℃，如果延长光照时间或提升光照强度，碳电极表面的温度将会更高。这也说明了碳电极具有良好的光热转化性能。

为了充分利用太阳光照产生的热量，减小能量损耗，同时为了缓和太阳光照导致的温升对碳电极钙钛矿光伏电池性能的影响，本节提出了这样一种包含碳电极钙钛矿电池与热电模块的集成器件，其结构和原理示意图如图 4.34(c)所示。已报道的许多有关光伏电池与热电模块集成的研究，一般需要在热电模块的热面上施加一个太阳光吸收层，保证热电模块冷、热两面的温度梯度[68,69]。此种结构巧妙利用了碳电极良好的光热转化性能的特点，碳电极自身可充当太阳光吸收层，因此不再需要额外再加一层，从而简化了集成结构。当光照射在集成器件上时，紫外-可见光主要被光阳极层及钙钛矿层所吸收，拥有出色光热转化能力的红外光将穿过 FTO/TiO_2/钙钛矿复合薄膜，最终被碳电极所吸收。碳电极层上所产生的热量将会传导至热电模块的热面，从而在热电模块的冷、热两面形成一个温度梯度。根据泽贝克效应，热电模块冷、热两面将会产生电压，从而实现太阳光热的利用。热电模块产生的电压加成到光伏电池上时也可以补偿电池由于光照导致的温升对电池输出电压的衰减。

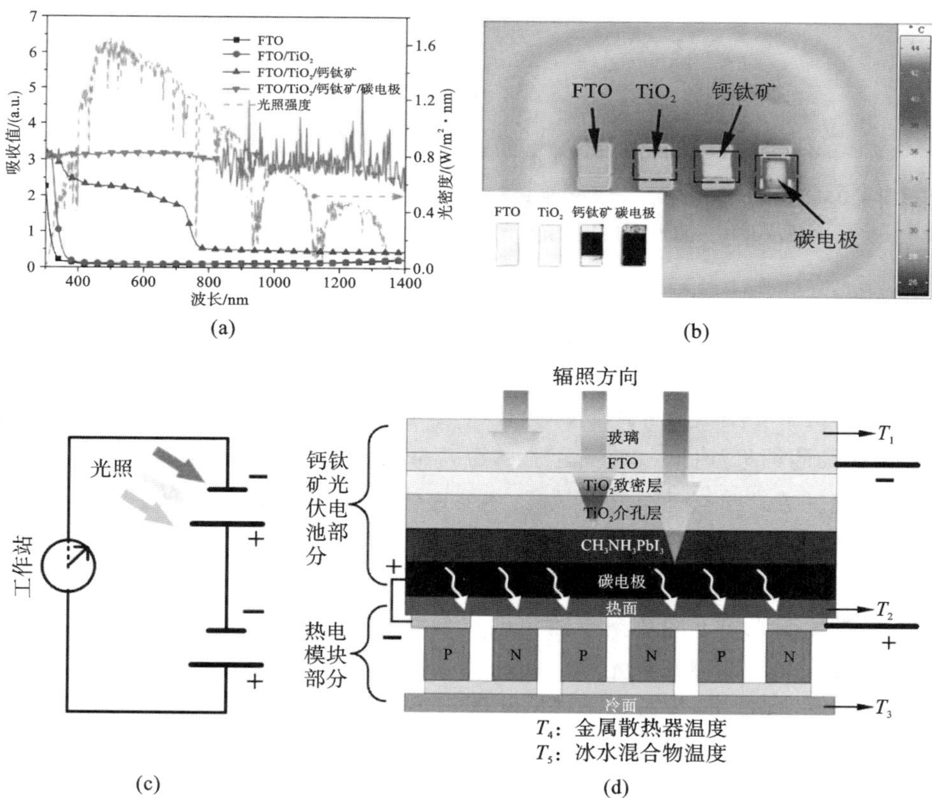

图 4.34 (a)FTO、FTO/TiO_2、FTO/TiO_2/钙钛矿、FTO/TiO_2/钙钛矿/碳电极薄膜的紫外-可见光-近红外光吸收谱以及标准太阳光谱的光强分布；(b)太阳光照下四类薄膜的红外热像图；(c)碳电极钙钛矿光伏电池与热电模块集成器件的结构和原理示意图；(d)标准太阳光照下集成器件不同部分的温度变化趋势

另一方面，由于泽贝克效应的逆效应-帕尔帖效应，热量在热电模块内的传

输也会导致热电模块热面的温度降低，从而一定程度上对钙钛矿电池的碳电极起冷却作用。如图 4.35 所示，当集成器件在光照下外接负载工作时，与未接负载的集成器件相比，平均温度要小 1 ℃左右。下降的温度在一定程度上有助于延缓钙钛矿电池自身的热衰减，但由于温度下降的小，效果也相对有限。

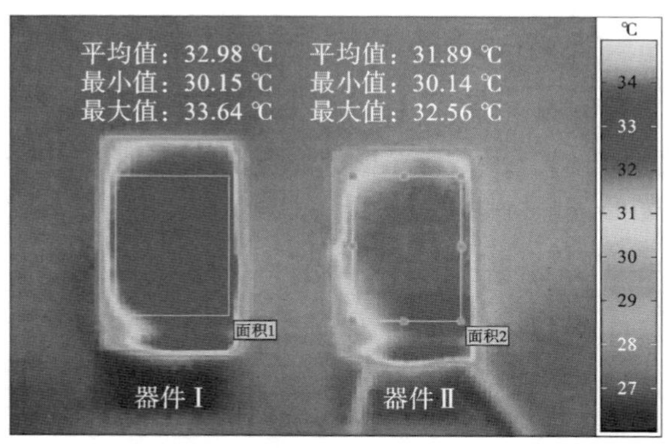

图 4.35　标准太阳光照下集成器件的红外热像图(器件Ⅰ无电流通过，器件Ⅱ有一股 10 mA 的电流通过，温度测量的面积约为 1.5 cm×1 cm)

在实际应用中热电模块通常还需配备水冷系统来降低冷面的温度以增大热电模块冷、热两面之间的温度差[72,73]。将系统简化，采用导热硅脂将热电模块的冷面与铝制散热器相连，再将散热器放入冰水混合物中以保持热电模块冷面的温度恒定。集成器件不同部分在持续光照下的温度变化通过红外测温枪记录，记录的结果如图 4.36 所示。各个部分的温度在 150 s 后都趋于稳定；集成器件直接被光照的一面温度最高；热电模块冷、热面间的温度梯度可达 15 ℃并趋于稳定。

图 4.37(a)记录了热电模块(TE)与碳电极钙钛矿光伏电池(PSC)集成前后在标准太阳光照下的热激发输出电压随时间变化的曲线。热电模块的输出电压在集成前后都会随着光照时间的延长而增大，并最终达到稳定状态，这与热电模块与外界环境实现热交换的平衡有关。更重要的是，热电模块与碳电极钙钛矿光伏电池集成后热电转化性能得到了极大的改善。输出电压由集成前的0.33 V增大到了 0.87 V，提升了将近 2 倍。图 4.37(b)也展示了热电模块与碳电极钙钛矿光伏电池集成前后的电流-电压测试曲线。虚线部分显示的是热电模块的输出功率变化。测试前，对器件都进行了预照射，使得热电模块的输出电压达到稳定状态。热电模块的电流-电压测试曲线为一条不经过原点的直线。集成前，热电模块的开路电压为 0.33 V，短路电流为 23.7 mA/cm^2，最大输出功率为 1.98 mW/cm^2。集成后，热电模块的开路电压提升到了 0.87 V，短

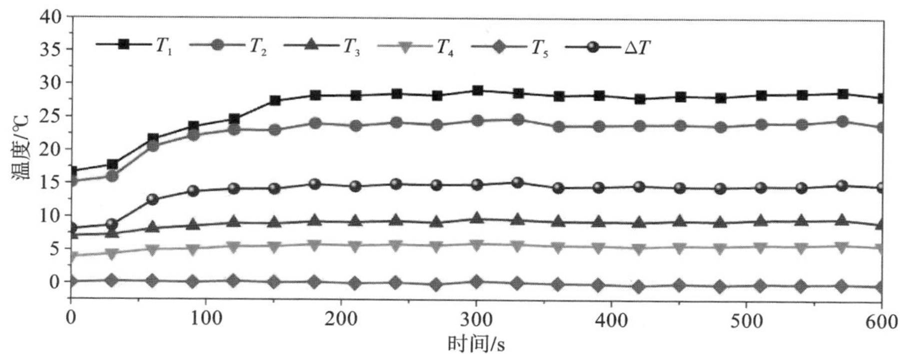

图 4.36 集成器件不同部分在持续光照下的温度变化(T_1:集成器件光照面的温度;T_2:热电模块热面的温度;T_3:热电模块冷面的温度;T_4:铝制散热器的温度;T_5:冰水混合物的温度;ΔT:热电模块冷、热两面间的温度梯度)

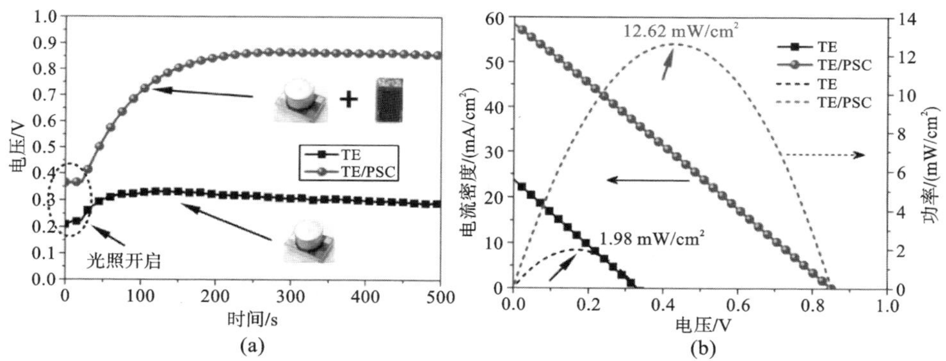

图 4.37 热电模块与碳电极钙钛矿光伏电池集成前后在标准太阳光照下的(a)热激发输出电压随时间变化的曲线以及(b)电流-电压测试曲线

路电流可达 58.3 mA/cm^2,以至于最后的最大输出功率可达 12.62 mW/cm^2。碳电极能够有效吸收红外光并将其转化为热能而传输至热电模块的热面,进而提升热电模块的热电转化性能。这也是选择碳电极钙钛矿光伏电池与热电模块进行集成而不选择其他类型钙钛矿光伏电池的原因。

100 ℃范围内升温或降温对集成器件 J-V 曲线的影响如图 4.38 所示。当器件的温度由 30 ℃上升到 100 ℃时,由于受钙钛矿光伏电池热衰退的影响,集成器件的短路电流由 19.6 mA/cm^2 下降至 16.3 mA/cm^2,下降了约 17%。然而,自从得到了热电模块在 100 ℃下输出电压的累加,集成器件的输出电压从 1.87 V 上升至 2.59 V,提升了约 40%。当集成器件的温度由 100 ℃下降至 30 ℃时,光电压与光电流的变化趋势正好相反。受钙钛矿光伏电池自愈合特性的影响，集成器件的光电流从 16.3 mA/cm^2 提升至 19.1 mA/cm^2。由于热电模块在较低温度下输出电压也较小，故集成器件的电压又减小至 1.84 V。

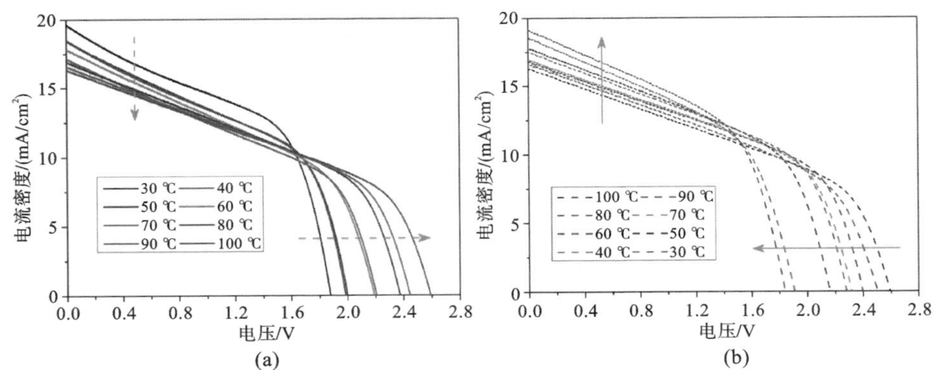

图 4.38　100 ℃范围内(a)升温或(b)降温对集成器件 *J*-*V* 曲线的影响

图 4.39 详细记录了碳电极钙钛矿光伏电池与热电模块集成前后光电转化效率随温度变化的趋势比较。仅对电池来说，转化效率会随着温度的升高而下降，随温度的下降而回升。相比较而言，集成器件由于得到了热电模块电压输出的加成，转化效率更高，随温度变化的趋势更加平缓。由此可见，碳电极钙钛矿光伏电池与热电模块进行集成能够在一定程度上补偿电池的部分热衰退。

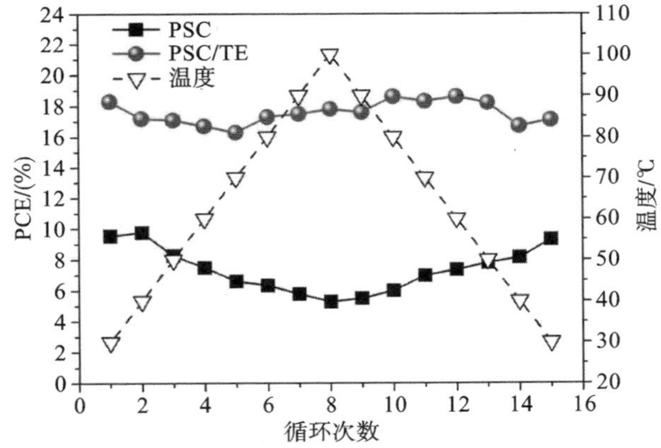

图 4.39　碳电极钙钛矿光伏电池与热电模块集成前后光电转化效率随温度变化的趋势比较

图 4.40 显示了标准太阳光照下最佳集成器件在冰水浴下及在室温环境中的电流-电压曲线图。在用冰水浴给集成器件的冷面进行辅助降温时，集成器件的开路电压可达 1.87 V，正好是碳电极钙钛矿光伏电池开路电压与热电模块

输出电压的总和。集成器件的光电流也从最开始的 18.03 mA/cm^2 略微提升到 19.8 mA/cm^2。因此，器件的光电转化效率由集成前的 9.88%（光电）提升到集成后的 22.2%（光电+热电），提升了约 124.7%，极大地拓宽了钙钛矿光伏电池的应用范围。即使在没有冰水浴辅助降温的室温环境下，集成带来的效率提升依然很明显。在室温环境下对集成器件进行持续照射，热电模块冷、热两面的温差大概为 4 ℃，对应的输出电压为 0.24 V。最后加成在钙钛矿光伏电池的输出上仍得到了 12.6% 的（光电+热电）转化效率。研究认为，这类光电-热电的集成器件在受光面和背光面温差较大的环境下将非常有意义，既提升了器件整体的光电转化效率，又补偿了电池在光热转化过程中的可逆性衰退。

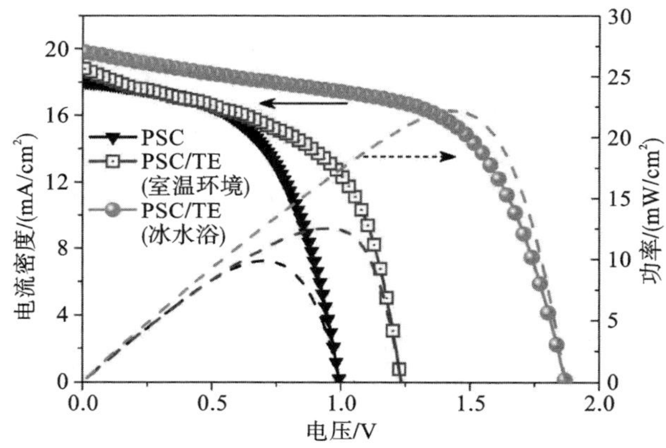

图 4.40　标准太阳光照下最佳集成器件在冰水浴下及在室温环境中的电流-电压曲线图（虚线显示的是集成器件的输出功率）

4.4.4　小结

本节探究了碳电极钙钛矿光伏电池与温度相关的光伏特性。通过 *J-V*、EIS 等测试研究发现，在一定温度范围内，当电池受到持续热冲击时，光生载流子在俘获态不断积累，加速了电子空穴对的复合，并进一步导致电池性能的下降。当器件冷却时，缺陷态累积的光生载流子消散开来，电池性能又几乎恢复到初始状态。为了充分利用太阳光照产生的热量，减小能量损耗，同时为了缓和太阳光照所导致的温升对碳电极钙钛矿光伏电池性能的影响，提出一种集成了碳电极钙钛矿光伏电池与热电模块的器件。拥有出色光热转化性能的红外光将穿过 FTO/TiO_2/钙钛矿多层薄膜，最终被碳电极吸收。碳电极层上所产生的热量将会传导至热电模块的热面，从而在热电模块的冷、热两面之间形成一个温度梯度，并产生电压，加成到电池上时可补偿电池因温升而导致的衰减。在用冰水浴给集成器件冷面辅助降温时，集成器件的开路电压可达 1.87 V，器件的光电转化效率由集成前的 9.88%(光电)提升到了 22.2%(光电+热电),提升了约 124.7%,极大地拓宽了钙钛矿光伏电池的应用范围。即使在室温环境下,仍得到了 12.6%的(光电+热电)转化效率。

参考文献

[1] ITO S,TANAKA S,VAHLMAN H,et al. Carbon-double-bond-free printed solar cells from $TiO_2/CH_3NH_3PbI_3$/CuSCN/Au: structural control and photoaging effects[J]. ChemPhysChem,2014,15(6):1194-1200.

[2] YOU J B, MENG L, SONG T B, et al. Improved air stability of perovskite solar cells via solution-processed metal oxide transport layers[J]. Nature Nanotechnology,2016,11(1):75-81.

[3] ZHANG F G,YANG X C,CHENG M,et al. Boosting the efficiency and the stability of low cost perovskite solar cells by using CuPc nanorods as hole transport material and carbon as counter electrode[J]. Nano Energy, 2016,20:108-116.

[4] KOUSHIK D, VERHEES W J, KUANG Y, et al. High-efficiency humidity-stable planar perovskite solar cells based on atomic layer architecture [J]. Energy & Environmental Science,2017,10(1):91-100.

[5] MEI A,LI X,LIU L F,et al. A hole-conductor-free,fully printable mesoscopic perovskite solar cell with high stability[J]. science, 2014, 345 (6194):295-298.

[6] LI X, TSCHUMI M, HAN H W, et al. Outdoor performance and stability under elevated temperatures and long-term light soaking of triple-layer mesoporous perovskite photovoltaics[J]. Energy Technology, 2015, 3 (6):551-555.

[7] RAO H S,CHEN B X,LI W G,et al. Improving the extraction of photogenerated electrons with SnO_2 nanocolloids for efficient planar perovskite solar cells[J]. Advanced Functional Materials,2015,25(46):7200-7207.

[8] HU M, BI C, YUAN Y B, et al. Stabilized wide bandgap $MAPbBr_xI_{3-x}$ perovskite by enhanced grain size and improved crystallinity[J]. Advanced Science,2016,3(6):1500301.

[9] SANCHEZ R S, GONZALEZ-PEDRO V, LEE J W, et al. Slow dynamic processes in lead halide perovskite solar cells. Characteristic times and

hysteresis[J]. The Journal of Physical Chemistry Letters, 2014, 5(13): 2357-2363.

[10] MAHMOOD K, SWAIN B S, AMASSIAN A, 16. 1% efficient hysteresis-free mesostructured perovskite solar cells based on synergistically improved ZnO nanorod arrays[J]. Advanced Energy Materials, 2015, 5(17):1500568.

[11] IM S, HEO J, HAN H, et al. 18. 1% hysteresis-less inverted $CH_3NH_3PbI_3$ planar perovskite hybrid solar cells[J]. Energy Environ. Sci, 2015,8:1602-1608.

[12] FROST J M,BUTLER K T,BRIVIO F,et al. Atomistic origins of high-performance in hybrid halide perovskite solar cells[J]. Nano Letters, 2014,14(5):2584-2590.

[13] SNAITH H J,ABATE A,BALL J M,et al. Anomalous hysteresis in perovskite solar cells[J]. The Journal of Physical Chemistry Letters,2014,5(9):1511-1515.

[14] XU J X, BUIN A, LP A H, et al. Perovskite-fullerene hybrid materials suppress hysteresis in planar diodes[J]. Nature Communications, 2015,6(1):1-8.

[15] WEI Z H,CHEN H N,YAN K Y,et al. Hysteresis-free multi-wall carbon nanotube-based perovskite solar cells with a high fill factor[J]. Journal of Materials Chemistry A,2015,3(48):24226-24231.

[16] YOON H, KANG S M, LEE J K, et al. Hysteresis-free low-temperature-processed planar perovskite solar cells with 19. 1% efficiency[J]. Energy & Environmental Science,2016,9(7):2262-2266.

[17] TRIPATHI N,YANAGIDA M,SHIRAI Y,et al. Hysteresis-free and highly stable perovskite solar cells produced via a chlorine-mediated interdiffusion method[J]. Journal of Materials Chemistry A, 2015, 3(22): 12081-12088.

[18] CAO K,CUI J,ZHANG H,et al. Efficient mesoscopic perovskite solar cells based on the $CH_3NH_3PbI_2Br$ light absorber[J]. Journal of Materials Chemistry A,2015,3(17):9116-9122.

[19] SONG J X,ZHENG E Q,BIAN J,et al. Low-temperature SnO_2-based electron selective contact for efficient and stable perovskite solar cells[J]. Journal of Materials Chemistry A,2015,3(20):10837-10844.

[20] STRANKS S D,EPERON G E,GRANCINI G,et al. Electron-hole diffusion lengths exceeding 1 micrometer in an organometal trihalide perovskite absorber[J]. Science,2013,342(6156):341-344.

[21] LIU Z Y,SHI T L,TANG Z R,et al. Using a low-temperature carbon electrode for preparing hole-conductor-free perovskite heterojunction solar cells under high relative humidity[J]. Nanoscale,2016,8(13):7017-7023.

[22] SONG D D,CUI P,WANG T Y,et al. Managing carrier lifetime and doping property of lead halide perovskite by postannealing processes for highly efficient perovskite solar cells[J]. The Journal of Physical Chemistry C, 2015,119(40):22812-22819.

[23] CUMMINGS C Y,MARKEN F,PETER L M,et al. Kinetics and mechanism of light-driven oxygen evolution at thin film α-Fe_2O_3 electrodes[J]. Chemical Communications,2012,48(14):2027-2029.

[24] WALTER M G,WARREN E L,MCKONE J R,et al. Solar water splitting cells[J]. Chemical Reviews,2010,110(11):6446-6473.

[25] ZENG K,ZHANG D. Recent progress in alkaline water electrolysis for hydrogen production and applications[J]. Progress in Energy and Combustion Science,2010,36(3):307-326.

[26] JACOBSSON T J, FJÄLLSTRÖM V, SAHLBERG M, et al. A monolithic device for solar water splitting based on series interconnected thin film absorbers reaching over 10% solar-to-hydrogen efficiency[J]. Energy & Environmental Science,2013,6(12):3676-3683.

[27] TACHIBANA Y, VAYSSIERES L, DURRANT J R. Artificial photosynthesis for solar water-splitting[J]. Nature Photonics,2012,6(8):511.

[28] REECE S Y,HAMEL J A,SUNG K,et al. Wireless solar water splitting using silicon-based semiconductors and earth-abundant catalysts[J]. Science,2011,334(6056):645-648.

[29] ABDI F F,HAN L H,SMETS A H M,et al. Efficient solar water splitting by enhanced charge separation in a bismuth vanadate-silicon tandem photoelectrode[J]. Nature Communications,2013,4(1):1-7.

[30] SABBA D,KUMAR M H,WONG L H,et al. Perovskite-hematite tandem cells for efficient overall solar driven water splitting[J]. Nano Letters, 2015,15(6):3833-3839.

[31] MORALES-GUIO C G, MAYER M T, YELLA A, et al. An

optically transparent iron nickel oxide catalyst for solar water splitting[J]. Journal of the American Chemical Society,2015,137(31):9927-9936.

[32] ZHU Y W, MURALI S, STOLLER M D, et al. Carbon-based supercapacitors produced by activation of graphene[J]. Science, 2011, 332 (6037):1537-1541.

[33] PECH D, BRUNET M, DUROU H, et al. Ultrahigh-power micrometre-sized supercapacitors based on onion-like carbon [J]. Nature Nanotechnology,2010,5(9):651-654.

[34] CHMIOLA J, LARGEOT C, TABERNA P L, et al. Monolithic carbide-derived carbon films for micro-supercapacitors[J]. Science, 2010, 328 (5977):480-483.

[35] LIAO Q Y,LI N,CUI H,et al. Vertically-aligned graphene@ MnO nanosheets as binder-free high-performance electrochemical pseudocapacitor electrodes[J]. Journal of Materials Chemistry A,2013,1(44):13715-13720.

[36] JIANG J H, KUCERNAK A. Electrochemical supercapacitor material based on manganese oxide: preparation and characterization [J]. Electrochimica Acta,2002,47(15):2381-2386.

[37] PENG Y T,CHEN Z,WEN J,et al. Hierarchical manganese oxide/carbon nanocomposites for supercapacitor electrodes[J]. Nano Research,2011, 4(2):216-225.

[38] WEI W F,CUI X W,CHEN W X,et al. Manganese oxide-based materials as electrochemical supercapacitor electrodes[J]. Chemical Society Reviews,2011,40(3):1697-1721.

[39] FU Y P,WU H W,YE S Y,et al. Integrated power fiber for energy conversion and storage system[J]. Energy & Environmental Science,2013,6 (3):805-812.

[40] XU X B, LI S H, ZHANG H, et al. A power pack based on organometallic perovskite solar cell and supercapacitor[J]. ACS Nano,2015,9 (2):1782-1787.

[41] ZHOU F C, REN Z W, ZHAO Y D, et al. Perovskite photovoltachromic supercapacitor with all-transparent electrodes [J]. ACS Nano,2016,10(6):5900-5908.

[42] XU J,KU Z L,ZHANG Y Q,et al. Integrated photo-supercapacitor based on PEDOT modified printable perovskite solar cell [J]. Advanced

Materials Technologies,2016,1(5):1600074.

[43] WANG G M, WANG H Y, LU X H, et al. Solid-state supercapacitor based on activated carbon cloths exhibits excellent rate capability[J]. Advanced Materials,2014,26(17):2676-2682.

[44] RAJ C J,KIM B C,CHO W J,et al. Highly flexible and planar supercapacitors using graphite flakes/polypyrrole in polymer lapping film[J]. ACS Applied Materials & Interfaces,2015,7(24):13405-13414.

[45] YU M H, ZENG Y X, ZHANG C, et al. Titanium dioxide @ polypyrrole core-shell nanowires for all solid-state flexible supercapacitors[J]. Nanoscale,2013,5(22):10806-10810.

[46] YUAN L Y, LU X H, XIAO X, et al. Flexible solid-state supercapacitors based on carbon nanoparticles/MnO_2 nanorods hybrid structure[J]. ACS Nano,2012,6(1):656-661.

[47] LV Q Y, WANG S, SUN H Y, et al. Solid-state thin-film supercapacitors with ultrafast charge/discharge based on N-doped-carbon-tubes/Au-nanoparticles-doped-MnO_2 nanocomposites[J]. Nano Letters,2016,16(1):40-47.

[48] LIU Y C,MIAO X F,FANG J H,et al. Layered-MnO_2 nanosheet grown on nitrogen-doped graphene template as a composite cathode for flexible solid-state asymmetric supercapacitor [J]. ACS Applied Materials & Interfaces,2016,8(8):5251-5260.

[49] PRESSER V,ZHANG L F,NIU J J,et al. Flexible nano-felts of carbide-derived carbon with ultra-high power handling capability[J]. Advanced Energy Materials,2011,1(3):423-430.

[50] TAO J Y,LIU N S,MA W Z,et al. Solid-state high performance flexible supercapacitors based on polypyrrole-MnO_2-carbon fiber hybrid structure[J]. Scientific Reports,2013,3(1):2286.

[51] LIANG J,ZHU G Y,WANG C X,et al. MoS_2-based all-purpose fibrous electrode and self-powering energy fiber for efficient energy harvesting and storage[J]. Advanced Energy Materials,2017,7(3):1601208.

[52] XU J,WU H,LU L F,et al. Integrated photo-supercapacitor based on Bi-polar TiO_2 nanotube arrays with selective one-side plasma-assisted hydrogenation[J]. Advanced Functional Materials,2014,24(13):1840-1846.

[53] CHEN T,QIU L B,YANG Z B,et al. An integrated “energy wire”

for both photoelectric conversion and energy storage[J]. Angewandte Chemie, 2012,124(48):12143-12146.

[54] BAE J, PARK Y J, LEE M, et al. Single-fiber-based hybridization of energy converters and storage units using graphene as electrodes[J]. Advanced Materials, 2011, 23(30): 3446-3449.

[55] BAILIE C D, MCGEHEE M D. High-efficiency tandem perovskite solar cells[J]. Mrs Bull, 2015, 40(8): 681-686.

[56] HEO J H, IM S H. $CH_3NH_3PbBr_3$-$CH_3NH_3PbI_3$ perovskite-perovskite tandem solar cells with exceeding 2.2 V open circuit voltage[J]. Advanced Materials, 2016, 28(25): 5121-5125.

[57] MAILOA J P, BAILIE C D, JOHLIN E C, et al. A 2-terminal perovskite/silicon multijunction solar cell enabled by a silicon tunnel junction [J]. Applied Physics Letters, 2015, 106(12): 121105.

[58] BAILIE C D, CHRISTOFORO M G, MAILOA J P, et al. Semi-transparent perovskite solar cells for tandems with silicon and CIGS[J]. Energy & Environmental Science, 2015, 8(3): 956-963.

[59] CHENG L, YANG K, CHEN Q, et al. Organic stealth nanoparticles for highly effective in vivo near-infrared photothermal therapy of cancer[J]. ACS Nano, 2012, 6(6): 5605-5613.

[60] YANG K, XU H, CHENG L, et al. In vitro and in vivo near-infrared photothermal therapy of cancer using polypyrrole organic nanoparticles[J]. Advanced Materials, 2012, 24(41): 5586-5592.

[61] LU X F, ZHANG W J, WANG C, et al. One-dimensional conducting polymer nanocomposites: synthesis, properties and applications[J]. Progress in Polymer Science, 2011, 36(5): 671-712.

[62] GUO X Z, ZHANG Y D, QIN D, et al. Hybrid tandem solar cell for concurrently converting light and heat energy with utilization of full solar spectrum[J]. Journal of Power Sources, 2010, 195(22): 7684-7690.

[63] PARK K T, SHIN S M, TAZEBAY A S, et al. Lossless hybridization between photovoltaic and thermoelectric devices[J]. Scientific Reports, 2013, 3(1): 2123.

[64] SARK W V. Feasibility of photovoltaic-thermoelectric hybrid modules[J]. Applied Energy, 2011, 88(8): 2785-2790.

[65] TELKES M. Solar thermoelectric generators[J]. Journal of

Applied Physics,1954,25(6):765-777.

[66] SCHERRER H,VIKHOR L,LENOIR B,et al. Solar thermolectric generator based on skutterudites[J]. Journal of Power Sources,2003,115(1):141-148.

[67] KOUMOTO K, WANG Y, ZHANG R Z, et al. Oxide thermoelectric materials: a nanostructuring approach[J]. Annual Review of Materials Research,2010,40(1):363-394.

[68] WANG N, HAN L, HE H C, et al. A novel high-performance photovoltaic-thermoelectric hybrid device [J]. Energy & Environmental Science,2011,4(9):3676-3679.

[69] PARK T, NA J, KIM B, et al. Photothermally-activated pyroelectric polymer films for harvesting of solar heat with a hybrid energy cell structure[J]. ACS Nano,2015,9(12):11830-11839.

[70] ZHANG J, XUAN Y M, YANG L L. A novel choice for the photovoltaic-thermoelectric hybrid system: the perovskite solar cell [J]. International Journal of Energy Research,2016,40(10):1400-1409.

[71] BERHE T A, SU W N, CHEN C H, et al. Organometal halide perovskite solar cells: degradation and stability[J]. Energy & Environmental Science,2016,9(2):323-356.

[72] KRAEMER D, POUDEL B, FENG H P, et al. High-performance flat-panel solar thermoelectric generators with high thermal concentration[J]. Nature Materials,2011,10(7):532-538.

[73] ZHANG Y J, FANG J, HE C, et al. Integrated energy-harvesting system by combining the advantages of polymer solar cells and thermoelectric devices[J]. The Journal of Physical Chemistry C,2013,117(47):24685-24691.

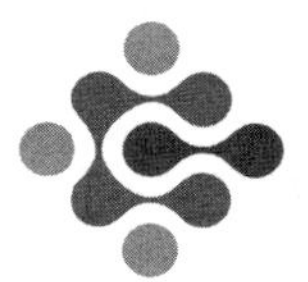

第5章 钙钛矿材料在其他光电子器件中的应用

5.1 柔性钙钛矿/硫化钼复合薄膜光电探测器

有机金属三卤化物钙钛矿 $CH_3NH_3PbX_3$(X 为 Cl、Br 或 I)光伏器件的快速发展刺激了钙钛矿薄膜在光探测器中的利用[1-4]。由钙钛矿/还原氧化石墨烯、钙钛矿/石墨烯等混合膜组成的光电导光电探测器表现出良好的响应性[5,6]。但高导电性二维材料的应用也会导致暗电流较高、探测率低。

MoS_2 作为一种新型二维材料,其层间作用力较小,因此层间相对滑移容易。MoS_2 拥有与石墨烯类似的内部微观结构,在物理、材料和电子等方面表现出优异的特性,且具有石墨烯所没有的自然带隙,有望成为电子器件的理想材料。近年来,原子级厚度 MoS_2 薄膜由于出色的电学和光学性能引起了人们的极大关注。据报道,基于 MoS_2 的各种光探测器具有优异的性能。然而,由于其具有原子级厚度的特点,MoS_2 薄膜对入射光进行充分吸收仍然是一个很大的难题,严重阻碍了基于 MoS_2 的光电器件的广泛应用。

本节提出了一种高性能光电探测器,由大面积原子级厚度 MoS_2 薄膜和三阳离子混合卤化钙钛矿层组成,在低工作电位下响应灵敏、快速、稳定。并且,试验也证明了在 PET 基板上制备的柔性 MoS_2/钙钛矿光电探测器,在重复弯曲测试中具有高稳定性。这项工作为基于钙钛矿和各种过渡金属二硫化物(TMDCs)层的柔性光电探测器的研发与制备提供了新思路。

5.1.1 器件制备

(1)原子级厚度 MoS_2 薄膜生长:采用化学气相沉积(CVD)方法在管式炉中的 Si/SiO_2 衬底上制备 MoS_2 薄膜。详细地,将预溶解的 MoO_3 氨水溶液(浓度为 20 mg/mL)旋涂在 Si/SiO_2 衬底上,得到厚度约为 20 nm 的 MoO_3 薄膜。将制备的源基板放入石英舟中,然后在源基板上方装载生长基板,使 SiO_2 侧面朝下,然后将其装载在管的中间。两个基板的距离保持在 2 mm 左右。将另一个含有 0.4 g 硫粉的石英舟放在主炉外面。之后，通过氩气以 1000 sccm 除去管中的氧气和水蒸气，并且在 40 sccm 的氩气流和大气压下进行生长过程。逐渐升高主炉中 MoO_3 基板的温度，并分别使用加热带加热硫粉。当主炉温度接近 730 ℃时，由于硫粉的熔化和蒸发，硫蒸气被引入反应区。生长过程在 820 ℃下持续 5 min。然后将炉子自然冷却并将气流调节至 200 sccm。通过 PMMA 辅助转移方法将在 Si/SiO_2 衬底上生长的 MoS_2 薄膜转移到目标基板上。通过电子束和热蒸发在 MoS_2 薄膜上制备电极(Ti 5 nm / Au 50 nm)。

(2)钙钛矿层沉积：通过旋涂三阳离子铅混合卤化物钙钛矿溶液将钙钛矿层涂覆在 MoS_2 薄膜上。使用由 0.2 mol/L 甲基溴化铵(MABr)、1 mol/L 甲脒碘化物(FAI)、1.1 mol/L PbI_2 和 0.2 mol/L $PbBr_2$(无水 DMSO 和 DMF 的混合物，体积比为 1∶4)组成的前驱体合成钙钛矿溶液。将预溶解的 1.5 mol/L 碘化铯(CsI)的 DMSO 溶液滴加到上述前驱体中，体积比为 5∶95。然后将溶液在 60 ℃下剧烈搅拌并加热半个小时。之后，将 5 μL 三重阳离子钙钛矿溶液滴在原子级厚度 MoS_2 层上，并使用两步法(1000 r/min，10 s；5000 r/min，20 s)旋涂，同时在结束之前 5 s，滴加 30 μL 氯苯，然后在 100 ℃下退火 1 h。

5.1.2 器件性能表征

图 5.1(a)展示了钙钛矿/MoS_2 复合薄膜光电探测器的结构。通过 CVD 方法制备连续的原子级厚度 MoS_2 薄膜。在沉积 Ti/Au 电极之后，旋涂三重阳离子(Cs/MA/FA)混合的钙钛矿层。MoS_2 薄膜的光学图像如图 5.1(b)所示。在生长过程中，一些准三角形点随机成核，然后演变为三角形晶粒。随着生长过程的继续，晶粒彼此连接并最终形成连续的 MoS_2 薄膜。然而需要严格控制前驱体和反应时间以减小膜的厚度，以防出现未覆盖区域，如图 5.1(b)中的虚线圆圈所示。然后使用 PMMA 湿法辅助转移法将连续膜转移到目标基板上，并按图 5.1(b)中的插图所示沉积 Ti/Au 电极。随后将 MoS_2 薄膜转移到铜网上用于透射电子显微镜(TEM)观察。高分辨率 TEM 图像(见图 5.1(c))显示该薄膜具有高质量的单晶结构，其面间距离为 0.273 nm 和 0.267 nm，对应于(100)和(101)面的间距。

为了研究 MoS_2 薄膜的厚度，在薄膜的边缘进行 AFM 测量，如图 5.1(d)所示。该值显示为约 0.8 nm，这与之前关于单层 MoS_2 薄膜的报道一致[7]。在旋涂钙钛矿薄膜后，观察器件的形态，如图 5.1(e)、(f)所示。俯视 SEM 图像显示，复合薄膜的表层形态类似于没有针孔的多晶膜的形态，其晶粒尺寸为 200～500 nm。电极图案也可以在(低分辨率)插图中区分开。截面 SEM 图像显示高度结晶的钙钛矿层的厚度约为 500 nm。值得注意的是，钙钛矿薄膜表现出明显

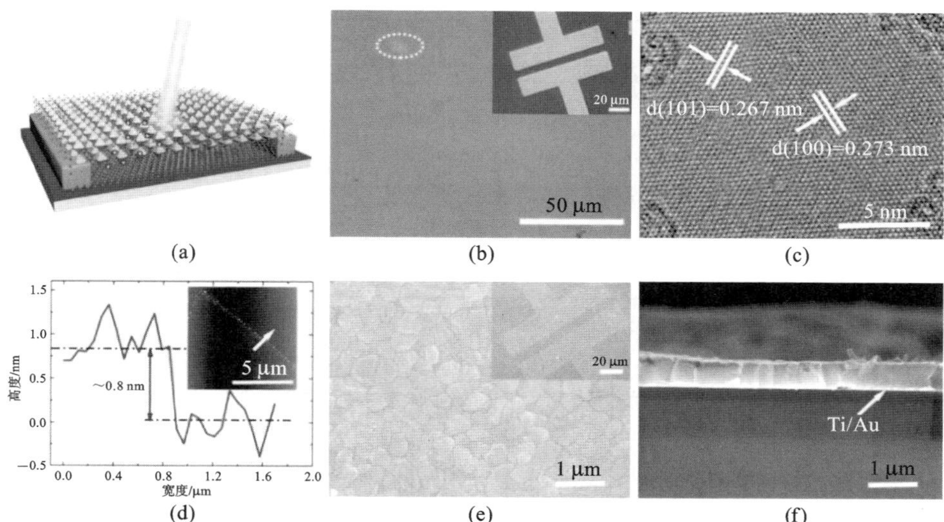

图5.1　(a)基于钙钛矿/MoS_2复合薄膜的光电探测器的结构示意图；(b)MoS_2薄膜的光学图像(插图为沉积电极后的光学图像)；(c)MoS_2薄膜的高分辨率TEM图像；(d)从胶片边缘收集的AFM图像；(e)钙钛矿层的俯视SEM图像(插图为器件的低分辨率图像)；(f)钙钛矿层的截面SEM图像

的柱状晶体结构，其中晶粒可以穿透整个钙钛矿层，从而显著减少晶界处的载流子复合。Ti/Au电极在截面SEM图像中是很明显的。然而，由于MoS_2薄膜超薄，很难从图像中观察到MoS_2薄膜。

随后采集了XPS光谱以进一步阐明单层MoS_2薄膜的表面状态，如图5.2(a)所示，其中已标记特征峰。高分辨率XPS光谱(见图5.2(b)、(c))显示，位于230.2 eV和233.4 eV处的峰对应Mo的$3d_{5/2}$和$3d_{3/2}$状态，位于163.0 eV和164.2 eV处的峰对应S的$2p_{3/2}$和$2p_{1/2}$状态。

MoS_2薄膜的拉曼光谱显示在图5.3(a)中。正如预期的那样，根据E_{2g}^1和A_{1g}模式，该薄膜分别显示出两个尖锐的峰，中心位于约384.8 cm^{-1}和403.8 cm^{-1}峰之间的频率差约为19.0 cm^{-1}，这是单层MoS_2薄膜的有效证明[7,8]。图5.3(b)描绘了三重阳离子混合钙钛矿薄膜的XRD谱图。位于大约14.06°、19.98°、24.57°、28.37°、31.82°、34.96°、40.59°和43.16°处的尖峰可归因于(110)、(112)、(202)、(220)、(310)、(312)、(224)和(314)典型的四方钙钛矿结构的晶格平面[9]。此外，还在用菱形标记的12.64°和47.75°处观察到两个衍射峰，这可以归因于在钙钛矿溶液合成过程中由过量铅引起的PbI_2。

钙钛矿薄膜的XPS谱图如图5.4所示，其中C 1s、N 1s、Cs 3d、Pb 4f、I 3d、Br 3d的特征峰已经被清楚地标出。

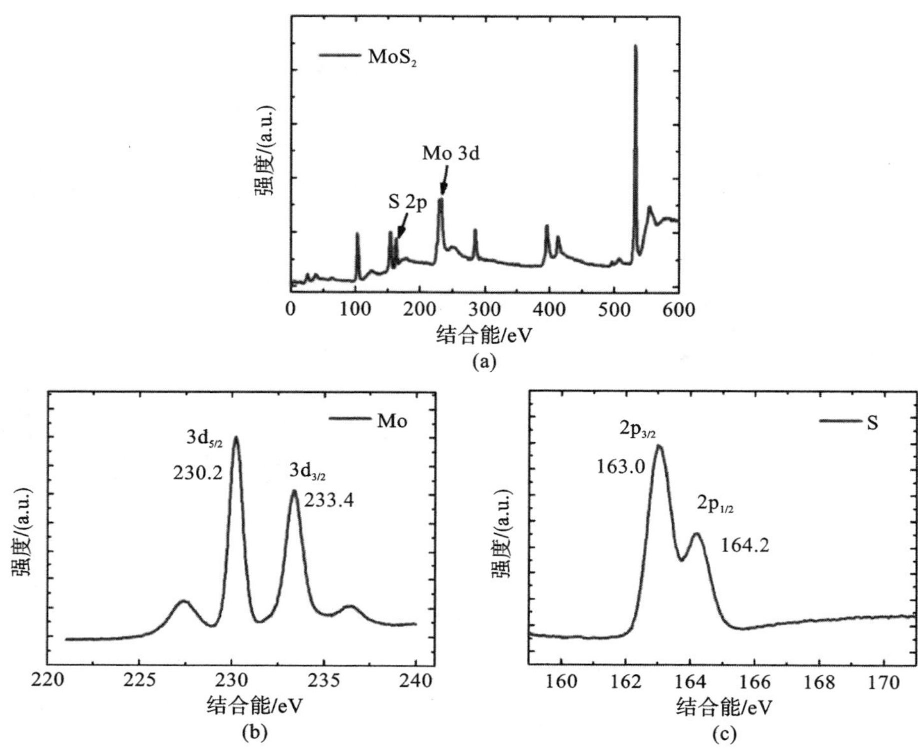

图 5.2 单层 MoS_2 薄膜的 XPS 光谱

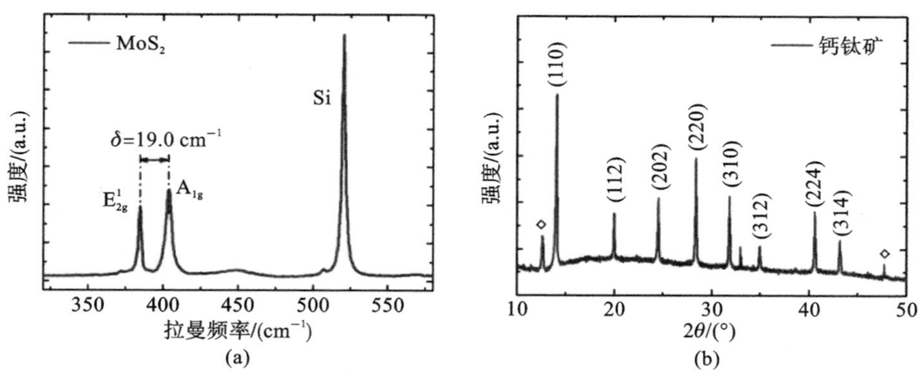

图 5.3 (a) MoS_2 薄膜的拉曼光谱；(b)三重阳离子混合钙钛矿薄膜的 XRD 谱图

钙钛矿薄膜的高分辨率 XPS 谱图(见图 5.5)进一步证明，在约 285 eV 和 400.5 eV 处的峰可归因于 C 1s 态和 N 1s 态。在约 724.8/738.8 eV、619.2/630.7 eV 和 68.5/69.3 eV 处的峰分别与 Cs、I 和 Br 的 $3d_{5/2}$ 和 $3d_{3/2}$ 状态一致。

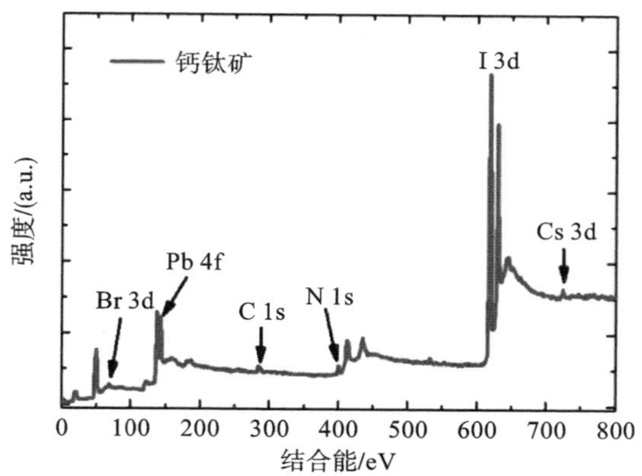

图 5.4　钙钛矿薄膜的 XPS 谱图

138.4 eV 和 143.3 eV 的峰分别来源于 Pb $4f_{7/2}$ 和 Pb $4f_{5/2}$ 状态。XPS 数据的定量分析表明，钙钛矿薄膜表面的原子比为 0.73%Cs、22.54%C、17.13%N、13.8%Pb、40.87%I、4.94%Br，与预先设计的化学组成 $Cs_{0.05}(MA_{0.17}FA_{0.83})_{0.95}Pb(I_{0.83}Br_{0.17})_3$ 基本一致。

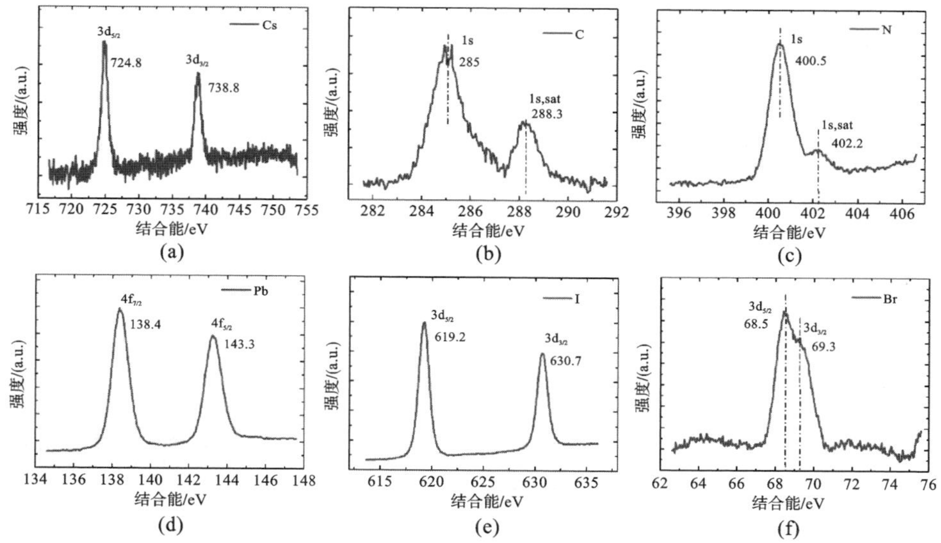

图 5.5　钙钛矿薄膜的高分辨率 XPS 谱图

为了研究复合薄膜中的光分布，进一步测量了钙钛矿薄膜的紫外-可见光透过率(见图 5.6)。520 nm 处的透过率约为 5.4%，这意味着大部分入射光在照射到 MoS_2 薄膜之前被钙钛矿层吸收。

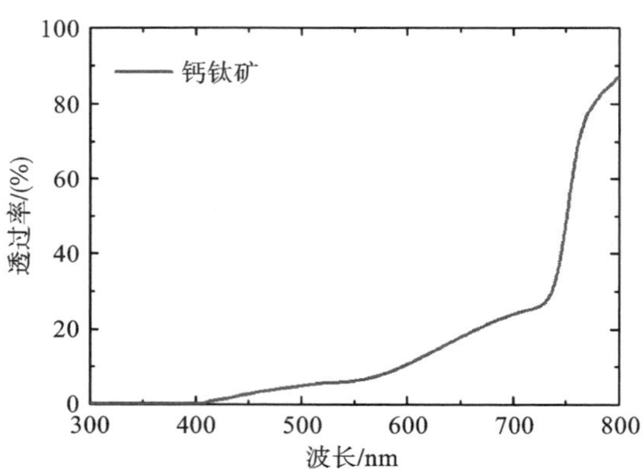

图 5.6　钙钛矿薄膜的紫外-可见光透过率

此外,钙钛矿薄膜和钙钛矿/MoS_2 复合薄膜的光致发光(PL)光谱,如图 5.7(a)所示。对于存在 MoS_2 层的复合薄膜,1.63 eV 的带间跃迁峰值显示出明显的下降,表明大量的光激发电子从光活性钙钛矿层转移到 MoS_2 薄膜。此外,通过 TR-PL 衰减曲线来研究界面处的电荷载流子动力学,如图 5.7(b)所示。经双指数衰减函数计算出的原始钙钛矿薄膜和钙钛矿/MoS_2 复合薄膜的平均 PL 衰减时间分别为 1927 ns 和 284 ns。显然,在相同条件下,与原始钙钛矿薄膜相比,复合薄膜出现了快速的 PL 猝灭,直接证明大量的光生载流子通过钙钛矿/MoS_2 界面转移了。

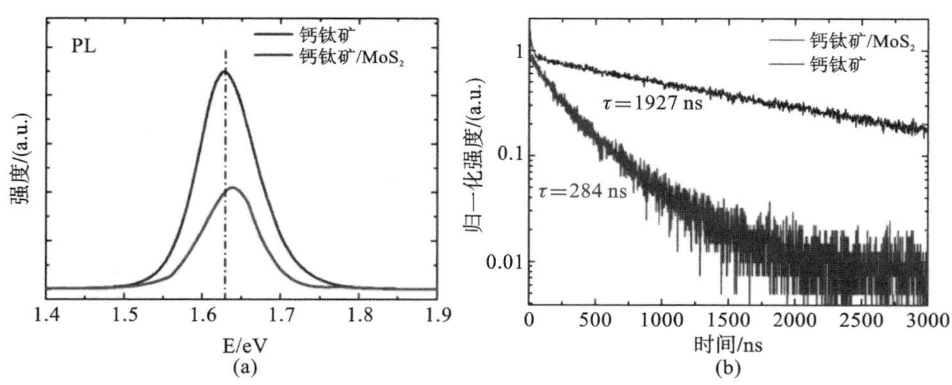

图 5.7　(a)钙钛矿薄膜和钙钛矿/ MoS_2 复合薄膜的 PL 光谱;(b)钙钛矿薄膜和钙钛矿/MoS_2 复合薄膜的 TR-PL 衰减曲线

随后进一步研究了该光电探测器的电学特性。图 5.8(a)显示了由 MoS_2 薄膜、钙钛矿薄膜和钙钛矿/MoS_2复合薄膜组成的光电探测器的伏安特性。MoS_2薄膜的光电流在 2 V 偏压电位下约为 32 nA，入射功率为 50 nW，而在涂覆钙钛矿层后该值增大至约 84 nA。将数据转换到对数坐标图中，以清楚地显示暗电流，如图 5.8(b)所示。显然，所有样品的暗电流随着偏置电压的增大而增大。对于 1 V 和 2 V 的偏置电压，钙钛矿/MoS_2复合膜的暗电流值分别为约 2.0 pA 和 3.8 pA。图 5.8(c)描绘了在 50 $\mu W/mm^2$ 的照射下具有不同沟道长度(从 10 μm 到 100 μm)的器件的性能。这些器件表现出类似的光电流。为了进一步评估具有不同沟道长度的器件，使用以下公式计算响应度：$R=(I_{light}-I_{dark})/P$，其中 I_{light}和 I_{dark}分别是器件的光电流和暗电流，P 是光电探测器有效区域上的入射光功率。图 5.8(c)中的插图显示光电探测器的响应性随偏置电压和沟道长度而变化。显然，响应性随着沟道长度的增大而降低。最小沟道(10 μm)在 50 nW 的照度下显示出 1.7 A/W 的最高值。考虑到上述器件的入射功率变化，进一步研究了光电流、响应性和入射功率之间的关系，如图 5.8(d)所示。显然，随着入射功率的增大，器件的光电流得到改善。然而，由于光激发电荷载流子之间的散射被抑制，入射功率降低，因此光响应性显著增大。光响应性可以提高到 342 A/W，这远高于大多数 TMDC 膜或基于钙钛矿的光电探测器[4,10-13]。光电探测器的另一个重要指标是归一化探测率 D^*，其定义为$(A\Delta f)^{1/2}R/i_n$。这里，A 是有效面积，Δf 是电学带宽，i_n是噪声电流，噪声电流主要归因于这里的暗电流[14]。计算所得的特定探测率值约为 1.14×10^{12} Jones。

图 5.9(a)显示了在照射下基于钙钛矿/ MoS_2复合薄膜的光电探测器的工作机制和能带图。当装置被激光照射时，光激发的电荷载体立即在复合薄膜中产生。由于其具有高光吸收性，钙钛矿层中的光激发电荷载流子浓度远高于 MoS_2薄膜中的光激发电荷载流子浓度。然后电子和空穴在钙钛矿层中分离，因为它具有双极性电荷传输性质，并且由于在钙钛矿-MoS_2结和 Ti-MoS_2结附近形成的电场，电子优先扩散到 MoS_2薄膜中并在电极处聚集。通过打开和关闭激光光源记录钙钛矿/MoS_2光电探测器的瞬态光响应，如图 5.9(b)所示。显然，钙钛矿层涂覆后响应速度显著提高。在 1 V 偏置电压下，测量的光电流从暗处的 2 pA 增大到约 40 nA，明暗开关比达到 2×10^4。为了计算器件的响应和恢复时间，收集单个开/关周期，如图 5.9(c)所示。根据给定光电流峰值的 10%和 90%，响应和恢复时间计算为 27 ms 和 21 ms，这优于大部分最新报道的 MoS_2薄膜光探测器[11,15]。

为了进一步研究器件的稳定性，收集了在重复的开/关循环照射下光电流强度的变化规律，如图 5.9(d)所示。在测试过程中(1 h)，没有观察到明显的衰减。通常，在持续光照和大气环境下钙钛矿的稳定性较差。然而，三重阳离子

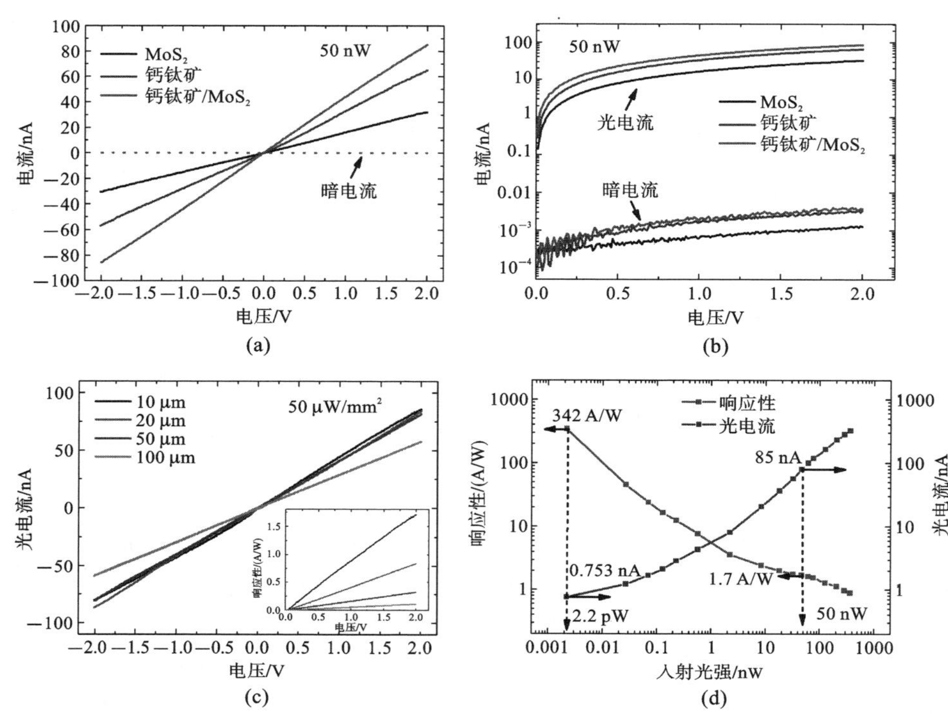

图 5.8 (a)光电探测器的伏安特性;(b)对数坐标图中的伏安曲线;(c)在 50 μW/mm² 照射下具有不同沟道长度的器件的性能(插图显示光响应性随偏置电压和沟道长度而变化);(d)器件的光电流和光响应性随入射功率而变化

(Cs/MA/FA)复合钙钛矿薄膜在大气环境(≈50%RH 和 25 ℃)下表现出良好的稳定性,并且没有观察到由电荷传输不平衡造成的电荷累积,这可归因于在器件中形成的薄膜和钙钛矿-MoS_2结的特殊成分。通过进一步的 PDMS 封装,器件的稳定性足以满足实际应用[16]。一个值得注意的现象是器件在零偏置电压和光的照射下表现出不可忽略的响应(≈0.3 nA),这在光电导光电探测器中很少发现。照明下的伏安特性表明器件具有类似于光伏器件的性质,这可能是在 MoS_2/钙钛矿界面和金属/半导体界面处形成的结的综合效应。这些结果进一步证明了钙钛矿-MoS_2结的形成大大增强了光激发电荷载体的分离和输运。此外,它还表明这些器件具有潜在的自供电特性,在未来自驱动集成系统中具有极大的应用潜力。

为了证明钙钛矿/MoS_2光电探测器的可移植性,在透明玻璃上制造这些器件。图 5.10(a)显示了在正面照射和背面照射下器件的光电流,这几乎与 SiO_2/

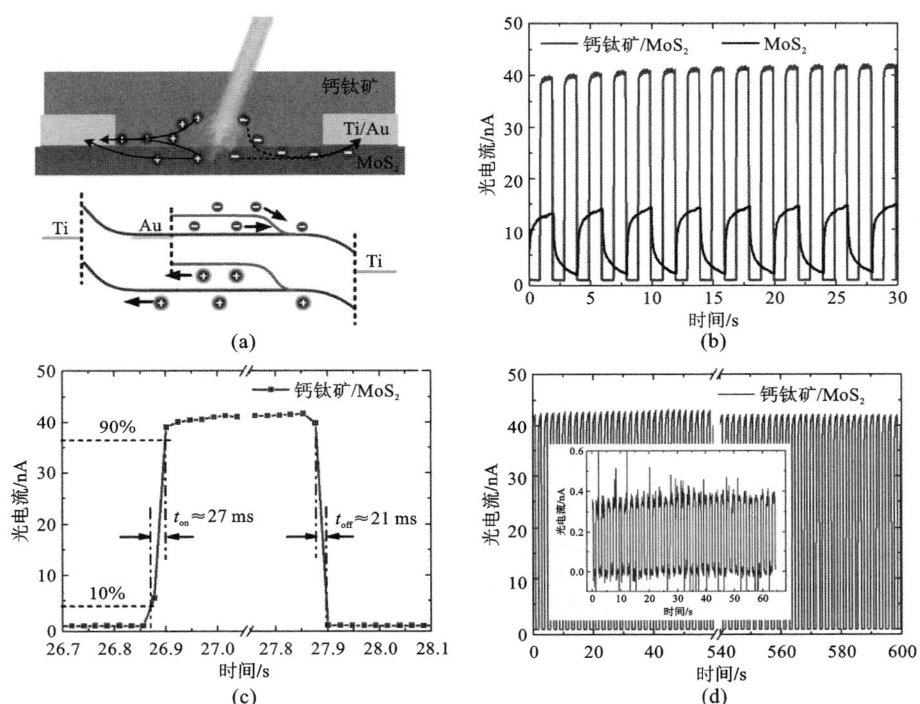

图 5.9 (a)在照射下基于钙钛矿/ MoS_2 复合薄膜的光电探测器的工作机制和能带图;(b)在重复开/关照明下器件的瞬态光响应;(c)设备的响应和恢复时间;(d)没有任何封装的器件的长期稳定性测试

Si 衬底上的器件的光电流相同。在背面照射下光电流的可忽略的下降归因于玻璃的光吸收引起的入射功率的轻微降低。考虑到柔性光电子学蓬勃发展的需求,在 PET 基板上使用钙钛矿/MoS_2 复合薄膜进一步制造柔性光探测器,如图 5.10(b)所示。具有不同沟道长度的柔性器件的性能类似于刚性基板上的器件的性能。此外,这些器件在瞬态开/关照明下表现出快速响应和良好的稳定性,如图 5.10(c)所示。我们还使用图 5.10(d)所示的三点弯曲装置通过重复弯折来研究器件的机械稳定性和可靠性。可以根据以下等式获得器件的曲率:$\rho=(h^2+(L/2)^2)/2h$,其中 L 是两个支撑块之间的距离,h 是器件中点处的深度。这里采用的曲率是 5 mm。弯折 20000 次后,器件的光电流值仍然保持 91%。值得注意的是,20000 次和 2000 次相比对应的光电流没有明显的下降,表明柔性光电探测器能够承受反复的外部机械力。这些结果进一步证明了钙钛矿/MoS_2 复合柔性光电探测器的良好稳定性。

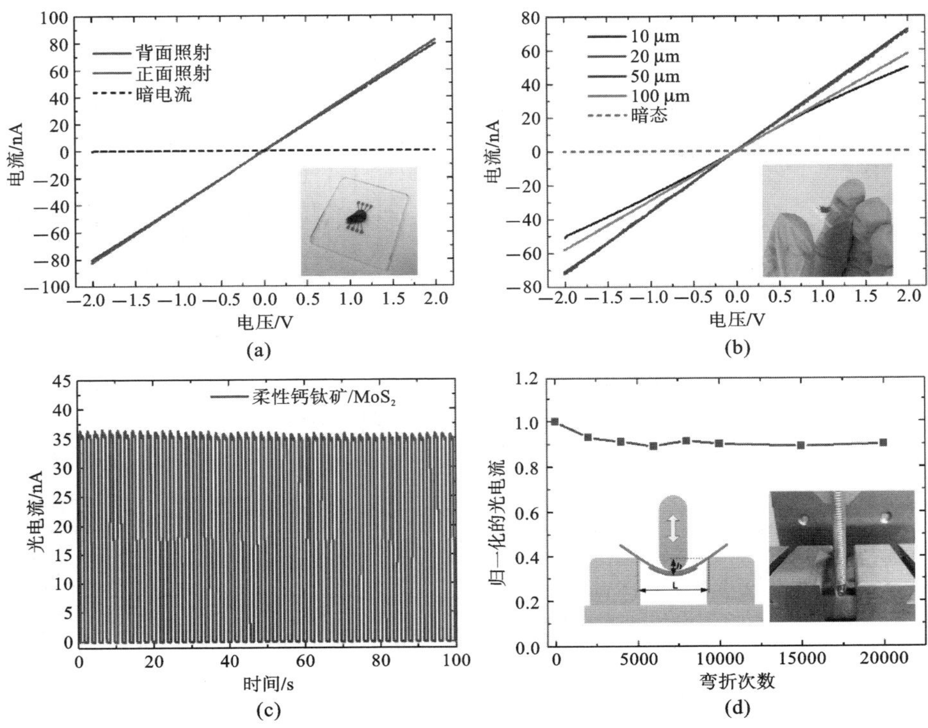

图 5.10 (a)在正面照射和背面照射下器件的光电流；(b)在不同沟道长度的基板上的柔性光电探测器的伏安曲线；(c)在瞬态开/关照明下柔性装置的光电流；(d)使用三点弯曲装置通过重复弯折来研究器件的机械稳定性和可靠性

5.1.3 小结

本节提出了一种基于钙钛矿/MoS_2复合薄膜的高性能光电探测器，可以在各种基板上制造，包括 SiO_2/Si、透明玻璃和柔性 PET 等。原子级厚度 MoS_2薄膜通过 CVD 方法合成，并展示出连续、均匀和稳定的特性。该器件在 2.2 pW 的入射功率、2 V 偏压且无栅极电压下的外部光响应性约为 342 A/W，特定探测率达到 1.14×10^{12} Jones，在低工作电压下表现出了优异的光电性能，这可归因于钙钛矿薄膜高光吸收性和长电子/空穴扩散长度。此外，基于 PET 基板制备的钙钛矿/MoS_2复合薄膜柔性光电探测器，在瞬态开/关照明下表现出快速响应和良好的稳定性，并且在 20000 次弯曲循环后仍保留 91%的光响应性。这种高性能光电探测器在光电系统和柔性电子系统领域中有各种应用。

5.2 基于铜离子掺杂的无空穴传输层自驱动钙钛矿光电探测器

光电探测器在无线光通信领域具有重要应用。但目前所采用的商业光电探测器主要是基于无机化合物的 Si、GaN 与 InGaAs 半导体光电探测器。这类器件离不开昂贵的高真空、高温制备工艺。并且，器件在使用过程中往往需要施加偏压，以获得更优异的光电响应特性，这进一步增加了能量消耗。因此，探寻低成本、自驱动光电探测器来取代传统无机半导体光电探测器在光探测领域是一个重要的研究方向。

近十年来，用溶液法制备的有机[17]和量子点[18]光电探测器得到广泛研究，尤其是在一些要求颜色可变、大面积或者柔性的特殊场合。但由于受到这两种材料的载流子迁移率较低的限制，绝大多数基于有机和量子点的光电探测器在实际应用中都存在着低响应速率的短板。钙钛矿材料不断涌现，给低成本、可溶液制备以及高性能光电探测器的研发带来了新机遇。2014 年，Yang 等人展示了一种用溶液法制备的自驱动钙钛矿光电探测器[19]，探测率高达 10^{14} Jones，线性动态范围超过 100 dB，3 dB 带宽高达 3 MHz。Huang 等人展示了一种高速自驱动钙钛矿光电探测器，零偏压下器件的极限响应时间长达 1 ns[20]。Sargent 等人也报道了一种基于材料改性的自驱动钙钛矿光电二极管[13]，光电响应时间为 1 μs，具备超过 70 亿次光脉冲冲击的出色稳定性以及接近 0.4 A/W的光灵敏度。

虽然钙钛矿光电探测器目前也取得了一些成就，但绝大多数的高性能钙钛矿光电探测器都采用了昂贵的有机空穴传输材料，如 PEDOT:PSS[19]、spiro-OMeTAD[13]、PTAA[20]等。这无疑在很大程度上提高了钙钛矿光电探测器的制备成本并限制了它的推广应用。于是，许多低廉的空穴传输材料如 P3HT[21]、NiO[22]、CuSCN[23]、CuO_x[24]等相继被开发出来，但空穴传输层的制备过程仍是非常烦琐的。前期的研究曾发现金属卤化物钙钛矿材料具有非常出色的双极性[25-27]，这意味着钙钛矿层既可以作为光敏层，又可以作为空穴传输层，为构造简化的器件结构提供理论支撑。开发无空穴传输层钙钛矿光电探测器既减小了空穴传输层制备的开销，又简化了器件制备工艺。遗憾的是，目前所有已报道的无空穴传输层钙钛矿光电探测器的性能都不尽如人意[28-30]，可能与钙钛矿本身低效的空穴传输能力和由钙钛矿/电极界面不匹配导致的严重载流子复合有关。因此，仍需继续探索与研究具有简单结构与制备工艺的高性能钙钛矿光电探测器。

本节提出了一种钙钛矿 Cu 离子掺杂并提升光电特性的新策略。利用掺杂钙钛矿制备的无空穴传输层自驱动光电探测器的性能得到明显提升，部分指标超过许多已报道的高性能自驱动光电探测器。并且，所研究器件已成功应用于可见光通信系统，实现了文本准确传输以及音频高保真转换。

5.2.1 器件制备

(1)基底的准备：将激光刻蚀好的 ITO 浸泡于加有清洁剂的去离子水中，超声清洗 15 min；取出后，再用去离子水漂洗两次；然后分别采用丙酮和乙醇各超声清洗 15 min；最后用氮气枪吹干备用。在使用清洗后的 ITO 基底之前，其表面还需用紫外臭氧清洗机处理 30 min 进行表面改性。

(2)钙钛矿光敏层的制备：将 599.3 mg PbI_2、206.7 mg CH_3NH_3I、0～20 mg CuSCN 溶解于 1 mL 体积比为 4∶1 的 DMF 和 DMSO 的混合溶液。在手套箱中加热搅拌 2 h 至溶质充分溶解，钙钛矿前驱体配制完毕。采用移液枪取 50 μL 钙钛矿前驱体滴加在 ITO 基底表面，在程序开始 5 s 后，将 200 μL 的氯苯反溶剂快速地滴加在旋转的样品表面，使钙钛矿薄膜快速结晶。旋涂后，样品还需在 100 ℃的加热台上退火 10 min。退火结束后，钙钛矿光敏层制备完毕。整个操作过程均在充满 N_2 的手套箱里完成。

(3)电子传输层的制备：将 PCBM 的氯苯溶液(20 mg/mL)旋涂在钙钛矿薄膜表面，旋涂仪程序设为 2000 r/min 保持 30 s。旋涂完毕后，在 100 ℃的加热台上退火 10 min。

(4)空穴阻挡层的制备：将 BCP 的异丙醇溶液(0.5 mg/mL)旋涂在 PCBM 薄膜表面，旋涂仪程序设为 5000 r/min 保持 60 s。完毕后，室温干燥 2 h。

(5)Ag 电极层的制备：Ag 电极层采用真空热蒸发的方式沉积，本底真空度为 0.9×10^{-4} Pa，电流设为 140 A，厚度控制在 100 nm，采用附带晶振片的膜厚仪对薄膜厚度进行监测。

5.2.2 形貌表征

本节所描述的掺杂通过在钙钛矿前驱体中加入少量的 CuSCN 实现。有趣的是，研究发现 CuSCN 既不溶于 DMF、DMSO，又不溶于 DMF/DMSO 混合溶液，但 CuSCN 却能很好地溶于钙钛矿前驱体中，如图 5.11 所示，这主要得益于钙钛矿离子引发的盐溶效应[31]。掺杂后的钙钛矿前驱体可以在手套箱保护气环境下稳定数周。

图 5.12(a)～(e)展示了在不同 CuSCN 掺杂浓度下，钙钛矿薄膜的平面 SEM 形貌图。可明显看出，掺杂后钙钛矿薄膜的晶粒尺寸明显增大，由掺杂前

图 5.11　CuSCN 在 DMF、DMSO、DMF/DMSO 以及钙钛矿前驱体中的溶解度测试

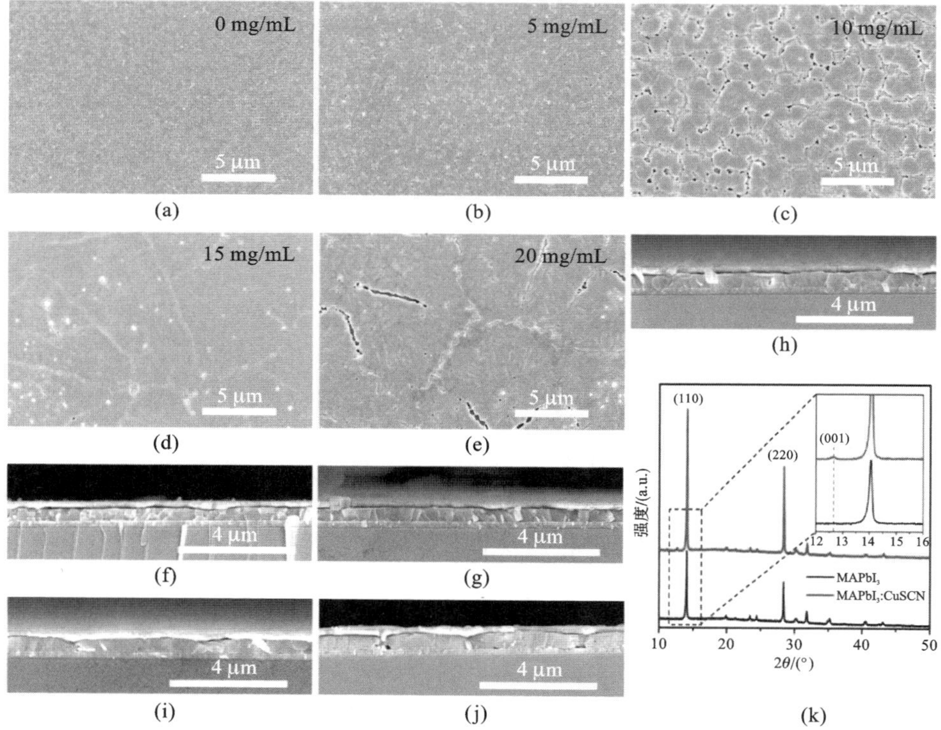

图 5.12　(a)～(e)不同掺杂浓度下钙钛矿薄膜的平面 SEM 形貌图与(f)～(j)其对应器件的截面 SEM 图;(k)掺杂前后钙钛矿薄膜的 XRD 谱图

的 300 nm 增大至掺杂后的 5 μm。然而,随着 CuSCN 掺杂浓度的增大,薄膜晶界处会出现一些孔洞。当 CuSCN 掺杂浓度为 15 mg/mL 时,钙钛矿薄膜表面覆盖率最高,孔洞较少。当 CuSCN 掺杂浓度继续增大时,晶界处会出现明显裂纹。图 5.12(f)～(j)展示了不同 CuSCN 掺杂浓度下钙钛矿薄膜对应器件的截面 SEM 图。掺杂前后钙钛矿薄膜的厚度变化不大,都大致为 500 nm。而掺杂

引起钙钛矿晶粒增大，单个晶粒可直接穿透而连接上下层薄膜，更有利于光电子传输，降低晶界处的损耗[32]。根据图 5.12(k)所示的 XRD 谱图，掺杂后钙钛矿薄膜在14.05°与 28.44°处的衍射峰得到增强，分别对应的是钙钛矿四方晶结构的(110)与(220)晶向[33]。对于掺杂后的钙钛矿薄膜，在 12.67°处一个很小的衍射峰，对应于 PbI_2 的(001)晶向。因此，掺杂 CuSCN 会导致少量 PbI_2 杂质产生。

为了能够准确地追踪钙钛矿薄膜中元素的分布情况，开展了 XPS 测试，对 Cu、Pb、I 与 S 元素进行分析，结果如图 5.13(a)～(d)所示。薄膜掺杂后，可以观察到 Cu 2p 明显的特征峰，I 3d 峰与 Pb 4f 峰的位置也向高结合能方向略微偏移。可以注意到，掺杂后 Pb 4f 主峰周围结合能 136.7 eV 与 141.6 eV 处，多出了两个小的行星峰，预示着 Pb 元素化学价态的变化[34,35]。令人感到疑惑的是，通过 XPS 测试，在掺杂后钙钛矿薄膜中并不能观察到 S 元素的存在。我们猜想，SCN 离子在成膜的过程中消失，最后只有 Cu 离子留在了钙钛矿薄膜中，并通过傅里叶红外光谱与拉曼光谱对其做进一步验证。与 SCN 离子对应的氰基的特征峰在 $MAPbI_3$ 薄膜中观察不到，却可在未退火的 $MAPbI_3$：CuSCN 混合薄膜的谱线中清晰辨别出来，即波数为 2080 cm^{-1}（见图 5.13(e)）与 2176 cm^{-1}（见图 5.13(f)）处。但这些特征峰在混合钙钛矿薄膜退火后消失不见。根据以前的类似报道[36]，假设钙钛矿在成膜的过程中发生了以下反应：

$$CH_3NH_3I + PbI_2 \xrightarrow{\triangle} MAPbI_3 \tag{5.1}$$

$$MAPbI_3 + CuSCN \xrightarrow{\triangle} MAPb_{1-x}Cu_xI_3 + PbI_2 + HSCN\uparrow + CH_3NH_2\uparrow \tag{5.2}$$

CH_3NH_2气体的形成能用来解释钙钛矿晶粒的增大[36-38]，而 HSCN 气体的形成也解释了 SCN 离子的消失。

5.2.3 性能测试

本节所提出的无空穴传输层自驱动光电探测器的结构示意图与实物图如图 5.14(a)所示。图形化的 ITO 作为器件基底，CuSCN 掺杂钙钛矿薄膜作为光敏层，PCBM 作为电子传输层、BCP 作为空穴阻挡层，Ag 作为对电极层。这种具有无空穴传输层的器件结构，能够简化工艺过程并节省由空穴传输材料导致的昂贵的工艺成本。图 5.14(b)展示的是零偏压下钙钛矿光电探测器分别在 375 nm、520 nm 与 640 nm 激光激发下的电流-时间测试曲线。对应的光照强度分别为 3.1 mW、11.7 mW 与 12.17 mW。掺杂钙钛矿器件的光电流响应要比未掺杂钙钛矿器件的高两倍以上。器件光电流随 CuSCN 掺杂浓度的变化曲线如图 5.14(c)所示，由此得出结论，对器件性能而言，15 mg/mL 是最佳掺杂浓度。

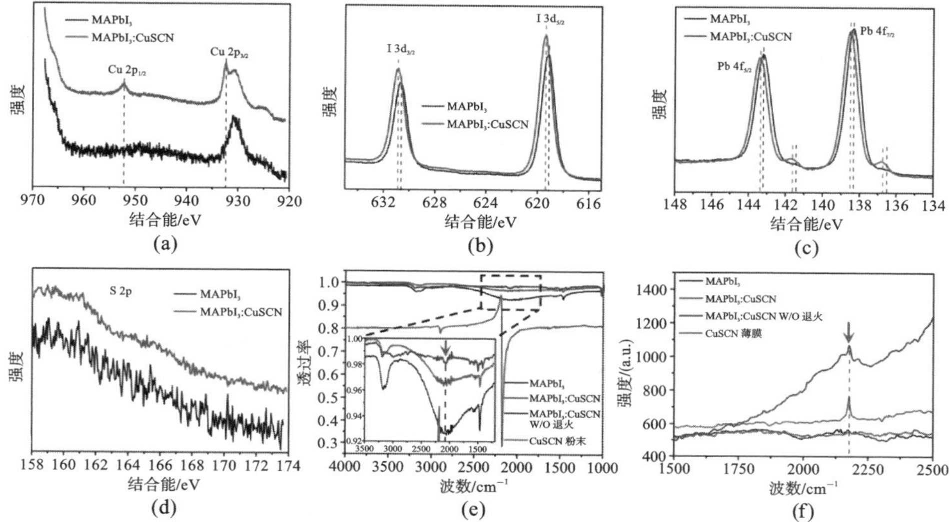

图 5.13　(a)～(d)掺杂前后钙钛矿薄膜中 Cu、I、Pb 与 S 元素的 XPS 谱线；不同薄膜的(e)傅里叶红外光谱与(f)拉曼光谱谱图

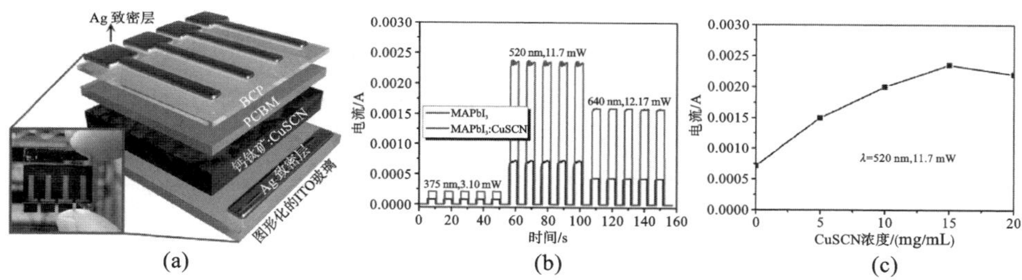

图 5.14　(a)无空穴传输层自驱动光电探测器的结构示意图与实物图；(b)零偏压下钙钛矿光电探测器中分别在 375 nm、520 nm 与 640 nm 激光激发下的电流-时间测试曲线；(c)器件光电流随 CuSCN 掺杂浓度的变化曲线

图 5.15 展示了掺杂前后光电探测器在暗态与 AM 1.5G 光照下的电流-电压曲线。暗态下的两个器件均表现出了明显的整流特性。但掺杂后无偏压下器件的暗电流更小，也就是泄漏电流更低，器件内部的复合更少。根据 AM 1.5G光照下的电流-电压曲线，自驱动钙钛矿光电探测器在实际工作方面与光伏电池类似。未掺杂器件在光照下的开路电压为 0.52 V，短路电流为8.55 mA/cm^2，填充因子为 0.28，光电转化效率仅有 1.24%。然而器件掺杂后，开路电压提升至 0.77 V，短路电流提升至 16.11 mA/cm^2，填充因子提高至0.55，最终的光电转化效率可达 6.78%，提升了 446.8%，性能得到了极大改善。

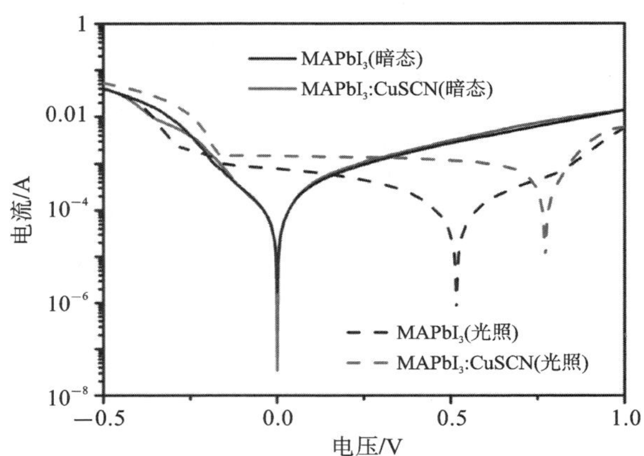

图 5.15　掺杂前后光电探测器在暗态与 AM 1.5G 光照下的电流-电压曲线

器件的光电响应速率也得到了一定程度的提升，如图 5.16 所示。光电流上升时间 t_{on} 与下降时间 t_{off} 被分别定义为从最大光电流值 10%上升至 90%所需的时间与从最大光电流值 90%下降至 10%所需的时间。经计算可得，未掺杂器件的上升时间为 199 ms 以下，而掺杂后器件的上升时间缩短至 23 ms 以下，下降时间也由掺杂前的 72 ms 以下缩短至 26 ms 以下。可明显看出，掺杂后器件的光电响应速率比未掺杂器件的要快很多，可能与掺杂后钙钛矿薄膜晶粒尺寸更大、晶界更少有关。在光电响应速率前面加上"<"，主要是因为器件的极限响应速率已超过了数字源表（吉时利 2636B）的探测极限，后面将着重讨论。

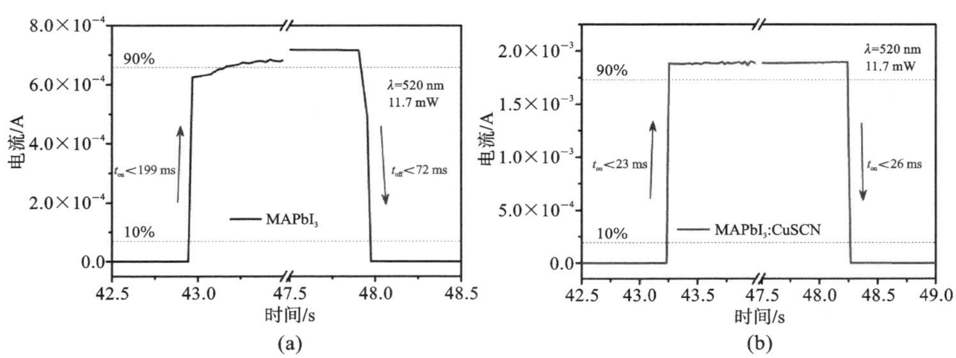

图 5.16　掺杂(a)前(b)后器件的光电响应速率

图 5.17 展示了器件光电流与激光入射功率的对应关系。通过其可以计算

出器件的线性动态范围(LDR),即器件不失真地探测到光信号的变化范围。计算公式如下:

$$\mathrm{LDR} = 20\lg \frac{P_{\mathrm{high}}}{P_{\mathrm{low}}} \tag{5.3}$$

式中:P_{high}与 P_{low}分别是器件能保持线性光响应的最高与最低功率。

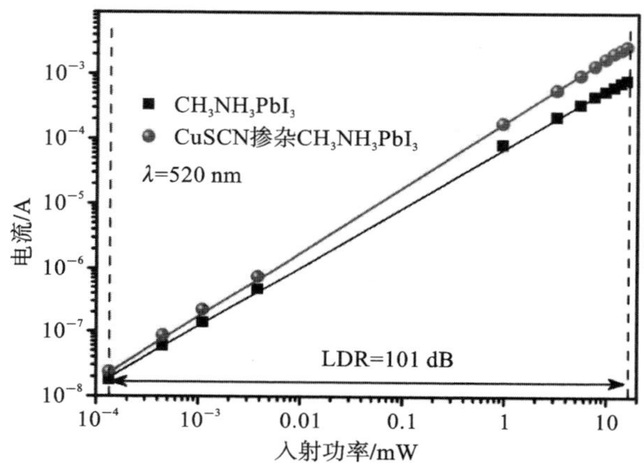

图 5.17　掺杂前后器件的线性动态范围

可以看出,激光入射功率在 135 nW 至 15.6 mW 的测试范围内,器件光电流呈线性变化,对应一个超过 101 dB 的线性动态范围。该性能与商业化的硅光电探测器(120 dB)接近,高于商业化的 InGaAs 光电探测器(66 dB)。

光谱灵敏度与归一化探测率对光电探测器而言均是重要的性能参数,可用来表示器件对范围内光谱的响应程度及器件从噪声中挖掘有用信息的能力。光谱灵敏度 R_λ的计算公式为

$$R_\lambda = \frac{\lambda \cdot \mathrm{EQE}}{hc \cdot e} = \frac{\lambda \cdot \mathrm{EQE}}{1.24 \times 10^{-6}} \tag{5.4}$$

式中:λ 是光的波长;h 是普朗克常量;c 是光速;e 是元电荷电荷量;EQE 是外量子效率。

归一化探测率 D^* 的计算公式为

$$D^* = \frac{R_\lambda}{\sqrt{2eJ_{\mathrm{d}}}} \tag{5.5}$$

式中:J_{d}是器件的暗电流密度。

由此可知,D^* 正比于 R_λ。如图 5.18(a)所示,光谱灵敏度曲线开始于 300 nm,截止于 800 nm,与钙钛矿薄膜的光吸收范围一致。可明显看出,掺杂后器件的光谱灵敏度在 350～750 nm 光谱范围内有明显提升。在 685 nm 处,器件

光谱灵敏度最高为 0.37 A/W，归一化探测率最高为 1.06×10^{12} Jones。器件对应的 IPCE 曲线如图 5.18(b)所示，掺杂前后器件 IPCE 积分所得的积分 J_{SC} 分别为 10.62 mA/cm^2 与 15.93 mA/cm^2，与在标准太阳光照下实测的短路电流值(8.55 mA/cm^2 与 16.11 mA/cm^2)十分接近，进一步证明了我们数据的准确性与可靠性。

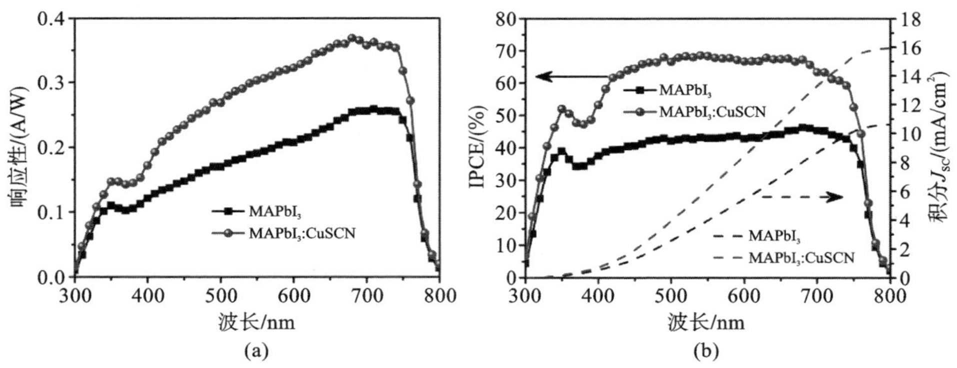

图 5.18　掺杂前后器件的(a)响应性与(b)IPCE 曲线

此外，对器件的光响应长程稳定性进行评估，如图 5.19 所示。掺杂后器件的光响应电流在 3000 s 的测试周期内几乎保持一致，而未掺杂器件的光电流却呈现出明显的下降趋势。因此，相比较而言，掺杂后器件的稳定性更佳。

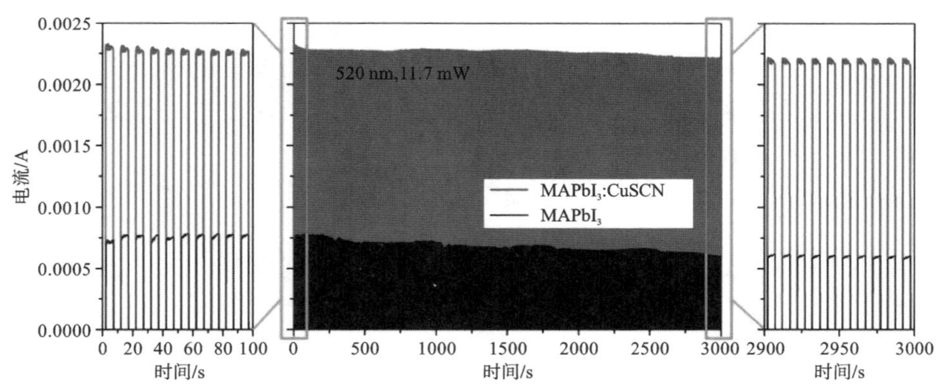

图 5.19　掺杂前后器件的光响应长程稳定性对比

为了探寻 $MAPbI_3$ 钙钛矿薄膜的掺杂特性，开展了紫外光电子能谱(UPS)测试。$MAPbI_3$ 与 $MAPbI_3$:CuSCN 两种薄膜的 UPS 价带谱对比如图 5.20(a)所示。可以看出，$MAPbI_3$ 费米能级与价带之间的能级差为 1.36 eV。由于钙钛矿薄膜的禁带宽度为 1.5 eV，因此未掺杂的钙钛矿薄膜体现了一种 n 型自掺杂特质。当钙钛矿薄膜经 CuSCN 掺杂后，费米能级向深能级迁移，与价带顶之间的能级差减小至 0.6 eV，展现了明显的 p 型掺杂特性[39,40]。图 5.20(b)展示了本研究所提出的无空穴传输层钙钛矿光电探测器的能级排布示意图。器件受光照激发后，钙钛矿薄膜内产生电子空穴对。光生电子首先注入电子传输层 PCBM 中，再传输至 Ag 电极。然而，由于空穴传输层的缺失，光生空穴直接传输至 ITO 电极。在未掺杂的钙钛矿光电探测器中，钙钛矿与 PCBM 薄膜都属于 n 型半导体，且两者的费米能级非常接近。因此，光激发后的电荷传输没有内在驱动方向，这将会导致非常不利的载流子复合。钙钛矿薄膜进行 p 型掺杂后，将会极大地增大钙钛矿与 PCBM 薄膜之间的能级差，有利于在钙钛矿/PCBM 异质结处形成内建电场，促进电子与空穴反向运动，从而减少不利的载流子复合并提升器件光探测性能。这也是掺杂后器件在太阳光照下呈现出更高开路电压的原因。为了研究电荷的传输与复合机制，对掺杂前后钙钛矿薄膜进行 TRPL 测试分析，如图 5.20(c)所示。通过对其荧光衰减进行三个时间常数的指数衰减拟合，计算可得未掺杂钙钛矿薄膜的平均荧光寿命为 56.46 ns，而掺杂 CuSCN 后的钙钛矿薄膜平均寿命骤减至 8.82 ns，对应钙钛矿/ITO 界面处更快的空穴传输、更少的电荷积累与受抑制的载流子复合[41,42]。如图5.20(d)所示，稳态 PL 的测试结果也印证了这一点，掺杂前后钙钛矿薄膜的受激发峰值都在 780 nm 附近，而掺杂后钙钛矿薄膜的受激发峰值更低。掺杂前后光电探测器的阻抗谱对比如图 5.20(e)所示。谱图呈现出典型的双弧特征，分别代表高频下的电荷传输电阻与低频下的电荷复合电阻，并采用串联的 RC 回路进行拟合，详细结果如表 5.1 所示。在电荷串联电阻 R_s 变化不大的基础上，掺杂后器件的电荷传输电阻减小，电荷复合电阻增大，更有利于光电转化[43]。此外，采用空间电荷限定电流测试分析法研究掺杂前后钙钛矿薄膜的空穴迁移率，该方法遵循莫特-甘尼定律，结果如图 5.20(f)所示。两类只有空穴传输层器件的 J-V 曲线可以根据指数的数值划分为三个区域($J \propto V^n$)：$n=1$ 时为欧姆区；$n=2$ 时为无陷阱区；两者之间为陷阱填充限制区[44,45]。根据无陷阱区之间的定性比较，可以推断出掺杂后钙钛矿薄膜的空穴迁移率要远大于掺杂前的。依据测试数据，还能具体计算出钙钛矿薄膜的缺陷态密度与空穴迁移率，公式如下：

$$N_{\text{trap}} = \frac{2\varepsilon_0 \varepsilon_r V_{\text{TFL}}}{ed^2} \tag{5.6}$$

$$J = \frac{8}{9}\mu \varepsilon_0 \varepsilon_r \frac{V^2}{d^3} \tag{5.7}$$

式中：ε_0 是真空介电常数；ε_r 是相对介电常数(≈ 30)[46]；V_{TFL} 是陷阱填充限制区与欧姆区交点处电压；e 是元电荷电荷量；J 是电流密度；μ 是空穴迁移率；V 是基电压；d 是钙钛矿薄膜的厚度(500 nm)。

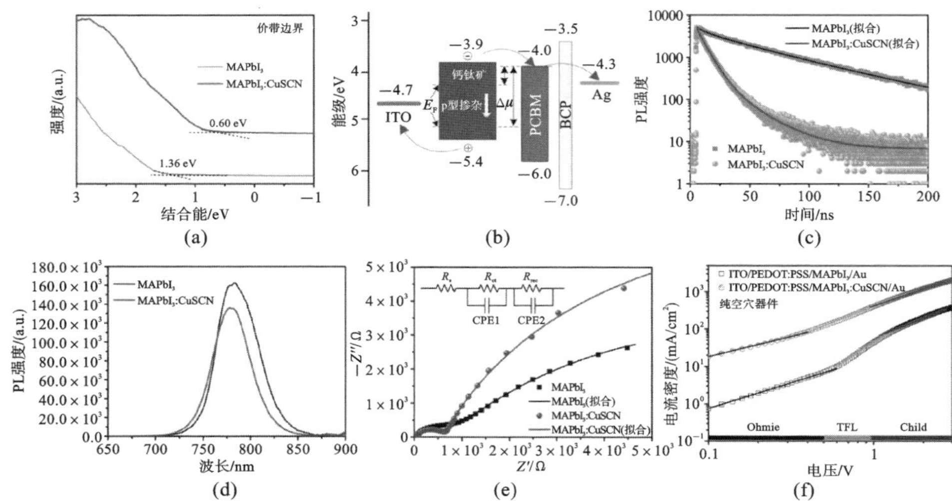

图 5.20　(a)$MAPbI_3$ 与 $MAPbI_3$:CuSCN 两种薄膜的 UPS 价带谱对比；(b)无空穴传输层钙钛矿光电探测器的能级排布示意图(E_F 与 $\Delta\mu$ 分别代表费米能级与费米能级之差)；掺杂前后钙钛矿薄膜的(c)TR-PL 与(d)PL 谱图；(e)掺杂前后光电探测器的阻抗谱对比；(f)掺杂前后钙钛矿薄膜空间电荷限定电流测试分析曲线

表 5.1　掺杂前后器件在无偏压光照下(520 nm,0.8 mW)电化学阻抗谱拟合参数对比

器件	R_s/Ω	R_{ct}/Ω	$R_{rec}/k\Omega$
$MAPbI_3$	33.4	675	12.9
$MAPbI_3$:CuSCN	51.9	559	16.2

通过精确计算，钙钛矿薄膜掺杂前后的缺陷态密度分别为 $7.82\times10^{16}\ cm^3$ 和 $5.39\times10^{15}\ cm^3$，空穴迁移率分别为 $2.15\ cm^2\cdot V^{-1}\cdot S^{-1}$ 和 $16.43\ cm^2\cdot V^{-1}\cdot S^{-1}$，数据的数量级均与已报道的文献一致[47,48]。因此，可以得出结论，对钙钛矿薄膜适量掺杂 CuSCN 可以减少薄膜缺陷，改善薄膜质量，提高空穴迁移率，最终促进器件光电性能的提升。

5.2.4　光通信应用

此外，对器件在高频光信号下的极限响应速率进行评估。如图 5.21(a)所示，测试系统采用一个 450 nm、9.20 mW 的光纤激光器搭配方波发生器作为激发光源，采用示波器采集光电信号。器件在闪频为 10 Hz～200 kHz 光照下的瞬态光电流响应如图 5.21(b)～(k)所示。可以发现，低频时，器件光电流响应曲线呈现出明显的“开”“关”状态变化。但在频率达 50 kHz 以后，光电流响应的上升与下降过程均不能充分完成，呈现出一种类三角波的响应曲线。示波器工作状态下的照片如图 5.21(l)所示。

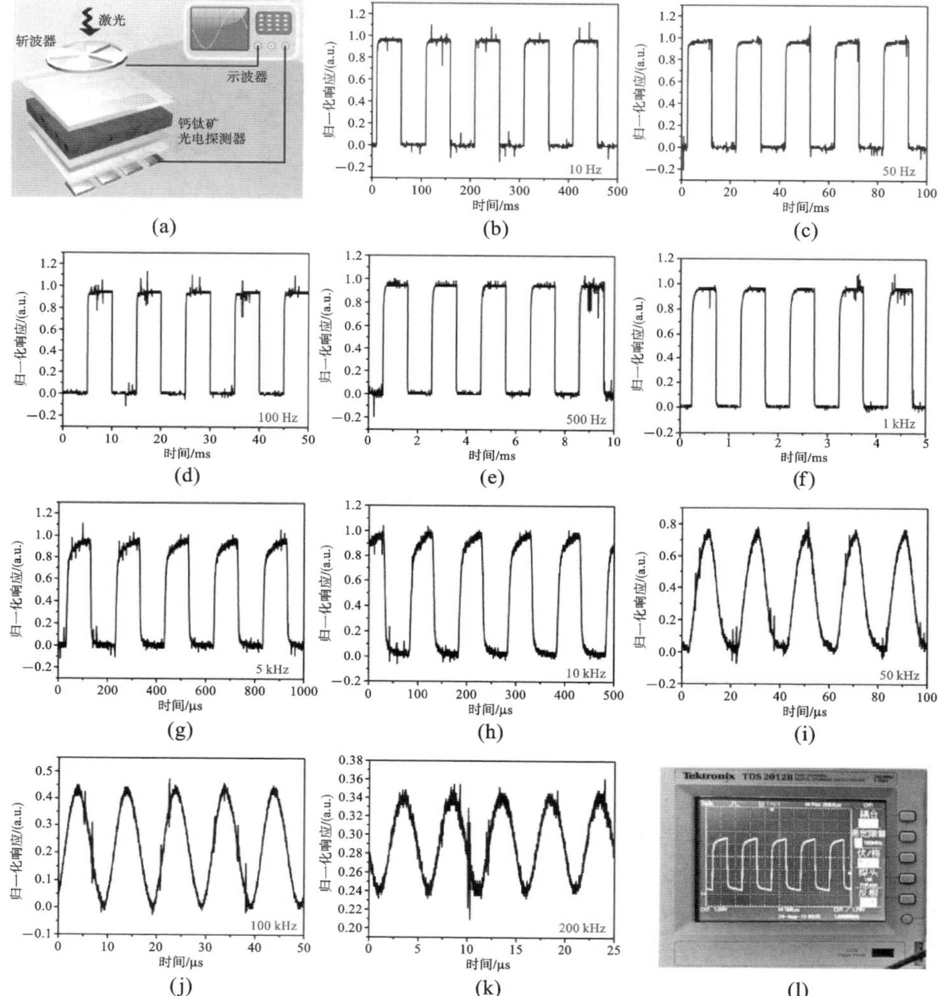

图 5.21　(a)测量钙钛矿光电探测器极限响应速率的示意图；(b)～(k)器件在闪频为 10 Hz～200 kHz 光照下的瞬态光电流响应；(l)示波器工作状态下的照片

物理学中，信号一般是通过波的形式表示的，波的功率频谱密度乘以一个适当的系数将得到每单位频率波携带的功率，这就叫作信号的功率谱密度。3 dB 截止频率是指输出信号的幅度衰减为输入信号幅度 0.707 的频率，频率范围又称频率覆盖、波段覆盖。根据图 5.22(a)所示器件光响应与频率的对应关系，器件的 3 dB 频率约为 50 kHz，这样的带宽范围对音频与文本的传输是足够的(20 Hz～20 kHz)[49]。根据器件在 50 kHz 光照下的极限光响应曲线(见图 5.22(b))，可以得出器件的极限上升时间为 5.02 μs，极限下降时间为 5.50 μs。

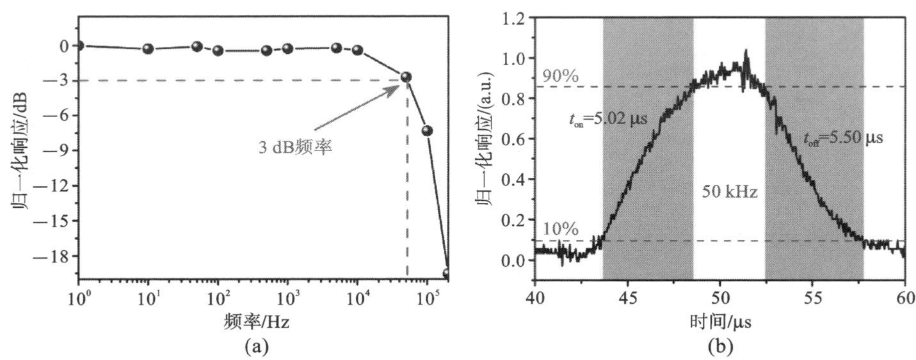

图 5.22 (a)器件光响应与频率的对应关系；(b)器件在 50 kHz 光照下的极限光响应速率

可见光通信是近年来新兴的一种无线光通信技术，具有高速、高安全性、低成本、宽频谱以及抗电磁干扰等优点[42,50-52]。可见光通信系统将 LED 高速明暗的闪烁用于传输信息，集照明、通信、控制于一体。随着无线频谱资源的日渐紧张，可见光通信技术的引入将会极大拓宽通信频谱，在智能家居、智能交通系统、车联网以及高速视/音频传播等领域具有极大发展前景。与光纤通信不同的是，光纤通信将 LED 或者是激光二极管发出的光汇聚至一根很细的光纤中进行传输，而可见光通信的光是自由发散的、耗散的，所以后者的光强要比前者的光强弱很多。因此，为了获得更高的信噪比，更加敏感、面积更大的光电探测器是非常有必要的。由发射器与接收器两个子系统构成的可见光通信系统示意图如图 5.23 所示，该系统分为两个子系统，一个用于驱动 LED，一个用于接收可见光信号。在该系统中，来自电脑的数字信号通过调制 LED 实现信号传输，并被钙钛矿光电探测器接收。两个开源的 STM32F103 开发板用来将数字信号转换为高、低电平或其他模拟信号。信号最终传输至另一台电脑或有源音箱。只要信号传输速率在系统的带宽内，数据源可为任何信号。

基于钙钛矿光电探测器自制可见光通信系统的实例如图 5.24 所示。字符串信号能够被准确传输与接收，音频信号也能被准确还原，并未出现明显失真，展现了所制备的光电探测器在实际工况下的出色性能。

5.2.5 小结

本节提出了一种基于 Cu 离子的钙钛矿 p 型掺杂策略来提升无空穴传输层自驱动钙钛矿光电探测器的光电性能。Cu 离子掺杂可通过向钙钛矿前驱体中

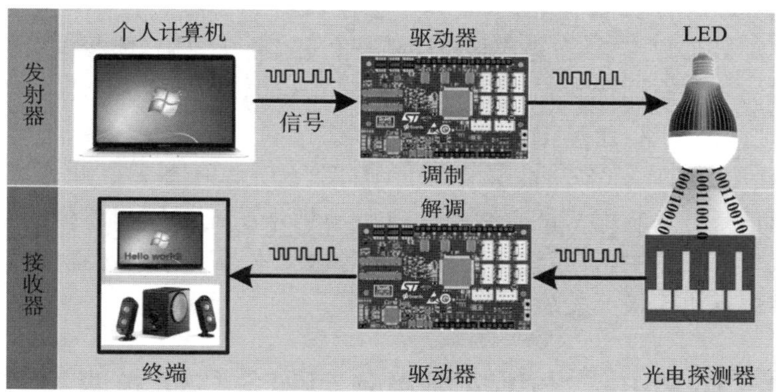

图 5.23 由发射器与接收器两个子系统构成的可见光通信系统示意图

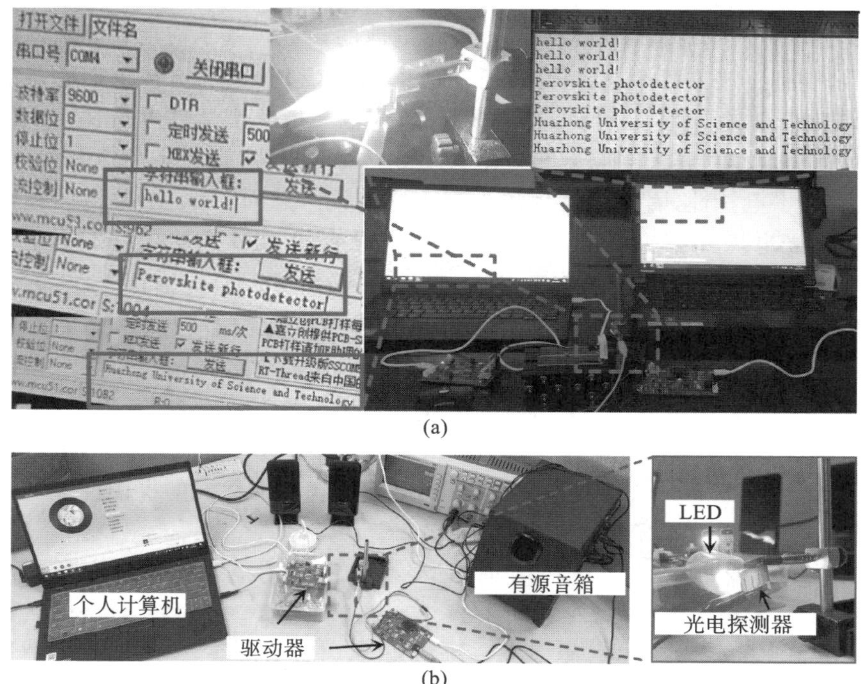

图 5.24 基于钙钛矿光电探测器自制可见光通信系统的实例(a)文本传输;(b)音频传输

添加 CuSCN 实现。掺杂后钙钛矿薄膜的晶粒尺寸得到明显提升。XPS、傅里叶红外光谱以及拉曼测试表明,钙钛矿薄膜中只有 Cu 离子掺入其中,并不包含 SCN 离子。经分析可知,钙钛矿前驱体中的阳离子 $CH_3NH_3^+$ 会与阴离子 SCN^- 反应生成 HSCN 与 CH_3NH_2 气体,也正是 CH_3NH_2 气体的产生使得钙钛矿薄膜的晶粒尺寸大幅提升。Cu 离子掺杂将有利于在钙钛矿与电子传输层 PCBM 界面处形成 PN 结，进而促进载流子传输、钝化缺陷、减少电荷累积并减少光生载流子复合。优化后的器件获得了 0.37 A/W 的最高响应度、1.06×10^{12} Jones 的探测率、超过 101 dB 的线性动态范围以及接近 5 μs 的快速响应时间，综合性能超过了许多已报道的高性能自驱动光电探测器。此外，还搭建了可见光通信系统并装配了试验制备的自驱动钙钛矿光电探测器作为系统的光信号接收器。试验中，该系统可用于准确传输文本与高保真音频信号，在光通信应用中展现出了极大发展潜力。

5.3 $CsPbBr_3$ 光电探测器阵列制备与性能调控

$CsPbBr_3$ 钙钛矿半导体在光电子领域的另一个重要应用为光电探测器的制备，其自由载流子形成原理及扩散过程与电池的相近。基于前期在光电池器件物理和制备工艺方面的技术积累，还开展了关于 $CsPbBr_3$ 光电探测器的研制工作。相较于光电导型 $CsPbBr_3$ 光电探测器，光电二极管型器件电荷在两电极之间传输距离较短，其光响应速度和光电流得以显著提高，适用于高速光检测，且其具有自供电特性，因而正受到越来越多的关注。然而，目前所报道的高性能 $CsPbBr_3$ 光电探测器几乎都采用了高温处理或相当昂贵的电子传输层（如 TiO_2、PCBM）和空穴（如 P3HT、PTAA、Spiro-OMeTAD）传输层[53-57]，不仅增加了工艺复杂性，还显著提高了整体生产成本和能耗，不利于 $CsPbBr_3$ 光电探测器商业化应用。为简化生产工艺和降低成本，研究者尝试构建了无电荷传输层的自驱动 $CsPbBr_3$ 光电探测器，但受限于基于溶液法制备的 $CsPbBr_3$ 薄膜质量差、载流子迁移率低及电荷复合损失大，器件光响应时间仅为 17.9 ms，电流开/关比仅为 12.86[58]。目前来看，$CsPbBr_3$ 光电探测器优异的探测性能与简化的结构之间似乎存在矛盾，难以同时实现。

光电探测器的一个重要应用是图像传感，该应用也对光电探测器的图形化、阵列化制备提出了较高要求。2016 年，香港科技大学范志勇教授团队报道了一种气固固反应（VSSR）原位生长的 3D $MAPbI_3$ 纳米线阵列，通过调节反应模板实现高精度阵列尺寸的规整可控。随后基于此开发了一种具有 1024 个像素点的图像传感器原型，可有效捕获静态图像[59]。2018 年，刘生忠教授团队提出了一种低温梯度结晶方法（LTGC）来生长高质量钙钛矿 $MAPbBr_3$ 单晶，并基于此制备了由 729 像素光电探测器阵列组成的大面积（1300 mm^2）成像组件，器件展现了高灵敏度、高光响应速率以及高分辨率成像等优良特性[60]。此后，一种 Al_2O_3 辅助亲疏水胶体表面处理制备的 $MAPbI_{3-x}Cl_x$ 钙钛矿图像传感器[61]、基于 PbS-SCN 量子点修饰的 100 像素 $MAPbI_3$ 钙钛矿图像传感器原型器件[62]、基于 $CsPbBr_3$ 纳米片/碳纳米管异质结的 50 像素柔性图像传感器[63]以及宽禁带 $Cs_3Cu_2I_3$ 钙钛矿光电探测器阵列[64]等陆续被开发出来，并呈现出较好的成像性能。然而，上述图像传感器原型器件的制备过程几乎都包含了溶液处理步骤，不利于图形化光电探测器阵列的高效制备，相应地，限制了图像传感器分辨率的提高。更不必说基于溶液法制备 $CsPbBr_3$ 钙钛矿过程中，其结晶过程难以控制，生成的薄膜往往具有较高的缺陷态密度[65]。与溶液法相比，气相沉积工艺在制备图案化、高均匀性晶体薄膜方面具有更大的优势。目前，气相沉积策略已被成功用于 $CsPbBr_3$ 光伏电池和发光二极管光敏层的制备[66-69]，但尚未被用于光电二极管型 $CsPbBr_3$ 光电探测器的制备。

针对光电探测器制备与应用面临的上述问题，本节提出一种高度可控的 $CsPbBr_3$ 薄膜连续气相沉积方法。通过调节 CsBr 与 $PbBr_2$ 前驱体层的厚度比例，实现 $CsPbBr_3$ 薄膜相成分的精确控制。基于气相沉积的 $CsPbBr_3$ 薄膜，设计并制备了一种新颖、无电荷传输层的自供能 $CsPbBr_3$ 光电探测器，简化生产工艺和降低生产成本。紧接着，在连续气相沉积工艺开发基础之上，进一步改进 $CsPbBr_3$ 光电探测器结构和界面钝化策略，真正实现器件的全气相制备，推动光电探测器的图形化、阵列化高效制备。引入廉价且高度稳定的 CuPc 作为空穴传输材料，增强器件空穴传输能力。进一步引入易于蒸发制备的 MoO_3 层代替旋涂制备的 PMMA 层对器件性能进行调控，结合表征测试与理论计算来探究 MoO_3 对器件界面能垒、电子提取和收集效率等的影响，探究器件性能提升机理。最后，构建了 625 像素图像传感器原型器件，并初步探索了其在投影成像领域的应用。

5.3.1 器件制备

基于全气相工艺制备 $CsPbBr_3$ 光电探测器的整体流程如图 5.25 所示。

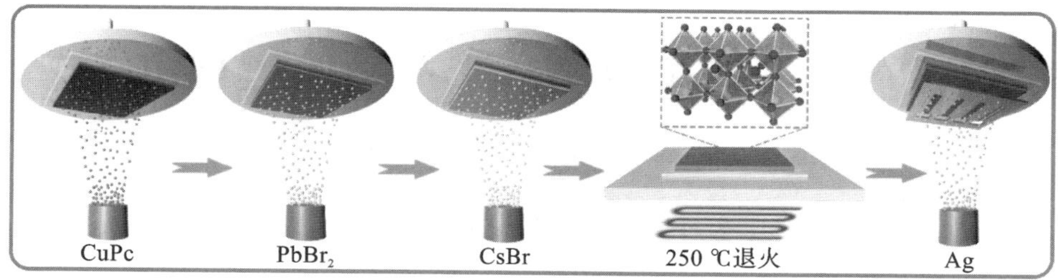

图 5.25 $CsPbBr_3$ 光电探测器的全气相制备过程示意图

(1)基底处理：将 ITO 导电玻璃裁切成 2 cm×2 cm 的小块，阵列器件所用的 ITO 玻璃面积则为 10 cm×10 cm，并清洗干净备用。

(2)CuPc 空穴传输层制备：采用真空热蒸发工艺将厚度为 4 nm、8 nm 和 12 nm 的 CuPc 层以约 0.5Å/ s 的速率沉积到 ITO 基底表面。

(3)$CsPbBr_3$ 光敏层的制备：$CsPbBr_3$ 光敏层采用连续蒸发方法沉积到 CuPc 层表面。

(4)MoO_3 修饰层制备：同样采用热蒸发工艺将厚度为 6 nm 的超薄 MoO_3 层以约 0.5Å/s 的速率沉积到 $CsPbBr_3$ 层上。

(5)Ag 电极层沉积：120 nm Ag 电极以约 1Å/s 的速率蒸镀制备，有效面积为 0.09 cm^2。

5.3.2 CuPc 与 $CsPbBr_3$ 薄膜表征

图 5.26(a)展示了蒸发制备的 CuPc 薄膜拉曼光谱，插图为 CuPc 分子构型。谱图中位于 679.5 cm^{-1} 和 1142.1 cm^{-1} 处的峰来源于酞菁和苯环的呼吸振动带，而位于 1340.4 cm^{-1}、1452.5 cm^{-1} 和 1528.6 cm^{-1} 处的峰可分别归因于插图所示的 C—C 单键、C—N 单键和 C═C 双键的伸缩振动带，这与之前的报道较吻合[70]。从图 5.26(b)中可以看出，水滴在 CuPc 表面的接触角为 100.2°，CuPc 表现出较强的疏水性，溶液法显然难以直接用来在 CuPc 表面沉积钙钛矿薄膜。在之前的报道中，研究者往往先在 CuPc 表面沉积一层亲水性薄膜(如聚乙烯亚胺薄膜)[71]，再采用溶液法在其上沉积钙钛矿薄膜。这类亲水性薄膜往往具有较强的吸湿性，它们的引入无疑会加速钙钛矿薄膜的潮解，进而缩短器件的工作寿命。气相沉积工艺则可以直接用来在疏水性 CuPc 上制备钙钛矿层而无须引入亲水性薄膜，有效解决了基底浸润性和钙钛矿稳定性之间的矛盾。图 5.26(c)呈现了采用连续蒸发工艺在 CuPc 层上沉积的 $CsPbBr_3$ 薄膜的平面 SEM 图，从中可以看出，薄膜在疏水性 CuPc 层上依然获得了极佳的覆盖率，晶粒尺寸达到微米级，伴有较少的晶界产生。该 $CsPbBr_3$ 薄膜的 XRD 图如图 5.26(d)所示，15.20°、21.63°、30.71°和 34.54°处明显的衍射峰分别对应 $CsPbBr_3$ 相的(100)、(110)、(200)和(210)晶面。与较强的 $CsPbBr_3$ 峰相比，$CsPb_2Br_5$ 杂质相对应的微弱峰(11.67°、24.13°与 29.40°处)可忽略不计，表明采用连续蒸发工艺制备的 $CsPbBr_3$ 薄膜在疏水性 CuPc 层上依然获得了出色的相纯度。

5.3.3 $CsPbBr_3$ 光电探测器性能分析

CuPc 用作光电子器件的空穴传输层时，其厚度对器件性能具有较大影响，因此，首先需对其厚度参数进行分析和优化。在 ITO 玻璃上分别沉积 4 nm、8 nm、12 nm 厚 CuPc 薄膜，测得的薄膜透射光谱如图 5.27(a)所示。从中可以看

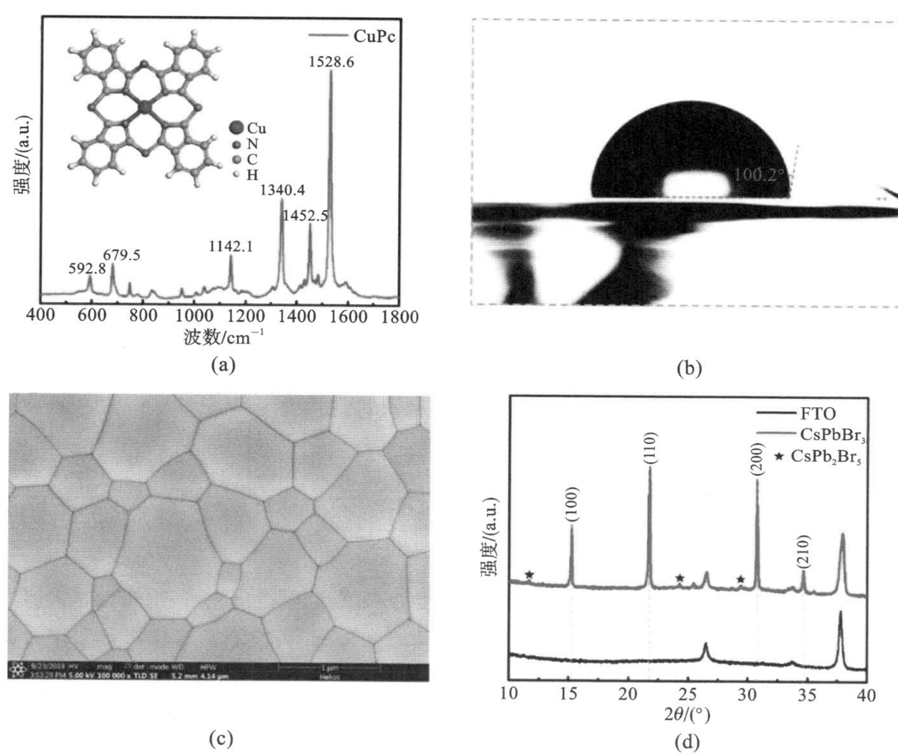

图 5.26 (a)CuPc 薄膜拉曼光谱(插图为 CuPc 分子构型);(b)CuPc 薄膜表面水接触角测试图;(c)采用连续蒸发工艺制备的 $CsPbBr_3$ 薄膜的平面 SEM 图和(d)XRD 图

出,CuPc 薄膜在近紫外光和可见光区域,尤其是在 350～550 nm 的波长范围内,具有很高的光透过率。考虑到 $CsPbBr_3$ 光敏层的光吸收截止波长约为 535 nm[72],CuPc 的透光特性有利于减小入射光到达 $CsPbBr_3$ 光敏层过程中的光子能量损失。随着 CuPc 厚度的增大,CuPc 层的光透过率逐渐降低,伴随着薄膜由浅蓝色变为深蓝色。

图 5.27(b)给出了沉积在不同厚度 CuPc 层上的 $CsPbBr_3$ 薄膜的稳态荧光光谱,从中可以评估不同厚度 CuPc 层的空穴提取能力。当未采用 CuPc 空穴传输层时,$CsPbBr_3$ 薄膜直接沉积在玻璃基底上,光敏层中受激发产生的空穴提取速度较慢,因而产生了最强的稳态荧光,对应于最强的辐射复合。当引入 CuPc 层后,p 型 CuPc 可充当空穴受体,能够有效促进光生电子、空穴的分离与传输,抑制载流子的辐射复合,因此,所有沉积在 CuPc 层上的 $CsPbBr_3$ 样品均

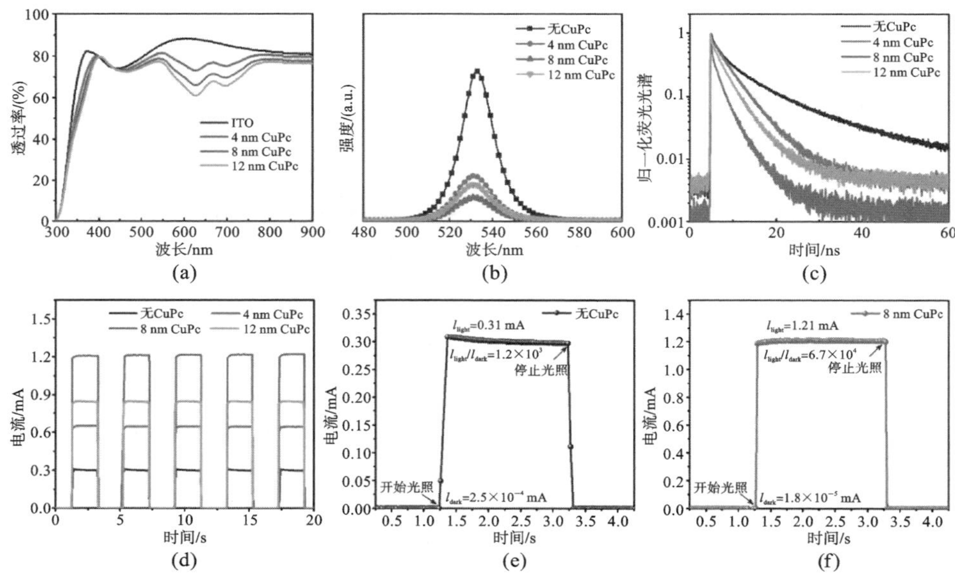

图 5.27 (a)沉积在 ITO 基底上的具有不同厚度的 CuPc 薄膜透射光谱;沉积在不同厚度 CuPc 层上的 $CsPbBr_3$ 薄膜的(b)稳态荧光光谱和(c)瞬态荧光衰减谱图;(d)基于不同厚度 CuPc 层的 $CsPbBr_3$ 光电探测器在 0 V 偏压下的 I_{ph}-t 响应曲线;(e)无CuPc 层和(f)采用 8 nm CuPc 层的光电探测器在 0 V 偏压下的 I_{ph}-t 响应曲线放大图

表现出增强的荧光猝灭现象。8 nm CuPc/$CsPbBr_3$ 样品的稳态荧光强度最弱,对应最小的辐射复合损失。与沉积在 8 nm CuPc 上的 $CsPbBr_3$ 薄膜相比,沉积在 12 nm CuPc 上的 $CsPbBr_3$ 薄膜荧光淬灭能力变弱,这主要是由于 CuPc 层太厚加剧了界面载流子聚集和复合现象,与之前的研究报道一致[73]。各样品瞬态荧光衰减谱图如图 5.27(c)所示,拟合得到的载流子寿命参数总结在表 5.2 中。当未引入 CuPc 层时,$CsPbBr_3$ 薄膜快衰减时间 τ_1 和慢衰减时间 τ_2 分别为 6.08 ns 和 17.51 ns,平均载流子寿命 τ_{ave} 为 16.80 ns。引入 CuPc 空穴传输层后,由于空穴的注入速度加快,所有样品的载流子寿命参数都明显下降,这与稳态荧光的最强淬灭现象吻合。基于 8 nm CuPc 层的样品具有最短的 τ_{ave}(3.34 ns),τ_1 和 τ_2 分别降至 1.68 ns 和 3.89 ns,揭示了 8 nm CuPc 层具有最佳的空穴提取能力。

表 5.2 沉积在不同厚度 CuPc 薄膜上的 $CsPbBr_3$ 薄膜载流子寿命参数

样品	τ_{ave}/ns	τ_1/ns	A_1	τ_2/ns	A_2
$CsPbBr_3$	16.80	6.08	0.653	17.51	3.43

续表

样品	τ_{ave}/ns	τ_1/ns	A_1	τ_2/ns	A_2
4 nm CuPc/$CsPbBr_3$	4.85	3.77	6.5	7.84	1.25
8 nm CuPc/$CsPbBr_3$	3.34	1.68	1.82	3.89	2.36
16 nm CuPc/$CsPbBr_3$	4.06	2.78	5.19	6.28	1.33

图 5.27(d)给出了采用不同厚度 CuPc 层的 $CsPbBr_3$ 光电探测器在 0 V 偏压下的光电流-时间(I_{ph}-t)响应曲线，器件结构为 ITO/$CsPbBr_3$/Ag 或 ITO/CuPc/$CsPbBr_3$/Ag。未引入 CuPc 层的器件在相同光照条件下获得的光电流最低，这主要与较低的电荷收集效率有关。引入不同厚度的 CuPc 空穴传输层后，器件的光电流均呈现出上升趋势。当 CuPc 层厚度不超过 8 nm 时，$CsPbBr_3$ 光电探测器的电流随 CuPc 厚度的增大而明显增大，增大的光电流有利于改善器件的探测率 D^* 及信噪比。CuPc 厚度进一步增大到 12 nm 时，器件的光电流会相对降低，这主要归因于 CuPc 层太厚时载流子复合损失的增大和光透过率的下降。图 5.27(e)、(f)展示了无 CuPc 层和采用 8 nm CuPc 层的光电测器在 0 V 偏压下的 I_{ph}-t 响应曲线放大图。前者在暗态下记录的电流 I_{dark} 和在 11.5 mW 光照下记录的电流 I_{light} 分别为 2.5×10^{-4} mA 和 0.31 mA，相应的开/关比为 1.2×10^3。器件的光电流达到最高值后，无法保持在恒定状态，而是逐渐降低，这与器件内部由缺陷引起的非辐射复合过程相关。引入 8 nm CuPc 层后，器件的 I_{dark} 下降至 1.8×10^{-5} mA，I_{light} 上升至 1.21 mA，相应的开/关比增大到 6.7×10^4。器件性能的提升主要得益于 CuPc 空穴传输层的引入，其提高了界面电荷提取效率并有效减少了泄漏电流通道。I_{dark} 的降低与开/关比的提高有利于增强器件对弱光信号的探测能力和抗干扰能力，而毫安级的光电流输出有助于驱动系统中的其他电子元件。

无 CuPc 层和采用 8 nm CuPc 层的 $CsPbBr_3$ 光电探测器在未施加偏压下的光响应速度可通过示波器精确记录。两种器件在不同光照频率下的归一化光电流变化曲线如图 5.28(a)所示。从中可以看出，无 CuPc 和采用 8 nm CuPc 层的器件的 3 dB 截止频率 f_{3dB} 分别约为 1 kHz 和 10 kHz，表明后者具有更出色的高频光信号探测能力。图 5.28(b)、(c)分别展示了无 CuPc 层和采用 8 nm CuPc 层的器件在其 f_{3dB} 下的瞬态 I_{ph}-t 曲线。无 CuPc 层器件的 τ_{rise} 和 τ_{fall} 分别为 48.5 μs 和 219.8 μs。引入 8 nm CuPc 层后，器件的 τ_{rise} 和 τ_{fall} 分别下降至 4.0 μs和 15.5 μs，光响应速度提升了数十倍，这主要是因为空穴注入速度的提高。

响应度 R 和探测率 D^* 也是光电探测器的重要性能指标。R 被定义为单位

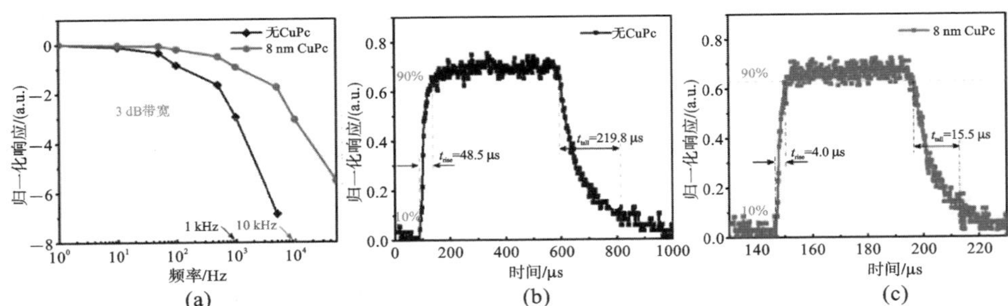

图 5.28 (a)无 CuPc 层和采用 8 nm CuPc 层的光电探测器在不同光照频率下的光电流输出曲线；(b)无 CuPc 和(c)采用 8 nm CuPc 层的器件的瞬态 I_{ph}-t 曲线

强度的光照所产生的电流输出。

无 CuPc 层和采用 8 nm CuPc 层器件的 EQE 曲线如图 5.29(a)所示，相应的响应度曲线如图 5.29(b)所示。无 CuPc 和采用 8 nm CuPc 层器件的响应度均在约 485 nm 波长处取得最大值，分别为 0.063 A/W 和 0.20 A/W。二者的 D^* 可进一步通过以下公式计算：

$$D^* = \frac{R\sqrt{A \cdot f}}{I_n} \tag{5.8}$$

式中：I_n 和 f 分别为噪声电流和频带宽度。

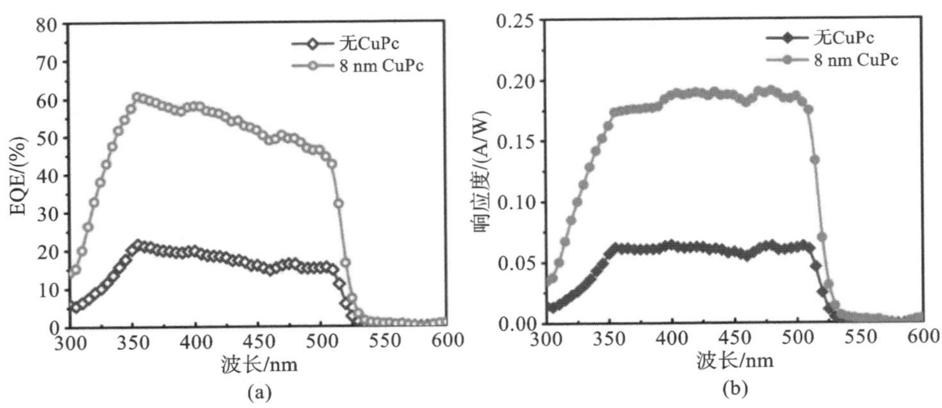

图 5.29 无 CuPc 层和采用 8 nm CuPc 层器件的(a)EQE 曲线和(b)响应度曲线

当器件的噪声主要为散粒噪声时，I_n 和 f 则可分别通过下式计算：

$$I_n = \sqrt{2qI_{dark}f_{3dB}} \tag{5.9}$$

$$f=\frac{0.433}{\tau} \tag{5.10}$$

τ 为 τ_{rise} 和 τ_{fall} 中的较大值。根据上述公式计算得到的无 CuPc 和采用 8 nm CuPc 层的光电探测器的 D^* 分别为 9.49×10^{10} Jones 和 1.33×10^{12} Jones。综上分析，基于 8 nm CuPc 层的器件的光电探测性能获得了全面提升，下文所述的所有光电探测器均采用 8 nm CuPc 层作为空穴传输层。

5.3.4 MoO_3 界面层对器件性能的影响研究

由于所设计的器件未采用电荷传输层，钙钛矿层与 Ag 电极层之间存在较大的界面势垒，不利于电子顺利传输。为进一步提高所制备器件的光响应速度并抑制噪声电流和载流子复合损失，引入超薄(6 nm)MoO_3 界面层对 $CsPbBr_3$ 光敏层的缺陷进行钝化，并对器件的能带结构进行调整。MoO_3 薄膜作为优异的阴极电极缓冲层或钝化层，已被成功地用于高性能有机光伏电池、钙钛矿光伏电池和光电导型光电探测器的制备[74-76]。图 5.30(a)展示了最终制备的光电二极管型(p-i-n)光电探测器的结构示意图，其结构为 ITO/CuPc/$CsPbBr_3$/MoO_3/Ag，器件所有的功能层都是采用真空蒸发工艺制备的，这有利于其工业化大规模生产。图 5.30(b)给出了 MoO_3 晶体结构示意图。MoO_3 在固态时呈正交晶系，每两条变形 MoO_6 八面体组成的链之间由氧原子进行交联，层间通过范德华力相互作用。

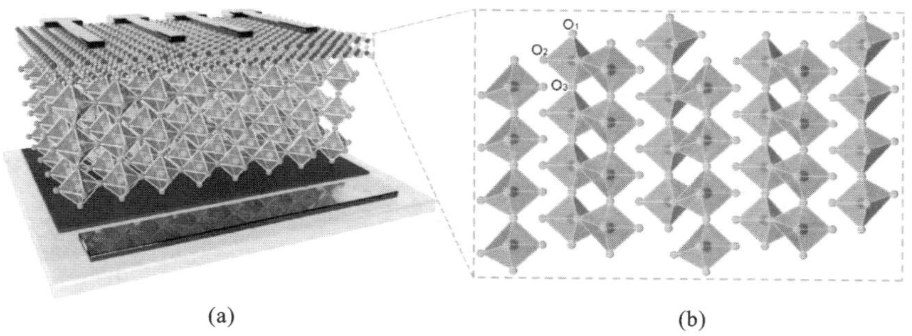

图 5.30 (a)所制备的 $CsPbBr_3$ 光电探测器结构示意图；(b)MoO_3 晶体结构示意图

MoO_3 薄膜电子结构可通过 XPS 测试研究(见图 5.31(a))，整个测试以 C 1s(约 285.0 eV 处)作为基准。结合能在 236.6 eV 和 233.4 eV 处的两个峰分别属于 Mo $3d_{3/2}$ 和 Mo $3d_{5/2}$ 轨道(见图 5.31(b))，而结合能为 531.6 eV 和 531.0 eV 处的峰属于 O 1s 轨道(见图 5.31(c))，与之前的报道吻合[77]。此外，测试得到的薄膜中 Mo 元素与 O 元素的原子比接近 1∶3，与 MoO_3 的原子比接近，表明生成的 MoO_3 薄膜较纯净。气相沉积的 $CsPbBr_3$ 和 MoO_3 薄膜能级结构可进一步通过 UPS 测试探究。$CsPbBr_3$ 和 MoO_3 薄膜的 UPS 谱图如图 5.31(d)、(e)所示，图中标出了两种薄膜二次电子截止边 $E_{截止}$ 和 VBM 起始边位置。薄膜功函数 φ 可通过公式 $\varphi=21.22-(E_{截止}-E_i)$ 计算，由于测试过程中仪器已标定，此处的 E_i 取 0 eV。计算得到的 $CsPbBr_3$ 和 MoO_3 薄膜功函数分别为 4.40 eV 和 5.02 eV。从图 5.31(d)、(e)的右侧图还可以得到二者的 VBM 与其费米能级 E_F 之间的距离，分别为 1.51 eV 和 2.31 eV，因此，$CsPbBr_3$ 和 MoO_3 薄膜的 VBM 分别为 5.91 eV 和 7.33 eV。图 5.31(f)给出了两种薄膜的紫外-可见光吸收谱图，插图绘制了相应的 $(Ah\nu)^2$-$h\nu$ 特性曲线，从中得到的 $CsPbBr_3$ 和 MoO_3 薄膜的带隙分别为 2.32 eV 和 3.30 eV，与之前的报道一致。结合 VBM 和带隙分析结果，可以得出 $CsPbBr_3$ 和 MoO_3 的 CBM 分别为 3.59 eV 和 4.03 eV(见表 5.3)。

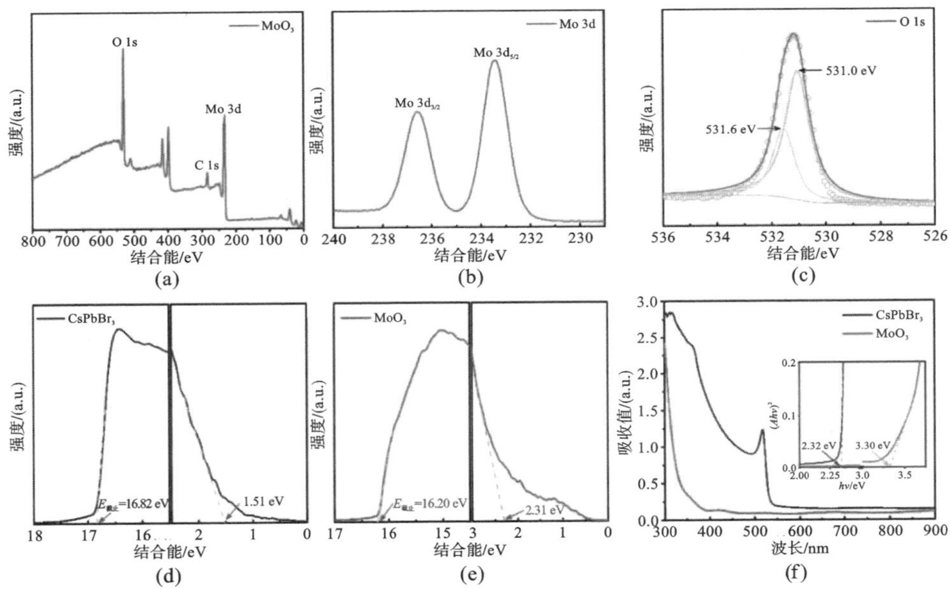

图 5.31 (a)MoO_3 薄膜 XPS 谱图；(b)Mo 3d 和(c)O 1s 的高分辨率 XPS 谱图；UPS 谱图分别显示(d)$CsPbBr_3$ 薄膜和(e)MoO_3 薄膜二次电子截止边和 VBM 起始边位置；(f)$CsPbBr_3$ 和 MoO_3 薄膜的紫外-可见光吸收谱图

表 5.3 根据 UPS 谱图计算得到的 $CsPbBr_3$ 与 MoO_3 薄膜的能带结构参数

样品	$E_{截止}$/eV	E_F/eV	VBM/eV	E_g/eV	CBM/eV
$CsPbBr_3$ 薄膜	16.82	−4.40	−5.91	2.32	−3.59
MoO_3 薄膜	16.20	−5.02	−7.33	3.30	−4.03

根据 $CsPbBr_3$ 与 MoO_3 薄膜 VBM 和 CBM 计算结果所绘制的整个 $CsPbBr_3$ 光电探测器的能级排布图如图 5.32(a)所示。$CsPbBr_3$ 光敏层的 CBM 与 Ag 电极的功函数之差为 0.71 eV，界面能垒较大，不利于电子的传输与收集。引入功函数相对较低的 n 型 MoO_3 修饰层后，其可充当电子中转站，引起界面能带向下弯曲(见图 5.32(b))，二者的 LUMO 能级差仅为 0.44 eV，从而降低了界面能垒[74]。减小的界面能垒有助于加快电子迁移过程以及抑制载流子非辐射复合损失。此外，MoO_3 层具有比 $CsPbBr_3$ 层更低的 HOMO 能级，能够有效阻止光生空穴迁移到 Ag 电极。

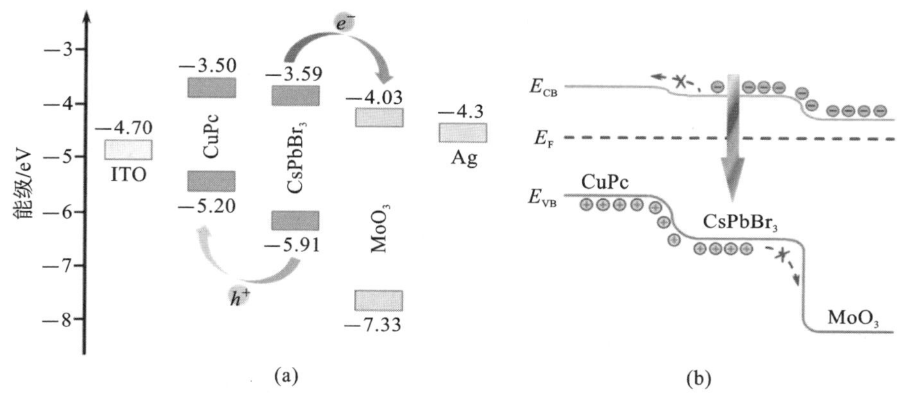

图 5.32 (a) $CsPbBr_3$ 光电探测器的能级排布图；(b) 引入 MoO_3 层后界面能带弯曲示意图

图 5.33(a)展示了 MoO_3 修饰的 $CsPbBr_3$ 器件在 0 V 偏压下的 I_{ph}-t 响应曲线，曲线呈优异的“矩形”，表现出超快、稳定的光响应特性。该器件获得了 1.95×10^{-6} mA 的超低暗电流和 2.29 mA 的光电流，电流开/关比提高至 1.17×10^{6}。MoO_3 修饰的器件对不同频率光信号的响应速度进一步通过示波器记录(见图 5.33(b))，归一化电流变化曲线如图 5.33(c)所示。该器件的 f_{3dB} 约为 50 kHz，高于未修饰器件的 10 kHz，表明 MoO_3 界面层的引入能够有效提升 $CsPbBr_3$ 光电探测器的高频光响应特性。MoO_3 修饰的器件在其 f_{3dB} 下的 t_{rise} 和 t_{fall} 分别为 0.96 μs 和 4.4 μs，光响应速度相较于未修饰器件的也获得了较大提升，如图 5.33(d)所示。器件在光电流输出和响应速度方面的显著改善主要归功于界面能垒降低带来的载流子注入速度的提高。此外，根据 EQE 测试结果，MoO_3 修饰的器件在 505 nm 波长处具有最大的光响应度($R=0.31$ A/W)，相应的 D^* 约为 5.22×10^{12} Jones，相较于未修饰器件均获得了较大提升。与之前报道的无电子传输层或空穴传输层的钙钛矿光电探测器相比(见表 5.4)，采用全气相工艺制备的 $CsPbBr_3$ 光电探测器综合性能(开/关比、R、D^* 和响应时间)丝毫不逊色，甚至与绝大多数采用昂贵电子传输层和空穴传输层的高性能光电

探测器性能相当。图 5.33(e)绘制了未修饰和 MoO_3 修饰的 $CsPbBr_3$ 光电探测器在不同光照强度下的 I_{ph}-t 曲线。在每一光照强度下，随着光信号的输入或输出，两种器件的光电流均表现出快速的上升或下降，呈现出优异的光响应特性。如图 5.33(f)所示，二者的光电流与光照强度之间呈现出较好的线性关系，揭示了器件出色的线性光响应能力，保证了器件在不同光照条件下的正常工作。

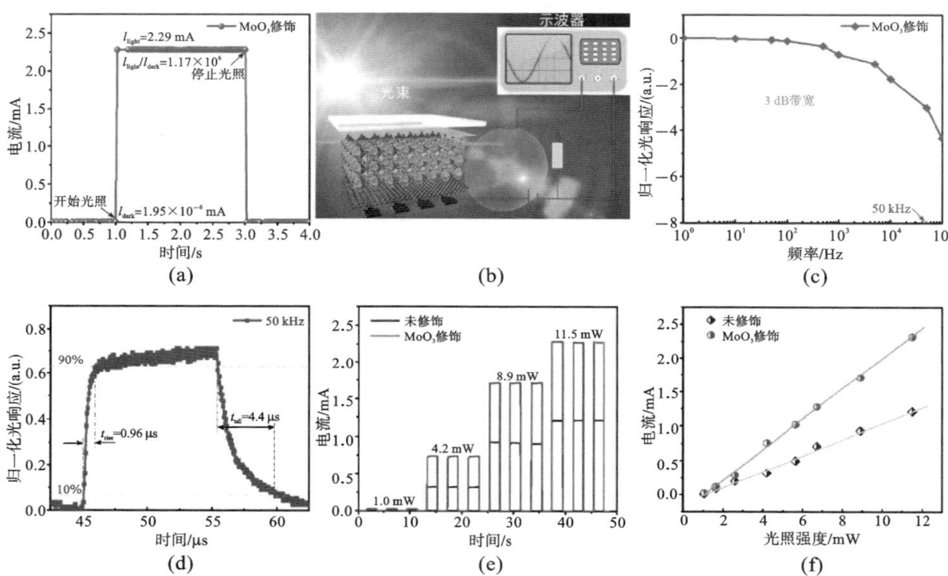

图 5.33 (a)MoO_3 修饰的 $CsPbBr_3$ 器件的 I_{ph}-t 响应曲线；(b)采用示波器对器件进行瞬态光响应测试示意图；(c)MoO_3 修饰的器件在不同频率光照下的归一化电流变化曲线；(d)MoO_3 修饰的器件在其 f_{3dB} 下的 I_{ph}-t 曲线；未修饰和 MoO_3 修饰的器件在不同光照强度下的(e)I_{ph}-t 曲线和(f)光电流曲线

两种器件在长时间连续光照下的 I_{ph}-t 曲线如图 5.34(a)所示。在空气中对器件进行长达 4000 s 的周期性光照后，未修饰和 MoO_3 修饰的光电探测器的 I_{ph}-t 波形和 I_{dark} 几乎未发生变化，而它们的 I_{light} 分别保持其初始值的约 88%和 95.1%，揭示了 MoO_3 修饰的器件具有更高的工作稳定性，这可能是因为 MoO_3 层对 $CsPbBr_3$ 薄膜缺陷的钝化作用，导致载流子非辐射复合速率降低。在空气中存放一个月后，未封装的未修饰和 MoO_3 修饰的器件的光电流仍能保留其初始值的 89.5%和 96.5%(见图 5.34(b))。除了 $CsPbBr_3$ 钙钛矿本身的稳定性较高以外，器件出色的稳定性还可归因于采用的 CuPc 空穴传输层不含任何挥发性和吸湿性掺杂剂(如 Li-TFSI、t-BP 等)，且具有较高的疏水性。后者相对较高的湿度稳定性可能来源于 MoO_3 层对器件内部离子迁移的抑制作用。

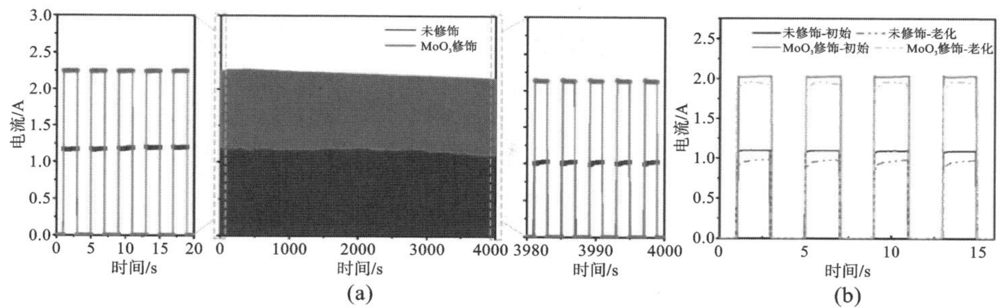

图 5.34　(a)未修饰和 MoO_3 修饰的光电探测器在长时间连续光照下的 I_{ph}-t 曲线；(b)未修饰和 MoO_3 修饰的器件在初始时和在空气中存放一个月后的 I_{ph}-t 曲线

表 5.4　所制备的自驱动、无电子传输层 $CsPbBr_3$ 光电探测器与之前报道的自驱动、无电子或空穴传输层的钙钛矿光电探测器性能参数比较

器件结构	上升时间/下降时间	开/关比	响应度/(A/W)	探测率/Jones	参考文献
ITO/CuPc/$CsPbBr_3$/MoO_3/Ag	0.96/4.4 μs	1.17×10^6	0.31	5.22×10^{12}	本工作
ITO/ZnO:$CsPbBr_3$/Ag	409/17.9 ms	12.9	0.012	极低	[58]
ITO/$CsPbBr_3$/PMMA/Ag	3.8/4.6 μs	3.5×10^4	0.11	4.8×10^{12}	[78]
Au/$CsPbBr_3$单晶/Pt	230/60 ms	1×10^5	0.028	1.7×10^{11}	[79]
In/SnO_2/$CsPbBr_3$/In	30/1940 μs	1×10^4	2.5×10^{-5}	7.8×10^9	[80]
Au/Ni/GaN/$CsPbBr_3$/ZnO/Au	100/140 μs	1×10^5	0.09	1.0×10^{14}	[81]
Au/Ni/$CsPbBr_3$/ZnO/石墨烯/Ni/Au	106/76.4 ms	<60	—	—	[82]
FTO/TiO_2/$CsPbBr_3$/碳电极	0.58 μs	—	0.35	1.9×10^{13}	[83]
FTO/c-TiO_2/$CsPbBr_3$/碳电极	1.46 μs	—	0.35	3.83×10^{13}	[84]
FTO/SnO_2/$CsPbBr_3$/C	6/64 μs	1.5×10^6	0.11	1.4×10^{12}	[85]
ITO/$MAPbI_3$:CuSCN/PCBM/BCP/Ag	5.02/5.50 μs	—	0.37	1.06×10^{12}	[86]
ITO/$MAPbI_3$/Au	91/101 ms	133	0.06	—	[87]
FTO/PEDOT:PSS+Ag/$MAPbI_3$/Al	110/72 ms	—	0.25	1.5×10^{11}	[88]
FTO/C_{60}/ $MAPbI_3$/GaN/In	450/630 ms	$>5\times10^3$	0.20	7.98×10^{12}	[89]

续表

器件结构	上升时间/下降时间	开/关比	响应度/(A/W)	探测率/Jones	参考文献
FTO/Ga-ZnO/$MAPbI_3$/MoO_3/Au	2/2 ms	2.5×10^3	0.34	1.6×10^{12}	[30]
ITO/$MAPbCl_3$/PTAA/Al	—	1.4×10^3	0.047	6.9×10^{10}	[90]
Al/Si/SiO_2/$MAPbI_3$/Pt	25.8/0.6 ms	1×10^5	—	8.8×10^{10}	[91]
Au/Cs-$FAPbI_3$/Au	45/90 ns	100	5.7	2.7×10^{13}	[92]

5.3.5 MoO_3 层对界面电荷传输与复合的影响研究

荧光光谱及电化学表征测试被进一步用来揭示引入 MoO_3 层后器件性能提升的原因。相较于直接沉积在玻璃基底上的 $CsPbBr_3$ 薄膜样品，$CsPbBr_3$/MoO_3 样品呈现出更大的稳态荧光衰减幅度(见图 5.35(a))，对应电子向 MoO_3 层更快的注入过程，载流子的辐射复合得到了有效抑制。两种器件相应的瞬态荧光衰减测试曲线如图 5.35(b)所示，拟合得到的未修饰和 MoO_3 修饰的器件的 τ_{ave} 分别为 3.34 ns 和 2.27 ns，后者更短的载流子寿命也证明了 $CsPbBr_3$/MoO_3 样品的界面电子传输速度更快以及由缺陷引起的非辐射复合速率更低[93]。因此，可以推断出 MoO_3 层的引入有助于钝化 $CsPbBr_3$ 薄膜缺陷。

SCLC 测试被用来量化 MoO_3 修饰前后 $CsPbBr_3$ 薄膜缺陷态密度 N_{trap} 的变化情况。如图 5.35(c)所示，未修饰和 MoO_3 修饰的薄膜样品的陷阱填充极限电压 V_{TFL} 分别为 1.04 V 和 0.85 V。$CsPbBr_3$ 薄膜的 N_{trap} 可进一步根据式(5.6)量化。其中，$CsPbBr_3$ 层的厚度 d 约为 250 nm，ε_0 和 ε_r 分别代表真空介电常数和 $CsPbBr_3$ 相对介电常数($\varepsilon_r\approx16.46$)。计算得到的未修饰和 MoO_3 修饰的 $CsPbBr_3$ 薄膜的 N_{trap} 分别为 $3.03\times10^{16}/cm^3$ 和 $2.48\times10^{16}/cm^3$，该结果直观地证实了 MoO_3 层的引入确实可以有效钝化 $CsPbBr_3$ 薄膜缺陷，进而促进器件光电性能的提高。

图 5.35(d)展示了未修饰和 MoO_3 修饰的 $CsPbBr_3$ 光电探测器在暗态下的电化学阻抗谱图。在每个器件对应的奈奎斯特图中，都只能观察到一个半圆弧，根据之前的报道，该圆弧主要与器件内部的界面电荷复合过程有关，对应着器件内部的电荷复合电阻 R_{rec}。通过对奈奎斯特曲线进行拟合，可得到未修饰和 MoO_3 修饰器件的 R_{rec}，分别为 4.38 kΩ 和 6.09 kΩ，后者 R_{rec} 显著提高可归功于薄膜缺陷的减少，有助于抑制载流子的复合。从奈奎斯特曲线实部与横轴的交点推断出，未修饰和 MoO_3 修饰的器件电荷串联电阻 R_s 分别为 45.3 Ω 和

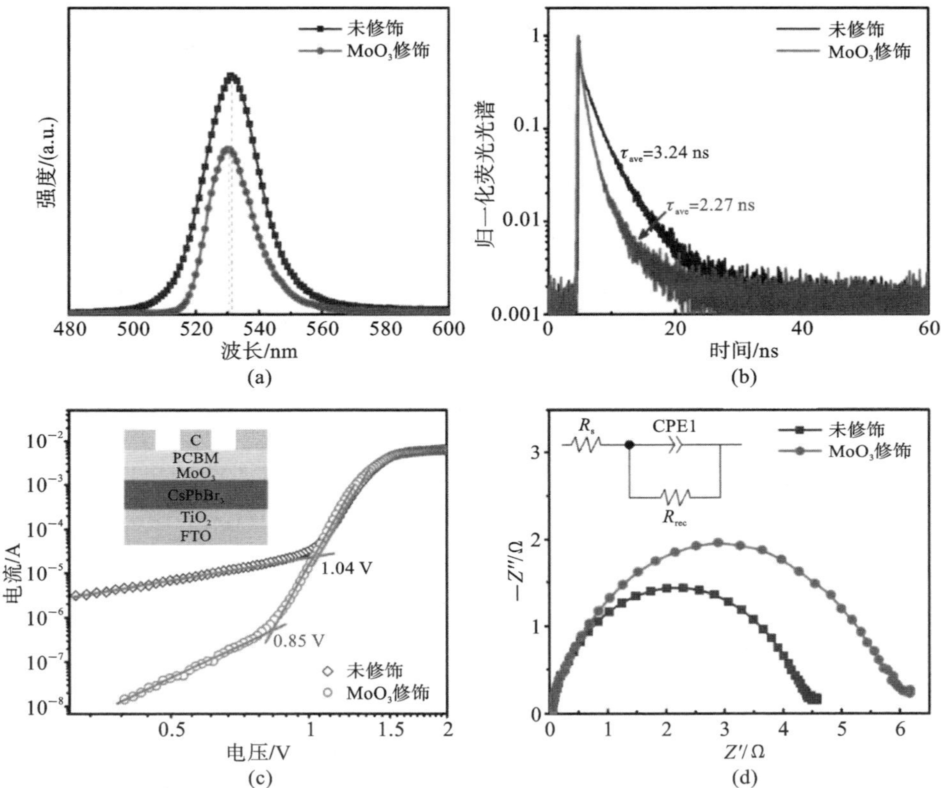

图 5.35 沉积在 ITO/CuPc 基底上的未修饰和 MoO_3 修饰的 $CsPbBr_3$ 薄膜样品的(a)稳态荧光和(b)瞬态荧光衰减测试曲线;(c)具有 FTO/TiO_2/$CsPbBr_3$/PCBM/Ag 和 FTO/TiO_2/$CsPbBr_3$/MoO_3/ PCBM/Ag 结构的器件在暗态下的伏安特性曲线;(d)未修饰和 MoO_3 修饰的 $CsPbBr_3$ 光电探测器在暗态下的电化学阻抗谱图

34.2 Ω,后者 R_s 的降低有利于电荷的转移和收集。

通过 DFT 计算,可对 $CsPbBr_3$、MoO_3 及 $CsPbBr_3$/MoO_3 混合体系的电子结构做进一步分析。所有计算都是通过基于密度泛函理论的 DFT 计算程序包 CASTEP 完成的,交换关联泛函选取广义梯度近似(GGA)的 PBE(Perdew-Berke-Ernzerhof)函数。$CsPbBr_3$、MoO_3 及 $CsPbBr_3$/MoO_3 混合体系的截断能与布里渊区积分采样 k 点网格分别设为 470 eV 和 $4\times4\times1$,其中,$CsPbBr_3$/MoO_3 混合体系由较稳定的 2×2 $CsPbBr_3$(100)晶面(终端为 $PbBr_2$)和 3×3 MoO_3(010)晶面超胞组成,真空层厚度设为 15 Å 以消除相邻原子间的不利干扰。计算体系的能量、力、位移与应力收敛标准分别设为 1×10^{-5} eV/原子、0.03 eV/Å、1×10^{-3} Å 和 0.05 GPa。图 5.36(a)、(b)分别绘制了 $CsPbBr_3$ 和

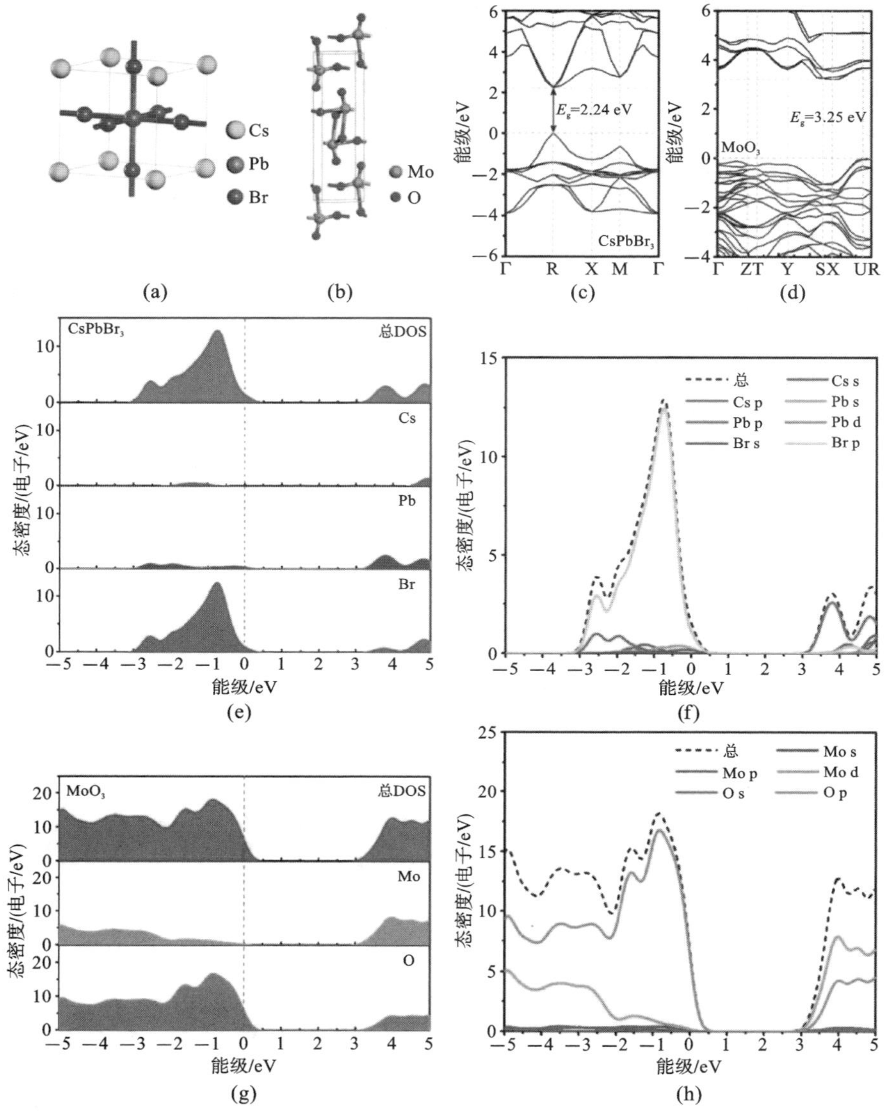

图 5.36 (a) $CsPbBr_3$ 和 (b) MoO_3 晶体的晶胞结构；计算得到的 (c) $CsPbBr_3$ 和 (d) MoO_3 的能级结构图；(e)、(f) $CsPbBr_3$ 和 (g)、(h) MoO_3 晶体的理论态密度分析

MoO_3 晶体的晶胞结构。前者属于立方晶系，空间群为 Pm3m，而后者空间群为 Pbnm。计算得到的 $CsPbBr_3$ 和 MoO_3 晶体的禁带宽度分别为 2.24 eV 和 3.25 eV（见图 5.36(c)、(d)），与试验测得的禁带宽度非常接近。值得注意的是，

$CsPbBr_3$的 VBM 和 CBM 落在同一布里渊区积分点处，表明其为直接带隙半导体，而 MoO_3的 VBM 和 CBM 落在不同的布里渊区积分点处，表现出间接带隙半导体特性。二者的能级构成情况可由态密度计算揭示。由图 5.36(e)、(f)可以看出，$CsPbBr_3$晶体的价带主要由 Br 4p 轨道构成，且其对价带的贡献远超 Cs 5p 和 Pb 6p 轨道对价带的贡献的。$CsPbBr_3$的导带则主要由 Pb 6p 轨道构成，而 Cs 6s 和 Br 4s 对导带也有较小的贡献，这与之前的报道吻合[94]。对于 MoO_3晶体，在价带和导带范围内 Mo 4d 和 O 2p 轨道重叠(见图 5.36(g)、(h))。O 2p 对价带的贡献较大，对导带的贡献相对较小，而 Mo 4d 对导带的贡献较大，对价带的贡献相对较小。

图 5.37(a)展示了理论优化的 $CsPbBr_3/MoO_3$混合体系结构，该体系对应的总态密度和偏态密度分布如图 5.37(c)、(d)所示。可以清晰地看出，$CsPbBr_3/MoO_3$混合体系费米能级附近的导带主要由 Mo 4d 和 O 2p 轨道组成，Pb 6p 轨道对 $CsPbBr_3/MoO_3$混合体系中远离费米能级的导带构成做出了贡献。混合体系的价带则主要是由 Br 4p 和 O 2p 轨道构建的，前者对费米能级附近的价带贡献更大，而后者在价带深能级区域贡献更大。$CsPbBr_3/MoO_3$混合体系的偏态密度分析表明，$CsPbBr_3$和 MoO_3表面之间形成了Ⅱ型异质结，有利于促进电子的提取[94]。结合上述三个模型的态密度分析，可以推断出 MoO_3层的引入可导致混合体系的导带和价带位置下移，有利于促进光生电子向 Ag 电极的传输并增强空穴阻挡效果，与试验 UPS 测试结果一致。图 5.37(b)展现了 $CsPbBr_3/MoO_3$混合体系的差分电荷密度图，从中可以看出，电荷重新分布主要发生在 $CsPbBr_3/MoO_3$界面，在 $CsPbBr_3$晶体内部几乎没有观察到电荷密度变化。由于 $CsPbBr_3$晶体的导带高于 MoO_3晶体的，光生电子将在内建电场作用下从 $CsPbBr_3$层转移到 MoO_3层[95]。上述理论推算结果与试验结果较为近似，均证明了 MoO_3修饰能有效促进电子传输并减小因空穴回流而引发的严重复合损失。因此，MoO_3修饰器件的光探测性能得到了全面提升。

5.3.6 光电探测器阵列在成像领域的应用探索

利用气相沉积技术在制备大面积、高均匀度薄膜方面的优势，进一步构建由 25 行、25 列 $CsPbBr_3$光电探测器阵列组成的图像传感器原型器件。所制备的 625 像素图像传感器的实物照片如图 5.38(a)所示，基底为 10 cm×10 cm 的 ITO 玻璃，气相沉积的各功能层的有效面积约为 57.8 cm^2(7.6 cm×7.6 cm)，而每个像素点的有效面积约为 0.029 cm^2。由于所有功能层都较薄，该 $CsPbBr_3$光电探测器阵列在室外表现出良好的光透过率，因此，所制备的器件在建筑集成电子产品中具有较好的应用前景。图 5.38(b)给出了 $CsPbBr_3$光电探

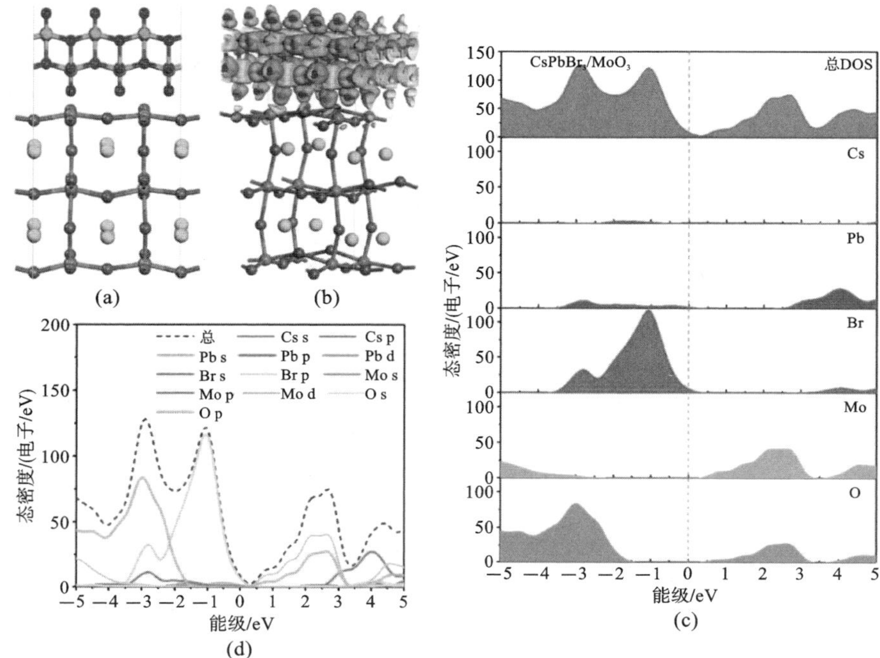

图 5.37　(a)理论优化的 $CsPbBr_3/MoO_3$ 混合体系结构;(b) $CsPbBr_3/MoO_3$ 混合体系的差分电荷密度图;(c)、(d) $CsPbBr_3/MoO_3$ 混合体系的总态密度和偏态密度分布

测器阵列投影成像示意图。将带“HUST”图案的掩膜版紧贴在ITO玻璃背侧，以限制光到达光电探测器阵列的区间。如图5.38(c)、(d)所示,“HUST”图案正下方光照射到的像素点处电流值较高,而光不能到达的像素点处的电流值较低。由于每个探测器单元都具有超高的开/关比($>10^6$)和灵敏度,掩膜版上的“HUST”图案可以被清晰地识别和还原,这表明所制备的光电探测器阵列具有出色的图像传感性能。图5.38(e)绘制了所有被光照射的探测器单元(共204个像素)的光电流分布直方图。这些探测器单元的光电流主要分布在0.62～0.75 mA范围内,相对较窄的电流分布区间也从侧面反映出了气相沉积的大面积薄膜(包括CuPc、$CsPbBr_3$和MoO_3薄膜)具有出色的均匀性。鉴于气相沉积工艺是工业生产中的通用技术,该设计将有力地推动钙钛矿光电探测器的工业化生产及其在图像传感领域的应用。

5.3.7　小结

本节面向低成本、图形化 $CsPbBr_3$ 钙钛矿光电探测器阵列制备需求，提出

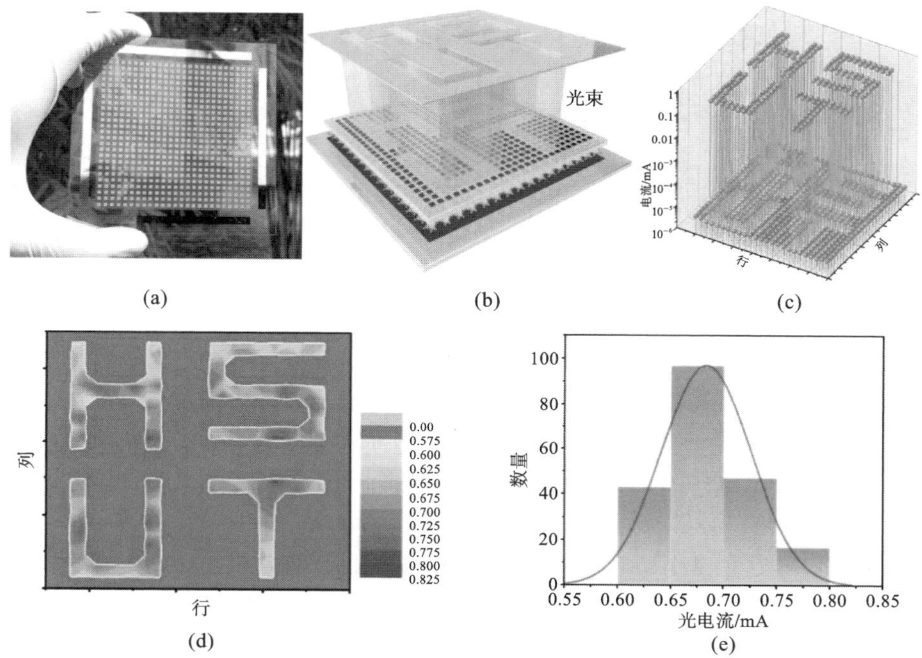

图 5.38 (a)由 25 行、25 列 $CsPbBr_3$ 光电探测器阵列组成的图像传感器的实物照片；(b)$CsPbBr_3$ 光电探测器阵列投影成像示意图；图像传感器因各处电流值的不同而还原出"HUST"的(c)三维图案和(d)平面图案；(e)所有被光照射的探测器单元的光电流分布直方图

了一种高度可控的 $CsPbBr_3$ 薄膜连续气相沉积工艺，进一步通过结构优化、界面修饰等策略来提高器件性能，实现了器件的全气相制备，进而推动了图形化光电探测器阵列的高效制备。器件采用无掺杂 CuPc 作为空穴传输层，其厚度为 8 nm 时，器件获得了最佳的综合探测性能。进一步引入了超薄 MoO_3 作为界面层对器件性能进行调控，试验与理论计算表明，MoO_3 能够有效减小 $CsPbBr_3$ 层与 Ag 电极层之间的界面能垒，从而促进电子迁移和提取并抑制电荷复合。优化后的 $CsPbBr_3$ 光电探测器在 0 V 偏压下的光响应时间低至 0.96 μs，电流开/关比达 1.17×10^6，响应度达 0.31 A/W，探测率为 5.22×10^{12} Jones，并呈现出良好的线性响应性和高频光响应性。最后，构建了 625 像素图像传感器原型器件，其呈现出良好的图像识别与还原能力。本研究为钙钛矿光电探测器的图形化制备打下了坚实的基础。

5.4 无机非铅 $AgBiI_4$ 钙钛矿柔性忆阻器

忆阻器由于具有较快读写速度、高存储密度和低功耗的特性引起了科研人员广泛关注，其采用金属/介质层/金属二端结构，具有实现高密度集成的潜力，甚至突破了当前硅基闪存技术微缩极限[96]。柔性电子器件因可弯曲、可折叠、可拉伸和可穿戴等特点而备受关注，其中柔性存储器件的实现也是迫切需要的。虽然人们研究了大量阻变特性材料，但到目前为止，柔性存储器件仍报道较少[97]。在被用作忆阻器的材料中，无机氧化物材料吸引了大量目光，尤其是无机钙钛矿材料，如 $Pr_xCa_{1-x}MnO_3$[98]、$SrTiO_3$[99]和 $BaTiO_3$[100]。然而，钙钛矿氧化物的制备需要高温处理，限制了它们在柔性电子器件中的应用。

有机-无机杂化钙钛矿在各种光电应用方面都取得了巨大成功，然而铅元素的毒性阻碍了这些铅基钙钛矿材料大规模商业化应用。ⅣA 族元素 Sn、Ge 代替元素 Pb 是一种解决思路，但是由于 Sn^{2+} 和 Ge^{2+} 在空气中容易被氧化成 Sn^{4+} 和 Ge^{4+}，这种基于 Sn^{2+} 或 Ge^{2+} 的钙钛矿稳定性非常差。ⅤA 族元素 Bi 是另一种有望代替 Pb 的元素，且具有更高的稳定性。2017 年，Hu 等人首次报道一种基于 $Cs_3Bi_2I_9$ 纳米片的柔性忆阻器，展现出优异阻变特性[101]，但是这种 $Cs_3Bi_2I_9$ 薄膜的二维层状结构给高密度集成带来了困难。采用一价 Ag 元素代替 Cs 元素可以获得三维钙钛矿结构。2018 年，Lu 等人采用 $AgBiI_4$ 无机非铅钙钛矿作为光吸收层制备了钙钛矿光伏电池，获得了 2.1% 的光电转化效率[102]。此外，基于溶液法制备的 $AgBiI_4$ 钙钛矿薄膜致密且覆盖率高，在 26% 相对湿度下放置 1000 h，器件性能没有发生明显衰减，具有优异稳定性。因此，$AgBiI_4$ 钙钛矿材料在忆阻器领域中也具有较大潜力。

针对上述问题，本节提出一种基于无机非铅 $AgBiI_4$ 钙钛矿的忆阻器，具有超低操作电压，然后采用 SCLC 模型解释器件阻变机理，通过高分辨透射电子显微镜(HRTEM)对 Set 后钙钛矿薄膜进行表征，证明了器件中导电细丝的产生和断裂。

5.4.1 器件制备

$AgBiI_4$ 钙钛矿忆阻器制备过程如图 5.39 所示。

(1)导电基底预处理：将 ITO 导电玻璃切割成 1 cm×1 cm 的基片。将切割好的 ITO 导电玻璃分别放置于去离子水、丙酮和乙醇中，超声清洗 15 min，超声清洗功率为 40%，清洗完后用氮气枪吹干备用。

(2)钙钛矿薄膜制备：将清洗完成的 ITO 导电玻璃采用紫外臭氧清洗机处

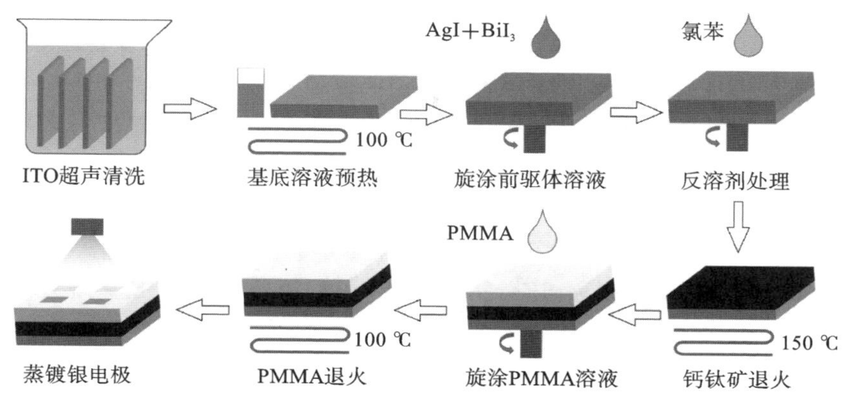

图 5.39　$AgBiI_4$ 钙钛矿忆阻器制备过程

理 15 min 进行表面改性，使得钙钛矿易于覆膜。称取 353.8 mg BiI_3 和 140.8 mg AgI，并溶解于 1 mL DMSO 和 DMF 混合溶液（体积比为 1∶1）中，然后将混合溶液在 65 ℃下搅拌 2 h 直至溶质完全溶解，从而得到前驱体溶液。在旋涂之前，将 ITO 玻璃基底和前驱体溶液放置在 100 ℃热板上预热。然后将预热的前驱体溶液涂覆在基底上，旋涂仪设为低速 1000 r/min、时间 10 s，高速 5000 r/min、时间 30 s，在最后旋涂结束前 10 s，将 125 μL 氯苯溶液滴注到基底上，进行反溶剂处理。随后，基底被放置在 150 ℃的热板上退火 30 min。

（3）阻挡层制备：为了防止 Ag 电极向钙钛矿层扩散，在上一步得到的钙钛矿薄膜上再制备一层 PMMA 阻挡层。称取 1 mg PMMA 溶解在 1 mL 氯苯中，然后将 PMMA 溶液涂覆在钙钛矿层上，旋涂仪设为低速 1000 r/min、时间 10 s，高速 4000 r/min、时间 20 s。随后，器件放置在 100 ℃热板上退火 5 min。

（4）Ag 电极制备：待器件温度冷却到室温，通过热蒸发将 Ag 电极蒸镀到阻挡层上。所用掩膜为 0.5 cm×0.5 cm 的方形块，开始蒸镀的真空度小于 1×10^{-3} Pa，蒸镀速度为 1.5 Å/s，蒸镀速度通过膜厚仪监控。所蒸发 Ag 薄膜厚度为 50 nm。

5.4.2　结构形貌表征

无机非铅 $AgBiI_4$ 钙钛矿可应用于忆阻器中。无机非铅钙钛矿 $AgBiI_4$ 薄膜制备工艺为热动态旋涂法，即在旋涂钙钛矿前驱体溶液之前，将基底和溶液在具有一定温度的热板上进行预热，之后迅速进行钙钛矿薄膜旋涂制备。为了提高基于溶液法制备的钙钛矿薄膜的质量，控制旋涂过程中溶剂挥发速度非常重要。溶剂挥发过慢会导致钙钛矿薄膜成膜不均匀，覆盖率低，薄膜表面不平整。为了加快溶剂挥发速度，通常采用反溶剂方法强制钙钛矿溶质从溶剂中快速析出，即在旋涂过程中的某一刻，将反溶剂注入薄膜表面，使得钙钛矿溶质在溶剂中溶解度迅速降低，从而形成高质量钙钛矿薄膜。除了反溶剂方法，还可以使用预热基底和前驱体溶液方法来加快溶剂挥发速度。预热温度对钙钛矿成膜形貌影响很大，如果预热温度不够，溶剂挥发速度不够快，钙钛矿析出结晶不均匀，导致钙钛矿层覆盖率低，呈现出孤岛状形貌，如果预热温度过高，可能导致溶剂挥发速度过快，从而导致钙钛矿表面较为粗糙。在合适预热温度下，钙钛矿层呈现出大晶粒、高覆盖率、无孔隙的高质量形貌。

$AgBiI_4$钙钛矿薄膜平面SEM图如图5.40(a)所示，钙钛矿层呈现出蜂窝状多晶薄膜形貌，颗粒均匀，无孔隙，覆盖率高，通过计算给定面积区域内晶粒颗数得知晶粒平均粒径大约为300 nm。多晶薄膜晶粒越大，晶界越少，而薄膜中缺陷大多集中在晶界上，因此整个薄膜缺陷越少，薄膜质量越高，并且载流子从一个电极到达另一个电极所需穿越的晶界越少，传输效率越高。进一步通过AFM表征$AgBiI_4$薄膜表面形貌，如图5.40(b)所示，通过AFM与SEM观察到的薄膜形貌类似，估算出粗糙度均方根为18.7 nm，表明薄膜表面粗糙度低且非常平整，有利于后续功能层的沉积，可以有效防止短路情况发生。$AgBiI_4$钙钛矿薄膜XRD谱图如图5.40(c)所示，在12.75°、23.94°、25.76°、29.29°和41.43°能够观察到强衍射峰，这些峰可以被归属到$AgBiI_4$立方相结构(111)、(311)、(222)、(400)和(440)晶面，证明所制备薄膜为$AgBiI_4$钙钛矿薄膜，在21.27°、30.19°、35.23°和39.07°处的衍射峰是ITO导电层衍射峰。此外，在所制备钙钛矿薄膜中还发现了Ag_2BiI_5杂质相[103]。

图5.40 钙钛矿形貌表征：(a) $AgBiI_4$钙钛矿薄膜平面SEM图；(b) $AgBiI_4$钙钛矿薄膜AFM图；(c) $AgBiI_4$钙钛矿薄膜XRD谱图

为了进一步证明所制备钙钛矿层是$AgBiI_4$钙钛矿，对钙钛矿薄膜进行TEM表征。图5.41(a)所示为Ag/PMMA/$AgBiI_4$/ITO器件截面TEM图。可以看出，整个器件具有明显分层结构，界限清晰，界面平整。在ITO导电基底和Ag电极之间的$AgBiI_4$钙钛矿层厚度大约为500 nm。由于PMMA层太薄，因此图中并不能明显观察到。Ag 电极层厚度约为 100 nm。图 5.41(b)是 $AgBiI_4$ 钙钛矿层局部 HRTEM 图,可以清楚观察到钙钛矿晶格分布,晶格条纹的平均面间距为 0.329 nm,与 $AgBiI_4$ 钙钛矿薄膜 XRD (111)面结果相同。清晰晶格条纹表明所获得的 $AgBiI_4$ 钙钛矿薄膜是一种高结晶度多晶薄膜。为进一步探究钙钛矿薄膜中各个元素的分布,对钙钛矿层截面进行能量色散谱(EDS)分析。如图 5.41(c)~(e)所示,Ag 元素在钙钛矿薄膜和 Ag 电极层中均有分布,并且 Ag 电极中 Ag 元素分布密度更高,这与整个器件结构元素分布相符。Bi 和 I 元素在上下电极中均没有分布,而是在中间钙钛矿层中分布,并且与电极处边界分隔明显。以上结果证明 Ag、Bi 和 I 元素均匀分布在整个钙钛矿薄膜中,说明所制备的钙钛矿层的确由 Ag、Bi 和 I 三种元素构成。

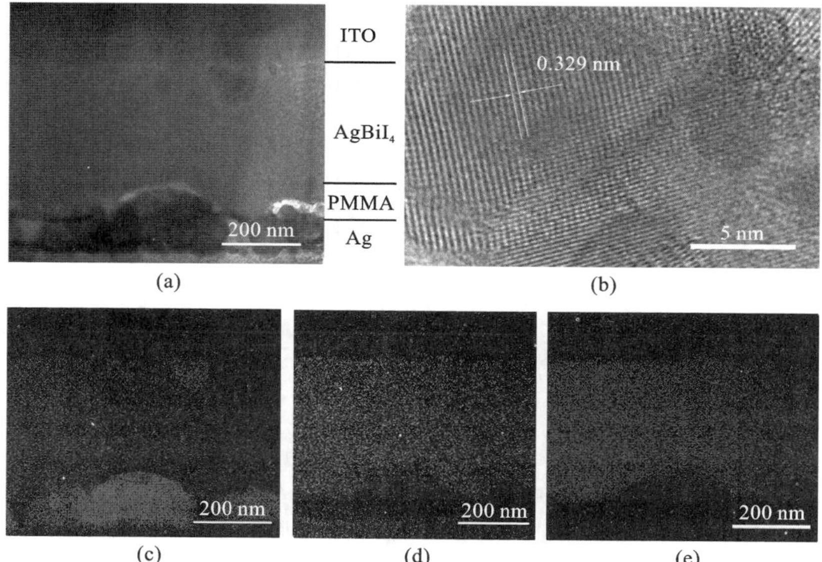

图 5.41 $AgBiI_4$ 钙钛矿忆阻器截面表征:(a) $AgBiI_4$ 钙钛矿忆阻器截面 TEM 图;(b) $AgBiI_4$ 钙钛矿层局部 HRTEM 图;(c)~(e) $AgBiI_4$ 钙钛矿层中 Ag、Bi 和 I 元素 EDS 图

有研究报道,当活泼金属电极与钙钛矿层直接接触时,电极材料中的金属原子会被氧化为离子,向钙钛矿层扩散迁移,从而可能导致钙钛矿层分解[104]。为了解决这个问题,在 $AgBiI_4$ 钙钛矿层和 Ag 电极中嵌入一层超薄 PMMA 层。PMMA 是一种高分子聚合物,可以有效阻止 Ag 电极向钙钛矿中扩散。如图 5.42(a)、(b)所示,将有 PMMA 层和无 PMMA 层修饰的器件在空气中放置一周,有 PMMA 层修饰的器件的 Ag 电极轮廓较为明显,而无 PMMA 层修饰的器件的 Ag 电极轮廓较为模糊，说明没有保护的器件的 Ag 电极向钙钛矿层发生了扩散，导致边界模糊不清。这里，PMMA 层是保护层，不仅防止钙钛矿层与 Ag 电极层发生反应，还可以保护钙钛矿免受空气中水和氧气的侵蚀。

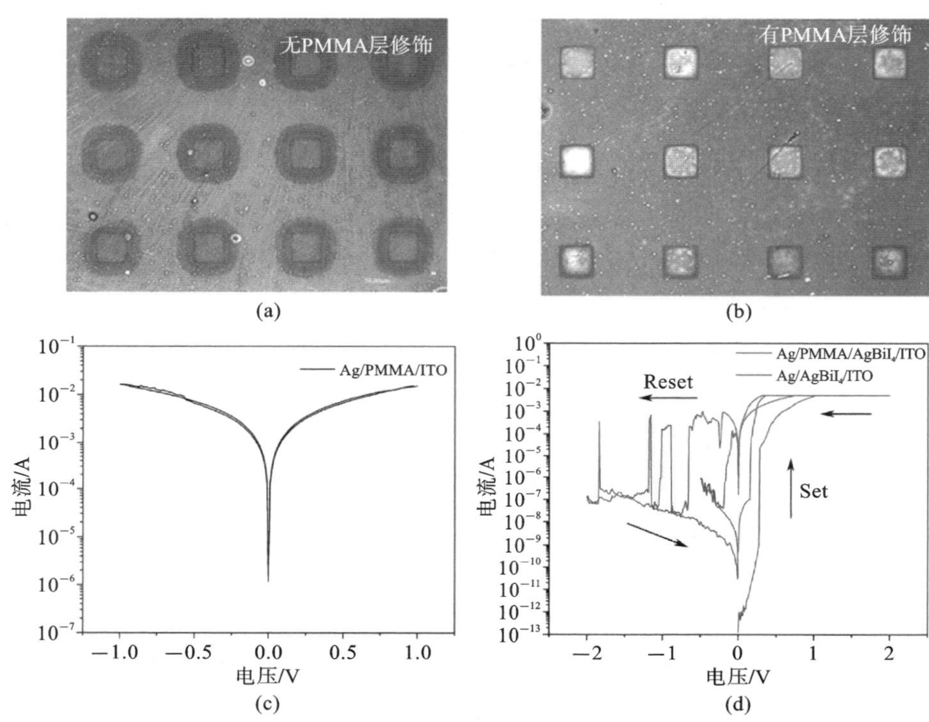

图 5.42　**PMMA 层对忆阻器阻变特性的影响：(a)结构为 $Ag/AgBiI_4/ITO$ 的器件放置一周后 Ag 电极光学显微镜图片；(b)结构为 $Ag/PMMA/AgBiI_4/ITO$ 的器件放置一周后 Ag 电极光学显微镜图片；(c)结构为 Ag/PMMA/ITO 的器件的 *I-V* 特性曲线；(d)有 PMMA 层修饰和无 PMMA 层修饰忆阻器的 *I-V* 特性曲线**

PMMA 层非常薄，因此对整个器件阻值的贡献非常小，并且载流子可以轻松地在外加电场的作用下穿过 PMMA 层。PMMA 层 *I-V* 特性曲线如图 5.42(c)所示，在 0 V→1.0 V→0 V→−1.0 V→0 V 直流偏压循环扫描下，往复扫描曲线基本重合，说明 PMMA 层没有显示出任何阻变特性，因此 PMMA 层的嵌入对整个器件阻变特性影响很小。这里，还研究了 PMMA 层修饰对器件阻变特性的影响。如图 5.42(d)所示，无 PMMA 层修饰的器件相较于有 PMMA 层修饰的器件展现出更高的开关比。这是因为，Ag 电极与 $AgBiI_4$ 钙钛矿层直接接触导致 Ag^+ 向钙钛矿层扩散，从而在 Ag 电极和钙钛矿层接触的界面形成了

一层 AgI_x 薄膜[105]，有报道称这种物质为一种有效忆阻器材料，因而导致器件开/关比增大，接近 10^7。然而，无 PMMA 层修饰的忆阻器相较于有 PMMA 层修饰的器件 Set 电压和 Reset 电压都偏大，并且 Reset 过程不稳定，Reset 电压分布较为零散，因此并不推荐这种结构。

5.4.3 阻变特性分析

$AgBiI_4$ 钙钛矿忆阻器阻变特性曲线是在室温空气环境中测量的。方形 Ag 电极通过热蒸发工艺蒸镀到 PMMA 层上，所采用金属掩膜面积为 2.5×10^{-3} cm^2。测量阻变特性时，采用直流偏压 0 V→1.0 V→0 V→−1.0 V→0 V 循环扫描，测试过程中，为了防止电流过大导致器件短路或永久被 Set 到低阻态而无法完成 Reset 操作，采用 1 mA 限制电流。图 5.43(a)所示为 Ag/PMMA/$AgBiI_4$/ITO 器件的 *I-V* 特性曲线。当偏压较小时，器件处于高阻态，展现出较低电流（$10^{-9}\sim10^{-8}$ A)，说明两个电极间的 $AgBiI_4$ 钙钛矿层具有高覆盖率且没有孔洞，否则可能会出现短路。在从 0 V 到 1 V 的正向偏压扫描过程中，器件在大约 0.16 V 处从高阻态突然转变到低阻态，电流从 $10^{-9}\sim10^{-8}$ A 激增到 $10^{-4}\sim10^{-3}$ A。逐渐减小电压至 0 V，器件仍然保持在低阻态，证明器件具有非易失性阻变特性。当施加从 0 V 到−1 V 负向偏压时，器件一开始仍然保持低阻态，当扫描电压接近−0.16 V 时，器件从高阻态突然转变到低阻态。

需要强调的是，基于 $AgBiI_4$ 钙钛矿的忆阻器操作电压非常低，因此，其在低功耗器件中的应用潜力非常大。为了探究器件操作电压分布特点，分析统计了 65 个器件的 Set 电压和 Reset 电压。图 5.43(b)所示为 65 个器件操作电压箱线图，$AgBiI_4$ 钙钛矿忆阻器操作电压平均值的绝对值在 0.16 V 左右，与大多数报道的钙钛矿忆阻器相比，这个值非常小。此外，Set 电压的分布十分集中，而 Reset 电压的分布比较分散，这可能是导电细丝断裂过程不稳定造成的。

忆阻器数据保留时间是另一个非常重要的指标。为了减小测试时读取电压对器件阻态的影响，采用 0.01 V 读取电压来测量器件阻态。在测量时，将器件阻态 Set 或 Reset 到所需状态，再用连续的读取电压脉冲读取器件电流值。如图 5.43(c)所示，高阻态和低阻态下的忆阻器数据保留时间都可以保持 10^4 s 以上，证明忆阻器具有可靠非易失性存储特性。读写操作的稳定性是衡量非易失性存储器操作循环稳定性的另一个重要指标。这里，采用交流电压脉冲来测量忆阻器读写操作的稳定性。所采用交流电压脉冲宽度是 1.25 ms，脉冲幅度是±3 V。在每个交流脉冲之后，会有一个 0.01 V 读取电压脉冲来读取当前忆阻器阻值。如图 5.43(d)所示，在 700 次交流电压脉冲循环作用下，忆阻器显示出均匀阻变切换特性，高、低阻态下电流值都没有发生明显的衰减。这些结果

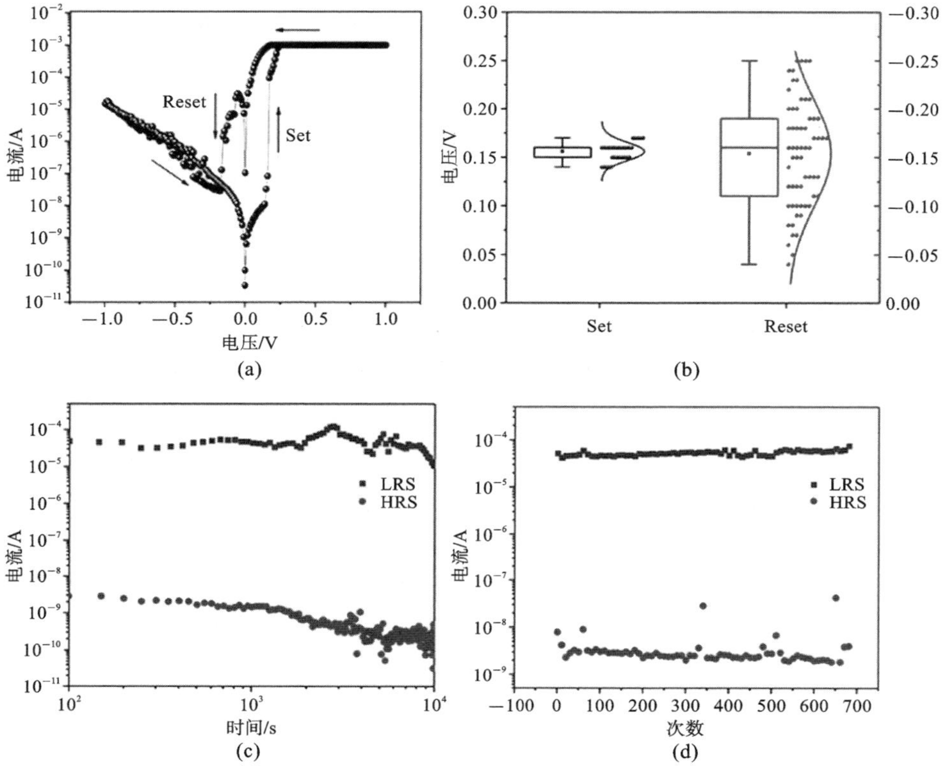

图 5.43　忆阻器阻变特性：(a) Ag/PMMA/$AgBiI_4$/ITO 器件的 *I-V* 特性曲线；(b) 65 个器件的 Set 电压和 Reset 电压箱线图；(c) 忆阻器数据保留特性；(d) 忆阻器循环读写操作耐受性

注：LRS—低阻态；HRS—高阻态。

证明基于 $AgBiI_4$ 钙钛矿的忆阻器具有较好稳定性和可重复性。

由于 $AgBiI_4$ 钙钛矿制备过程中最高工艺温度仅为 150 ℃，因此其可以在柔性基底上制备，所采用柔性基底为聚萘二甲酸乙二醇酯（ITO/PEN）。图 5.44(a) 所示为柔性忆阻器 *I-V* 特性曲线，插图为柔性忆阻器实物图。很明显，柔性器件操作电压与玻璃基底器件的相似。而柔性器件开/关比略低于玻璃基底器件的，可能是因为柔性基底较薄，在预热之后温度下降很快，导致制备钙钛矿时预热温度较低，因此所制备钙钛矿层较薄，薄膜形貌较差。进一步通过重复弯折测试来验证柔性器件的机械可靠性。图 5.44(b) 所示为柔性忆阻器弯折稳定性测试，可以发现，器件开/关比大约为 100，随着弯折次数的增加，开/关比没有明显变化。在测试弯折一定次数后器件的阻值时，探针与 Ag 电极接触点无法固定不变，会导致高、低阻态下阻值发生变化。这些结果表明基于 $AgBiI_4$ 钙钛

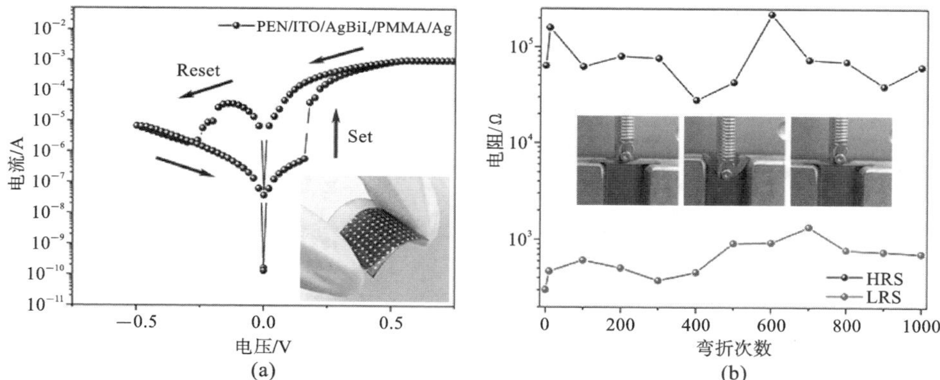

图 5.44　柔性忆阻器性能测试：(a) *I-V* 特性曲线（插图为柔性忆阻器实物图）；(b) 弯折稳定性测试（插图为测试过程示意图）

矿的柔性忆阻器具有非常好的机械稳定性。

为比较 $AgBiI_4$ 钙钛矿忆阻器和其他钙钛矿忆阻器的阻变性能，绘制忆阻器开/关比和操作电压倒数关系图（见图 5.45），图中位置越靠上代表器件开/关比越高，位置越靠右代表器件操作电压越低，位置越靠右上说明器件综合性能越好。图 5.45 收集了最近报道的较为有代表性的有机钙钛矿忆阻器、无机钙钛矿忆阻器和钙钛矿氧化物忆阻器[101,106-117]。对它们与本研究所制备器件进行比较，可以发现，$AgBiI_4$ 钙钛矿忆阻器开/关比为 10^4 处于较为优秀水平，其中开/关比最高的为无机钙钛矿忆阻器，达到 10^5。在这些忆阻器中，$AgBiI_4$ 钙钛矿忆阻器的操作电压最小，仅为 0.16 V，并且从综合性能上来看，其也处于图中右上方位置。以上结果说明本研究所制备 $AgBiI_4$ 钙钛矿忆阻器具有优异阻变特性。

5.4.4　阻变机理分析

阻变特性曲线是忆阻器阻变机理的直接体现。图 5.46(a) 为 $AgBiI_4$ 钙钛矿忆阻器在正向偏压下的 *I-V* 双对数曲线图。当 $AgBiI_4$ 钙钛矿忆阻器处于高阻态时，*I-V* 曲线在对数坐标下显示为一个欧姆定律线性区、一个 Child 定律平方区和一个电流突然增大区。在低电场区域（0～0.08 V），*I-V* 曲线拟合斜率为 1.06，表明电流、电压成线性欧姆关系。当偏压从 0.08 V 上升到 0.14 V 时，注入电子主导了电流传输过程，使得电流与偏压平方成正比。当偏压大于 0.14 V 时，电流瞬间增大并且 *I-V* 曲线拟合斜率超过 2，意味着导电细丝形成，此时器件从高阻态转变至低阻态。当偏压从 1 V 变为 0 V 时，器件拟合斜率变为 1.2，符合欧姆定律。以上结果证明器件电流传输机理可以用 SCLC 模型解释[118]，证明阻变过程中有导电细丝的形成与断裂。

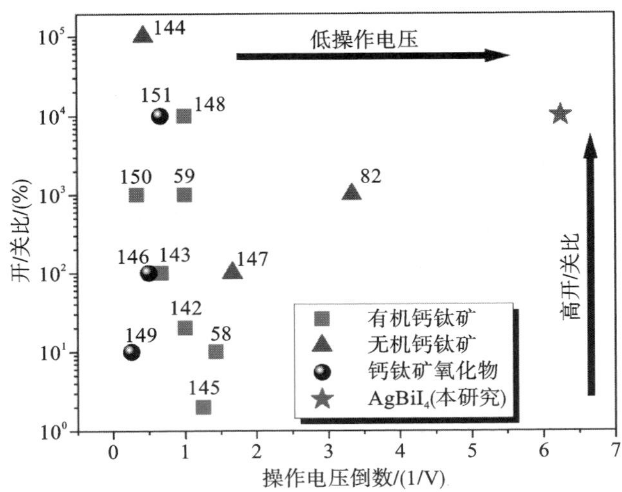

图 5.45　钙钛矿忆阻器开/关比和操作电压倒数关系图

在 $AgBiI_4$ 钙钛矿中，形成导电细丝的成分可以是 Ag^+，也可以是 I^-，为了进一步证明所形成的导电细丝是 Ag^+，将器件 Ag 电极用 Au 电极代替，并测试了器件阻变曲线。图 5.46(b)展示了结构为 Au/$AgBiI_4$/ITO 的器件 I-V 特性曲线。在 Au 电极器件中，电极和钙钛矿层之间并没有插入 PMMA 层，因为 Au 电极是一种惰性材料，不会对钙钛矿产生腐蚀。可以发现，用 Au 代替 Ag 作为顶电极后，整个器件在 0 V→6.0 V→0 V→－6.0 V→ 0 V 循环扫描下没有展现出任何阻变特性，证明了 Ag 电极在阻变现象中的重要作用。

为了进一步证明是 Ag 导电细丝的形成与断裂导致的器件电阻变化，对阻变器件进行截面 TEM 表征。测试前首先将阻变器件 Set 到低阻态。结果如图 5.46(c)所示，在 $AgBiI_4$ 钙钛矿层中靠近 ITO 电极和 Ag 电极位置都发现了 Ag 纳米颗粒的存在(箭头标记)。前面各种薄膜表征证明所制备钙钛矿薄膜相纯度很高，因此这些 Ag 颗粒不可能来自钙钛矿层，又因为 Ag 电极和钙钛矿层之间插入了一层 PMMA 层，Ag 电极中 Ag 原子并不能很快地向钙钛矿中扩散，因此这些 Ag 纳米颗粒也不来源 Ag 电极向钙钛矿层中的自发扩散，而是与外界电场作用有关。结合前面的分析，这些 Ag 纳米颗粒的形成可以解释如下：当在 Ag 电极处施加正向偏压时，Ag 电极中 Ag 原子被氧化成 Ag^+，在外界电场作用下，Ag^+ 从 Ag 电极处向 ITO 电极扩散，当到达 $AgBiI_4$/ITO 界面时，又得到电子从而被还原成 Ag 原子，随着 Ag 电极氧化还原反应的不断进行，造成 Ag 纳米颗粒从电极处不断生长。此外在图 5.46(c)的区域 3 处还发现了一根非常细的 Ag 颗粒细丝，进一步证明了上述猜想。

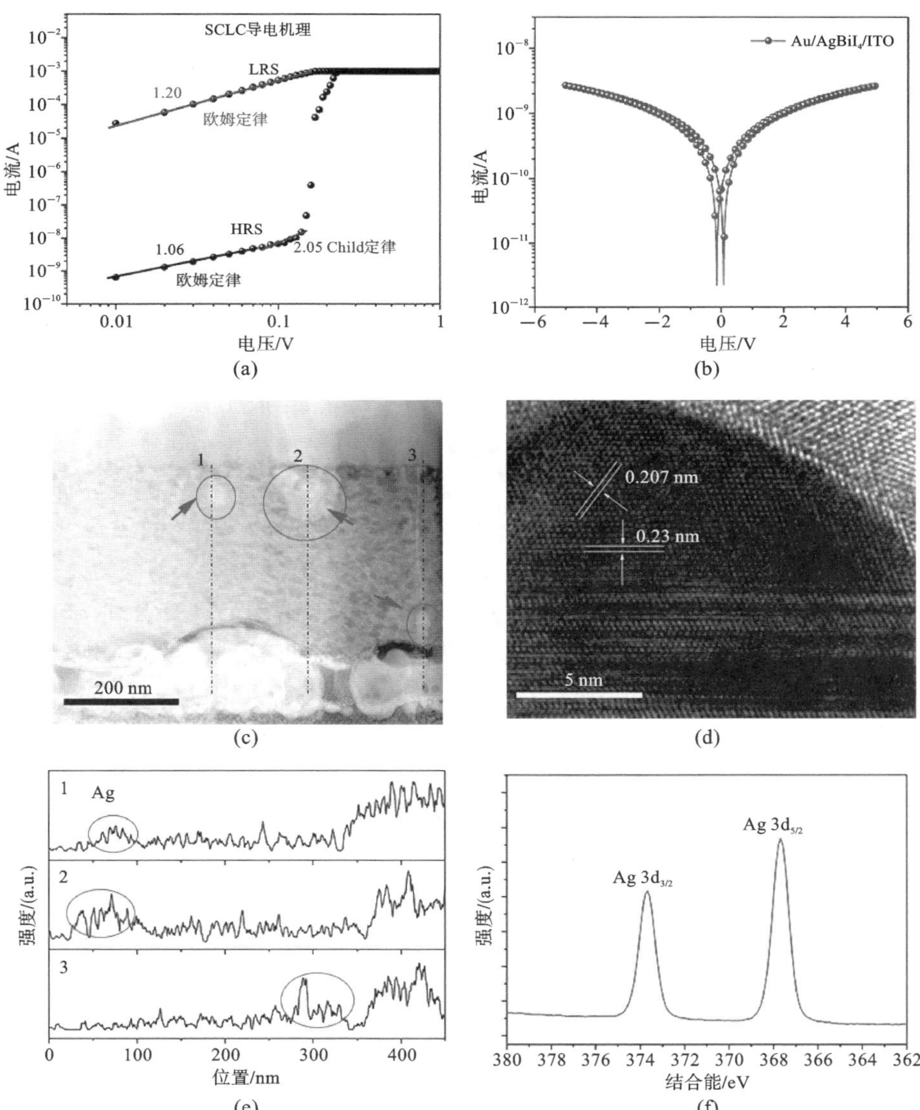

图 5.46　忆阻器机理分析：(a)$AgBiI_4$ 钙钛矿忆阻器在正向偏压区域的 *I-V* 双对数曲线图；(b)结构为 Au/$AgBiI_4$/ITO 的器件的 *I-V* 特性曲线；(c)Set 操作后钙钛矿忆阻器截面 TEM 图；(d)$AgBiI_4$ 钙钛矿薄膜中 Ag 纳米颗粒的 HRTEM 图；(e)$AgBiI_4$ 钙钛矿层中 Ag 元素比例的线分布图；(f)$AgBiI_4$ 钙钛矿薄膜中 Ag 元素的 XPS 谱图

图 5.46(d)所示为图 5.46(c)中区域 2 的 HRTEM 图。所观察到的两条晶格条纹平均面间距分别为 0.207 nm 和 0.230 nm，分别与 Ag 单质 XRD 结果(200)和(111)晶面吻合，证明其中出现的颗粒为 Ag 颗粒。为进一步证明所观察到的颗粒为 Ag 颗粒，对图 5.46(c)中三条虚线位置进行 EDS 元素含量分析。图 5.46(e)所示为 Ag 元素沿着三条虚线方向的含量分布曲线。可以发现，在虚线 1 和虚线 2 的 50 nm 位置处发现了两个 Ag 元素峰值，证明这两处颗粒为 Ag 颗粒。在虚线 3 的 300 nm 位置处发现了一个 Ag 元素峰值，证明这一处颗粒也为 Ag 颗粒。在三条曲线 400 nm 位置处均存在较高 Ag 元素峰值，对应于器件的 Ag 电极。由于 AgI 在光照下会分解为金属 Ag 颗粒和 I_2 单质。为了排除 Ag 颗粒来自 AgI 分解产物的可能，对未进行过读写操作的 $AgBiI_4$ 钙钛矿薄膜进行 XPS 表征，如图 5.46(f)所示。由 XPS 分析可知，薄膜中 Ag 元素主要存在形式为 Ag^+，因此可以排除 Ag 颗粒来自 AgI 分解产物的可能。

图 5.47(a)所示为 $AgBiI_4$ 钙钛矿忆阻器 UPS 表征。对钙钛矿层进行 UPS 分析来研究钙钛矿层能级匹配。计算得到 $AgBiI_4$ 钙钛矿费米能级为 −5.03 eV，所采用的计算公式为 $E_F = E_{截止} - 21.21$ eV，其中 E_F 为费米能级，$E_{截止}$ 为截止能。$AgBiI_4$ 钙钛矿价带位置计算为 −6.30 eV，所采用的计算公式为 $E_{VB} = E_F - E_{F,edge}$，其中 E_{VB} 为价带位置，$E_{F,edge}$ 为费米边缘。据报道，$AgBiI_4$ 钙钛矿禁带宽度为1.86 eV。计算得到导带位置为 −4.44 eV，所采用的计算公式为 $E_{CB} = E_g + E_{VB}$，其中，E_{CB} 为导带位置。图 5.47(b)所示为忆阻器能级排布图，$AgBiI_4$ 钙钛矿层与 ITO 和 Ag 电极之间的接触为欧姆接触。图 5.47(c)所示为阻变过程中 Ag 导电细丝形成和断裂示意图。当在 Ag 电极处施加正向偏压后，Ag 电极和钙钛矿界面处的 Ag 原子失去电子，被氧化成 Ag^+。所产生的 Ag^+ 在外界电场作用下向 ITO 电极定向迁移。当 Ag^+ 到达 ITO 电极界面处时，会与来自 ITO 的电子结合从而被还原为 Ag 单质。随着上述过程的进行，Ag 颗粒在 ITO 处慢慢堆积，当 Ag 颗粒所形成的导电细丝连接 Ag 电极和 ITO 电极时，器件从高阻态转变到低阻态。在 Ag 电极处施加反向偏压时，Ag 导电细丝开始溶解，从而器件完成从低阻态向高阻态的转变。

5.4.5 $AgBiI_4$ 忆阻神经突触特性模拟

神经元是生物体传递信息的基本元件，主要由细胞体和细胞突触构成。神经元之间进行连接与信息交换的部位叫作突触。在大脑中，突触将大量的神经元进行相互连接并形成神经回路，是学习与记忆等生物体高级神经活动的基础。神经突触由突触前部、突触间隙和突触后部三部分组成[119]，如图 5.48 所示。根据 Hebbin 突触理论[120]，通过神经活动引起的神经元之间信息传递增强

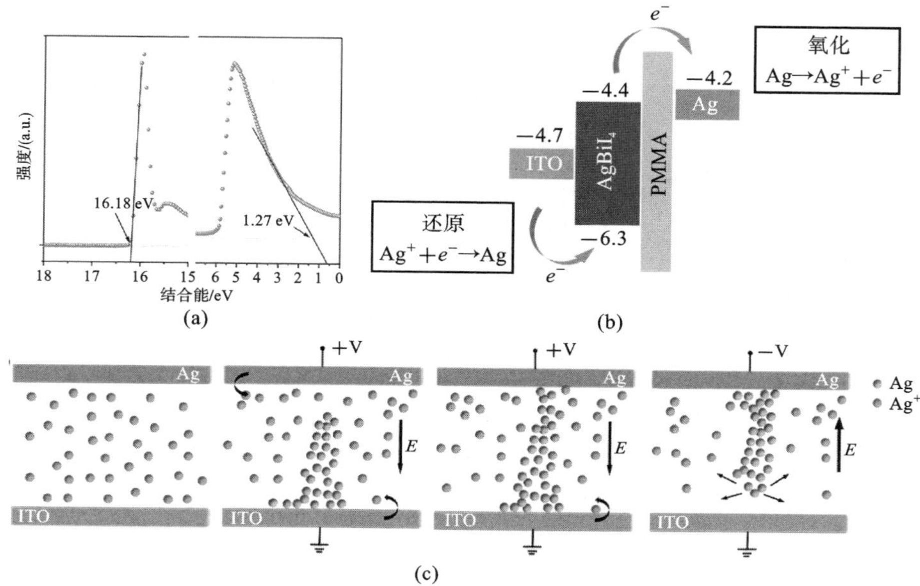

图 5.47　忆阻器机理示意图:(a) $AgBiI_4$ 钙钛矿忆阻器 UPS 表征;(b)忆阻器能级排布图;(c)阻变过程中 Ag 导电细丝形成和断裂示意图

或减弱的现象被定义为神经突触的可塑性。当两个神经元同时处于刺激状态时,它们之间的连接将会增强,并且通过神经活动引起神经元之间信息传递增强或减弱。突触可塑性表现形式按时间长短可以分为短时程可塑性和长时程可塑性。

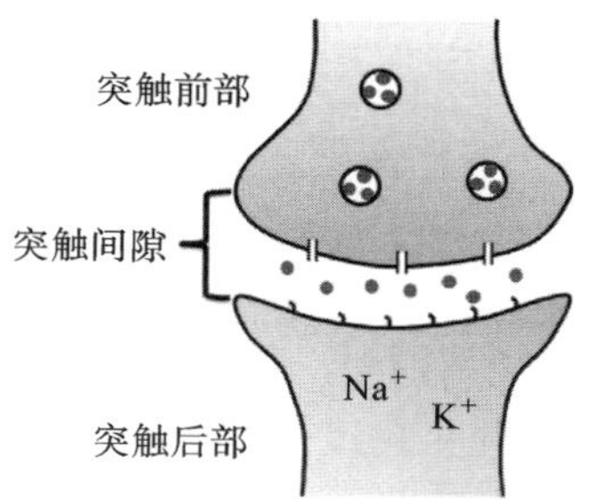

图 5.48　神经突触示意图

短时程可塑性被定义为突触的活动历史使突触后电位的幅度增强或减弱发生在短时程内,并且能迅速恢复。短时程突触可塑性又分为短时程增强和抑制作用。这两种形式是由突触的双脉冲易化(PPF)和双脉冲抑制(PPD)功能实现的[121]。当两个神经刺激信号相隔时间很短时,第一个信号响应会影响第二个信号响应。如果第二个信号响应为增强，则为 PPF，如果为减弱，则为 PPD。无论是 PPF 还是 PPD，都与这个突触最近的活动相关，如果突触第一次响应释放的神经递质较多，则会导致第二个响应减弱，如果其第一次响应释放的神经递质较少，则会导致第二个响应增强。

长时程可塑性被定义为突触的连续性活动历史会使突触后电位的幅度增强或减弱，与短时程可塑性不同，这种变化可以持续几个小时甚至几天。长时程可塑性可以分为长时程增强(LTP)和长时程抑制(LTD)。在生物大脑的多重高级学习规则中，时序依赖可塑性(STDP)很好地诠释了 LTP 和 LTD 之间的关系。在刺激两个神经元且突触前膜的刺激早于突触后膜的刺激时，可以增强突触后电流，即长时程增强；当突触前膜的刺激晚于突触后膜的刺激时，可以抑制突触后电流，即长时程抑制。

忆阻器电阻值能够在外界刺激下连续变化并且忆阻器能记住该变化，这一特性与神经突触的非线性传输特性非常类似。此外，忆阻器具有与神经突触十分相似的二端结构，在模拟神经突触方面具有明显优势。

本节基于 $AgBiI_4$ 钙钛矿制备了神经突触器件，结构为 Ag/PMMA/$AgBiI_4$/FTO，如图 5.49(a)所示。其中顶电极为 Ag，底电极为透明 FTO，阻变材料为 $AgBiI_4$ 钙钛矿。在钙钛矿和 Ag 电极中间插入一层超薄绝缘聚合物 PMMA，这一绝缘层的作用是避免 Ag 电极和钙钛矿层的直接接触，防止 Ag 电极向钙钛矿层扩散导致钙钛矿层分解和衰退。由于绝缘 PMMA 层的厚度仅为十几纳米，因此载流子可以穿过绝缘层，不会对器件阻变特性产生太大影响。为了确定所制备钙钛矿薄膜晶体结构，对薄膜进行 XRD 表征。$AgBiI_4$ 钙钛矿薄膜 XRD 谱图如图 5.49(b)所示，在 12.75°、23.94°、25.76°、29.29°和 41.43°处均观察到强衍射峰，它们可以归属到 $AgBiI_4$ 立方相结构的(111)、(311)、(222)、(400)和 (440)晶面，证明所制备薄膜为 $AgBiI_4$ 钙钛矿薄膜。进一步通过 SEM 测试来表征 $AgBiI_4$ 钙钛矿层微观形貌结构，如图 5.49(c)所示，可以看出，所制备钙钛矿薄膜为多晶薄膜，致密且没有孔洞，完全覆盖了 FTO 基底，可以有效防止顶电极和底电极直接接触从而避免短路的发生。通过统计单位面积内晶粒数量，可以估算出多晶薄膜的晶粒尺寸为 150 nm。图 5.49(d)所示为 $AgBiI_4$ 钙钛矿薄膜截面 SEM 图，可以看出，结构分层明显，界限清晰，界面平整。Ag 电极和钙钛矿层中间的 PMMA 层由于厚度太薄在图中并不明显。在本节中由于将钙钛矿制备过程中基底预热温度提高到 120 ℃，$AgBiI_4$ 钙钛矿厚度增大到接近 1 μm，比 100 ℃预热温度下所制备钙钛矿层的厚度大。中间层的厚度对整个器件阻变特性的影响至关重要，会导致导电细丝成分发生变化[122]。

阻变层材料组成对忆阻器的阻变特性至关重要，为了进一步表征 $AgBiI_4$ 钙

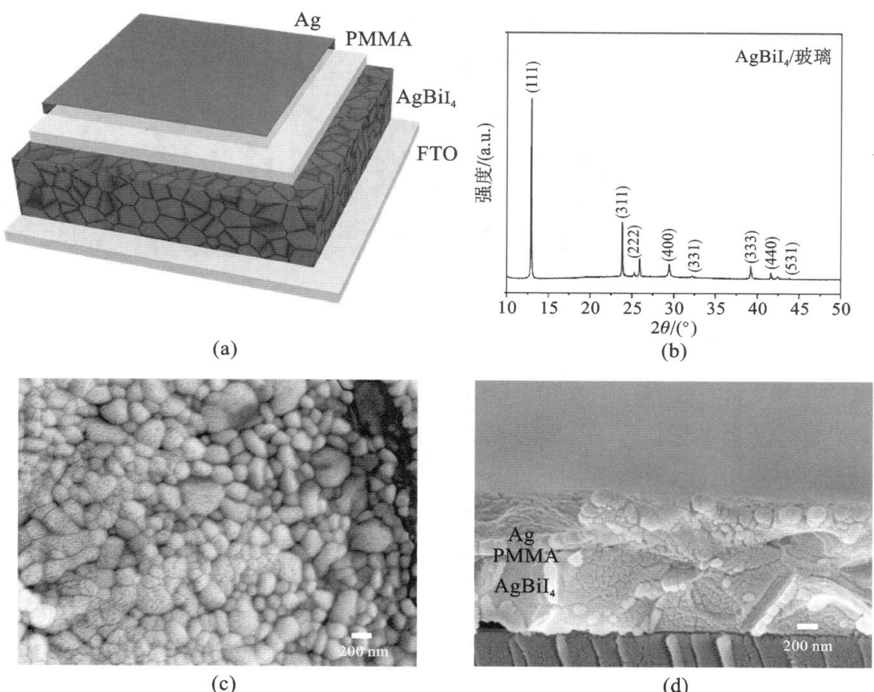

(a) (b) (c) (d)

图 5.49 $AgBiI_4$ 突触结构形貌表征：(a) $AgBiI_4$ 突触结构示意图；(b) $AgBiI_4$ 钙钛矿薄膜 XRD 谱图；(c) $AgBiI_4$ 钙钛矿薄膜平面 SEM 图；(d) $AgBiI_4$ 钙钛矿薄膜截面 SEM 图

钛矿材料组成，对钙钛矿薄膜进行 EDS 表征。如图 5.50(a)～(c)所示，在薄膜中检测到了 Ag、Bi 和 I 三种元素，并且元素分布均匀。XPS 表征可以定量分析物相相对浓度，结果如图 5.50(d)～(g)所示。图 5.50(d)所示为 XPS 总谱图，可以发现，Ag、Bi 和 I 三种元素特征峰都有体现，证明所制备钙钛矿中含有这三种元素。图 5.50(e)所示为 Ag 元素 XPS 谱图，在 368.4 eV 和 374.2 eV 处发现两个峰线，对应 Ag 元素的 $3d_{5/2}$ 和 $3d_{3/2}$ 轨道。图 5.50(f)所示为 Bi 元素 XPS 谱图，在 159.2 eV 和 164.2 eV 处发现两个峰线，对应 Bi 元素 $4f_{7/2}$ 和 $4f_{5/2}$ 轨道。图 5.50(g)所示为 I 元素 XPS 谱图，在 619.6 eV 和 631.2 eV 处发现两个峰线，对应 I 元素 $3d_{5/2}$ 和 $3d_{3/2}$ 轨道。经 XPS 分析，Ag、Bi 和 I 元素的相对比例分别为 9.18%、9.44%和 42.38%，说明三种元素原子比约为 1∶1∶4，与 $AgBiI_4$ 化学式对应，证明所制备薄膜为 $AgBiI_4$ 钙钛矿薄膜。

$AgBiI_4$ 突触器件阻变特性通过分析 *I-V* 曲线来研究。*I-V* 曲线在直流扫描模式下测量，外加电压通过探针施加在 Ag 电极上并将 FTO 底电极接地。测量

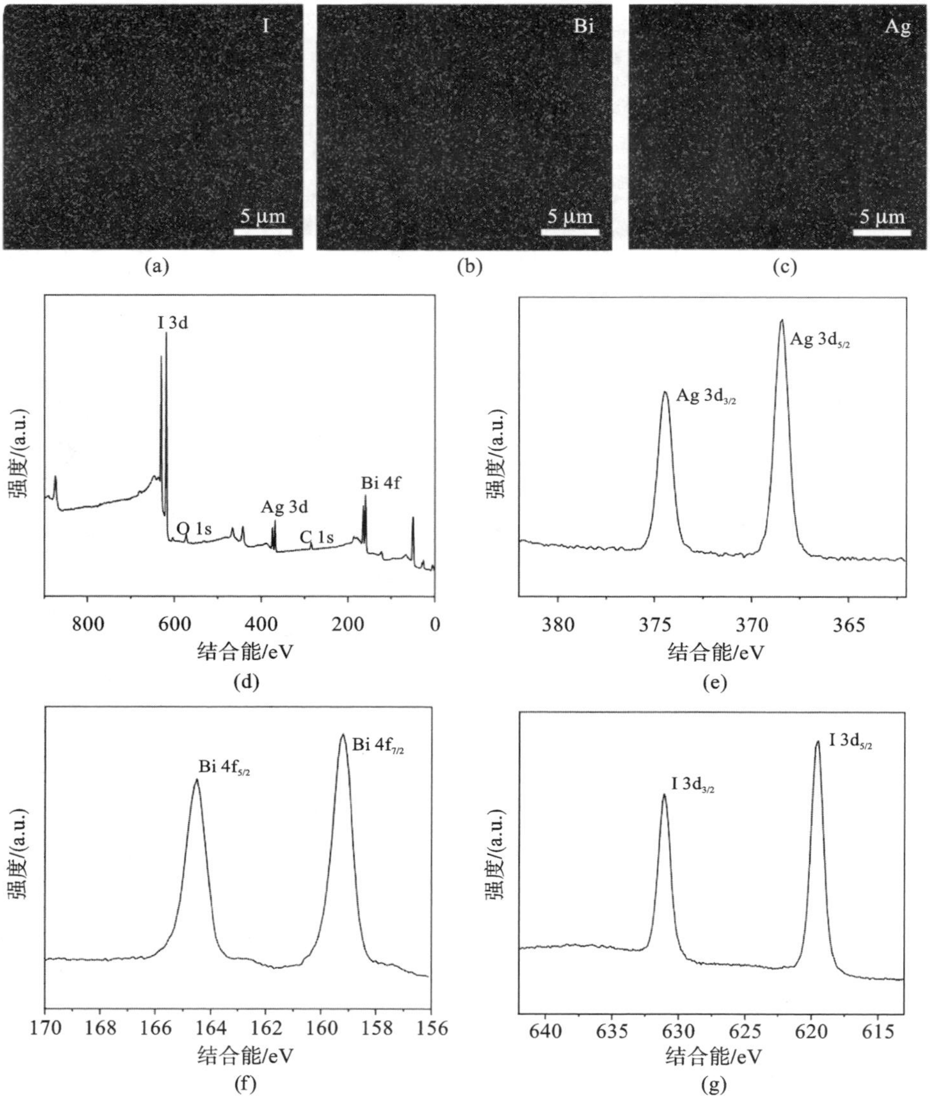

图 5.50　$AgBiI_4$ 钙钛矿 EDS 和 XPS 表征：(a)～(c)$AgBiI_4$ 钙钛矿薄膜 EDS 图；(d)～(g)$AgBiI_4$ 钙钛矿薄膜中 Ag、Bi 和 I 元素 XPS 谱图

时采用的扫描循环为 0 V→3.0 V→0 V→－3.0 V→ 0 V，并设置0.01 A 限制电流防止器件因电流过大而发生击穿或锁死在低阻态无法 Reset。如图 5.51(a)所示，在还未施加外加电压时，器件处于高阻态。当外加电压逐渐增加到 3 V 时，器件阻值逐渐减小，从高阻态连续变化到低阻态，完成了 Set 过程。当外

加电压从 3 V 减小到 0 V 时，器件并没有再次回到高阻态，而是继续保持在低组态，当外加电压为 0 V 时，器件依旧保持在低阻态，证明所制备 $AgBiI_4$ 突触器件具有非易失性阻变特性。在 Reset 过程中，器件初始状态为低阻态。当外加电压从 0 V 逐渐变化到 −3 V 时，器件从低阻态逐渐变化到高阻态，当外加电压从 −3 V 变化到 0 V 时，器件仍保持在高阻态，从而实现器件的 Reset。

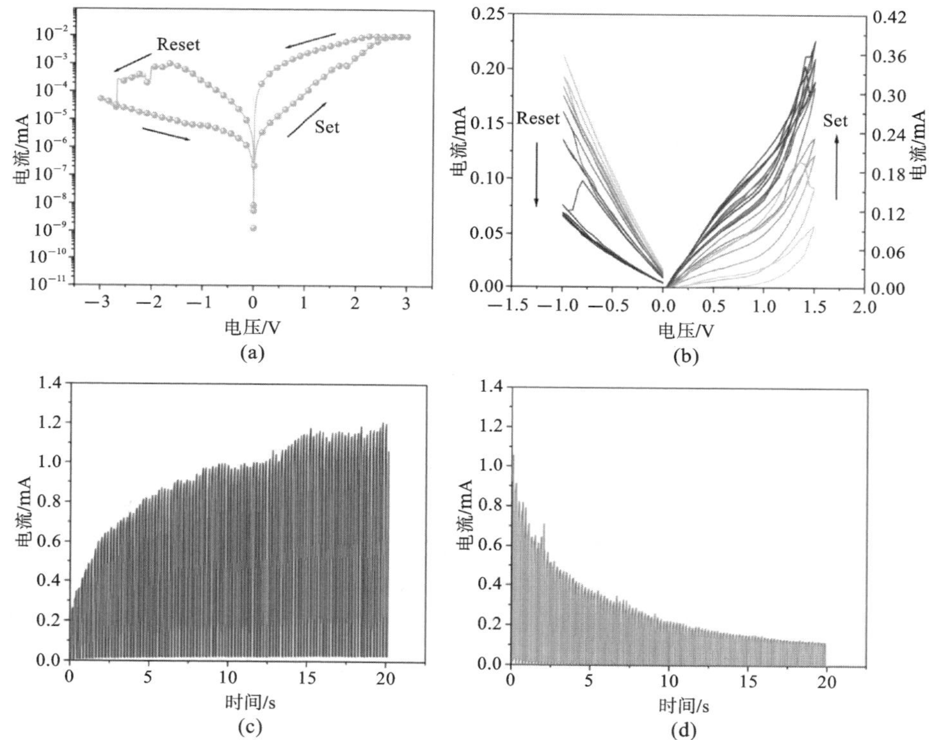

图 5.51 $AgBiI_4$ 突触阻变特性：(a) $AgBiI_4$ 突触器件 *I-V* 曲线图；(b) 突触器件在 10 次正向和 10 次负向扫描循环下的 *I-V* 曲线图；(c) 突触器件在 100 个幅值为 1.5 V、宽度为 0.1 s 正向脉冲刺激下的兴奋后突触电流；(d) 突触器件在 100 个幅值为 −1.5 V、宽度为 0.1 s 负向脉冲刺激下的兴奋后突触电流

在 Set 过程中，$AgBiI_4$ 钙钛矿器件从高阻态连续变化到低阻态，与生物神经突触权重变化过程十分相似。为了精确评估突触器件阻态连续调节性质，在器件两端施加较小连续电压扫描循环（0 V→1.5 V→0 V→−1.5 V→0 V）来控制器件阻值改变量。如图 5.51(b) 所示，当 10 个连续正向电压扫描循环施加在器件两端时，器件电流相较于前一个电压扫描循环产生的电流均有所增大，证明在外界正向电压的刺激下，器件阻值逐级减小。当 10 个连续负向电压扫描循环施加在器件两端时，器件电流相较于前一个电压扫描循环产生的电流均有所减小，证明在外界负向电压的刺激下，器件阻值逐级增大。以上结果证明 $AgBiI_4$ 钙钛矿阻变器件的阻态在 Set 和 Reset 过程中都具有连续可调性质。与数字型忆阻器只有二值状态不同，本节中 $AgBiI_4$ 钙钛矿阻变器件的阻态连续可调性质可以用来模拟生物神经突触中权重连续变化的可塑性[123]。生物神经突触是连接两个神经元的桥梁，也是大脑学习和记忆活动的基础，其结构可以分为前突触神经元、后突触神经元和突触间隙。而本节中 $AgBiI_4$ 钙钛矿忆阻器的 Ag 电极、钙钛矿层、FTO 底电极可以分别模拟生物神经突触中的前突触神经元、突触间隙和后突触神经元。为了进一步研究 $AgBiI_4$ 钙钛矿突触器件可调节的突触可塑性，在 Ag 电极上分别施加 100 个幅值为 1.5 V、宽度为 0.1 s 的正向脉冲和 100 个幅值为−1.5 V、宽度为 0.1 s 的负向脉冲。如图 5.51(c)所示，在施加 100 个正向脉冲后，神经突触的兴奋后突触电流随着正向脉冲个数增加而逐渐增大，说明突触器件在受到重复正向刺激后阻值逐渐减小，突触器件权重逐渐增大，从而成功模拟生物神经突触中长时程增强特性。如图 5.51(d)所示，在施加 100 个负向脉冲后，兴奋后突触电流随着负向脉冲个数增加而逐渐减小，说明突触器件在受到重复负向刺激后阻值逐渐增大，突触器件的权重逐渐减小，从而成功模拟生物神经突触中长时程抑制特性。

忆阻器的阻变特性曲线往往能够反映阻变机理。对 $AgBiI_4$ 钙钛矿忆阻器的 *I-V* 双对数曲线进行分析，如图 5.52(a)所示。在高阻态，当电压为 0～0.4 V 时，曲线拟合斜率为 1.08，电流和电压成线性关系，符合欧姆定律；随着电压的增大，拟合斜率变为 2.39，电流和电压平方成正比，符合 Child 导电定律。在器件被 Set 到低阻态后，曲线拟合斜率为 1.19，电流和电压成正比，符合欧姆定律。以上结果证明器件 *I-V* 特性符合 SCLC 模型，从而说明在器件发生阻态转变时钙钛矿层中导电细丝发生了形成与断裂。$AgBiI_4$ 忆阻器的阻变机理如下：在外加电场中，Ag 被氧化为 Ag^+ 并在电场作用下向底电极迁移，到达底电极时，发生还原反应生成了 Ag 颗粒，从而逐渐形成 Ag 导电细丝使得器件从高阻态转变到了低阻态。而本节所制备的 $AgBiI_4$ 突触器件的钙钛矿层厚度是其两倍，达到了 1 μm。并且两者阻变特性完全不同，前者为数字型忆阻器，本节的为模拟型忆阻器，在阻变过程中阻值连续变化，不发生突变。值得注意的是，有研究表明，阻变层厚度对器件阻变机理有重要影响[124]。在 $MAPbI_3$ 钙钛矿中，当阻变层较薄时，外加电场较强，此时 Ag 导电细丝和 I 空位导电细丝共同存在，但是因为 Ag 导电细丝阻值更低，因此 Ag 导电细丝的形成与断裂起主要作用；当阻变层较厚时，外加电场较弱，Ag^+ 不能够在电场作用下迁移到底电极，此时起主要作用的是 I 空位导电细丝的形成与断裂。同样地，在 $AgBiI_4$ 钙钛矿中，也存在大量的 I 空位，且其迁移能较低，容易在电场作用下发生定向迁移。因此认为 $AgBiI_4$ 钙钛矿神经突触发生阻值转变的原因是 I 空位在外加电场中定向移动导致导电细丝形成与断裂，此时外加电场较弱，不足以使 Ag^+ 迁移形成 Ag 导电细丝[125]。图 5.52(b)～(d)所示为阻变机理示意图，初始状态下，刚制备的器件中存在均匀分布的 I 空位，此时器件在高阻态。在 Ag 电极处施加电压后，薄膜中的 I 空位在电场作用下向 FTO 电极定向移动，如图 5.52(b)所示。当形成的 I 空位到达 Ag 电极时，器件完全转变到低阻态，如图 5.52(c)所示。在 Ag 电极处施加反向电压，在反向电场的作用下，I 空位导电细丝开始逐渐分解，导致器件阻值逐渐增大，从而完成 Reset 过程，如图 5.52(d)所示。

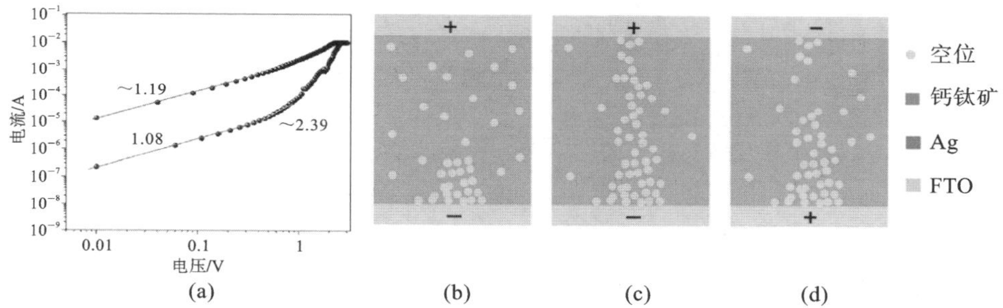

图 5.52　$AgBiI_4$ 突触阻变机理：(a) $AgBiI_4$ 突触器件 *I-V* 双对数曲线图；(b) 器件在外电场下 I 空位定向排布示意图；(c) 器件在外电场下 I 空位导电细丝形成示意图；(d) 器件在反向电场下 I 空位导电细丝断裂示意图

生物神经突触可塑性是在内外部刺激信号差异引发神经活动而进行动态调节的特性，被认为是模仿生物突触功能的基本要素。本节通过控制输入电压实现了钙钛矿忆阻器的突触可塑性。图 5.53(a)所示为 $AgBiI_4$ 突触器件依赖于脉冲宽度的突触可塑性。在 Ag 电极处施加幅值为 1 V、宽度从 0.1 s 变化到 1.1 s 的连续脉冲，所施加读取电压为 0.1 V。兴奋后突触电流随着脉冲宽度增大而逐渐增大，证明较大脉冲宽度刺激可以获得更大突触权重。图 5.53(b)所示为脉冲幅值对突触可塑性的影响。在 Ag 电极处施加脉冲宽度为 0.1 s、幅值从 0.1 V 变化到 1.7 V 的连续脉冲，所施加读取电压为 0.1 V。可以发现，兴奋后突触电流随着脉冲幅值的增大而逐渐增大，证明较大脉冲幅值刺激可以获得更大突触权重。此外，还研究了 $AgBiI_4$ 突触器件依赖于脉冲数量的突触可塑性，结果如图 5.53(c)所示。兴奋后突触电流随着脉冲数量的增大而逐渐增大，证明较多脉冲刺激可以获得更大突触权重。

突触可塑性根据突触功能以及形态发生变化所需时间的不同可以分为短时程突触可塑性和长时程突触可塑性。短时程突触可塑性表现为在突触接收

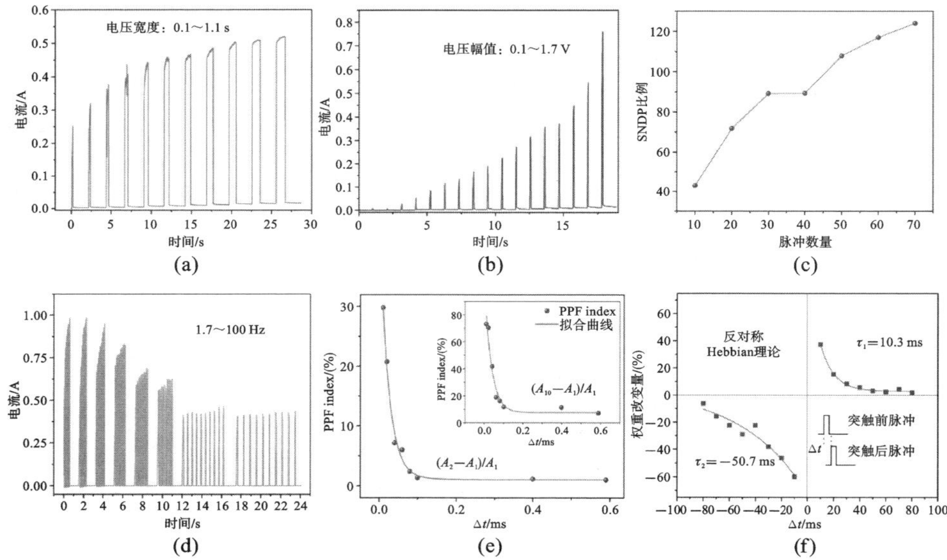

图 5.53　$AgBiI_4$ 突触特性模拟：(a)突触器件在幅值为 1 V、宽度为 0.1～1.1 s 脉冲刺激下的兴奋后突触电流；(b)突触器件在宽度为 0.1 s、幅值为 0.1～1.7 V 脉冲刺激下的兴奋后突触电流；(c)突触器件兴奋后突触电流依赖于脉冲数量的关系曲线；(d)突触器件在幅值为 1.5 V、宽度为 0.1 s、频率为 1.7～100 Hz 脉冲刺激下的兴奋后突触电流；(e)突触器件 PPF index 与 Δt 的关系曲线(插图为第 10 个脉冲与第 1 个脉冲响应电流比值的双脉冲易化曲线图)；(f)突触器件的 STDP 行为模拟

到电信号或化学信号后短时期内改变自身活动，是大脑学习、记忆和遗忘活动的基础，在许多高级神经活动中均有发现。在 $AgBiI_4$ 突触器件中成功模拟了这种短时程突触可塑性。在生物神经突触中，当两个电信号或化学信号时间间隔较短时，第二个刺激所产生的兴奋后突触电流会比第一个刺激所产生的大。这种第二个兴奋后突触电流大于第一个兴奋后突触电流的过程在生物中称为 PPF，前、后兴奋后突触电流的差异取决于两个刺激的时间间隔，即取决于刺激信号的频率。为了探究 $AgBiI_4$ 突触器件突触可塑性依赖于信号频率的关系，10 个不同频率刺激信号被施加在突触器件上，频率分别为 1.7 Hz、2.5 Hz、10 Hz、12.5 Hz、16.7 Hz、25 Hz、50 Hz 和 100 Hz，所使用脉冲幅值为 1.5 V、宽度为 0.1 s。如图 5.53(d)所示，不同频率脉冲所产生的兴奋后突触电流不同，随着脉冲频率降低，$AgBiI_4$ 突触器件兴奋后突触电流逐渐降低，并且同一频率脉冲下所产生的兴奋后突触电流增长幅度也逐渐降低，说明两个脉冲时间间隔越短，后一个兴奋后突触电流比前一个的增长得快。为了更好地量化双脉冲易化

性质，定义突触器件易化增益为[126]

$$\text{PPF index}=\frac{A_2-A_1}{A_1} \tag{5.11}$$

式中：A_1 为第一个脉冲所产生的兴奋后突触电流峰值，A；A_2 为第二个脉冲所产生的兴奋后突触电流峰值，A。

易化增益与两个脉冲时间间隔密切相关。图 5.53(e)所示为突触器件 PPF index 与 Δt 的关系曲线，可以看出，当两个脉冲时间间隔为 0.01 s 时，电流增益最大，而随着时间间隔的增大，电流增益迅速减小，并且电流增益减小速度逐渐降低。当两个脉冲时间间隔为 0.04 s 时，电流增益继续减小，但减小速度几乎为零，后面即使时间间隔继续增大，电流增益也不会明显减小。当时间间隔从 0.01 s 增加到 0.6 s 时，PPF index 从 30%降到 1%。进一步通过双指数函数来拟合试验曲线：

$$y=y_0+C_1\exp\left(-\frac{\Delta t}{\tau_1}\right)+C_2\exp\left(-\frac{\Delta t}{\tau_2}\right) \tag{5.12}$$

式中：Δt 为两个脉冲时间间隔，ms；y_0 为静息易化程度；C_1 和 C_2 为易化常数；τ_1 和 τ_2 为特征弛豫时间，ms。

拟合得到特征弛豫时间分别为 22 ms 和 52 ms。由图 5.53(e)中插图可以发现，曲线行为也符合双指数函数趋势，证明器件很好地模拟了生物双脉冲易化行为。在 $AgBiI_4$ 突触器件中，导致器件产生阻变行为的是 I 空位定向移动。撤去器件上脉冲刺激后，在 I 空位浓度梯度的诱导下，I 空位会发生扩散，这一过程导致兴奋后突触电流产生。由于 I 空位扩散至稳定状态需要一定时间，当器件在高频脉冲刺激下，第一个脉冲所产生的兴奋后突触电流还未到达稳定状态时，第二个脉冲会在第一个脉冲基础上再一次产生兴奋，从而导致第二个脉冲兴奋后突触电流增强的效应，并且增强幅度与脉冲时间间隔密切相关。

时序依赖可塑性也是一种重要的生物神经突触功能。在传统 Hebbian 学习规则中，STDP 是一种长时程突触可塑性，被认为是突触学习和记忆活动最重要的生物机制基础。在生物神经突触中，当突触前脉冲先于突触后脉冲时，突触长时程可塑性可增强，当突触前脉冲后于突触后脉冲时，突触长时程可塑性受抑制。由于 I 空位迁移扩散过程高度类似于生物神经突触中 Ca^{2+} 动力学过程，在 $AgBiI_4$ 突触器件中成功实现了经典 STDP 功能[127]。测试时所采用的测试信号为施加在顶/底电极的脉冲对，脉冲幅值为 1 V，脉冲宽度为 0.1 s。定义 Δt 为前脉冲刺激末态和后脉冲刺激初态的时间间隔。当施加在顶电极的脉冲（突触前脉冲）先于施加在底电极的脉冲（突触后脉冲）时，定义 $\Delta t>0$，产生长时程突触增强；当施加在底电极的脉冲（突触后脉冲）先于施加在顶电极的脉冲（突触前脉冲）时，定义 $\Delta t<0$，产生长时程突触抑制。测试过程中读取电压

为 0.1 V。定义突触器件初始电导为 G_1，刺激后电导为 G_2，定义突触权重改变量为 $\Delta W=(G_2-G_1)/G_1$。如图 5.53(f)所示，$AgBiI_4$ 突触器件展现出与生物 STDP 一致的曲线。当 $\Delta t>0$ 时，随着时间间隔增大，突触权重增大且增大速度逐渐降低，当 $\Delta t<0$ 时，随着时间间隔增大，突触权重减小且减小速度逐渐降低。采用生物 STDP 所符合的指数方程对试验数据进行拟合[128]：

$$\Delta W = A\exp\left(-\frac{\Delta t}{\tau}\right)+\Delta W_0 \tag{5.13}$$

式中：A 为振幅参数；τ 为时间弛豫常数，ms。

拟合值分别为 10.3 ms 和 −50.7 ms。试验结果证明 $AgBiI_4$ 突触器件很好地模拟了生物神经突触 STDP 行为。

5.4.6 触觉感存算技术研究

人体触觉感知系统一般由机械感受器、传入神经和中枢神经系统等部分组成，工作过程如图 5.54(a)所示，当外界刺激作用在人体皮肤上时，皮肤中机械感受器感应到机械变形并将触觉信号编码为生物脉冲信号。然后神经元会产生动作电位并传递到神经突触中，再通过神经突触权重调节功能对信号进行学习、遗忘和记忆等功能处理，最后传递到中枢神经系统中进行处理和判断。与传统传感系统信息处理方式不同，人体触觉感知系统不会将所有原始数据都传递到中枢神经系统进行处理和决策，而是通过神经突触对原始数据进行初步处理再传递到中枢神经系统，允许它进行更高级别决策，从而大大降低了系统能耗和对硬件资源的依赖。为了模拟人体触觉感知系统，本小节通过将 $AgBiI_4$ 突触器件和压力传感器集成，开发了触觉感存算一体化技术，成功模拟了神经突触对传感器原始信号进行预处理的过程。触觉感存算一体化示意图如图 5.54(b)所示，采用压力传感器来模拟人体触觉感知系统中的机械感受器并将压力信号转换成电信号，通过 $AgBiI_4$ 突触来模拟人体触觉感知系统中的神经突触，对压力传感器产生的原始信号进行降噪和特征增强等预处理，通过人工神经网络来模拟人体触觉感知系统中的中枢神经系统，对神经突触传来的信号进行识别和判断。由于此系统中器件均为无源器件，因此通过数字源表将压力感受器和神经突触串联起来，为系统提供一定频率的脉冲信号。

图 5.55(a)所示为 $AgBiI_4$ 突触器件光学显微镜照片，方块为 Ag 电极，其尺寸为 0.5 mm×0.5 mm，通过探针台将信号引出。图 5.55(b)所示为压力传感器阵列实物照片，所采用的压敏薄膜为 velostat 导电共聚物，厚度为 0.1 mm，在压敏薄膜两侧用多股铜导线交织成十字交叉的 10×10 阵列，在每个铜导线的交叉点上都有一个压力传感点，能够将压力信号转换为电信号。图 5.55(c)所示为压力传感器的压力响应测试曲线，通过对测试点施加递增压力来测量薄

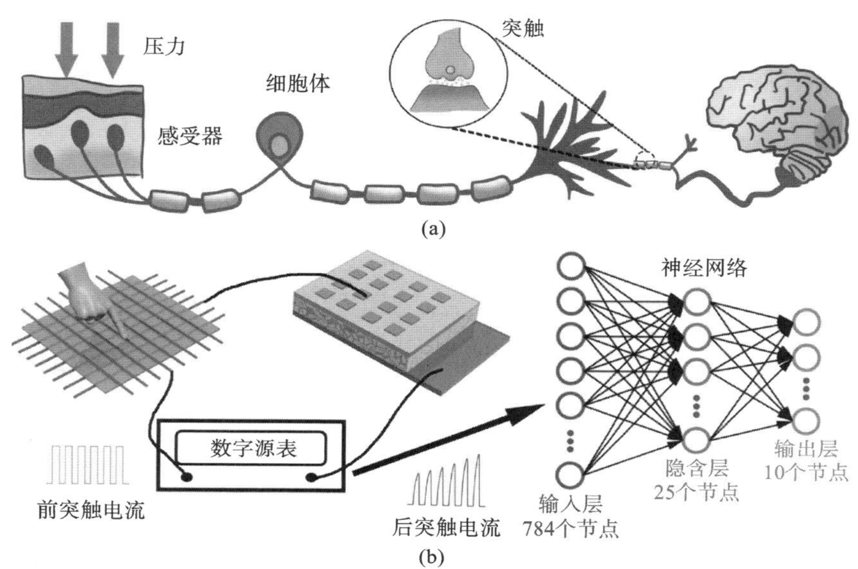

图 5.54　触觉系统示意图：(a)人体触觉感知系统示意图；(b)触觉感存算一体化示意图

膜电阻。可以发现，压力传感器的压力响应范围为 0～5 N，对应的薄膜电阻变化范围为 250～750 Ω。图 5.55(d)所示为压力传感器压力与电阻关系曲线，将试验数据用以下函数进行拟合：

$$y = \frac{a}{1 + bx + cx^2} \tag{5.14}$$

所得到的拟合参数分别为

$$a = -2404.00, \quad b = -3.41, \quad c = 0.28$$

与传统基于 CMOS 电路的传感系统不同，触觉感存算一体化中神经突触可以直接对传感器传来的原始数据进行预处理，从而减少了大量硬件和能源消耗。信息预处理过程是通过系统压力依赖可塑性完成的。图 5.56(a)所示为系统施加不同压力时神经突触器件的兴奋后突触电流。在系统压力传感器上分别施加 1.0 N、1.6 N、2.6 N 和 5.5 N 的压力，并测量兴奋后突触电流，此时数字源表输出幅值为 2.0 V、宽度为 0.1 s 的脉冲。可以发现，随着施加压力的增大，系统兴奋后突触电流逐渐增大，但增大幅度并没有压力增大幅度明显。进一步测量施加压力时突触器件两端脉冲电压峰值，可以发现，此时电压分别为 0.7 V、0.9 V、1.1 V 和 1.4 V。由于在实际过程中传感器信号输出一般是脉冲序列，因此，采用 20 个脉冲信号对系统进行训练。如图 5.56(b)所示，在施加 1.0 N、1.6 N、2.6 N 和 5.5 N 的压力时，系统在 20 个不同幅值脉冲训练下展

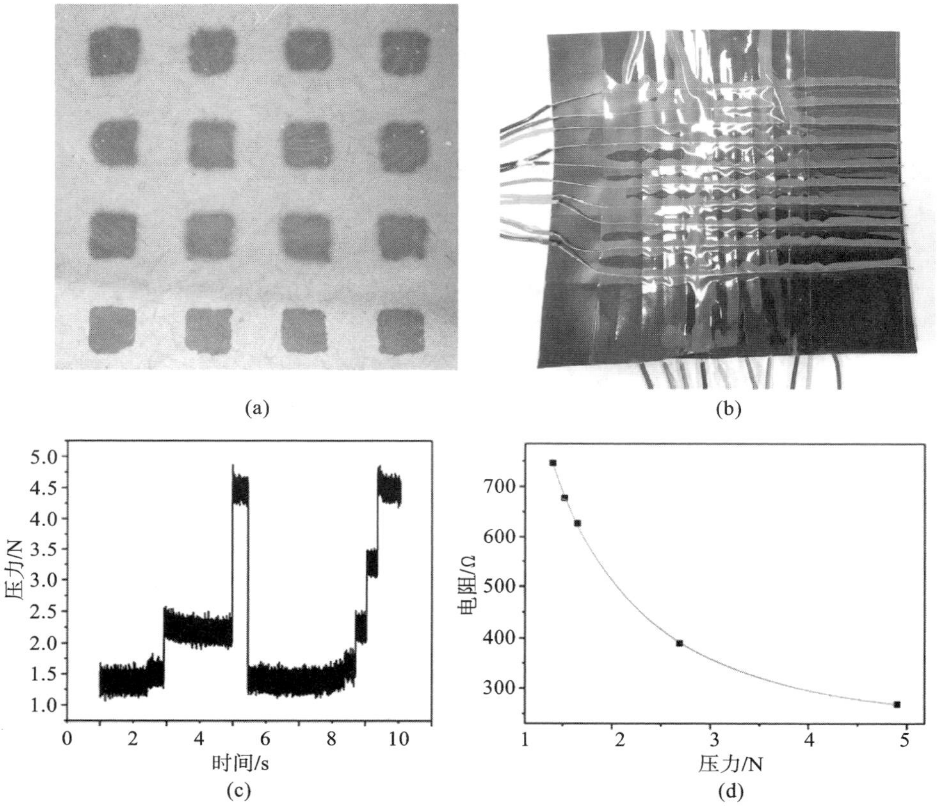

图 5.55　触觉感存算一体化实物图和压力传感器特性：(a) $AgBiI_4$ 突触器件光学显微镜照片，Ag 电极尺寸为 0.5 mm×0.5 mm；(b) 压力传感器阵列实物照片；(c) 压力传感器的压力响应测试曲线；(d) 压力传感器压力与电阻关系曲线

现出不同电流响应。随着压力的增大，兴奋后突触电流表现出更快增长趋势，即更高压力可以获得更大的电流响应，而较低压力只能获得较小的电流响应，这个性质可以用来对图像进行预处理，如降噪、特征增强等。图 5.57 所示为触觉感存算一体化归一化电流-压力曲线，所采用的函数为

$$y = ax^{b} \tag{5.15}$$

所得到拟合参数分别为

$$a=1.00,\quad b=2.26$$

为研究触觉感存算一体化信息预处理功能，分别采用数字和字母模型进行成像验证。如图 5.58 所示，首先将数字模型通过恒定压力按压在压力传感器上，然后读取 10×10 压力传感器阵列阻值，从而得到初始状态 1 图形。由于压

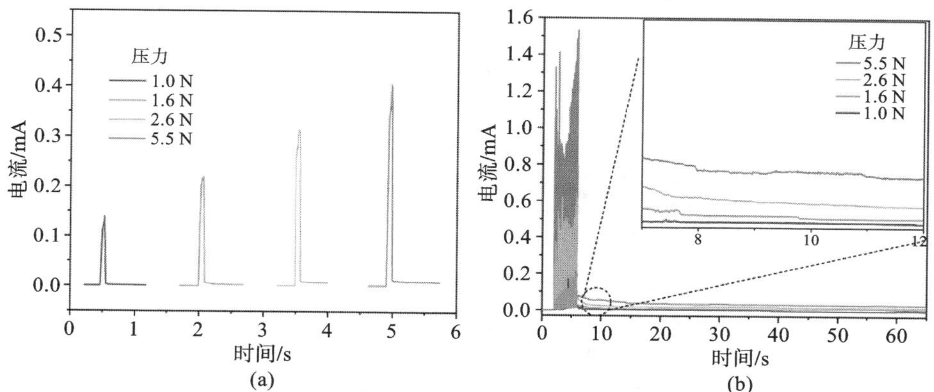

图 5.56　触觉感存算一体化功能实现：(a)系统施加不同压力时神经突触器件的兴奋后突触电流；(b)系统施加不同压力时在 20 个连续脉冲刺激下的兴奋后突触电流

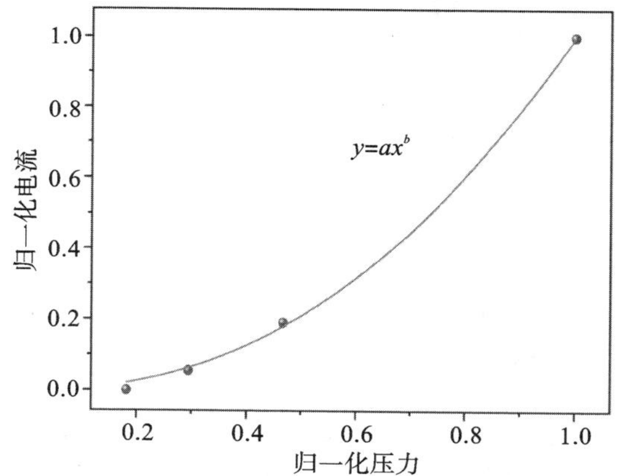

图 5.57　触觉感存算一体化归一化电流-压力曲线

力传感器与神经突触器件之间为串联连接，数字源表所施加恒定电压脉冲信号分别根据压力传感器和神经突触电阻大小来分配，因此神经突触两端电压值与压力传感器阻值呈负相关。通过测量神经突触器件两端电压得到数字模型成像图，与压力传感器阻值成像图基本一致，只是极性相反。此外，还可以发现所成图像背景和数字模型周边的颜色分布较不均匀，这是因为压力传感器上每个相交点处铜导线接触情况不同，使得整个传感器阵列阻值参差不齐。当数字模型按压压力传感器时，由于胶带作用，按压部分周围存在一定压力，因此数字模型周边也会存在颜色较深情况。当电压脉冲刺激神经突触器件时，器件会产生兴奋后突触电流，通过测量兴奋后突触电流可以得到经过触觉感存算一体化处理过的图像。通过对比电流图像和电压图像可知，与未经过处理的图像相比，背景噪声大大降低，图像中较弱信号被大大减弱，而较强信号被保留甚至被加强。对于数字 1～6，触觉感存算一体化对图像都进行了成功降噪。

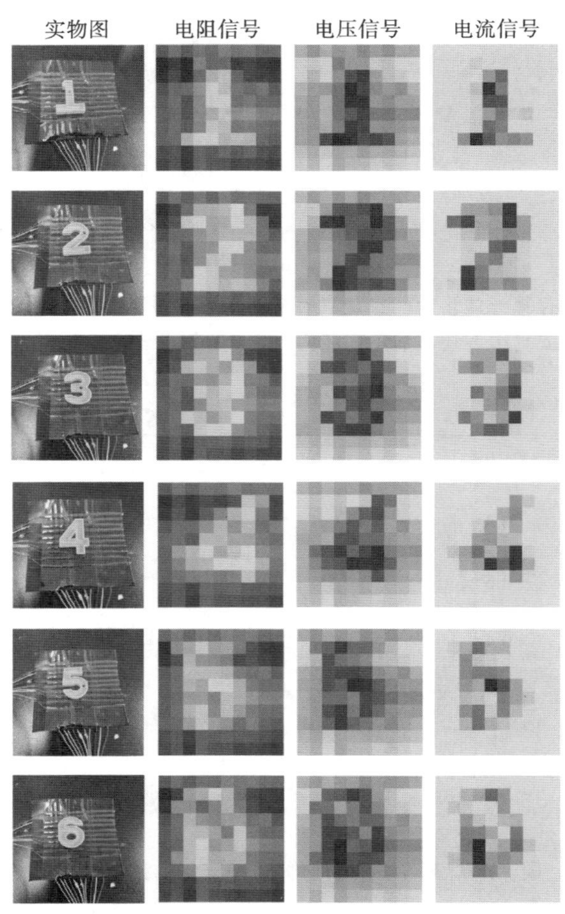

图 5.58　数字 1～6 在压力传感器中的成像及经过 $AgBiI_4$ 神经突触处理后的兴奋后突触电流成像

本小节还对字母 H、U、S 和 T 图像进行了处理。如图 5.59 所示，图像均实现了背景噪声降低和图像对比度提高。因此可以得出结论，触觉感存算一体化可以从硬件上实现对原始数据进行背景噪声降低和图像对比度提高的功能。

为了定量分析数字 1～9 和字母 H、U、S、T 数据预处理效果，引入均方误差（MSE）、峰值信噪比（PSRN）和结构相似性（SSIM）三个评价指标。MSE 代

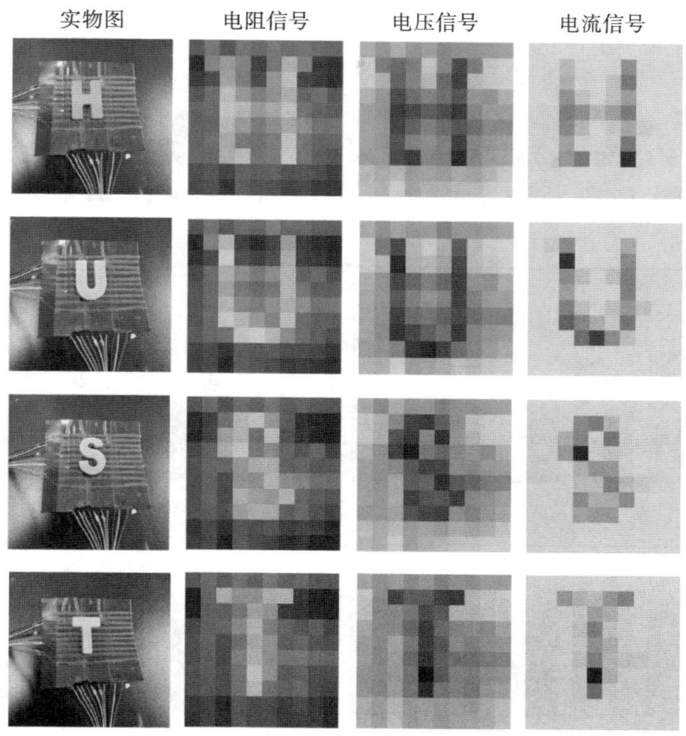

图 5.59　字母 H、U、S 和 T 在压力传感器中的成像及经过 $AgBiI_4$ 神经突触处理后的兴奋后突触电流成像

表两张图片差异程度，其值越大说明差异越小。PSRN 定义为信号最大可能功率和影响它表示精度的破坏性噪声功率的比值，往往能够反映图像处理后的品质，是广泛使用的客观量测法。PSRN 值越大，表示图像失真程度越小，和原图越接近。SSIM 是一种衡量两幅图像相似度的指标，是最常用的全参考图像质量评价方法，可以较好反映人眼主观感受。SSIM 值越大，图像质量越好。本小节采用数字或字母标准图样与处理前后电压信号和电流信号图像进行对比，分别计算 MSE、PSRN 和 SSIM 值，结果如图 5.60 所示，具体参数见表 5.5。处理后的 MSE 值明显大于处理前的，是其 6 倍左右，差异显著。处理后的 PSRN 值为处理前的 2 倍左右。处理后的 SSIM 值除了在数字 4 处，其他值均明显大于处理前的。以上结果证明，触觉感存算一体化可以对原始数据实现背景噪声降低和图像对比度提高。

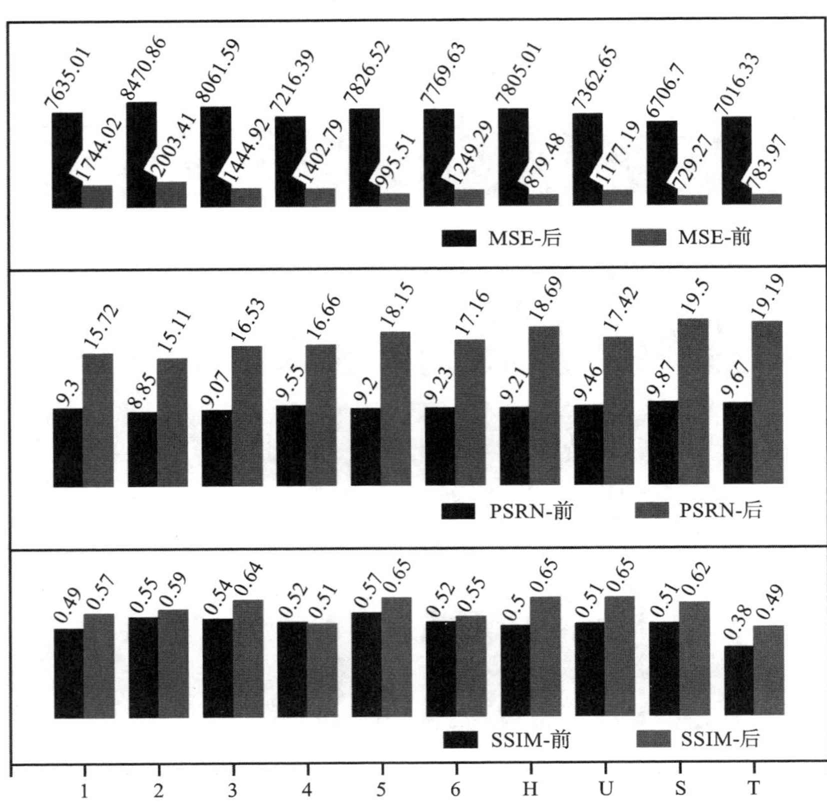

图 5.60　数字 1～9 和字母 H、U、S、T 的 MSE、PSRN 和 SSIM 参数柱状图

表 5.5　MSE、PSRN 和 SSIM 参数

图形	MSE-前	MSE-后	PSRN-前	PSRN-后	SSIM-前	SSIM-后
1	1744.02	7635.01	9.30	15.72	0.49	0.57
2	2003.41	8470.86	8.85	15.11	0.55	0.59
3	1444.92	8061.59	9.07	16.53	0.54	0.64
4	1402.79	7216.39	9.55	16.66	0.52	0.51
5	995.51	7826.52	9.20	18.15	0.57	0.65
6	1249.29	7769.63	9.23	17.16	0.52	0.55
H	879.48	7805.01	9.21	18.69	0.50	0.65
U	1177.19	7362.65	9.46	17.42	0.51	0.65
S	729.27	6706.7	9.87	19.5	0.51	0.62
T	983.97	7016.33	9.67	19.91	0.38	0.49

为了进一步研究系统信息预处理效果，构建 784×25×10 三层全连接人工神经网络来模拟中枢神经系统对经过处理的图像信息和未经过处理的图像信息进行识别。用来识别的图像是手写体数字数据库（MNIST）中的 1～9 共九个手写体数字。图 5.61(a)所示为 MNIST 中九个数字加了随机背景噪声的图像，所加噪声幅值为 0.3。图 5.61(b)所示为经过处理的 MNIST 手写体数字图像。可以发现，与处理之前相比，背景噪声被大大抑制，图像对比度明显增大，证明此系统确实可以有效降低背景噪声、提高图像对比度。将触觉感存算一体化处理前后手写体数字图像输入人工神经网络中进行识别，结果如图 5.61(c)所示。经过处理的图像的识别准确度在训练轮次达到 500 轮时几乎能达到 100%。相比之下，未经过处理的手写体数字图像的识别准确度即使在训练轮次达到 2000 轮时，只能达到 99%，在 500 轮时识别准确度为 98%。以上结果证明，触觉感存算一体化不仅能加快人工神经网络识别速度，还能提高识别准

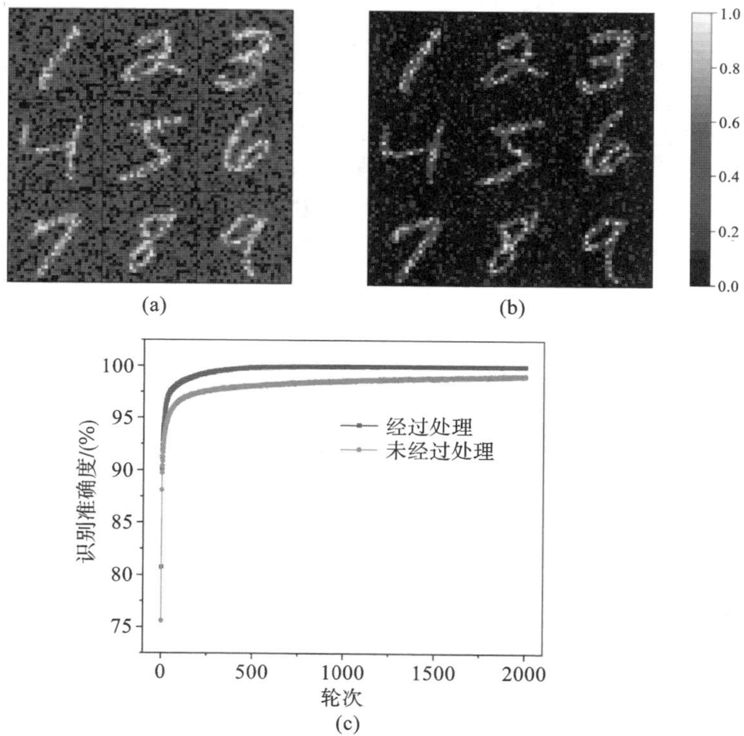

图 5.61　识别准确度：(a)添加背景噪声的 MNIST 手写体数字图像；(b)经过处理的 MNIST 手写体数字图像；(c)人工神经网络对经过处理和未经过处理的手写体数字图像的识别准确度

确度。

5.4.7 小结

本节提出了一种无机非铅 $AgBiI_4$ 钙钛矿忆阻器，制备的器件表现出典型的双极非易失性存储行为，具有超低操作电压（0.16 V）、高开/关比（10^4）、较长数据保留时间（10^4 s），通过脉冲电压循环扫描操作实现 700 次有效擦写过程，优于报道的大多数钙钛矿忆阻器。此外，由于 $AgBiI_4$ 钙钛矿具有低温制备特性，在柔性 PEN 基底上成功制备了柔性忆阻器，开/关比达到 10^2，该柔性器件在循环弯折试验（1000 次）中也表现出良好的稳定性。通过分析 *I-V* 特性曲线以及对 Set 操作后钙钛矿薄膜进行 TEM 表征，发现在钙钛矿薄膜中存在 Ag 颗粒和 Ag 导电细丝，这些结果揭示了忆阻器的阻变机制，即在外界电场下 Ag 电极中的 Ag 原子发生氧化还原反应并定向迁移形成 Ag 导电细丝导致器件发生阻值转变。本节还制备了基于 $AgBiI_4$ 钙钛矿的人工神经突触，其展现出典型模拟型双极性阻变特性，成功模拟了生物神经突触多种功能，如 LTP、LTD、PPF 和 STDP 等。然后将压力传感器阵列与 $AgBiI_4$ 突触器件集成，实现触觉感存算一体化，其能够对不同强度压力刺激进行图像对比度增强和背景噪声降低预处理。对 MNIST 手写体数据进行识别，发现经过触觉感存算一体化处理的数据只需 500 个训练周期就能达到接近 100%的识别准确度，相比之下，未经过处理的数据在 2000 个训练周期后只能达到 99%的识别准确度。

5.5 无机非铅 $Cs_2AgBiBr_6$ 钙钛矿光电忆阻器及视觉感存算技术研究

人类视觉系统具有精确识别、信息感知和记忆能力，由此掀起了研究生物仿生视觉系统的热潮。视网膜将感知到的光学信息通过神经系统传输到大脑，从而允许大脑记住眼睛所观察到的图像信息。因此，同时感知和存储光学信息的视觉系统可以作为人类视觉系统的延伸。传统光电探测器能捕捉光学信号并将其实时转换为电信号，但是不能存储光学信息，为了模拟人类视觉系统，大量关于同时实现图像感知和记忆功能的研究被报道[129,130]。Seo 等人将突触器件与光学传感器件集成在同一个 h-BN/WSe_2 异质结上，成功制备了一种视神经突触器件，实现精确且低功耗的纯色和混合颜色模式识别[131]。Chen 等人报道了一种集成图像传感器和存储器件的人工视觉记忆系统[132]。然而，多组件集成器件需要精密且复杂的光刻工艺，如刻蚀、镀膜等，导致制备困难。此外，物理分立的光电探测器和存储单元结构不能满足低功耗人工智能视觉感知需求。因此,开发一种可以同时实现信息感知和记忆的多功能电子器件迫在眉睫。针对未来人工视觉传感器需求,光电忆阻器是一种有潜力替代传统视觉传感器的器件,不仅可以直接对光学信息进行响应,还能对图像信息进行记忆和预处理。有机-无机杂化钙钛矿是近年来最具前景的光吸收材料之一,广泛应用于光伏电池、发光二极管、光电探测器、存储器等领域,其优异性能归因于独特的光电特性,如较强光吸收、可调节带隙、长载流子扩散距离和高缺陷容忍度等。钙钛矿视觉感存算光电忆阻器大多基于三端晶体管器件。2020 年,Hao 等人报道了一种基于 $CsPbBr_3$ 钙钛矿量子点的三端晶体管器件,能够实现图像感知、处理和记忆功能[133]。2021 年,Park 等人报道了一种二维钙钛矿三端晶体管器件,其除了具有生物突触功能,还能记忆图像信息长达 300 s[134]。然而这种三端器件能耗较高、处理速度较低、集成密度低且设计复杂。2020 年,Han 等人报道了一种集成了太阳能电池和忆阻器的人工视觉系统[135],太阳能电池负责图像感知功能,忆阻器负责图像信息运算和存储功能。然而这种集成方式仍然存在集成工艺复杂、器件功耗较高的问题,因此有必要开发一种能够实现视觉感存算一体化的二端多功能器件。

基于 Bi 元素的 $Cs_2AgBiBr_6$ 钙钛矿中 Br 离子缺陷迁移能非常低,适合制备卤素离子导电细丝型光电忆阻器。为此,本节基于无机非铅 $Cs_2AgBiBr_6$ 钙钛矿光电忆阻器开展研究,发现了器件在光照下的 Reset 现象。进一步通过第一性原理计算分析光照对钙钛矿中卤素离子迁移影响规律,并提出了一种集感知、运算和存储功能于一体的视觉感存算系统。该系统具备神经形态强化学习功能,并实现了图像的感知和存储。

5.5.1 器件制备

$Cs_2AgBiBr_6$ 钙钛矿忆阻器制备过程如图 5.62 所示。

(1)导电基底预处理:用金刚石刀将 ITO 导电玻璃切割成 1 cm×1 cm 的基片。将切割好的 ITO 导电玻璃分别放置于去离子水、丙酮和乙醇中,超声清洗 15 min,超声清洗功率为 40%,清洗完取出后用氮气枪吹干备用。对于十字交叉器件的 ITO 基底,通过激光刻蚀,将 ITO 玻璃表面刻蚀出条状电极图案,然后再进行上述清洗。

(2)钙钛矿薄膜的制备:将清洗后的 ITO 导电玻璃用紫外臭氧清洗机处理 15 min 进行表面改性,使得钙钛矿易于覆膜。称取 0.2128 g CsBr、0.0939 g AgBr 和 0.2244 g $BiBr_3$,溶解于 1 mL 二甲基亚砜溶液中,并放置于 65 ℃热板上搅拌 2 h。为了提高钙钛矿薄膜覆盖率,在制备 $Cs_2AgBiBr_6$ 钙钛矿时采用反溶剂方法。将配置好的前驱体溶液涂覆在 ITO 基底上,然后设置旋涂仪低速

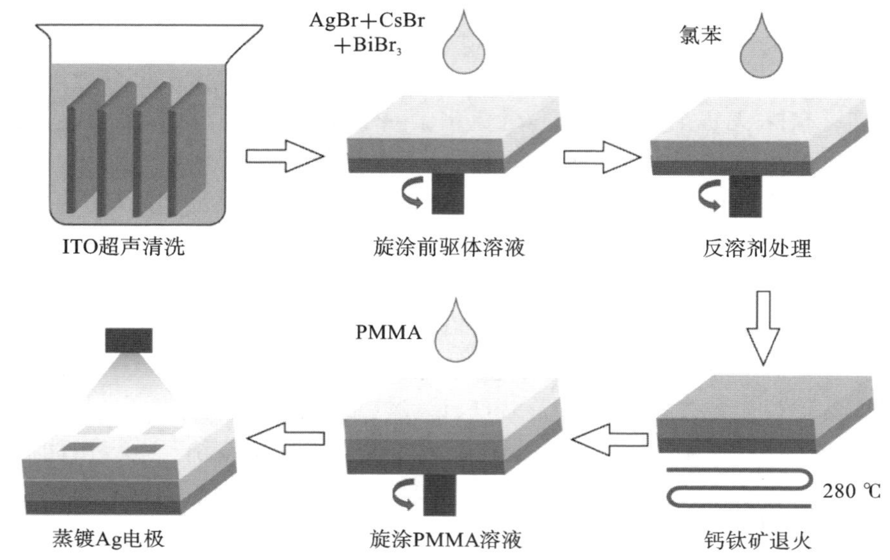

图 5.62　$Cs_2AgBiBr_6$钙钛矿忆阻器制备过程

1000 r/min、时间 10 s,高速 5000 r/min、时间 50 s。在旋涂结束前 10 s,将 125 μL 氯苯溶液注入钙钛矿薄膜表面,完成反溶剂操作。随后,将钙钛矿薄膜放置于 280 ℃热板上退火 5 min。这样就完成了钙钛矿层的制备,上述旋涂和退火过程均在手套箱内完成。

(3)阻挡层的制备:为防止 Ag 电极向钙钛矿层扩散,在钙钛矿薄膜上再制备一层聚甲基丙烯酸甲酯(PMMA)阻挡层。称取 1 mg PMMA 溶解在 1 mL 氯苯中,然后将 PMMA 溶液涂覆在钙钛矿层上,旋涂仪设为低速 1000 r/min、时间 10 s,高速 4000 r/min、时间 20 s。随后,器件放置在 100 ℃的热板上退火 5 min。

(4)Ag 电极的制备:待器件冷却到室温,通过热蒸发将 Ag 电极蒸镀到阻挡层上。制备分立器件时所用掩膜为 0.5 cm×0.5 cm 方形块,开始蒸镀时真空度小于 1×10^{-3} Pa,蒸镀速度为 1.5 Å/s,蒸镀速度通过膜厚仪监控,所制备 Ag 薄膜厚度为 50 nm。

(5)十字交叉阵列器件的制备:制备十字交叉阵列器件时所用电极掩膜形状如图 5.63 所示。首先用激光将基底上的 ITO 刻蚀成电极形状,然后在上面分别沉积 $Cs_2AgBiBr_6$钙钛矿层和 PMMA 层,工艺过程与步骤(2)和步骤(3)相同,最后利用掩膜蒸镀厚度为 50 nm 的 Ag 电极。

为了分析 $Cs_2AgBiBr_6$钙钛矿忆阻器的阻变机理,对薄膜缺陷进行第一性原

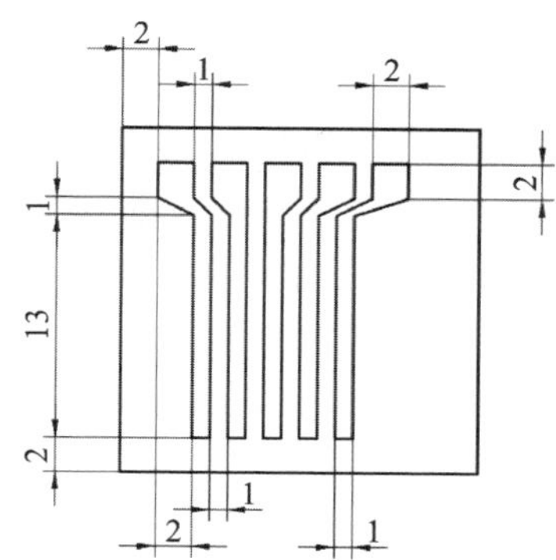

图 5.63　十字交叉结构中 ITO 电极和掩膜图案尺寸（单位:mm）

理计算。所采用的方法为平面波/赝势法，所采用软件包为 Quantum ESPRESSO 中的 PWSCF 程序[136]。PBE 交换相关泛函与超软标量相对论赝势一起使用。电子-离子相互作用由超软赝势描述，Cs 5s5p6s、Ag 4s4p4d5s、Bi 5d6s6p和 Br 4s4p 电子包含在计算中。在计算缺陷能和 Frenkel 缺陷形成势垒时，所采用晶胞的大小应合适。若所采用晶胞体积较小，那么模型缺陷密度过高，与实际情况不符，计算结果不能反映实际情况，若所采用晶胞体积过大，所需要计算时间和计算资源成本过大。最终，建立空间群为 FFC 的$\sqrt{2}\times\sqrt{2}\times 2$超晶胞模型。超晶胞模型晶格常数通过弛豫晶胞大小和离子位置实现，初始晶格常数设为试验得到的晶格常数。最后计算得到平衡位置晶格常数，为 10.928 Å，比试验得到的 11.271 Å 略低。该超晶胞模型中包含 160 个原子，在模型上分别去掉一个 Cs 原子、Ag 原子、Bi 原子和 Br 原子，分别形成 Cs 空位缺陷晶胞、Ag 空位缺陷晶胞、Bi 空位缺陷晶胞和 Br 空位缺陷晶胞，如图 5.64 所示。在搜索 Frenkel 缺陷形成过程能量最小路径时，采用爬坡弹性带法。

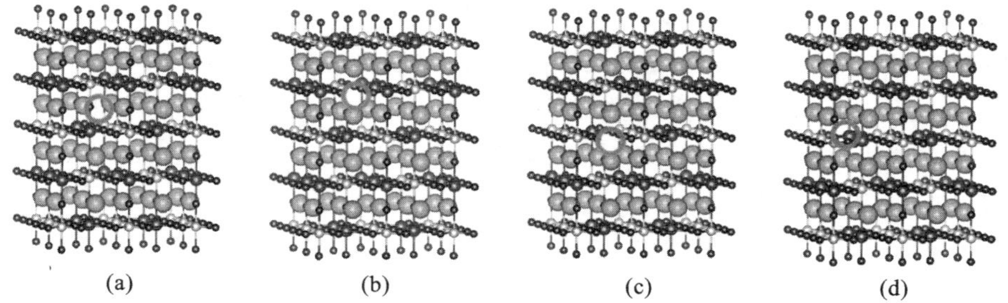

图 5.64　空位缺陷模型图：(a)Cs 空位缺陷晶胞；(b)Ag 空位缺陷晶胞；(c)Bi 空位缺陷晶胞；(d)Br 空位缺陷晶胞

5.5.2 结构形貌表征及阻变特性分析

无机非铅钙钛矿 $Cs_2AgBiBr_6$ 忆阻器所采用的结构为电极/介质层/电极，这种二端型器件不仅结构简单，还可以实现有效面积为 $4F^2$ 的高密度集成（F 指集成工艺最小特征尺寸）。图 5.65(a)所示为 $Cs_2AgBiBr_6$ 钙钛矿忆阻器结构示意图，采用 Ag 作为顶电极，透明 ITO 作为底电极，光可以从底电极射入器件介质层。据报道，金属电极与钙钛矿层直接接触时，在接触面会发生金属离子向钙钛矿层的扩散，导致钙钛矿分解。因此在 Ag 电极和介质层之间插入一层超薄绝缘 PMMA，避免 Ag 电极与钙钛矿的直接接触。$Cs_2AgBiBr_6$ 钙钛矿制备方法是反溶剂溶液法，采用氯苯作为反溶剂，在旋涂过程中将其注入钙钛矿薄膜上，使得钙钛矿溶质分子在溶液中的溶解度迅速降低从而快速析出，形成均匀、高覆盖率的钙钛矿薄膜。图 5.65(b)所示为忆阻器截面 SEM 图，结构分层明显，边界清晰，钙钛矿层晶粒明显，并且在 PMMA 和 ITO 中只有一层钙钛矿晶粒。

单层晶粒可以使得载流子在器件中穿越更少晶界，从而提高载流子传输效率。钙钛矿层厚度大约为 360 nm，Ag 电极厚度大约为 60 nm，而 PMMA 层由于太薄在图中并不明显。图 5.65(c)所示为钙钛矿薄膜平面 SEM 图，钙钛矿晶粒大小均匀，覆盖率高。据报道，$Cs_2AgBiBr_6$ 钙钛矿化学势区域较窄，在制备过程中很容易形成杂质相，对器件性能产生负面影响，因此通过 XRD 表征来研究 $Cs_2AgBiBr_6$ 晶体结构和结晶程度，测试样品的结构为 ITO/$Cs_2AgBiBr_6$。如图 5.65(d)所示，钙钛矿薄膜 XRD 谱图中在 31.8°处有一个强度较高的主峰，其代表钙钛矿在 (400)处的特征峰。在 (111)、(200)、(220)、(311)、(222)、(420)、(422)和 (440)处都有相应特征峰，证明所制备薄膜是 $Cs_2AgBiBr_6$ 钙钛矿薄膜。除了钙钛矿特征峰外，图中还能找到三个对应基底 ITO 的特征峰，除此以外没有发现 $Cs_3Bi_2Br_9$ 和 AgBr 两种可能杂质相的特征峰，表明除 $Cs_2AgBiBr_6$ 之外没有杂质相生成。图 5.65(e)所示为钙钛矿薄膜光吸收谱图，测试样品的结构为 ITO/$Cs_2AgBiBr_6$。在光吸收谱图中 440 nm 处有一个强吸收峰，而在 500 nm 左右截止，说明 $Cs_2AgBiBr_6$ 钙钛矿对光的吸收集中在近紫外光波段，较短波长的光才能导致激发。

高质量无孔洞钙钛矿薄膜对于后续薄膜沉积和避免短路发生具有重要意义。图 5.66(a)所示为 $Cs_2AgBiBr_6$ 钙钛矿薄膜平面 AFM 图。由图 5.66(a)可知，AFM 观察到的薄膜微观结构与 SEM 观察到的类似，所制备钙钛矿薄膜呈现出蜂窝状多晶薄膜形貌，根据 AFM 结果计算得到薄膜均方根粗糙度和平均粗糙度，分别为 23.75 nm 和 19.19 nm，证明薄膜具有非常高的平整度。

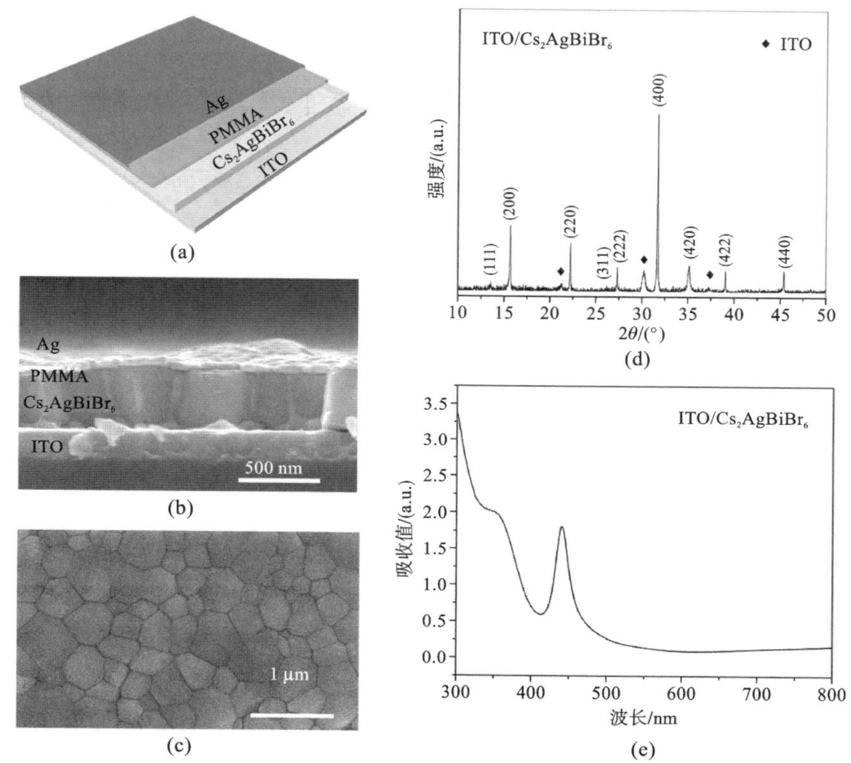

图 5.65 钙钛矿忆阻器结构形貌表征：(a)$Cs_2AgBiBr_6$钙钛矿忆阻器结构示意图(器件结构为 Ag/PMMA/$Cs_2AgBiBr_6$/ITO)；(b)忆阻器截面 SEM 图；(c)钙钛矿薄膜平面 SEM 图；(d)钙钛矿薄膜 XRD 谱图；(e)钙钛矿薄膜光吸收谱图

如果钙钛矿薄膜平整度较低，可能导致后续基于溶液法旋涂制备的 PMMA 层出现成膜不均匀情况，甚至可能出现孔洞，从而对器件性能产生较大影响。图 5.66(b)所示为$Cs_2AgBiBr_6$钙钛矿薄膜三维 AFM 图，可以发现，钙钛矿薄膜表面最高点和最低点相差 175.95 nm，其低于薄膜厚度，因此不必担心短路发生。为了研究所制备$Cs_2AgBiBr_6$钙钛矿薄膜缺陷性质，对钙钛矿薄膜进行稳态荧光光谱和瞬态荧光光谱测试。$Cs_2AgBiBr_6$钙钛矿薄膜稳态荧光光谱如图 5.66(c)所示，在 620 nm 处有一个明显特征峰。$Cs_2AgBiBr_6$钙钛矿薄膜瞬态荧光光谱如图 5.66(d)所示，试验数据可以用双指数衰减函数进行拟合：

$$PL = A_1 e^{-\frac{t}{\tau_1}} + A_2 e^{-\frac{t}{\tau_2}} \tag{5.16}$$

式中：A_1 和 A_2 为指前系数；τ_1 和 τ_2 分别为快衰减寿命和慢衰减寿命，ns。

计算得出载流子寿命为 76 ns，与文献[137]中测得的数值相近。

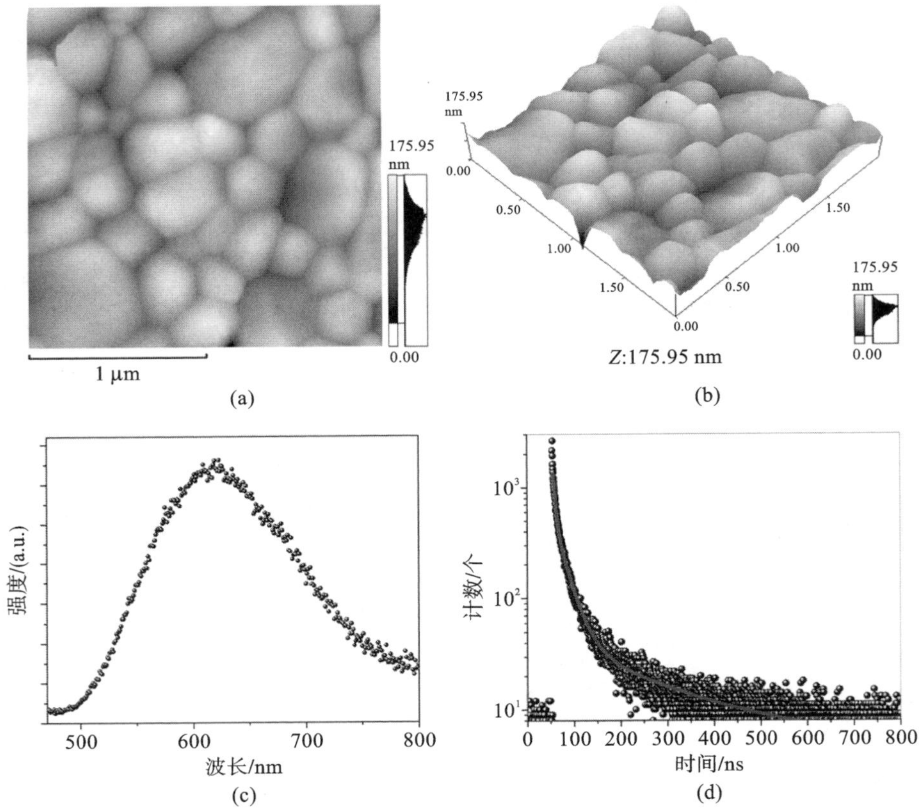

图 5.66　$Cs_2AgBiBr_6$ 钙钛矿薄膜表征：(a) $Cs_2AgBiBr_6$ 钙钛矿薄膜平面 AFM 图和 (b) 三维 AFM 图；(c) $Cs_2AgBiBr_6$ 钙钛矿薄膜稳态荧光光谱；(d) $Cs_2AgBiBr_6$ 钙钛矿薄膜瞬态荧光光谱

XPS 表征可以精确地研究钙钛矿薄膜表面元素组成并确定元素比例，结果如图 5.67 所示。图 5.67(a)所示为 Ag 元素 XPS 谱图，在 367.96 eV 和 373.9 eV 处发现两个峰线，对应 Ag 元素 $3d_{5/2}$ 和 $3d_{3/2}$ 轨道。图 5.67(b)所示为 Bi 元素 XPS 谱图，在 159.08 eV 和 164.4 eV 处发现两个峰线，对应 Bi 元素 $4f_{7/2}$ 和 $4f_{5/2}$ 轨道。图 5.67(c)所示为 Br 元素 XPS 谱图，在 68.48 eV 和 75.3 eV 处发现两个峰线，对应 Br 元素 $3d_{5/2}$ 和 $3d_{3/2}$ 轨道。图 5.67(d)所示为 Cs 元素 XPS 谱图，在 724.46 eV 和 738.4 eV 处发现两个峰线，对应 Br 元素 $3d_{5/2}$ 和 $3d_{3/2}$ 轨道。XPS 测试得到的 Cs、Ag、Bi 和 Br 元素的相对比例分别为 15.90%、6.71%、6.98%和 41.66%，说明四种元素原子比例约为 2∶1∶1∶6，与 $Cs_2AgBiBr_6$ 化学式对应，证明薄膜为 $Cs_2AgBiBr_6$ 钙钛矿薄膜。

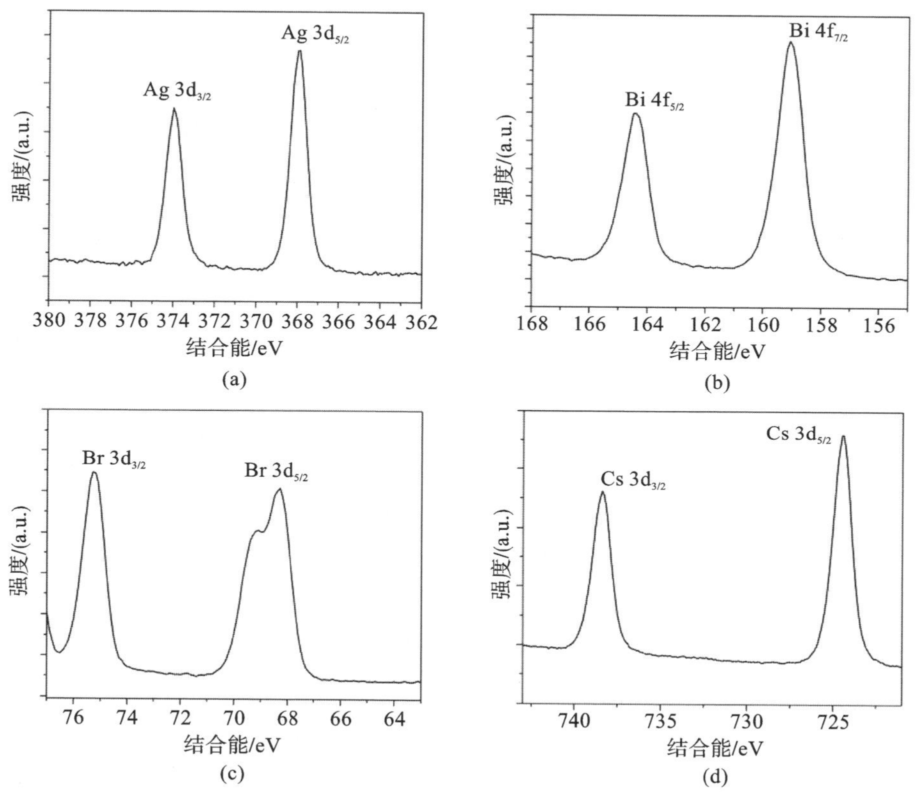

图 5.67　$Cs_2AgBiBr_6$ 钙钛矿薄膜 XPS 谱图

$Cs_2AgBiBr_6$ 忆阻器阻变特性通过分析 *I-V* 曲线来研究。整个测试过程在直流偏压扫描下进行，外加偏压通过探针施加在 ITO 电极上并将 Ag 电极接地。阻变过程中所采用扫描电压循环为 0 V→5.0 V→0 V→−8.0 V→0 V，为了防止过大电流导致器件击穿短路或锁死在低阻态无法 Reset，在测试过程中设置 0.01 A 限制电流。$Cs_2AgBiBr_6$ 钙钛矿忆阻器阻值转变 *I-V* 特性曲线如图 5.68(a)所示，还未施加偏压时，阻变器件处于高阻态。当施加偏压逐渐增大而未到达 1 V 时，器件电流在 10^{-5} A 左右，此时器件仍处于低阻态且符合欧姆定律。当施加偏压增大到 1 V 时，器件电流发生突变，迅速增大到 0.01 A，此时阻变器件从高阻态突变为低阻态，完成 Set 过程。当施加偏压逐渐减小到 0 V 时，器件仍维持高电流水平，器件在外加电压撤去后仍然能够保持低阻态，证明 $Cs_2AgBiBr_6$ 忆阻器具有非易失性阻变特性。在阻变器件的 Reset 过程中，发现 Reset 电压与 Set 电压不具有对称性，当施加偏压从 0 V 变化到 −6 V 时，器件电流才发生突变，器件从低阻态转变到高阻态。当施加偏压逐渐减小到 0 V

后，器件仍然维持在高阻态，从而完成 Reset 过程。$Cs_2AgBiBr_6$ 忆阻器过高的 Reset 电压不利于其在低功耗器件领域中的应用。

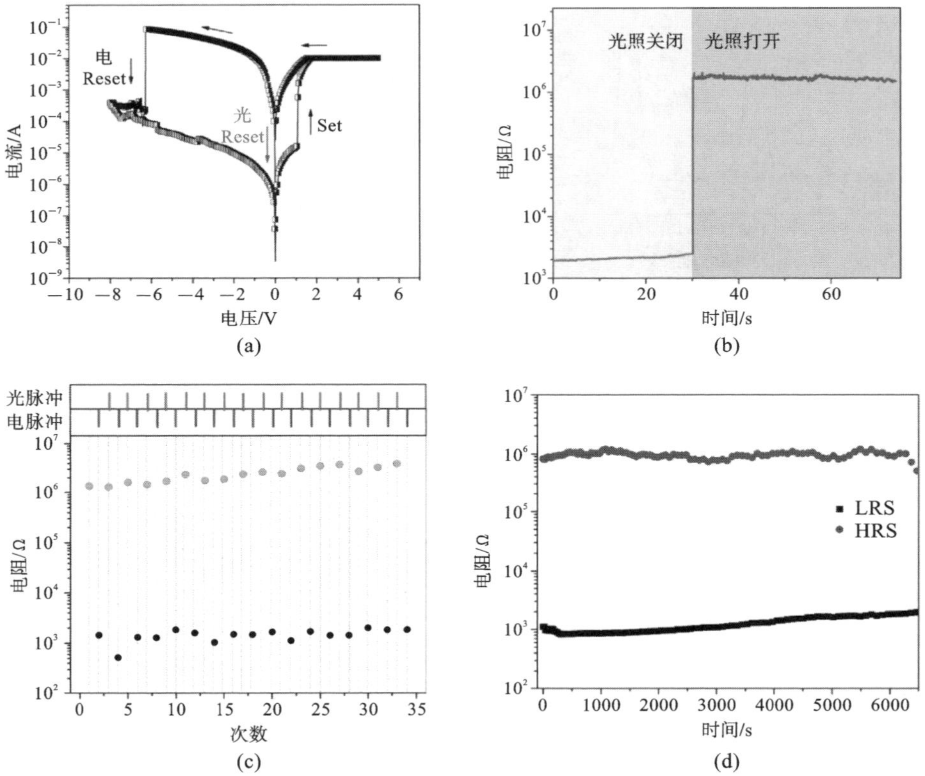

图 5.68　忆阻器光 Reset 阻变特性：(a) $Cs_2AgBiBr_6$ 钙钛矿忆阻器阻值转变 *I-V* 特性曲线；(b) 忆阻器光 Reset 曲线；(c) 电 Set 和光 Reset 电阻循环转变特性；(d) 忆阻器数据保持特性

现有研究证明 $Cs_2AgBiBr_6$ 钙钛矿具有优异光电特性，在光伏电池和光电探测器等领域都具有应用价值，为此，进一步探索光照对 $Cs_2AgBiBr_6$ 忆阻器阻变特性的影响。在基于 $Cs_2AgBiBr_6$ 钙钛矿的忆阻器中，器件不仅能够在外加电场作用下实现 Reset 操作，还能在紫外光照下实现从低阻态向高阻态的转变，如图 5.68(a) 中灰色箭头所示。首先通过正向偏压将器件从高阻态转变到低阻态，然后将器件置于 375 nm、光强为 4.32 mW/cm^2 的紫外光照下，发现器件可以不在电场作用下自发从低阻态转变到高阻态。图 5.68(b) 所示为 $Cs_2AgBiBr_6$ 忆阻器在紫外光照下发生 Reset 过程时电阻随时间变化曲线。图中左边区域为紫外光照关闭区域，右边区域为紫外光照打开区域。在初始时刻，器件在正向偏压作用下被 Set 到低阻态，低阻态阻值大约为 10^3 Ω，在 30 s 时打开紫外光照，此时，器件瞬间从低阻态转变到高阻态，高阻态阻值大约为 10^6 Ω。以上结果证明 $Cs_2AgBiBr_6$ 忆阻器被 Set 到低阻态后，能够在紫外光照下完成 Reset 过程。由于 $Cs_2AgBiBr_6$ 忆阻器 Reset 电压达到 −6 V，导致能耗较高，而这种通过紫外光 Reset 的性质，不仅避免了电场实现 Reset 过程所需的高操作电压，还拓展了 $Cs_2AgBiBr_6$ 忆阻器在光电忆阻器方面的应用。

为了进一步验证忆阻器光照 Reset 过程稳定性，对 $Cs_2AgBiBr_6$ 忆阻器进行电 Set 和光 Reset 操作循环测试，测试过程中为了减小读取电压对忆阻器状态的影响，采用 0.01 V 读取电压。如图 5.68(c)所示，黑色标记为器件在正向偏压下从高阻态 Set 到低阻态过程，灰色标记为器件在紫外光照下从低阻态转变为高阻态过程。在初始时刻器件处于高阻态，接着在偏压和紫外光交替作用下切换 17 个循环。观察低阻态和高阻态阻值，可以发现灰色点代表的高阻态分布集中在 10^6 Ω，而黑色点代表的低阻态分布集中在 10^3 Ω，与图 5.68(b)所示结果相符，证明光 Reset 操作稳定性较好。忆阻器数据保留时间是衡量存储器信息存储能力的重要指标。图 5.68(d)所示为 $Cs_2AgBiBr_6$ 忆阻器高、低阻态数据保留时间，测试时读取电压为 0.01 V。忆阻器高、低阻态阻值与上述结果相符，在 6000 s 测试过程中，高、低阻态阻值都没有发生明显衰减，当测试时间大于 6000 s 时，高阻态阻值没有发生明显变化，器件开始从低阻态逐渐向高阻态转变。

由于 $Cs_2AgBiBr_6$ 钙钛矿忆阻器工作时需要采用紫外光进行 Reset，因此器件在紫外光连续照射下的稳定性十分重要。如图 5.69 所示，对 $Cs_2AgBiBr_6$ 钙钛矿进行 30 min 紫外光连续照射处理，光强为 4.32 mW/cm^2，然后比较照射前、后薄膜 XRD 谱图。照射前、后的谱图中在 31.8°处均存在一个强度较高的主峰，代表 $Cs_2AgBiBr_6$ 钙钛矿在 (400)处的特征峰，其他晶面处的峰也都一一对应，证明 $Cs_2AgBiBr_6$ 钙钛矿在紫外光连续照射下具有良好的稳定性。

进一步对经过紫外光连续照射的器件进行电 Set 和光 Reset 操作。图5.70(a)所示为经过和未经过紫外光连续照射处理器件的电 Set 过程，经过照射，器件在 1 V 左右从高阻态突变为低阻态，与未经过照射器件的 Set 曲线一致。图 5.70(b)所示为经过和未经过紫外光连续照射处理器件的光 Reset 过程，经过照射后，器件仍然能在紫外光脉冲作用下从低阻态转变到高阻态。以上结果说明 $Cs_2AgBiBr_6$ 钙钛矿忆阻器在紫外光连续照射下稳定性较好，仍然能够正常工作。

5.5.3 钙钛矿光电忆阻器阻变机理研究

忆阻器在高阻态和低阻态下的阻变特性曲线往往能反映背后的阻变机理，

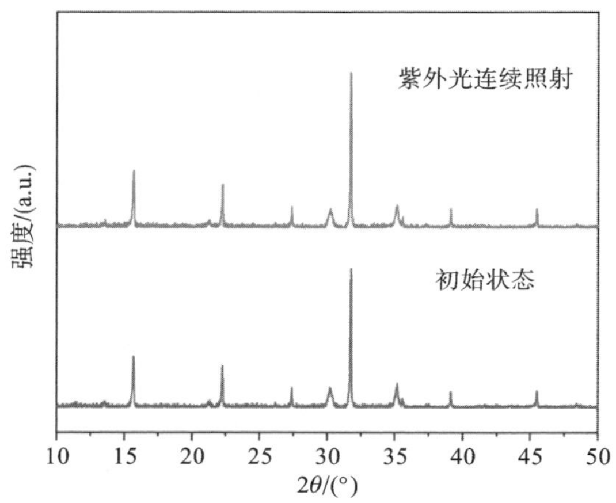

图 5.69　紫外光连续照射前、后 $Cs_2AgBiBr_6$ 钙钛矿薄膜 XRD 谱图对比

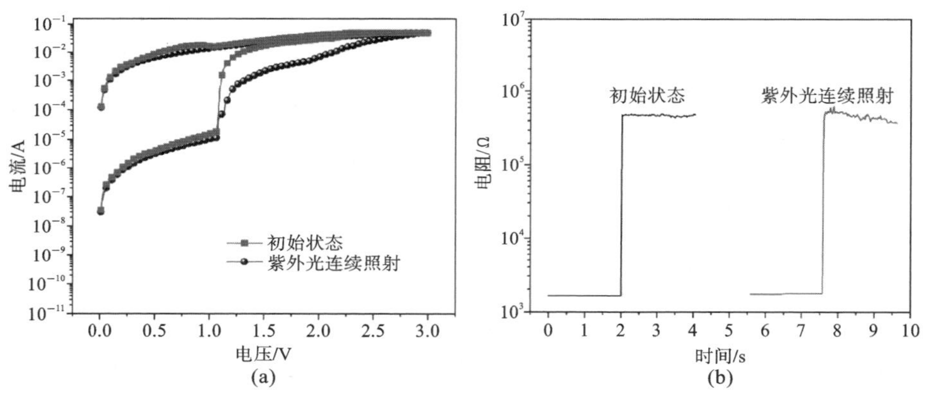

图 5.70　紫外光连续照射前、后 $Cs_2AgBiBr_6$ 钙钛矿忆阻器阻变特性对比：(a)电 Set 操作；(b)光 Reset 操作

因此对 $Cs_2AgBiBr_6$ 钙钛矿忆阻器双对数 *I-V* 特性曲线进行分析。如图 5.71 所示，在高阻态，当电压为 0～0.11 V 时，曲线拟合斜率为 1.13，电流和电压成线性关系，符合欧姆定律。在这个区域内，电流传导主要由热激发生成的自由电荷载流子主导，由于 $Cs_2AgBiBr_6$ 薄膜中陷阱的存在，这些载流子被捕获在 $Cs_2AgBiBr_6$ 薄膜中，并且因为电子的弱注入，$Cs_2AgBiBr_6$ 陷阱位点被部分填充。此时，薄膜中没有可移动自由电子，因此电流较低，器件处于高阻态。

随着电压继续增大到 0.8 V，曲线拟合斜率变为 1.89，符合 Child 导电定律。此时，器件导电特性可以用以下模型来解释[118]：

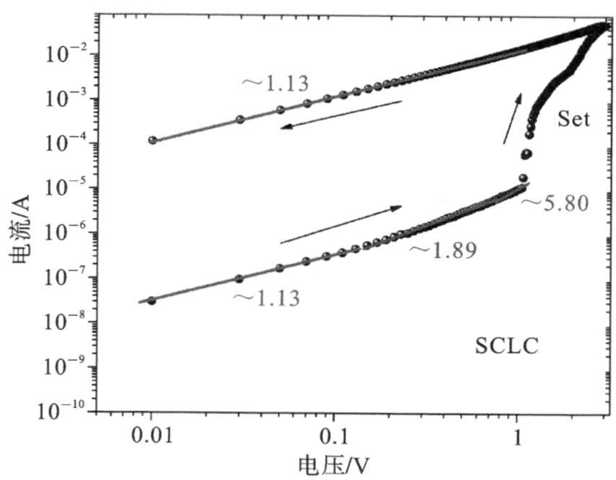

图 5.71 $Cs_2AgBiBr_6$ 钙钛矿忆阻器在正向偏压区域的双对数 *I-V* 特性曲线

$$J_{\text{trap-filled}} = \frac{9}{8}n\varepsilon\mu\left[\frac{V^2}{d^3}\right] \tag{5.17}$$

式中：$J_{\text{trap-filled}}$ 为传输电流，A；n 为热平衡中自由载流子浓度，m^{-3}；ε 为介电常数，F/m；μ 为电子迁移率，$m^2/(V \cdot s)$；V 为施加电压，V；d 为钙钛矿薄膜厚度，m。

据报道，钙钛矿薄膜中缺陷分布在不同能级中。随着施加电压的增大，向薄膜中注入的载流子逐渐填满陷阱。当所有陷阱都被载流子填满时，注入载流子变为自由电子从而主导薄膜电流传输过程。此时，随着电压继续增大，电流迅速上升，器件从高阻态转变到低阻态。当器件被 Set 到低阻态时，电压逐渐从 2 V 减小到 0 V，曲线拟合斜率变为 1.13，电流和电压成线性关系，电流传输机制符合欧姆定律。以上结果证明器件电流传输机制符合 SCLC 模型，说明器件发生阻态转变时钙钛矿层中发生了导电细丝的形成与断裂。在 Ag/PMMA/$Cs_2AgBiBr_6$/ITO 结构器件中，可能产生导电细丝的因素有 Ag 电极氧化还原反应和薄膜中的缺陷迁移，但是由于在测试阻变特性时将 Ag 电极接地，在 ITO 电极施加扫描电压，Ag 电极中 Ag 原子在反向电压作用下不会被氧化为 Ag^+，也不会向 ITO 电极定向移动，因此可以首先排除 Ag 导电细丝的作用。

据报道，在 $Cs_2AgBiBr_6$ 钙钛矿中存在着各种各样的本征点缺陷，如元素空位缺陷、间隙缺陷、阳离子-阳离子反占位缺陷和阳离子-阴离子反占位缺陷等[138]。然而大多数点缺陷形成焓太高，不利于缺陷形成。2016 年，Xiao 等人发现在 $Cs_2AgBiBr_6$ 钙钛矿中，Ag^+ 空位由于形成焓较低可以在薄膜中稳定存在，导致薄膜具有 P 型半导体性质[139]。Bi^{3+} 缺陷和 Br^- 缺陷也可以在薄膜中大量存在。然而，由于 Bi^{3+} 的较大离子半径和较高离子迁移能量势垒，Bi^{3+} 空位不太可能发生迁移，因此，在 $Cs_2AgBiBr_6$ 钙钛矿中，Ag^+ 缺陷和 Br^- 缺陷是易于发生迁移的主要离子缺陷。本节为了探究 $Cs_2AgBiBr_6$ 忆阻器阻变特性机理和光 Reset 现象原因，对 $Cs_2AgBiBr_6$ 钙钛矿中的缺陷进行第一性原理计算。点缺陷形成能可用来衡量缺陷形成难易程度，形成能越大，缺陷越难形成，薄膜中缺陷越少；形成能越小，缺陷越容易形成，薄膜中缺陷越多。缺陷能计算公式为[140]

$$\Delta E_f = E_{vac} + E_{ele} - E_{perfect} \tag{5.18}$$

式中：ΔE_f 为点缺陷形成能；E_{vac} 为有缺陷体系的能量；E_{ele} 为元素单质中单个原子能量；$E_{perfect}$ 为完美 $Cs_2AgBiBr_6$ 体系能量；式中能量单位为 eV。

计算得到的 Cs、Ag、Bi 和 Br 离子空位形成能分别为 3.77 eV、1.74 eV、4.09 eV 和 2.31 eV，计算结果如表 5.6 所示。由以上结果可知，在 $Cs_2AgBiBr_6$ 钙钛矿中，Ag^+ 空位和 Br^- 空位形成能较低，Ag^+ 缺陷和 Br^- 缺陷容易形成，薄膜中大量存在这两种缺陷，而 Cs^+ 缺陷和 Bi^{3+} 缺陷因离子半径过大和形成能较高而不易形成，薄膜中这两种缺陷较少。进一步考虑离子缺陷迁移能量势垒，这与离子缺陷在薄膜中移动难易程度相关，离子缺陷迁移能量势垒越小，越容易发生迁移。2020 年，Ghasemi 等人计算发现[138]，Cs、Bi、Ag 和 Br 离子迁移能量势垒分别为 1.413 eV、3.363 eV、0.895 eV 和 0.438 eV。相比之下，Br^- 更有可能在 $Cs_2AgBiBr_6$ 忆阻器阻变过程中起主导作用。

表 5.6　$Cs_2AgBiBr_6$ 钙钛矿缺陷能计算参数

缺陷种类	$E_{perfect}$/eV	E_{vac}/eV	E_{ele}/eV	ΔE_f/eV
Cs^+ 空位	−462.319	−458.413	−0.137	3.770
Ag^+ 空位	—	−460.374	−0.208	1.737
Bi^{3+} 空位	—	−465.086	−1.326	4.093
Br^- 空位	—	−459.654	−0.360	2.306

根据以上结果，忆阻器阻变机理可描述如下。基于溶液法制备的 $Cs_2AgBiBr_6$ 钙钛矿薄膜中存在较多 Br^- 空位和间隙缺陷，当在底电极施加正向偏压时，Br^- 在外加电场作用下向 ITO 处定向移动，Br 空位向 Ag 电极处移动并聚集在 Ag 电极/钙钛矿界面附近，这些 Br^- 空位倾向于沿晶界等扩展缺陷聚集排列，形成由 Br^- 空位连接而成的导电通道，从而使器件从高阻态转变到低阻态。这一过程与氧空位型忆阻器阻变过程类似，在氧空位型忆阻器中，通常会出现初始化 forming 过程[141]，在最初 Set 过程中，往往需要更大操作电压使器件从高阻态转变到低阻态，这是因为金属氧化物薄膜刚制备出来时其氧空位数量不足，需要一定外加电场来形成氧空位。与之不同的是，本节所制备忆阻器在初始 Set

过程中没有出现初始化 forming 过程，这可能与 $Cs_2AgBiBr_6$ 钙钛矿薄膜为多晶薄膜，本身就存在一定数量 Br^- 空位有关。

为了进一步解释 $Cs_2AgBiBr_6$ 钙钛矿忆阻器中紫外光导致器件发生 Reset 的现象，对 Br^- 缺陷形成过程进行研究。2017 年，Zhu 等人在研究 Ag/$CH_3NH_3PbI_3$/Ag 结构忆阻器时发现 I 空位具有非常低的迁移能量势垒[142]，在外界电场作用下能够定向迁移形成导电细丝而导致器件阻变现象产生，此外 I 空位在光照下会变得不稳定，器件在被白光照射时会自发从低阻态转变到高阻态。2018 年，Sun 等人在研究 Ag/$CH_3NH_3PbI_3$/Pt 结构忆阻器中的 Ag 导电细丝和 I 空位导电细丝的竞争关系时[124]，发现当 I 空位导电细丝占主导地位时，把器件 Set 到低阻态后，在白光照射下器件会从低阻态迅速转变到高阻态，研究人员把这种现象归因为 I 空位导电细丝在光照下变得不稳定。

猜想 $Cs_2AgBiBr_6$ 钙钛矿忆阻器中的光 Reset 现象与 Br^- 缺陷形成过程有关，紫外光照会导致 Br^- 缺陷形成的能量势垒升高，从而使 Br^- 空位形成的导电细丝不稳定而断裂，导致 Reset 过程发生。为了验证猜想，构建一个 Br^- Frenkel 缺陷的形成过程并分别计算这个过程在基态下和在激发态下的形成能量势垒。Frenkel 缺陷是指晶体结构中由于原先占据一个格点的原子（或离子）离开格点位置，成为间隙原子（或离子），并在原先占据格点处留下一个空位，这样的空位-间隙对称为 Frenkel 缺陷，即空位和间隙成对出现的缺陷。图 5.72(a)所示为 Br^- 空位间隙对的形成模型图，计算采用的超胞大小为$\sqrt{2}\times\sqrt{2}\times 2$。初始状态下超胞为完美晶胞，此时 I^- 空位间隙对距离为零。然后 Br^- 离开原来晶格位置，Br^- 空位和 Br^- 间隙之间的距离从零增大到 1.4 Å，进入过渡态，此时 Br^- 空位间隙对缺陷形成。接下来 Br^- 空位和 Br^- 间隙之间的距离分别增大到 2.8 Å 和 5.1 Å。

在激光态下和基态下分别计算 Br^- 空位间隙对的形成能量势垒，如图 5.72(b)所示，在基态下，Br^- 空位间隙对的最终形成能量比初始状态时的高 0.17 eV，在形成过程中能量势垒为 0.29 eV。在激发态下，Br^- 空位间隙对的最终形成能量比初始状态时的高 0.24 eV，在形成过程中能量势垒为 0.31 eV。因此，Br^- 空位间隙对在激发态下相较于在基态下能量会高出 0.07 eV，这部分高出的能量会使 Br^- 空位间隙对在激发态下不稳定，趋向于湮灭。这个模型有力地证明了在 $Cs_2AgBiBr_6$ 钙钛矿中 Frenkel 缺陷在光照下的湮灭现象。图 5.72(c)所示为 $Cs_2AgBiBr_6$ 钙钛矿忆阻器阻变机理示意图。初始状态下，由于所制备钙钛矿薄膜为多晶薄膜，存在大量晶界，因此钙钛矿中存在一定数量的 Br^- 空位。在 ITO 电极处施加正向偏压后，Br^- 空位在外加电场作用下开始向 Ag 电极迁移，形成局部导电通道，当这些导电通道连接 Ag 电极和 ITO 电极时，器件从高阻态转变到低阻态，完成 Set 过程。接下来将器件置于紫外光照射下，Br^- 空位被激发变得不稳定，开始趋向于和薄膜中的 Br^- 间隙缺陷复合，因此导电细丝开始逐渐被破坏，当导电通道断开时，器件从低阻态转变到高阻态，完成 Reset 过程。

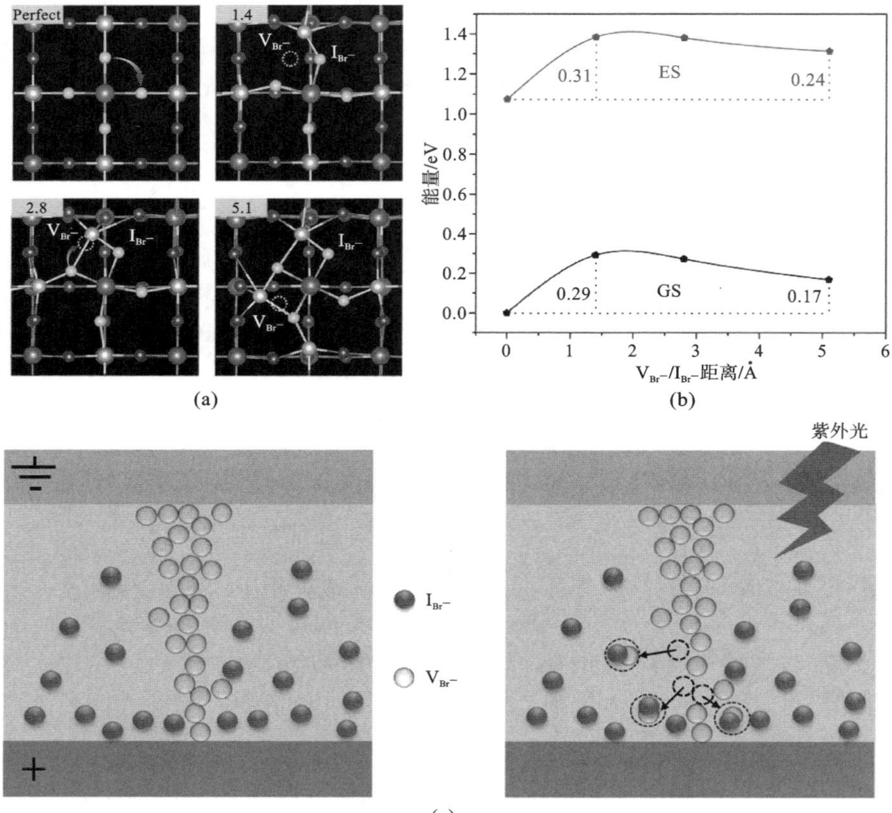

图 5.72　阻变机理第一性原理计算：(a) Br^- 空位间隙对的形成模型图；(b)在激发态下和基态下分别计算 Br^- 空位间隙对的形成能量势垒；(c) $Cs_2AgBiBr_6$ 钙钛矿忆阻器阻变机理示意图

5.5.4　钙钛矿光电忆阻器 1D1R 阵列研究

由于忆阻器具有简单的金属/介质/金属三层结构，可以采用具有理论最高集成度的十字交叉阵列进行集成。但是十字交叉结构中存在严重的串扰电流问题，会导致器件发生信息误读。串扰电流问题的解决方法通常是集成额外整流器件来抑制电流反向流过器件，从而只允许电流从一个方向流经器件。当电流不能反向流过时，就不会产生串扰电流问题。整流器件通常可以选择晶体管、二极管或选通管。晶体管与电阻器串联的 1T1R 结构是一种有源结构[143]，器件最小面积取决于晶体管大小，因此不能保持十字交叉阵列结构中 $4F^2$ 的最小单元面积。同时 1T1R 结构不利于三维堆叠，在高密度集成方面存在劣势，且晶体管制备温度较高。选通管与电阻器串联的 1S1R 结构利用选通管非线性电阻特性来抑制串扰电流，能够在保证集成密度的同时有效解决串扰电流问题。这种结构面临的主要问题是非线性系数低，集成过程中对交叉阵列大小有较高要求[144]。二极管与电阻器串联的 1D1R 结构可以保持十字交叉阵列高集成度，最小单元面积为 $4F^2$，便于三维堆垛，被认为是忆阻器最有可能采用的集成结构。然而，1D1R 集成结构由于二极管单向导电特性，只能应用于单极性阻变特性存储器。大多数钙钛矿忆阻器都表现出双极性阻变特性，因此很少通过采用 1D1R 结构来解决十字交叉阵列结构串扰电流问题。$Cs_2AgBiBr_6$ 忆阻器虽然也表现出双极性阻变特性，但是通过紫外光照射代替反向电压 Reset 过程，能将器件阻变特性变成单极性，采用 1D1R 结构可以解决串扰电流问题[145]。

前面谈到 1D1R 能够在保证最高集成度的前提下有效降低串扰电流，为此，采用 1D1R 结构来研究 $Cs_2AgBiBr_6$ 忆阻器十字交叉阵列串扰电流的抑制。首先制备了 5×5 十字交叉阵列器件，如图 5.73(a)所示，先在刻蚀电极图案 ITO 基底上制备 $Cs_2AgBiBr_6$ 钙钛矿，再蒸镀 Ag 电极，器件结构为 ITO/$Cs_2AgBiBr_6$/PMMA/Ag。所制备十字交叉阵列器件实物图如图 5.73(b)所示，其高、低阻态阻值分布如图 5.73(c)所示，左侧图案为 5×5 十字交叉阵列统计的低阻态分布图，可以发现 25 个器件均能在电压作用下被切换到低阻态，阻态分布集中在 1 kΩ 左右。右侧图案为 5×5 十字交叉阵列器件统计的高阻态分布图，可以发现 25 个器件均能在紫外光照射下转变到高阻态，除了第三行第五列的交叉点阻值在 100 kΩ 左右，其他 24 个器件阻值分布基本都集中在 1 MΩ 左右。图 5.73(d)所示为 25 个器件高、低阻态分布统计图，灰色条块为高阻态，黑色条块为低阻态，灰色虚线为 25 个器件高阻态的平均值，黑色虚线为 25 个器件低阻态的平均值。25 个器件高、低阻态分布与前两张图结果吻合，从中还可以发现器件平均开/关比大约为 10^3。图 5.73(e)所示为器件高、低阻态累计概率图，器件高阻态和低阻态很好地分隔开，证明器件具有可靠的 Set 和 Reset 稳定性。十字交叉阵列高、低阻态分布较高的一致性有利于保证大规模十字交叉阵列中读写操作的精确性和稳定性。

考虑到 $Cs_2AgBiBr_6$ 忆阻器较低的 Set 电压，选用型号为 1N4007 的商用二极管来验证 1D1R 结构可行性。图 5.74(a)所示为 1N4007 二极管 I-V 特性曲

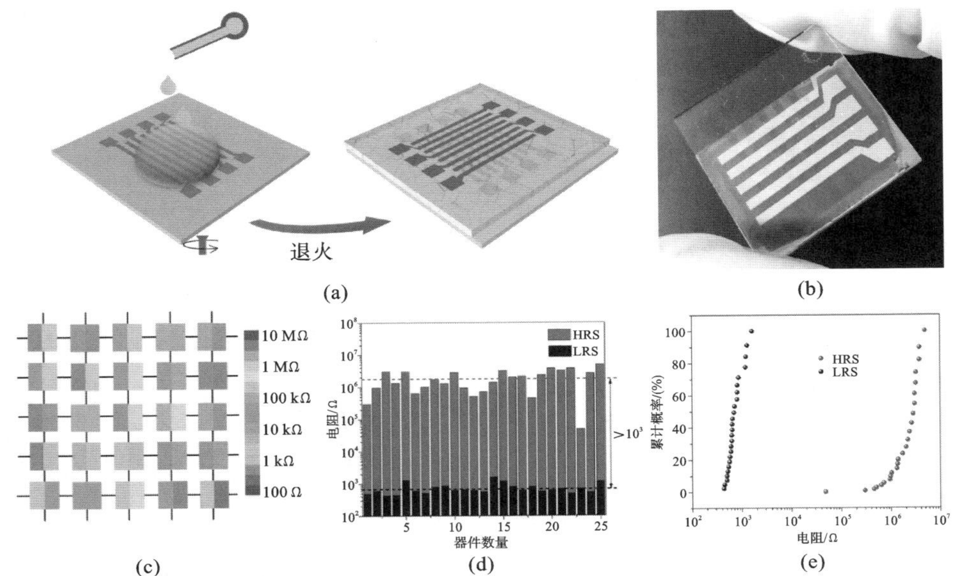

图 5.73 十字交叉阵列阻态分布:(a)十字交叉阵列器件制备过程示意图;(b)十字交叉阵列器件实物图;(c)5×5 阵列高、低阻态阻值分布图;(d)高、低阻态分布统计图;(e)高、低阻态累计概率图

线,在二极管两端施加正向偏压时,器件导通,电流较大,施加反向偏压时,器件截止,电流较小,在 0.5 V 处器件展现出较好整流系数 (1.5×10^5),因此采用 0.5 V 作为读取电压。图 5.74(b)所示为 $Cs_2AgBiBr_6$ 钙钛矿忆阻器在正向偏压下的阻变特性曲线,将其与二极管串联后所测得的阻变特性曲线如图 5.74(c)所示。可以发现,串联二极管后器件仍然能够正常完成 Set 过程,与原来的区别在于 Set 电压略有增大,这是因为二极管也分担了部分电压。由于二极管的作用,在 0.5 V 以下,器件低阻态部分电流被限制,所测得串联器件开/关比大约为 10^2,其低于单独阻变器件的开/关比。

图 5.74(d)所示为仅由忆阻器组成的十字交叉阵列结构示意图,相邻四个器件中两两底电极和顶电极相连,等效电路如图 5.74(f)所示,器件 (1,1)与相邻三个器件 (1,2)、(2,1)和 (2,2)并联连接。在读取器件 (1,1)时,若阻值为低阻态,则可以正确读取其值;若阻值为高阻态,且与之并联的三个器件中存在高阻态,则也可以正确读取器件的阻值;如果器件 (1,1)阻值为高阻态,与之并联的三个器件的阻值都为低阻态,这种情况下器件 (1,1)阻值将被低估,无法正确读取阻值,这就是十字交叉阵列结构中存在的串扰电流问题。

图 5.74(f)中表格为在器件 (1,2)、(2,1)和 (2,2)阻值均为低阻态下读取

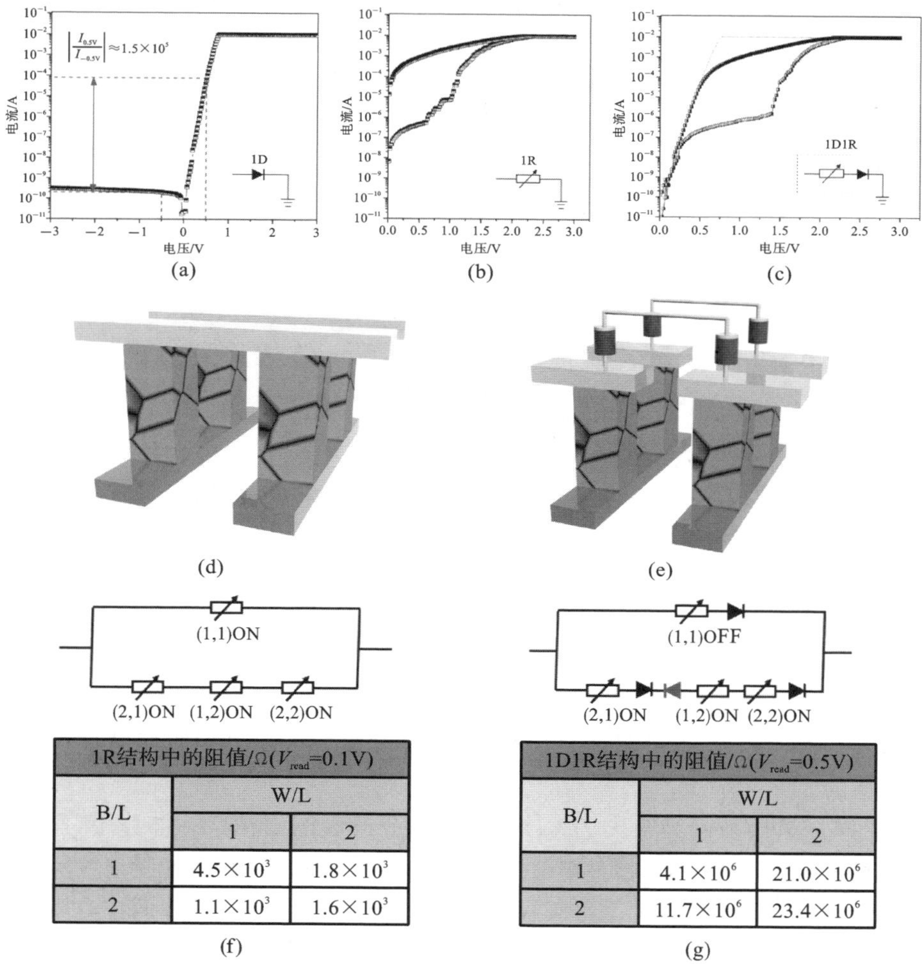

1R结构中的阻值/Ω(V_{read}=0.1V)		
B/L	W/L	
	1	2
1	4.5×10^3	1.8×10^3
2	1.1×10^3	1.6×10^3

1D1R结构中的阻值/Ω(V_{read}=0.5V)		
B/L	W/L	
	1	2
1	4.1×10^6	21.0×10^6
2	11.7×10^6	23.4×10^6

图 5.74　1D1R 结构抑制串扰电流功能实现：(a) 1N4007 二极管 *I-V* 特性曲线；(b) $Cs_2AgBiBr_6$ 钙钛矿忆阻器在正向偏压下的阻变特性曲线；(c)二极管与忆阻器集成器件 *I-V* 特性曲线；(d)十字交叉阵列中四个相邻器件连接示意图；(e) 1D1R结构中四个相邻器件连接示意图；(f)十字交叉阵列中四个相邻器件连接等效电路，表格为三个相邻器件都为低阻态时测出的器件阻值；(g) 1D1R结构中四个相邻器件连接等效电路，表格为三个相邻器件都为低阻态时测出的器件阻值

的器件 (1,1)阻值，结果表明原来为高阻态的器件 (1,1)读取值为 4.5 kΩ，被严重低估。图 5.74(e)所示为 1D1R 结构示意图，每个忆阻器都串联了一个相同方向的二极管，等效电路如图 5.74(g)所示。每个忆阻器都与一个二极管串联，

器件 (1,1)与其他三个器件并联，器件 (1,2)所串联二极管与器件 (2,1)和 (2,2)所串联二极管方向相反。当器件 (1,1)阻值为高阻态，其他三个器件都处于低阻态时，由于反向二极管作用，串扰电流被抑制，仍然能够读出器件 (1,1)高阻态阻值。图 5.74(g)中表格为在 1D1R 结构器件 (1,2)、(2,1)和 (2,2)阻值均为低阻态下读取的器件 (1,1)阻值，所读取数值为 4.1×10^{6} Ω，是周围低阻态器件阻值的 100 倍，与测试开/关比相符。根据以上结果，可以得出结论，1D1R 结构确实能够有效解决基于 $Cs_2AgBiBr_6$ 忆阻器十字交叉阵列结构的串扰电流问题，大大提高读写操作正确率。

5.5.5 钙钛矿光电忆阻器视觉感存算一体化研究

$Cs_2AgBiBr_6$ 钙钛矿忆阻器展现出典型的双极性阻变特性，并且能够在紫外光照射下自发从低阻态转变到高阻态，完成 Reset 过程，这一特性使其在光电忆阻器领域中具有巨大应用潜力。为了进一步探究紫外光照射对器件阻态的影响，将处于低阻态的忆阻器放置于紫外光脉冲照射下并观察阻态变化。所采用的紫外光波长为 375 nm，光强为 95 $\mu W/cm^2$，脉冲宽度为 20 ms，为了减小对忆阻器阻态的影响，采用 0.01 V 读取电压。如图 5.75(a)所示，初始状态下，器件处于低阻态，阻值在 1000 Ω 左右，当采用紫外光脉冲照射后，器件阻值呈阶梯形上升，在持续 200 个脉冲照射后，器件阻值从 650 Ω 上升到 3500 Ω。此外，随着脉冲次数增加，器件阻值呈线性上升，证明紫外光脉冲对忆阻器电阻调控是线性的。

图 5.75(b)所示为图 5.75(a)中第 1 部分放大图。在这一部分中，当紫外光脉冲照射到器件上时，器件阻值迅速增大，当脉冲撤去后，器件阻值没有像光电探测器一样迅速降低而是继续保持原值，证明这种紫外光脉冲调控电阻的特性具有非易失性。每次紫外光脉冲照射后器件阻值增大量基本保持在 20 Ω 左右，并且阻值上升阶梯曲线非常规整。当脉冲为 60～80 个时，器件阻值随脉冲个数变化曲线如图 5.75(c)所示，与第 1 部分相比，器件阻值上升阶梯曲线较为不规则，在撤去紫外光脉冲后，器件阻值会有一定回落，之后保持稳定，但是整个器件阻值上升过程还是与脉冲个数成线性关系。当脉冲为 130～150 个时，器件阻值随脉冲个数变化曲线如图 5.75(d)所示，与前两部分相比，器件阻值上升阶梯曲线更不规则，整个器件阻值上升过程与脉冲个数成线性关系。

图 5.76(a)所示为忆阻器在不同强度紫外光脉冲下的阻变曲线，所采用紫外脉冲强度分别为 43 $\mu W/cm^2$、95 $\mu W/cm^2$ 和 130 $\mu W/cm^2$。由图可知，随着脉冲强度的增大，器件阻值变化量增大，在 130 $\mu W/cm^2$ 的紫外光脉冲照射下，器件阻值变化量最大，在 40 个脉冲照射下从 2000 Ω 上升到 10000 Ω。在 43

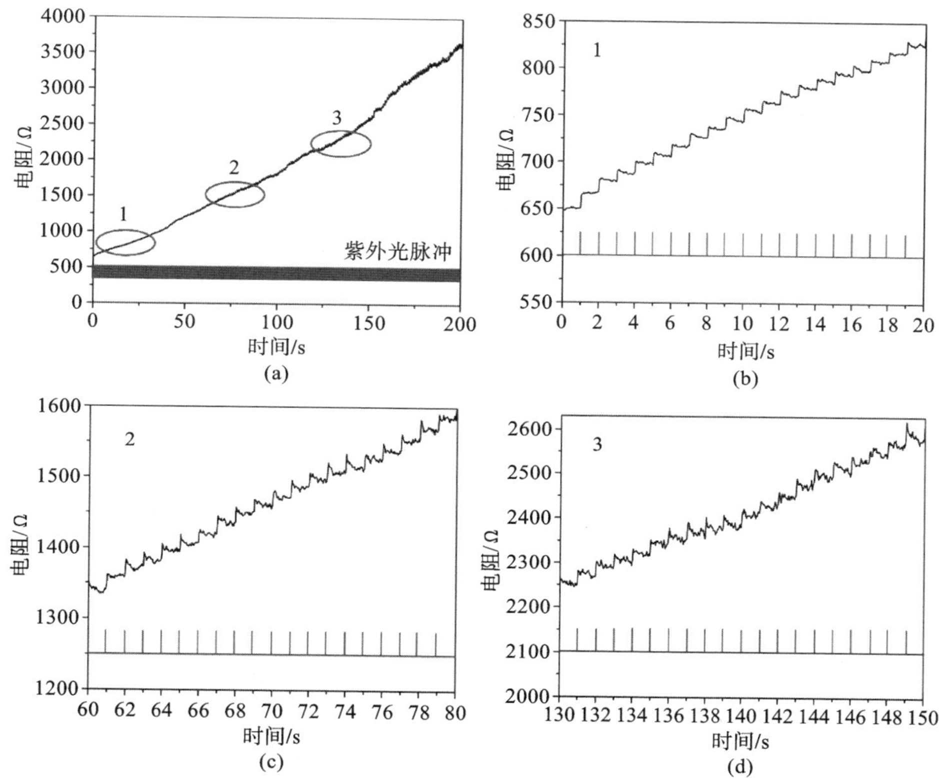

图 5.75　紫外光脉冲对器件阻变特性影响：(a)$Cs_2AgBiBr_6$ 钙钛矿忆阻器在紫外光脉冲作用下的阻变曲线；(b)0～60 s 内紫外光脉冲下的阻变曲线；(c)60～80 s 内紫外光脉冲下的阻变曲线；(d)130～150 s 内紫外光脉冲下的阻变曲线

$\mu W/cm^2$的紫外光脉冲照射下，器件阻值变化量最小，在 40 个脉冲照射下从 2000 Ω 上升到 4000 Ω，此外在较低强度的紫外光脉冲照射下，器件阻值上升阶梯曲线较为规整，在撤去紫外光脉冲后，器件阻值没有衰退而是继续保持之前的值。

$Cs_2AgBiBr_6$ 钙钛矿忆阻器在紫外光持续照射下会自发从低阻态转变到高阻态来完成 Reset 过程。第一性原理计算表明，Br^- 空位在紫外光照射下形成能量势垒会变高，趋向于与薄膜中 Br^- 间隙缺陷复合，因此在光照射下，组成导电细丝的 Br 空位开始扩散、断裂而导致器件自发从低阻态转变到高阻态。为了进一步验证这个过程，采用波长为 512 nm、光强为 4.52 mW/cm^2 的绿光和波长为 375 nm、光强为 4.32 mW/cm^2 的紫外光对置于低阻态的忆阻器进行照射，测试过程中读取电压为 0.01 V。如图 5.76(b)所示，一开始器件处于低阻态，在绿光照射下器件阻值没有任何变化，而当打开紫外光时，器件迅速从低阻态

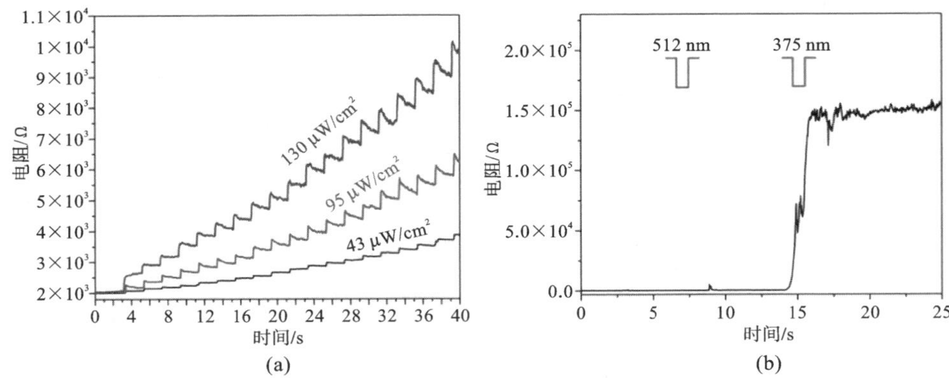

图 5.76 脉冲强度和波长对阻值的影响：(a)忆阻器在不同强度紫外光脉冲下的阻变曲线；(b)不同波长的光照射对器件阻态的影响

转变为高阻态，说明 $Cs_2AgBiBr_6$ 钙钛矿忆阻器只有在较短波长光照射下才能自发从低阻态转变到高阻态。据报道，$Cs_2AgBiBr_6$ 钙钛矿是一种间接带隙半导体，禁带宽度可以达到 2.3 eV，因此较短波长光才能够对其产生激发，这一结果与所观察到的现象相符。图 5.75 中忆阻器在紫外光脉冲照射下器件阻值呈阶梯形上升也可以用该模型解释。当紫外光脉冲宽度很短时，不足以使 Br 空位导电细丝完全断裂，从最薄弱处开始，每次脉冲照射时，只有一小部分 Br^- 空位扩散断开，随着脉冲个数增加，导电通道越来越窄，因而器件阻值越来越大。在脉冲撤去后，薄膜中导电细丝仍然维持稳定，这解释了器件阻值呈阶梯形上升的原因。

人类视觉系统可以同时实现图像信息的感知、计算和存储，其工作示意图如图 5.77(a)所示，视网膜将光信号转变为电信号，由神经元传输到神经突触，神经突触对图像信息进行预处理，然后传输到大脑视觉系统做进一步记忆和判断。由于人类视觉系统所接收的光信号仅为可见光波段，若能在人工视觉系统中实现紫外光或红外光波段的感知，将大大拓展人工视觉系统的应用范围。2018 年，Chen 等人通过集成光电探测器和忆阻器实现了在紫外光波段的人工视觉感知和记忆[132]。2019 年，Chai 等人在 MoO_x 二端器件中实现了紫外光波段的神经形态人工视觉感知系统[146]。由于 $Cs_2AgBiBr_6$ 钙钛矿忆阻器能在紫外光照射下发生阻变，可以开发紫外光波段的视觉感存算一体化技术。

人类视觉系统往往能够对重复观察的对象产生更深刻的印象，当同一图像信息不断刺激人类视觉系统时，大脑神经中的突触权重会不断增大，对图像信息细节的记忆和印象会越深，这种现象被称为大脑的神经形态强化学习功能[147]。$Cs_2AgBiBr_6$ 钙钛矿忆阻器能够随着紫外光脉冲刺激的增加，阻值逐渐

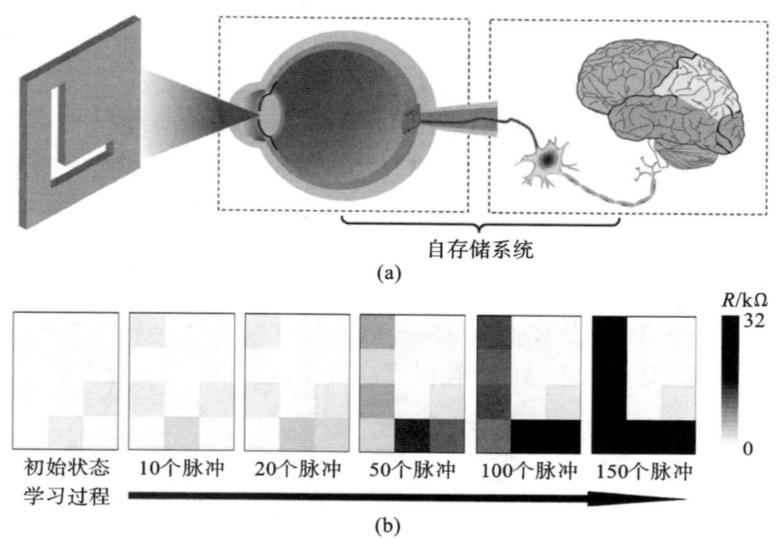

图 5.77 视觉感存算一体化实现：(a)人类视觉系统工作示意图；(b)$Cs_2AgBiBr_6$ 钙钛矿忆阻器神经形态强化学习功能实现

增大，这种性质很好地模拟了人类视觉系统中的神经形态强化学习功能。为了研究这种强化学习功能，制备了 3×4 的 $Cs_2AgBiBr_6$ 钙钛矿忆阻器点阵，在测试前采用正向偏压将所有的单元 Set 到低阻态，然后采用波长为 375 nm、光强为 95 $\mu W/cm^2$ 紫外光脉冲对器件进行照射，在光源和器件之间置有形状为“L”的掩膜版，使得紫外光只能穿过图形“L”照射到器件上。

如图 5.77(b)所示，在初始时刻，器件没有被紫外光照射，处于低阻态，点阵没有显示出任何形状。当 10 个紫外光脉冲照射时，被照射到的器件阻值呈阶梯形上升而未被紫外光照射到的器件保持低阻态，从而在点阵上显示出一个并不清晰的“L”图形。当脉冲增加到 50 个时，被照射到的器件阻值继续上升，其与未被照射到的器件阻值差距增大，表现在点阵图上就是形状“L”开始变得清晰。随着脉冲次数的增加，“L”图形越来越清晰。当脉冲达到 150 个时，可以在点阵上清晰地看到“L”图形，此时照射到紫外光的器件和未被照射到的阻值差距最大，图像清晰度最高。值得注意的是，没有被照射到的 6 个器件阻值没有明显变化，在图上显示为白色，这是因为脉冲照射速度较快，未被照射到的器件仍然保持低阻态，且阻值由于时间较短没有明显衰退。以上试验结果验证了 $Cs_2AgBiBr_6$ 钙钛矿忆阻器具有神经形态强化学习功能，在一个器件上同时实现了图像的感知和强化学习。

除了强化学习功能，还研究了器件的图像感知和存储功能。如图 5.78(a)

所示，首先将 3×4 器件点阵通过正向偏压 Set 到低阻态，然后通过形状为“L”的紫外光脉冲将一定形状内的器件点阵 Reset 到高阻态，脉冲波长为 375 nm、光强为 4.32 mW/cm^2。在撤去紫外光后，图像信息仍然存在。图 5.78(b)所示为经过紫外光照射和未经照射的器件高、低阻态的阻值随时间变化曲线，可以发现高阻态阻值相对稳定，直到 6000 s 时基本没有变化，而低阻态阻值随着时间推移渐渐变大。从图 5.78(a)中也可以看出，受到光照部分阻值变大，从图中看就是颜色变深，随着时间推移深色色块基本没有变化。而没有受到光照部分的器件保持低阻态，从图中看就是浅色块，随着时间推移浅色块颜色逐渐加深，表现在图中就是图形对比度逐渐下降。但是在 6000 s 时，点阵仍然能够展现出清晰的“L”图形，证明忆阻器能够同时完成图像感知和图像存储功能。

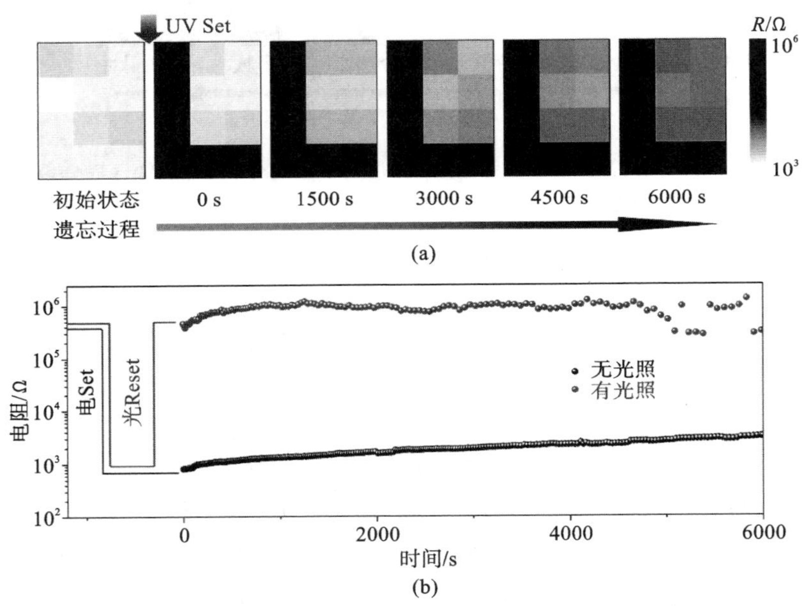

图 5.78　存储感知功能实现：(a) $Cs_2AgBiBr_6$ 钙钛矿忆阻器阵列在紫外光脉冲照射后的成像和图像存储功能实现；(b)经过紫外光照射和未经照射的器件高、低阻态的阻值随时间变化曲线

5.5.6　全光控自供能功能研究

基于光电忆阻器的视觉感存算一体化通过引入紫外光并将其作为 Reset 输入拓展了器件的光电应用，若在此基础上也通过光来完成 Set 过程，将实现系统的全光控，与采用光电信号混合驱动相比，这种方式更利于视觉信息的高效处理。为了实现全光控视觉感存算一体化，本小节将 $Cs_2AgBiBr_6$ 光电忆阻器与

钙钛矿光伏电池串联，通过光伏电池输出来驱动忆阻器实现 Set 过程，通过紫外光照射实现忆阻器 Reset 过程，从而构建一种全光控忆阻器，并基于此研究视觉感存算一体化，使得器件具有自供能特性，大大降低系统能量消耗。全光控忆阻器示意图如图 5.79 所示，所采用光伏电池为碳基钙钛矿光伏电池。

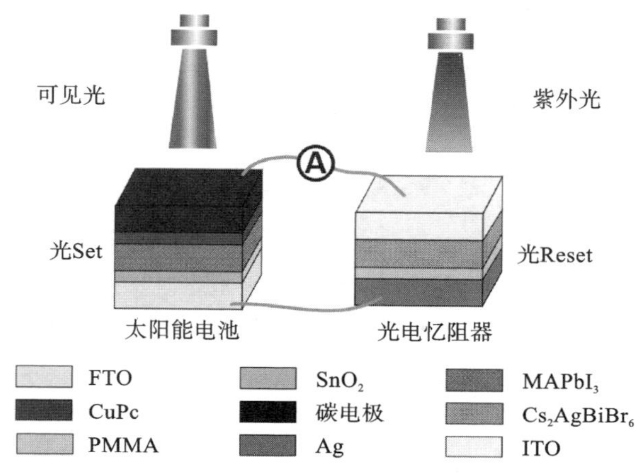

图 5.79　全光控忆阻器示意图

全光控自供能光电忆阻器由钙钛矿光伏电池和光电忆阻器构成。所采用忆阻器基于 $Cs_2AgBiBr_6$ 无机非铅钙钛矿材料，结构为 ITO/$Cs_2AgBiBr_6$/PMMA/Ag。忆阻器展现出典型双极性阻变特性，正向阻变 *I-V* 特性曲线如图 5.80(a)所示。一开始，器件处于高阻态，阻值为 $10^5 \sim 10^6$ Ω。在施加正向偏压后，整个器件 *I-V* 曲线遵循欧姆定律，在偏压达到约 1.2 V 后，可以看到，器件阻值迅速减小，电流迅速升高，在达到低阻态后整个器件阻值维持不变，说明忆阻器阻态具有非易失性，反向偏压可以使得器件回到高阻态。$Cs_2AgBiBr_6$ 钙钛矿在忆阻器中具有光阻变现象。当忆阻器在外加电场下切换到低阻态时，将器件置于 375 nm、光强为 4.32 mW/cm^2 紫外光照射下，其会由低阻态自发转变到高阻态，即紫外光照射可以实现器件 Reset 过程。电阻转变特性图如图 5.80(b)所示，初始时，器件被外界电场置于低阻态（10^3 Ω），当紫外光从 ITO 面照射器件后，器件在几秒内迅速转变至高阻态，完成 Reset 过程。

钙钛矿光伏电池结构为 FTO/SnO_2/钙钛矿/CuPc/碳电极，使用 SnO_2 层可以降低整个电池制备温度，阻挡紫外线以免伤害钙钛矿层，钙钛矿层则采用 $MAPbI_3$ 钙钛矿，空穴传输层采用酞菁铜，相较于传统空穴传输层其不但更便宜，而且稳定性更好，对电极采用商用碳浆料，避免了金属电极对钙钛矿层的侵蚀，还能够保护钙钛矿免受水和氧气的侵蚀。如图 5.81(a)所示，所制备钙钛矿光伏电池在 0.71 cm^2 有效面积上取得了 11.41%的效率，短路电流为 20.5

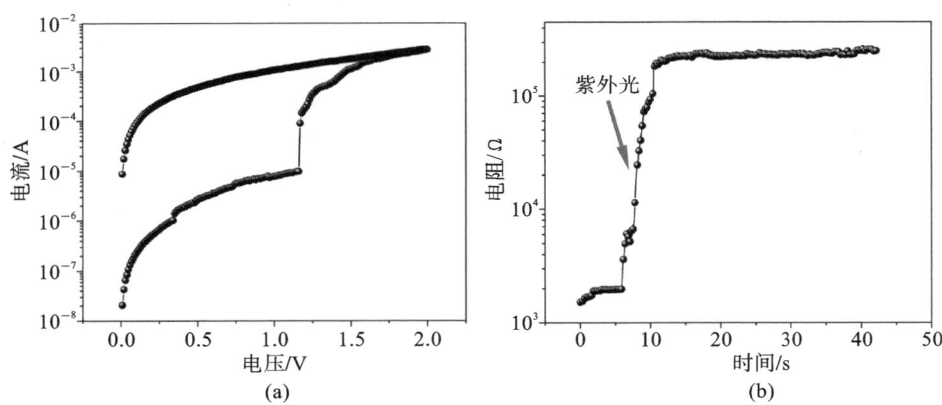

图 5.80　忆阻器阻变特性表征：(a) $Cs_2AgBiBr_6$ 光电忆阻器正向阻变 *I-V* 特性曲线；(b)被置于低阻态的 $Cs_2AgBiBr_6$ 光电忆阻器在 375 nm 紫外光照射下电阻转变特性图

mA/cm^2，开路电压为 0.93 V，填充因子为 0.598。要驱动忆阻器从高阻态转变到低阻态，必须提供 1.2 V 以上偏压。单个电池在有效面积上产生的开路电压为 0.93 V，当没有掩膜时，由于器件照射面积增大，薄膜缺陷增多，器件效率会下降，开路电压也会有所下降，达不到 0.93 V，因此单个器件并不能够驱动忆阻器从高阻态转变到低阻态。图 5.81(b)所示为两个钙钛矿光伏电池串联 *I-V* 曲线图，测试过程没有掩膜。整个串联模块开路电压可以达到 1.9 V，电流可以达到 6.5 mA，足以使忆阻器从高阻态转变到低阻态。此外，由于 $MAPbI_3$ 钙钛矿

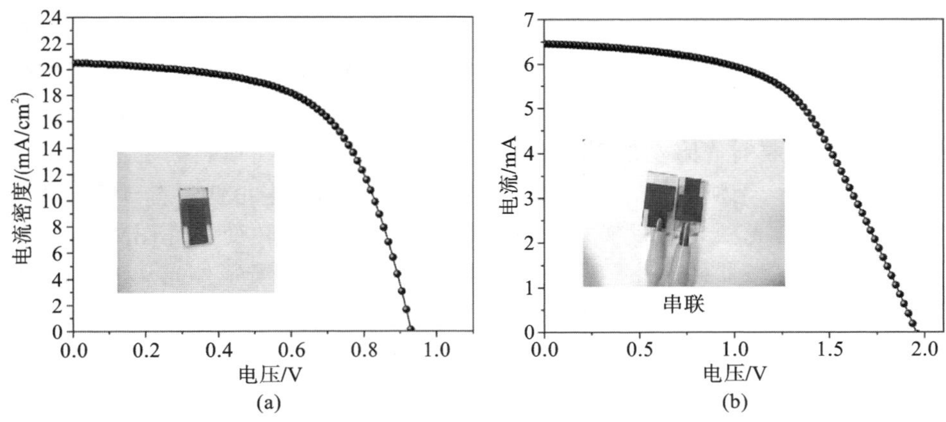

图 5.81　光伏电池光伏特性表征：(a)钙钛矿光伏电池 *J-V* 曲线图(有效面积为 0.71 cm^2，插图为单个电池器件实物图)；(b)两个钙钛矿光伏电池串联 *I-V* 曲线图(插图为两个电池串联器件实物图)

光吸收范围为 450～750 nm，因此可将光伏电池光输入由太阳光替换为可见光，这样集成器件光输入就不相重合。

将制备的光电忆阻器和钙钛矿光伏电池串联模块串联，分别用可见光和紫外光照射电池部分和忆阻器部分，就可以得到一种全光控忆阻器。器件六个循环的电流特性曲线如图 5.82 所示，图 5.82(a)所示为串联电池组向光电忆阻器供电的电流曲线，图 5.82(b)所示为光电忆阻器在紫外光照射下的 Reset 过程。在 Set 过程中，将串联器件与电流表串接，当可见光照射到光伏电池串联模块时，电池产生电动势，向外输出以驱动忆阻器。如图中黑色曲线所示，可见光照射到电池串联模块之后，电流迅速上升，然后出现弧形上升过程。在电池产生电动势后，电压施加在忆阻器两侧，此时根据欧姆定律，可知电路中电流迅速上升。当忆阻器两端出现足够电压时，器件阻值迅速降低，因而电路中电流能够继续上升，并且随着器件越来越接近低阻态，阻值降低速度不断减小，因此电流曲线表现为上凸的弧线。以上结果证明，在光伏电池驱动下，器件成功从高阻态转变到低阻态。在测试 Reset 过程时，将整个集成器件与数字源表连接，从而通过外部读取电压读出器件阻值。如图 5.82(b)所示，忆阻器在波长为 375 nm、光强为 4.32 mW/cm^2 的紫外光照射之后，在很短时间内，电流由 10^{-5} A 降低到 10^{-7} A 以下，说明忆阻器在紫外光照射下从低阻态转变到高阻态，实现紫外光照射下的 Reset 过程。在六个 Set 和 Reset 循环中，尽管器件阻变曲线有所差异，但是高阻态和低阻态电流值基本保持一致，成功实现器件低阻态和高阻态的转变，证明集成器件的循环可靠性。

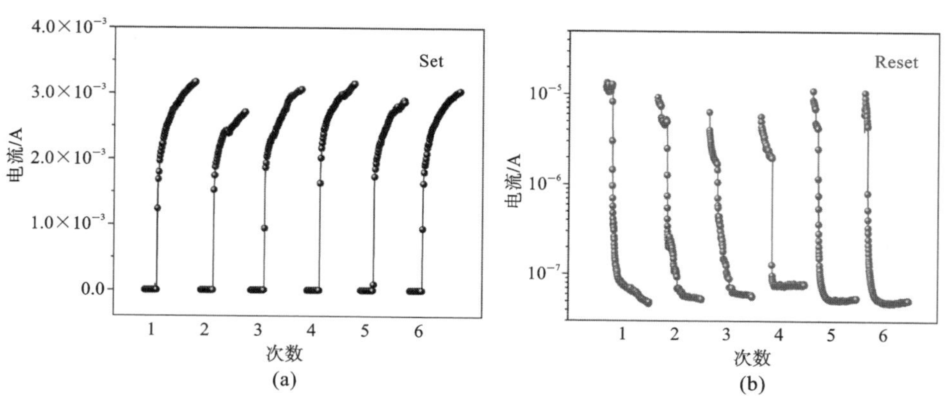

图 5.82 电池忆阻器串联电流曲线图：(a)串联电池组向光电忆阻器供电的电流曲线；(b)光电忆阻器在紫外光照射下的 Reset 过程

进一步研究光伏电池与 $Cs_2AgBiBr_6$ 光电忆阻器集成系统视觉感存算一体化功能。首先将光伏电池置于可见光照射下使得光电忆阻器 Set 到低阻态，然

后将忆阻器置于波长为 375 nm、光强为 95 $\mu W/cm^2$、脉冲宽度为 20 ms 的紫外光脉冲下。如图 5.83(a)所示，光电忆阻器阻值在紫外光脉冲照射下逐渐上升，随着脉冲次数的增多，阻值呈阶梯形上升，当撤去紫外光时，器件阻值没有回落，而是继续保持原来状态，说明忆阻器具有非易失性光阻变特性。该现象成功验证了光伏电池-光电忆阻器集成系统的视觉神经形态强化学习功能，即外界刺激越多，系统所形成印象越深。此外，还研究了系统视觉自存储功能，首先将光伏电池置于可见光照射下使光电忆阻器 Set 到低阻态，然后将忆阻器置于紫外光照射下。被紫外光照射到的部分从低阻态 Reset 到高阻态，未被紫外光照射到的部分一直保持低阻态。试验结果如图 5.83(b)所示，高阻态与低阻态之间比值接近 10^3，在 6000 s 后高阻态阻值呈现出稳定上升趋势，并未发生任何衰减，证明高阻态稳定性较好。低阻态阻值呈现出稳定上升趋势，在 6000 s 后，高、低阻态之间比值仍接近 10^3，证明器件能够稳定记忆图像信息，可以实现图像感知与存储。此外，这种光伏电池-光电忆阻器集成系统采用的能量来源是可见光和紫外光，可以实现器件自供能全光控，大大降低了系统能量消耗，具有广阔应用前景。

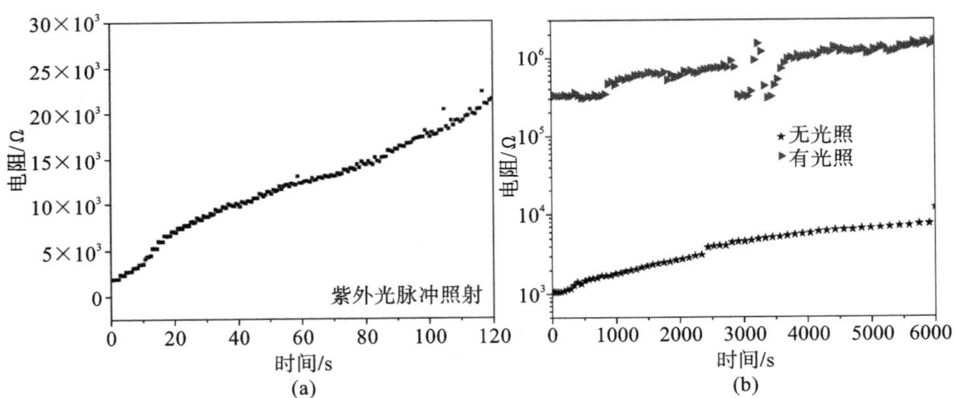

图 5.83　集成系统视觉感存算一体化功能实现：(a)神经形态强化学习功能；(b)自存储功能

忆阻器实现感存算一体化的方式除了神经形态运算，还有数字式存算一体化技术（布尔运算）。由于实质蕴涵操作和清零操作在数学上是计算完备的，通过实质蕴涵逻辑门可以形成完整逻辑基础，因此，如何利用忆阻器实现实质蕴涵逻辑门是实现布尔运算的关键。本节中，通过上述光伏电池和光电忆阻器集成系统实现了可以自供能的通用实质蕴涵逻辑操作[148]。采用紫外光和可见光作为输入，紫外光波长为 375 nm、光强为 4.32 mW/cm^2，可见光光强为 100 mW/cm^2。将钙钛矿光伏电池有、无光照作为第一个输入，其中 0 值定义为钙钛矿光伏电池没有受到可见光照射，即电池没有输出，1 值定义为钙钛矿光伏电池受到可见光照射,即电池有输出。第二个输入定义为 $Cs_2AgBiBr_6$ 光电忆阻器是否受到紫外光照射,其中0值定义为光电忆阻器没有受到紫外光照射,1值定义为光电忆阻器受到紫外光照射。

图5.84(a)所示为基于不同输入值的钙钛矿光伏电池和光电忆阻器集成系统试验输出。在还没有任何输入时,光电忆阻器处于高阻态。在施加输入信号之后,通过0.01 V读取电压来读取光电忆阻器状态,将读取电流作为输出状态。当两个输入A和B分别取不同输入状态时,可以组成四种情况,其中只有当第一个输入为1、第二个输入为0时,光电忆阻器读取电流为高电流水平,此时输出状态记作0。而其他三种输入状态对应的输出相比之下都是低电流水平,输出状态记作1。当第一个输入为0、第二个输入也为0时,测得电流水平为低水平,说明光电忆阻器状态为高阻态。当第一个输入为0、第二个输入为1时,光伏电池没有输出,紫外光照射并不会对高阻态下光电忆阻器有影响,因此,此时输出还是低电流水平。当第一个输入为1、第二个输入为0时,电池受到光照射产生输出,外界电场使得光电忆阻器从高阻态转变到低阻态,因此,输出为高水平电流。当两个输入都为1时,电池产生的外界电场和紫外光同时作用在光电忆阻器上,为低电流水平。集成系统逻辑门真值表如图5.84(b)所示,只有当第一个输入为1、第二个输入为0时,系统输出才为0,其他情况下系统输出皆为1。这种编码意味着钙钛矿光伏电池和光电忆阻器集成系统可以成功实现蕴涵逻辑门。因此,钙钛矿电池的引入不仅可以实现整个器件自供能,还能够将系统输入从光电混合转变为全光控,大大降低了器件使用功耗,拓展了器件应用场合,还提供了在逻辑电路和光信息数字计算领域的潜在应用。

5.5.7 小结

本节针对无机非铅 $Cs_2AgBiBr_6$ 钙钛矿的光电忆阻器开展研究,发现无机非铅 $Cs_2AgBiBr_6$ 钙钛矿忆阻器中的光Reset现象,即在紫外光照射下处于低阻态的器件会自发回到高阻态完成Reset过程。建立Br离子Frenkel缺陷形成模型,揭示了光照射下组成导电细丝的 Br^- 空位会趋向于和 Br^- 间隙复合从而导致导电细丝断裂的阻变机理。制备得到Set电压为1 V、开/关比达到 10^3、数据保留时间超过 10^3 s的钙钛矿光电忆阻器,在17个电Set和光Reset循环测试下,器件阻变过程保持稳定,数据保留时间超过6000 s。研究1D1R结构对 $Cs_2AgBiBr_6$ 忆阻器十字交叉阵列串扰电流的抑制。采用光Reset代替电Reset将器件阻变特性转变为单极性,通过1N4007二极管与忆阻器串联,在不影响器件阻变特性的前提下成功抑制电路中串扰电流,将器件在高阻态下的读取电阻由4.5 kΩ提高到4.1 MΩ。提出了一种集感知、运算和存储于一体的视觉感存

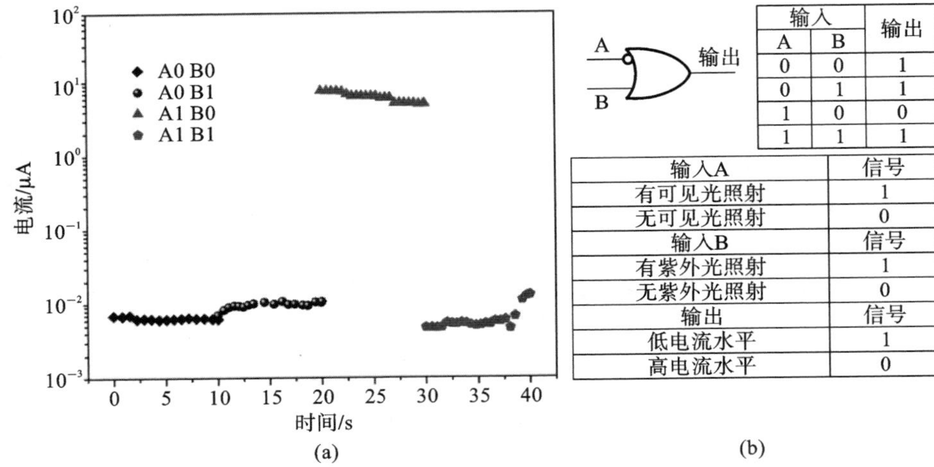

输入		输出
A	B	
0	0	1
0	1	1
1	0	0
1	1	1

输入A	信号
有可见光照射	1
无可见光照射	0
输入B	信号
有紫外光照射	1
无紫外光照射	0
输出	信号
低电流水平	1
高电流水平	0

图 5.84　实质蕴涵逻辑门实现：(a)钙钛矿光伏电池和光电忆阻器集成系统在不同输入组合下的输出电流；(b)逻辑门真值表

算一体化系统。将器件置于紫外光脉冲下时，发现器件阻值呈阶梯形上升，且撤去光照后阻值仍能保持不变，表明其拥有神经形态运算能力。通过控制紫外光脉冲次数，实现神经形态强化学习功能，即刺激次数越多所获得图像印象越深。将器件点阵 Set 到低阻态后，用紫外光脉冲照射，撤去光照后图像信息仍然存在并且能保存超过 6000 s，同时实现图像感知和存储。此外，将 $Cs_2AgBiBr_6$ 光电忆阻器和钙钛矿光伏电池集成，得到一种自供能全光控忆阻器。当可见光照射电池部分时，电池模块为忆阻器供能，使其从高阻态转变到低阻态，当采用紫外光照射忆阻器部分时，器件自发从低阻态转变到高阻态，实现了自供能全光控。将可见光和紫外光照射作为输入，将忆阻器状态作为输出，成功模拟了蕴涵逻辑门真值表，提供了在逻辑电路和光信息数字计算领域的潜在应用。

参考文献

[1]　CHA J H, HAN J H, YIN W P, et al. Photoresponse of $CsPbBr_3$ and Cs_4PbBr_6 perovskite single crystals[J]. The Journal of Physical Chemistry Letters, 2017, 8(3): 565-570.

[2]　LI X M, CAO F, YU D J, et al. All inorganic halide perovskites nanosystem: synthesis, structural features, optical properties and optoelectronic applications[J]. Small, 2017, 13(9): 1603996.

[3]　CHEN J, FU Y P, SAMAD L, et al. Vapor-phase epitaxial growth of

aligned nanowire networks of cesium lead halide perovskites ($CsPbX_3$, X=Cl, Br, I) [J]. Nano Letters, 2017, 17(1): 460-466.

[4] LI L, TONG S C, ZHAO Y, et al. Interfacial electronic structures of photodetector based on C8BTBT/perovskite [J]. ACS Applied Materials & Interfaces, 2018, 10(24): 20959-20967.

[5] HE M H, CHEN Y N, LIU H, et al. Chemical decoration of $CH_3NH_3PbI_3$ perovskites with graphene oxides for photodetector applications [J]. Chemical Communications, 2015, 51(47): 9659-9661.

[6] LEE Y, KWON J, HWANG E, et al. High-performance perovskite-graphene hybrid photodetector [J]. Advanced Materials, 2014, 27(1): 41-46.

[7] LEE J, PAK S, GIRAUD P, et al. Thermodynamically stable synthesis of large-scale and highly crystalline transition metal dichalcogenide monolayers and their unipolar n-n heterojunction devices [J]. Advanced Materials, 2017, 29(33): 1702206.

[8] NAJMAEI S, LIU Z, ZHOU W, et al. Vapour phase growth and grain boundary structure of molybdenum disulphide atomic layers [J]. Nature Materials, 2013, 12(8): 754-759.

[9] LIU Z Y, SUN B, LIU X Y, et al. 15% efficient carbon based planar-heterojunction perovskite solar cells using TiO_2/SnO_2 bilayer as the electron transport layer [J]. Journal of Materials Chemistry A, 2018, 6(17): 7409-7419.

[10] XUE Y Z, ZHANG Y P, LIU Y, et al. Scalable production of a few-layer MoS_2/WS_2 vertical heterojunction array and its application for photodetectors [J]. Acs Nano, 2015, 10(1): 573-580.

[11] BANG S, DUONG N T, LEE J, et al. Augmented quantum yield of a 2-D monolayer photodetector by surface plasmon coupling [J]. Nano Letters, 2018, 18(4): 2316-2323.

[12] ZHU H L, CHENG J, ZHANG D, et al. Room-temperature solution-processed NiO_x: PbI_2 nanocomposite structures for realizing high-performance perovskite photodetectors [J]. ACS Nano, 2016, 10: 6808-6815.

[13] SUTHERLAND B R, JOHNSTON A K, IP A H, et al. Sensitive, fast, and stable perovskite photodetectors exploiting interface engineering [J]. Acs Photonics, 2015, 2(8): 1117-1123.

[14] LONG M, LIU E, WANG P, et al. Broadband photovoltaic detectors based on an atomically thin heterostructure [J]. Nano Letters, 2016,

16(4):2254-2259.

[15] WU J Y,CHUN Y T,LI S P,et al. Broadband MoS_2 field-effect phototransistors: ultrasensitive visible-light photoresponse and negative infrared photoresponse[J]. Advanced Materials,2018,30(7):1705880.

[16] LIU Z,SUN B,SHI T,et al. Enhanced photovoltaic performance and stability of carbon counter electrode based perovskite solar cells encapsulated by PDMS[J]. Journal of Materials Chemistry A,2016,4(27):10700-10709.

[17] COROPCEANU V,CORNIL J,DA SILVA FILHO D A,et al. Charge transport in organic semiconductors[J]. Chemical Reviews,2007,38(29):926-952.

[18] ZHITOMIRSKY D,VOZNYY O,LEVINA L,et al. Engineering colloidal quantum dot solids within and beyond the mobility-invariant regime[J]. Nature Communications,2014,5(1):1-7.

[19] DOU L, YANG Y, YOU J B, et al. Solution-processed hybrid perovskite photodetectors with high detectivity[J]. Nature Communications,2014,5(1):1-6.

[20] SHEN L, FANG Y J, WANG D, et al. A self-powered, sub-nanosecond-response solution-processed hybrid perovskite photodetector for time-resolved photoluminescence-lifetime detection[J]. Advanced Materials,2016,28(48):10794-10800.

[21] JUNG E H,JEON N J,PARK E Y,et al. Efficient,stable and scalable perovskite solar cells using poly (3-hexylthiophene) [J]. Nature,2019,567(7749):511-515.

[22] CHEN W,WU Y Z,YUE Y F,et al. Efficient and stable large-area perovskite solar cells with inorganic charge extraction layers[J]. Science,2015,350(6263):944-948.

[23] ARORA N,DAR M I,HINDERHOFER A,et al. Perovskite solar cells with CuSCN hole extraction layers yield stabilized efficiencies greater than 20%[J]. Science,2017,358(6364):768-771.

[24] ZUO C T,DING L M. Solution-processed Cu_2O and CuO as hole transport materials for efficient perovskite solar cells[J]. Small,2015,11(41):5528-5532.

[25] AHARON S,GAMLIEL S,COHEN B E,et al. Depletion region

effect of highly efficient hole conductor free $CH_3NH_3PbI_3$ perovskite solar cells[J]. Physical Chemistry Chemical Physics,2014,16(22):10512-10518.

[26] ETGAR L, GAO P, XUE Z S, et al. Mesoscopic $CH_3NH_3PbI_3$/TiO_2 heterojunction solar cells[J]. Journal of the American Chemical Society, 2012,134(42):17396-17399.

[27] LABAN W A,ETGAR L. Depleted hole conductor-free lead halide iodide heterojunction solar cells[J]. Energy & Environmental Science,2013,6(11):3249-3253.

[28] ALWADAI N,HAQUE M A,MITRA S,et al. High-performance ultraviolet-to-infrared broadband perovskite photodetectors achieved via inter-/intraband transitions[J]. ACS Applied Materials & Interfaces,2017,9(43):37832-37838.

[29] ZHENG Z,ZHUGE F W,WANG Y G,et al. Decorating perovskite quantum dots in TiO_2 nanotubes array for broadband response photodetector [J]. Advanced Functional Materials,2017,27(43):1703115.

[30] ZHOU H,YANG L,GUI P B,et al. Ga-doped ZnO nanorod scaffold for high-performance, hole-transport-layer-free, self-powered $CH_3NH_3PbI_3$ perovskite photodetectors[J]. Solar Energy Materials and Solar Cells,2019, 193:246-252.

[31] YE S Y,RAO H X,YAN W B,et al. A strategy to simplify the preparation process of perovskite solar cells by co-deposition of a hole-conductor and a perovskite layer[J]. Advanced Materials, 2016, 28(43): 9648-9654.

[32] LIU J, GAO C, HE X L, et al. Improved crystallization of perovskite films by optimized solvent annealing for high efficiency solar cell [J]. ACS Applied Materials & Interfaces,2015,7(43):24008-24015.

[33] QIU J H,QIU Y C,YAN K Y,et al. All-solid-state hybrid solar cells based on a new organometal halide perovskite sensitizer and one-dimensional TiO_2 nanowire arrays[J]. Nanoscale,2013,5(8):3245-3248.

[34] QIN M C,CAO J,ZHANG T K,et al. Fused-ring electron acceptor ITIC-Th: a novel stabilizer for halide perovskite precursor solution [J]. Advanced Energy Materials,2018,8:1703399.

[35] LINDBLAD R,BI D,PARK B W,et al. The electronic structure of TiO_2/$CH_3NH_3PbI_3$ perovskite solar cell interfaces[J]. The Journal of Physical

Chemistry Letters,2014,5(4):648-653.

[36] KE W J,XIAO C X,WANG C L,et al. Employing lead thiocyanate additive to reduce the hysteresis and boost the fill factor of planar perovskite solar cells[J]. Advanced Materials,2016,28(26):5214-5221.

[37] ZHOU Z M, WANG Z W, ZHOU Y Y, et al. Methylamine-gas-induced defect-healing behavior of $CH_3NH_3PbI_3$ thin films for perovskite solar cells[J]. Angewandte Chemie,2015,127(33):9841-9845.

[38] RAGA S R,ONO L K,QI Y. Rapid perovskite formation by CH_3NH_2 gas-induced intercalation and reaction of PbI_2 [J]. Journal of Materials Chemistry A,2016,4(7):2494-2500.

[39] CUI P,WEI D,JI J,et al. Planar p-n homojunction perovskite solar cells with efficiency exceeding 21.3%[J]. Nature Energy,2019,4:150-159.

[40] CUI P, WEI D, JI J, et al. Highly efficient electron-selective layer free perovskite solar cells by constructing effective p-n heterojunction[J]. Solar RRL,2017,1(2):1600027.

[41] ZHENG X L,LEI H W,YANG G,et al. Enhancing efficiency and stability of perovskite solar cells via a high mobility p-type PbS buffer layer [J]. Nano Energy,2017,38:1-11.

[42] YANG D, YANG R X, ZHANG J, et al. High efficiency flexible perovskite solar cells using superior low temperature TiO_2 [J]. Energy & Environmental Science,2015,8(11):3208-3214.

[43] CAO F R, MENG L X, WANG M, et al. Gradient energy band driven high-performance self-powered perovskite/CdS photodetector [J]. Advanced Materials,2019,31:1806725.

[44] WU T H,WANG Y B,LI X,et al. Efficient defect passivation for perovskite solar cells by controlling the electron density distribution of donor-π-acceptor molecules[J]. Advanced Energy Materials,2019,9(17):1803766.

[45] YI H M,WANG D,DUAN L P,et al. Solution-processed WO_3 and water-free PEDOT:PSS composite for hole transport layer in conventional perovskite solar cell[J]. Electrochimica Acta,2019,319:349-358.

[46] POGLITSCH A, WEBER D. Dynamic disorder in methylammoniumtrihalogenoplumbates (Ⅱ) observed by millimeter-wave spectroscopy[J]. The Journal of Chemical Physics,1987,87(11):6373-6378.

[47] ZHU H W, ZHANG F, XIAO Y, et al. Suppressing the defect

through thiadiazole derivatives modulating $CH_3NH_3PbI_3$ crystal growth for highly stable perovskite solar cells under dark [J]. Journal of Materials Chemistry A,2018,6(12):4971-4980.

[48] WANG Y,LI M Z,LI H,et al. Patterned wettability surface for competition-driving large-grained perovskite solar cells[J]. Advanced Energy Materials,2019,9:1900838.

[49] ZENG L H,CHEN Q M,ZHANG Z X,et al. Multilayered $PdSe_2$/perovskite schottky junction for fast, self-powered, polarization-sensitive, broadband photodetectors,and image sensor application[J]. Advanced Science,2019,6:1901134.

[50] LÓPEZ-FRAGUAS E, ARREDONDO B, VEGA-COLADO C, et al. Visible light communication system using an organic emitter and a perovskite photodetector[J]. Organic Electronics,2019,73:292-298.

[51] XIE Y, FAN J D, LIU C, et al. Giant two-photon absorption in mixed halide perovskite $CH_3NH_3Pb_{0.75}Sn_{0.25}I_3$ thin films and application to photodetection at optical communication wavelengths[J]. Advanced Optical Materials,2017,6:1700819.

[52] GUO H,ZHAO J Q,DONG Q S,et al. A self-powered and high-voltage-isolated organic optical communication system based on triboelectric nanogenerators and solar cells[J]. Nano Energy,2018,56:391-399.

[53] ZHOU H,SONG Z N,GRICE C R,et al. Self-powered $CsPbBr_3$ nanowire photodetector with a vertical structure[J]. Nano Energy,2018,53:880-886.

[54] BAO C X,YANG J,BAI S,et al. High performance and stable all-inorganic metal halide perovskite-based photodetectors for optical communication applications[J]. Advanced Materials,2018,30:1803422.

[55] CAO F R,TIAN W,DENG K M,et al. Self-powered UV-vis-NIR photodetector based on conjugated-polymer/$CsPbBr_3$ nanowire array [J]. Advanced Functional Materials,2019,29:1906756.

[56] ZENG J P,MENG C F,LI X M,et al. Interfacial-tunneling-effect-enhanced $CsPbBr_3$ photodetectors featuring high detectivity and stability[J]. Advanced Functional Materials,2019,29:1904461.

[57] SHEN K, XU H, LI X, et al. Flexible and self-powered photodetector arrays based on all-inorganic $CsPbBr_3$ quantum dots [J].

Advanced Materials,2020,32:2000004.

[58] LI C L,HAN C,ZHANG Y B,et al. Enhanced photoresponse of self-powered perovskite photodetector based on ZnO nanoparticles decorated $CsPbBr_3$ films[J]. Solar Energy Materials and Solar Cells,2017,172:341-346.

[59] GU L L,TAVAKOLI M M,ZHANG D Q,et al. 3D Arrays of 1024-pixel image sensors based on lead halide perovskite nanowires[J]. Advanced Materials,2016,28(44):9713-9721.

[60] LIU Y C,ZHANG Y X,ZHAO K,et al. A 1300 mm^2 ultrahigh-performance digital imaging assembly using high-quality perovskite single crystals[J]. Advanced Materials,2018,30(29):1707314.

[61] WU W Q, WANG X D, HAN X, et al. Flexible photodetector arrays based on patterned $CH_3NH_3PbI_{3-x}Cl_x$ perovskite film for real-time photosensing and imaging[J]. Advanced Materials,2019,31(3):1805913.

[62] ZHANG J Y,XU J L,CHEN T,et al. Toward broadband imaging: surface-engineered PbS quantum dot/perovskite composite integrated ultrasensitive photodetectors[J]. ACS Applied Materials & Interfaces, 2019, 11: 44430-44437.

[63] LI X M,YU D J,CHEN J,et al. Constructing fast carrier tracks into flexible perovskite photodetectors to greatly improve responsivity[J]. Acs Nano,2017,11(2):2015-2023.

[64] ZHANG Z X, LI C, LU Y, et al. Sensitive deep ultraviolet photodetector and image sensor composed of inorganic lead-free $Cs_3Cu_2I_5$ perovskite with wide bandgap[J]. The Journal of Physical Chemistry Letters, 2019,10:5343-5350.

[65] ZENG J P, LI X M, WU Y, et al. Space-confined growth of $CsPbBr_3$ film achieving photodetectors with high performance in all figures of merit[J]. Advanced Functional Materials,2018,28:1804394.

[66] LI H,TONG G Q,CHEN T T,et al. Interface engineering using perovskite derivative-phase for efficient and stable $CsPbBr_3$ solar cells[J]. Journal of Materials Chemistry A,2018,6(29):14255-14261.

[67] CHEN W J, ZHANG J W, XU G Y, et al. A semitransparent inorganic perovskite film for overcoming ultraviolet light instability of organic solar cells and achieving 14.03% efficiency[J]. Advanced Materials,2018,30(21):1800855.

[68] TONG G Q, CHEN T T, LI H, et al. Phase transition induced recrystallization and low surface potential barrier leading to 10.91%-efficient $CsPbBr_3$ perovskite solar cells[J]. Nano Energy, 2019, 65:104015.

[69] HU Y, WANG Q, SHI Y L, et al. Vacuum-evaporated all-inorganic cesium lead bromine perovskites for high-performance light-emitting diodes [J]. Journal of Materials Chemistry C, 2017, 5(32):8144-8149.

[70] ISHII K, MITSUMURA S, HIBINO Y, et al. Preparation of phthalocyanine and octacyanophthalocyanine films by CVD on metal surfaces, and in SITU observation of the molecular processes by Raman spectroscopy [J]. Applied Surface Science, 1988, 33-34:1324-1331.

[71] HAN J H, TU Y X, LIU Z Y, et al. Efficient and stable inverted planar perovskite solar cells using dopant-free CuPc as hole transport layer [J]. Electrochimica Acta, 2018, 273:273-281.

[72] CHANG X W, LI W P, ZHU L Q, et al. Carbon-based $CsPbBr_3$ perovskite solar cells: all-ambient processes and high thermal stability[J]. ACS Applied Materials & Interfaces, 2016, 8(49):33649-33655.

[73] PAK J, JANG J, CHO K, et al. Enhancement of photodetection characteristics of MoS_2 field effect transistors using surface treatment with copper phthalocyanine[J]. Nanoscale, 2015, 7(44):18780-18788.

[74] LIU C, LI W Z, CHEN J H, et al. Ultra-thin MoO_x as cathode buffer layer for the improvement of all-inorganic $CsPbIBr_2$ perovskite solar cells[J]. Nano Energy, 2017, 41:75-83.

[75] HU J M, SHI Y S, ZHANG Z H, et al. To enhance the performance of all-inorganic perovskite photodetectors via constructing both bilayer heterostructure and bipolar carrier transporting channels [J]. Journal of Materials Chemistry C, 2019, 7:14938-14948.

[76] LI L, WANG C, WANG C, et al. Interfacial electronic structures of MoO_x/mixed perovskite photodetector [J]. Organic Electronics, 2018, 65: 162-169.

[77] GONG Y, DONG Y, ZHAO B, et al. Diverse applications of MoO_3 for high performance organic photovoltaics: fundamentals, processes and optimization strategies [J]. Journal of Materials Chemistry A, 2020, 8: 978-1009.

[78] LIU X Y, LIU Z Y, LI J J, et al. Ultrafast, self-powered and charge-

transport-layer-free photodetectors based on high-quality evaporated $CsPbBr_3$ perovskites for applications in optical communication[J]. Journal of Materials Chemistry C,2020,8:3337-3350.

[79] SAIDAMINOV M I, HAQUE M A, ALMUTLAQ J, et al. Inorganic lead halide perovskite single crystals: phase-selective low-temperature growth, carrier transport properties, and self-powered photodetection [J]. Advanced Optical Materials,2016,5(2):1600704.

[80] ZHANG Y,XU W X,XU X J,et al. Self-powered dual-color UV-green photodetectors based on SnO_2 millimeter wire and microwires/$CsPbBr_3$ particle heterojunctions[J]. The Journal of Physical Chemistry Letters,2019,10:836-841.

[81] TIAN C C,WANG F,WANG Y P,et al. Chemical vapor deposition method grown all-inorganic perovskite microcrystals for self-powered photodetectors [J]. ACS Applied Materials & Interfaces, 2019, 11: 15804-15812.

[82] SHEN K, LI X, XU H, et al. Enhanced performance of ZnO nanoparticle decorated all-inorganic $CsPbBr_3$ quantum dot photodetectors[J]. Journal of Materials Chemistry A,2019,7:6134-6142.

[83] ZHU W D,DENG M Y,ZHANG Z Y,et al. Intermediate phase halide exchange strategy toward a high-quality, thick $CsPbBr_3$ film for optoelectronic applications[J]. ACS Applied Materials & Interfaces,2019,11: 22543-22549.

[84] ZHU W D,DENG M Y,CHEN D D,et al. Sacrificial additive-assisted film growth endows self-powered $CsPbBr_3$ photodetectors with ultra-low dark current and high sensitivity[J]. Journal of Materials Chemistry C, 2020,8(1):209-218.

[85] LIU R H,ZHANG J Q,ZHOU H,et al. Solution-processed high-quality cesium lead bromine perovskite photodetectors with high detectivity for application in visible light communication[J]. Advanced Optical Materials, 2020,8:1901735.

[86] LIU Z Y,LIU X Y,SUN B,et al. A Cu-doping strategy to enhance photoelectric performance of self-powered hole-conductor-free perovskite photodetector for optical communication applications[J]. Advanced Materials Technologies,2020,5:2000260.

[87] PANDEY K, CHAUHAN M, BHATT V, et al. High-performance self-powered perovskite photodetector with a rapid photoconductive response [J]. RSC Advances, 2016, 6(107): 105076-105080.

[88] GHOSH J, NATU G, GIRI P K. Plasmonic hole-transport-layer enabled self-powered hybrid perovskite photodetector using a modified perovskite deposition method in ambient air[J]. Organic Electronics, 2019, 71: 175-184.

[89] ZHOU H, MEI J, XUE M N, et al. High-stability, self-powered perovskite photodetector based on a $CH_3NH_3PbI_3$/GaN heterojunction with C_{60} as an electron transport layer[J]. The Journal of Physical Chemistry C, 2017, 121(39): 21541-21545.

[90] ZHENG E, YUH B, TOSADO G A, et al. Solution-processed visible-blind UV-A photodetectors based on $CH_3NH_3PbCl_3$ perovskite thin films[J]. Journal of Materials Chemistry C, 2017, 5(15): 3796-3806.

[91] PANG T Q, JIA R X, WANG Y C, et al. Self-powered behavior based on the light-induced self-poling effect in perovskite-based transport layer-free photodetectors [J]. Journal of Materials Chemistry C, 2019, 7: 609-616.

[92] LIANG F X, WANG J Z, ZHANG Z X, et al. Broadband, ultrafast, self-driven photodetector based on Cs-doped $FAPbI_3$ perovskite thin film[J]. Advanced Optical Materials, 2017, 5(22): 1700654.

[93] REN X D, YANG D, YANG Z, et al. Solution-processed Nb: SnO_2 electron transport layer for efficient planar perovskite solar cells [J]. ACS Applied Materials & Interfaces, 2017, 9(3): 2421-2429.

[94] GHOSH J, MAWLONG L P, MANASA G B, et al. Solid-state synthesis of stable and color tunable cesium lead halide perovskite nanocrystals and the mechanism of high-performance photodetection in a monolayer MoS_2/$CsPbBr_3$ vertical heterojunction[J]. Journal of Materials Chemistry C, 2020, 8: 8917-8934.

[95] YUN J N, FAN H D, ZHANG Y N, et al. Enhanced optical absorption and interfacial carrier separation of $CsPbBr_3$/graphene heterostructure: experimental and theoretical insights[J]. ACS Applied Materials & Interfaces, 2019, 12: 3086-3095.

[96] SUN B, ZHAO W X, WEI L J, et al. Enhanced resistive switching

effect upon illumination in self-assembled $NiWO_4$ nano-nests[J]. Chemical Communications,2014,50(86):13142-13145.

[97] LIU Y C, AYAZ H, SHEWOKIS P A. Mental workload classification with concurrent electroencephalography and functional near-infrared spectroscopy[J]. Brain-Computer Interfaces,2017,4(3):175-185.

[98] SEONG D J, HASSAN M, CHOI H, et al. Resistive-switching characteristics of $Al/Pr_{0.7}Ca_{0.3}MnO_3$ for nonvolatile memory applications[J]. IEEE Electron Device Letters,2009,30(9):919-921.

[99] JANOUSCH M, MEIJER G I, STAUB U, et al. Role of oxygen vacancies in Cr-doped $SrTiO_3$ for resistance-change memory[J]. Advanced Materials,2007,19(17):2232-2235.

[100] YAN Z B, GUO Y Y, ZHANG G Q, et al. High-performance programmable memory devices based on Co-doped $BaTiO_3$ [J]. Advanced Materials,2011,23(11):1351-1355.

[101] HU Y Q, ZHANG S F, MIAO X L, et al. Ultrathin $Cs_3Bi_2I_9$ nanosheets as an electronic memory material for flexible memristors[J]. Advanced Materials Interfaces,2017,4(14):1700131.

[102] LU C J, ZHANG J, SUN H R, et al. Inorganic and lead-free $AgBiI_4$ rudorffite for stable solar cell applications[J]. ACS Applied Energy Materials,2018,1:4485-4492.

[103] PECUNIA V, YUAN Y, ZHAO J, et al. Perovskite-inspired lead-free Ag_2BiI_5 for self-powered NIR-blind visible light photodetection[J]. Nano-Micro Letters,2020,12(1):1-12.

[104] WEI D, WANG T Y, JI J, et al. Photo-induced degradation of lead halide perovskite solar cells caused by the hole transport layer/metal electrode interface[J]. Journal of Materials Chemistry A,2016,4(5):1991-1998.

[105] ZENG F J, GUO Y Y, HU W, et al. Opportunity of the lead-free all-inorganic $Cs_3Cu_2I_5$ perovskite film for memristor and neuromorphic computing applications[J]. ACS Applied Materials & Interfaces, 2020, 12: 23094-23101.

[106] GU C, LEE J S. Flexible hybrid organic-inorganic perovskite memory[J]. ACS Nano,2016,10(5):5413-5418.

[107] HWANG B, LEE J S. A strategy to design high-density nanoscale devices utilizing vapor deposition of metal halide perovskite materials[J].

Advanced Materials,2017,29(29):1701048.

[108] YAN K,CHEN B X,HU H,et al. First fiber-shaped non-volatile memory device based on hybrid organic-inorganic perovskite[J]. Advanced Electronic Materials,2016,2(8):1600160.

[109] YOO E,LYU M,YUN J H,et al. Bifunctional resistive switching behavior in an organolead halide perovskite based Ag/$CH_3NH_3PbI_{3-x}Cl_x$/FTO structure[J]. Journal of Materials Chemistry C,2016,4(33):7824-7830.

[110] KIM Y,KOOK K,HWANG S K,et al. Polymer/perovskite-type nanoparticle multilayers with multielectric properties prepared from ligand addition-induced layer-by-layer assembly[J]. ACS Nano, 2014, 8(3): 2419-2430.

[111] YANG Y X, YUAN G L, YAN Z B, et al. Flexible, semitransparent,and inorganic resistive memory based on $BaTi_{0.95}Co_{0.05}O_3$ film [J]. Advanced Materials,2017,29(26):1700425.

[112] YOO E J,LYU M,YUN J H,et al. Resistive switching behavior in organic-inorganic hybrid $CH_3NH_3PbI_{3-x}Cl_x$ perovskite for resistive random access memory devices[J]. Advanced Materials,2015,27(40):6170-6175.

[113] BERA A,PENG H Y,LOUREMBAM J,et al. A versatile light-switchable nanorod memory:wurtzite ZnO on perovskite $SrTiO_3$[J]. Advanced Functional Materials,2013,23(39):4977-4984.

[114] LIU D J, LIN Q Q, ZANG Z G, et al. Flexible all-inorganic perovskite $CsPbBr_3$ non-volatile memory device[J]. ACS Applied Materials & Interfaces,2017,9(7):6171-6176.

[115] LIN G M,LIN Y W,CUI R L,et al. Organic-inorganic hybrid perovskite logic gate for better computing[J]. Journal of Materials Chemistry C,2015,3(41):10793-10798.

[116] SUN B,LI C M. Light-controlled resistive switching memory of multiferroic $BiMnO_3$ nanowire arrays[J]. Physical Chemistry Chemical Physics,2015,17(10):6718-6721.

[117] WANG Y,LV Z Y,LIAO Q F,et al. Synergies of electrochemical metallization and valance change in all-inorganic perovskite quantum dots for resistive switching[J]. Advanced Materials,2018,30(28):1800327.

[118] CHEN A, HADDAD S, WU Y C, et al. Non-volatile resistive switching for advanced memory applications[C]//Proceedings of International

Electron Devices Meeting(IEDM). New York:IEEE,2005.

[119] XU W T,CHO H,KIM Y H,et al. Organometal halide perovskite artificial synapses[J]. Advanced Materials,2016,28(28):5916-5922.

[120] LEE H S,SANGWAN V K,ROJAS W A G,et al. Dual-gated MoS_2 memtransistor crossbar array[J]. Advanced Functional Materials,2020,30(45):2003683.

[121] ZHANG C,LI Y,MA C L,et al. Recent progress of organic-inorganic hybrid perovskites in RRAM,artificial synapse,and logic operation[J]. Small Science,2022,2(2):2100086.

[122] LIN W K,CHEN G X,LI E,et al. Nonvolatile multilevel photomemory based on lead-free double perovskite $Cs_2AgBiBr_6$ nanocrystals wrapped within SiO_2 as a charge trapping layer[J]. ACS Applied Materials & Interfaces,2020,12(39):43967-43975.

[123] WANG Y,LV Z Y,CHEN J R,et al. Photonic synapses based on inorganic perovskite quantum dots for neuromorphic computing[J]. Advanced Materials,2018,30:1802883.

[124] SUN Y M,TAI M Q,SONG C,et al. Competition between metallic and vacancy defect conductive filaments in a $CH_3NH_3PbI_3$-based memory device[J]. The Journal of Physical Chemistry C,2018,122(11):6431-6436.

[125] UMAR F,ZHANG J,JIN Z X,et al. Dimensionality controlling of $Cs_3Sb_2I_9$ for efficient all-inorganic planar thin film solar cells by HCl-assisted solution method[J]. Advanced Optical Materials,2019,7:1801368.

[126] HUANG W,HANG P J,WANG Y,et al. Zero-power optoelectronic synaptic devices[J]. Nano Energy,2020,73:104790.

[127] SHAN X,ZHAO C,WANG X,et al. Plasmonic optoelectronic memristor enabling fully light-modulated synaptic plasticity for neuromorphic vision[J]. Advanced Science,2022,9:2104632.

[128] XIAO Z G,HUANG J S. Energy-efficient hybrid perovskite memristors and synaptic devices[J]. Advanced Electronic Materials,2016,2(7):1600100.

[129] KIM J,KIM J,JO S,et al. Ultrahigh detective heterogeneous photosensor arrays with in-pixel signal boosting capability for large-area and skin-compatible electronics[J]. Advanced Materials,2016,28(16):3078-3086.

[130] KO H C,STOYKOVICH M P,SONG J Z,et al. A hemispherical electronic eye camera based on compressible silicon optoelectronics [J]. Nature,2008,454(7205):748-753.

[131] SEO S,JO S H,KIM S,et al. Artificial optic-neural synapse for colored and color-mixed pattern recognition[J]. Nature Communications,2018,9(1):1-8.

[132] CHEN S A,LOU Z,CHEN D,et al. An artificial flexible visual memory system based on an UV-motivated memristor [J]. Advanced Materials,2018,30(7):1705400.

[133] HAO D D, ZHANG J Y, DAI S L, et al. Perovskite/organic semiconductor-based photonic synaptic transistor for artificial visual system [J]. ACS Applied Materials & Interfaces,2020,12:39487-39495.

[134] PARK Y, KIM M K, LEE J S. 2D layered metal-halide perovskite/oxide semiconductor-based broadband optoelectronic synaptic transistors with long-term visual memory[J]. Journal of Materials Chemistry C,2021,9(4):1429-1436.

[135] YANG X Y, XIONG Z Y, CHEN Y J, et al. A self-powered artificial retina perception system for image preprocessing based on photovoltaic devices and memristive arrays[J]. Nano Energy,2020,78:105246.

[136] GIANNOZZI P, BARONI S, BONINI N, et al. Quantum Espresso:a modular and open-source software project for quantum simulations of materials[J]. Journal of physics:Condensed Matter,2009,21(39):395502.

[137] LEI L Z, SHI Z F, LI Y, et al. High-efficiency and air-stable photodetectors based on lead-free double perovskite $Cs_2AgBiBr_6$ thin films[J]. Journal of Materials Chemistry C,2018,6(30):7982-7988.

[138] GHASEMI M, ZHANG L, YUN J H, et al. Dual-ion-diffusion induced degradation in lead-free $Cs_2AgBiBr_6$ double perovskite solar cells[J]. Advanced Functional Materials,2020,30:2002342.

[139] XIAO Z W, MENG W W, WANG J B, et al. Thermodynamic stability and defect chemistry of bismuth-based lead-free double perovskites [J]. ChemSusChem,2016,9(18):2628-2633.

[140] YAN X B, ZHAO Q L, CHEN A P, et al. Vacancy-induced synaptic behavior in 2D WS_2 nanosheet-based memristor for low-power neuromorphic computing[J]. Small,2019,15:1901423.

[141] KIM S Y, YANG J M, CHOI E S, et al. Layered $(C_6H_5CH_2NH_3)_2CuBr_4$ perovskite for multilevel storage resistive switching memory[J]. Advanced Functional Materials, 2020, 30: 2002653.

[142] ZHU X J, LEE J H, LU W D. Iodine vacancy redistribution in organic-inorganic halide perovskite films and resistive switching effects[J]. Advanced Materials, 2017, 29(29): 1700527.

[143] YOON J H, WANG Z R, KIM K M, et al. An artificial nociceptor based on a diffusive memristor[J]. Nature Communications, 2018, 9(1): 1-9.

[144] WONG H S P, LEE H Y, YU S, et al. Metal-oxide RRAM[J]. Proceedings of the IEEE, 2012, 100(6): 1951-1970.

[145] ZHANG Y, DUAN Z Q, LI R, et al. Vertically integrated ZnO-Based 1D1R structure for resistive switching[J]. Journal of Physics D: Applied Physics, 2013, 46(14): 145101.

[146] ZHOU F C, ZHOU Z, CHEN J W, et al. Optoelectronic resistive random access memory for neuromorphic vision sensors[J]. Nature Nanotechnology, 2019, 14: 776-782.

[147] ZHU Q B, LI B, YANG D D, et al. A flexible ultrasensitive optoelectronic sensor array for neuromorphic vision systems[J]. Nature Communications, 2021, 12(1): 1-7.

[148] CAI H Z, LAO M M, XU J, et al. All-inorganic perovskite Cs_4PbBr_6 thin films in optoelectronic resistive switching memory devices with a logic application[J]. Ceramics International, 2018, 45: 5724-5730.

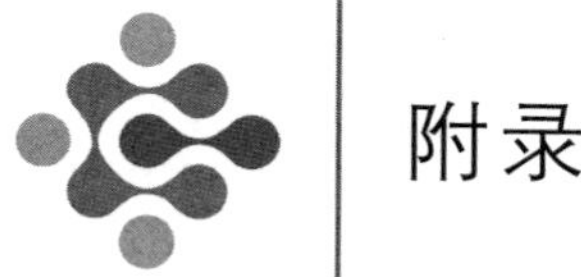

附录

附录 A　试验用主要化学试剂与耗材列表

所有的材料均是买到后直接使用，未做任何提纯。

试剂名称	试剂化学式（缩写）	规格	生产厂家
氟掺杂二氧化锡	FTO	15 Ω/□	日本 NSG 公司
氧化铟锡	ITO	10 Ω/□	日本 NSG 公司
碘化铅	PbI_2	≥99.99%	西安宝莱特光电科技有限公司
碘化铯	CsI	≥99.99%	西安宝莱特光电科技有限公司
溴化铅	$PbBr_2$	≥99.99%	西安宝莱特光电科技有限公司
碘化甲胺	CH_3NH_3I	≥99.5%	西安宝莱特光电科技有限公司
溴化甲胺	CH_3NH_3Br	≥99.5%	西安宝莱特光电科技有限公司
甲脒氢碘酸盐	$HC(NH_2)_2I$	≥99.5%	西安宝莱特光电科技有限公司
溴化铯	CsBr	≥99.99%	西安宝莱特光电科技有限公司
[6,6]-苯基 C_{61} 丁酸甲酯	PCBM	>99%	西安宝莱特光电科技有限公司

续表

试剂名称	试剂化学式(缩写)	规格	生产厂家
2,9-二甲基-4,7-二苯基-1,10-菲咯啉	BCP	>99%	西安宝莱特光电科技有限公司
碘化铋	BiI_3	99.998%	阿法埃莎(Alfa Aesar)
溴化铋	$BiBr_3$	≥98%	阿拉丁(Aladdin)化学试剂有限公司
碘化银	AgI	99.9%	阿法埃莎(Alfa Aesar)
溴化银	AgBr	≥99.9%	阿拉丁(Aladdin)化学试剂有限公司
酞菁铜	CuPc	99%	阿拉丁(Aladdin)化学试剂有限公司
二氧化钛浆料	TiO_2	18NR-T,20 nm	澳大利亚 Dyesol 公司
钛酸异丙酯	$(CH_3CH_3CHO)_4Ti$	99.9%	阿拉丁(Aladdin)化学试剂有限公司
钛酸四丁酯	$C_{16}H_{36}O_4Ti$	98%	国药集团化学试剂有限公司
四氯化锡	$SnCl_4$	≥99.0%	国药集团化学试剂有限公司
氯化亚锡二水合物	$SnCl_2 \cdot 2H_2O$	≥98.0%	国药集团化学试剂有限公司
氯化锌	$ZnCl_2$	≥99.0%	国药集团化学试剂有限公司
硫化镉	CdS	99.99%	阿拉丁(Aladdin)化学试剂有限公司
硫氰酸亚铜	CuSCN	≥95%	阿拉丁(Aladdin)化学试剂有限公司

续表

试剂名称	试剂化学式(缩写)	规格	生产厂家
硫酸锰一水合物	$MnSO_4 \cdot H_2O$	≥99%	国药集团化学试剂有限公司
氯化锂	LiCl	≥99%	Sigma-Aldrich
四氯化钛	$TiCl_4$	≥98%	国药集团化学试剂有限公司
氯化镍六水合物	$NiCl_2 \cdot 6H_2O$	≥99.0%	国药集团化学试剂有限公司
聚乙烯醇	PVA	M. W. 5000	Sigma-Aldrich
乙基纤维素	—	180～220 cPa·s	国药集团化学试剂有限公司
三氧化钼	MoO_3	99.9%	阿拉丁(Aladdin)化学试剂有限公司
锌粉	Zn	≥95%	国药集团化学试剂有限公司
硫粉	S	99.95%	阿拉丁(Aladdin)化学试剂有限公司
聚醋酸乙烯酯	$(C_4H_6O_2)_n$	M. W. 170000	国药集团化学试剂有限公司
聚二甲基硅氧烷	PDMS	SYLGARD 184	美国道康宁公司
N,N-二甲基甲酰胺	C_3H_7NO	≥99.5%	国药集团化学试剂有限公司
二甲基亚砜	$(CH_3)_2SO$	≥99.9%	国药集团化学试剂有限公司
氯苯	C_6H_5Cl	99.5%	阿法埃莎(Alfa Aesar)

续表

试剂名称	试剂化学式(缩写)	规格	生产厂家
盐酸	HCl	37%	国药集团化学试剂有限公司
乙酸乙酯	$C_4H_8O_2$	≥99.5%	国药集团化学试剂有限公司
甲醇	CH_3OH	≥99.7%	国药集团化学试剂有限公司
无水乙醇	C_2H_5OH	≥99.7%	国药集团化学试剂有限公司
异丙醇	C_3H_8O	≥99.7%	国药集团化学试剂有限公司
丙酮	C_3H_6O	≥99.5%	国药集团化学试剂有限公司
氨水	$NH_3 \cdot H_2O$	25.0%～28.0%	国药集团化学试剂有限公司
聚甲基丙烯酸甲酯	PMMA	M. W. 35000	国药集团化学试剂有限公司
活性炭	C	YP-50F	日本 Kuraray 公司
石墨纸	C	250×200×0.05 (mm^3)	北京晶龙特碳科技有限公司
热电模块	TGP-651	60 mV/K^1	德国 Micropelt 公司
商用导电碳浆料	—	20 Ω/□	深圳市东大来化工有限公司

附录 B 试验用主要仪器设备列表

名称	型号	生产厂家
超声波清洗机	KQ-200KDB	昆山市超声仪器有限公司
旋涂仪	EZ6	江苏雷博科学仪器有限公司
高温管式炉	HTF55322C	美国热电公司
行星式球磨机	QM-QX0.4	南京大学
恒温鼓风干燥箱	DHG-9030A	上海精宏实验设备有限公司
紫外臭氧清洗机	BZS250GF-TC	深圳市汇沃科技有限公司
电阻式热蒸发镀膜仪	NM-300	武汉纳美科技有限公司
恒温加热台	HP100-BE	江阴市佳图科技有限公司
四探针测试仪	RTS-8	广州四探针科技有限公司
电化学工作站	AutoLab PGSTAT302N	瑞士万通
太阳光模拟器	Oriel 94043A	美国 Newport 公司
数字源表	Keithley 2636B	美国 Keithley 公司
探针台	ECPS400	美国 Keithley 公司
示波器	Tektronix TDS2012B	美国 Tektronix 公司
信号发生器	Keysight 33210A	美国 Agilent 公司
光纤激光器	Thorlabs LP520-SF15	美国 Thorlabs 公司
场发射扫描电镜	Nova Nano SEM450	荷兰 FEI 公司
场发射透射电镜	FEI Talos F200X	荷兰 FEI 公司
紫外可见光光谱仪	UV 2600	日本岛津公司
X 射线衍射仪	X'pert3 Powder	荷兰帕纳科公司
荧光寿命光谱仪	DeltaFlex	Horiba 公司
时间分辨荧光光谱仪	FluoTime 300	德国 PicoQuant 公司

续表

名称	型号	生产厂家
傅里叶红外光谱仪	Bruker VERTEX 70	德国 Bruker 公司
X 射线光电子能谱仪	Axis Ultra DLD-600W	岛津/Kratos 公司
原子力显微镜	SPM9700	日本岛津公司
激光共聚焦显微镜	UltraVIEW VoX	珀金埃尔默公司
激光共焦拉曼光谱仪	LabRAM HR800	Horiba JobinYvon 公司
霍尔效应测试仪	ECOPIA HMS-5500	韩国 Ecopia 公司

附录C　史铁林、廖广兰教授研究组于2016—2023年在钙钛矿光电子领域发表的期刊论文

［1］　YE H B, LIU Z Y, SUN B, et al. Optoelectronic resistive memory based on lead-free $Cs_2AgBiBr_6$ double perovskite for artificial self-storage visual sensors [J]. Advanced Electronic Materials, 2023, 9(2): 2200657.

［2］　YE H B, LIU Z Y, HAN H D, et al. Lead-free $AgBiI_4$ perovskite artificial synapses for a tactile sensory neuron system with information preprocessing function[J]. Materials Advances, 2022, 3(17): 7248-7256.

［3］　ZHANG X N, LIU X Y, SUN B, et al. Heterointerface engineering of tetragonal $CsPbCl_3$ based ultraviolet photodetectors with pentacene for enhancing the photoelectric performance[J]. Journal of Materials Chemistry C, 2022, 10: 14892-14904.

［4］　ZHANG X N, LIU X Y, SUN B, et al. Broadening the spectral response of perovskite photodetector to the solar-blind ultraviolet region through phosphor encapsulation[J]. ACS Applied Materials & Interfaces, 2021, 13: 44509-44519.

［5］　ZHANG X N, LIU X Y, SUN B, et al. Ultrafast, self-powered, and charge-transport-layer-free ultraviolet photodetectors based on sequentially vacuum-evaporated lead-free $Cs_2AgBiBr_6$ thin films[J]. ACS Applied Materials & Interfaces, 2021, 12: 35949-35960.

［6］　LIU Z Y, LIU X Y, SUN B, et al. A Cu-doping strategy to enhance photoelectric performance of self-powered hole-conductor-free perovskite photodetector for optical communication applications[J]. Advanced Materials Technologies, 2020, 5(8): 2000260.

［7］　YE H B, SUN B, WANG Z Y, et al. High performance flexible memristors based on a lead free $AgBiI_4$ perovskite with an ultralow operating voltage[J]. Journal of Materials Chemistry C, 2020, 8: 14155-14163.

［8］　LIU X Y, TAN X H, LIU Z Y, et al. Enhancing the performance of all vapor-deposited electron-conductor-free $CsPbBr_3$ photodetectors via interface engineering for their applications in image sensing[J]. Journal of

Materials Chemistry C,2020,8(41):14409-14422.

[9] LIU X Y,LIU Z Y,LI J J,et al. Ultrafast,self-powered and charge-transportlayer-free photodetectors based on high-quality evaporated $CsPbBr_3$ perovskites for applications in optical communication[J]. Journal of Materials Chemistry C,2020,8:3337-3350.

[10] LIU X Y, LI J J, LIU Z Y, et al. Vapor-assisted deposition of $CsPbIBr_2$ films for highly efficient and stable carbon-based planar perovskite solar cells with superior V_{oc}[J]. Electrochimica Acta,2020,330:135266.

[11] TAN X H, LIU X Y, LIU Z Y, et al. Enhancing the optical, morphological and electronic properties of the solution-processed $CsPbIBr_2$ films by Li doping for efficient carbon-based perovskite solar cells[J]. Applied Surface Science,2020,499:143990.

[12] LIU X Y, TAN X H, LIU Z Y, et al. Boosting the efficiency of carbon-based planar $CsPbBr_3$ perovskite solar cells by a modified multistep spin-coating technique and interface engineering[J]. Nano Energy,2018,56:184-195.

[13] LIU X Y, TAN X H, LIU Z Y, et al. Sequentially vacuum evaporated high-quality $CsPbBr_3$ films for efficient carbon-based planar heterojunction perovskite solar cells[J]. Journal of Power Sources, 2019, 443:227269.

[14] LIU X Y, LIU Z Y, TAN X H, et al. Novel antisolvent-washing strategy for highly efficient carbon-based planar $CsPbBr_3$ perovskite solar cells [J]. Journal of Power Sources,2019,439:227092.

[15] YE H B, LIU Z Y, LIU X Y, et al. 17. 78% efficient low-temperature carbon-based planar perovskite solar cells using Zn-doped SnO_2 electron transport layer[J]. Applied Surface Science,2019,478:417-425.

[16] SUN B, XI S, LIU Z Y, et al. Sensitive, fast, and stable photodetector based on perovskite/MoS_2 hybrid film [J]. Applied Surface Science,2019,493:389-395.

[17] LIU Z Y, LIU X Y, SUN B, et al. Fully low-temperature processed carbon-based perovskite solar cells using thermally evaporated cadmium sulfide as efficient electron transport layer[J]. Organic Electronics,2019,74:152-160.

[18] 廖广兰,涂玉雪. 基于 CuPc 的反式钙钛矿太阳能电池低温制备[J].

华中科技大学学报(自然科学版),2019,47(5):1-5.

[19] LIU X Y, LIU Z Y, SUN B, et al. 17.46% efficient and highly stable carbon-based planar perovskite solar cells employing Ni-doped rutile TiO_2 as electron transport layer[J]. Nano Energy, 2018, 50: 201-211.

[20] LIU Z Y, SUN B, LIU X Y, et al. 15% efficient carbon based planar-heterojunction perovskite solar cells using TiO_2/SnO_2 bilayer as electron transport layer[J]. Journal of Materials Chemistry A, 2018, 6(17): 7409-7419.

[21] LIU Z Y, SUN B, LIU X Y, et al. Efficient carbon-based $CsPbBr_3$ inorganic perovskite solar cells by using Cu-phthalocyanine as hole transport material[J]. Nano-Micro Letters, 2018, 10(2): 34.

[22] HAN J H, TU Y X, LIU Z Y, et al. Efficient and stable inverted planar perovskite solar cells using dopant-free CuPc as hole transport layer [J]. Electrochimica Acta, 2018, 273: 273-281.

[23] LIU X Y, LIU Z Y, SUN B, et al. All low-temperature processed carbon-based planar heterojunction perovskite solar cells employing Mg-doped rutile TiO_2 as electron transport layer[J]. Electrochimica Acta, 2018, 283: 1115-1124.

[24] LIU X Y, LIU Z Y, YE H B, et al. Novel efficient C_{60}-based inverted perovskite solar cells with negligible hysteresis[J]. Electrochimica Acta, 2018, 288: 115-125.

[25] LIU Z Y, SUN B, ZHONG Y, et al. Novel integration of carbon counter electrode based perovskite solar cell with thermoelectric generator for efficient solar energy conversion[J]. Nano Energy, 2017, 38: 457-466.

[26] LIU Z Y, ZHONG Y SUN B, et al. Novel integration of perovskite solar cell and supercapacitor based on carbon electrode for hybridizing energy conversion and storage[J]. ACS Applied Materials & Interfaces, 2017, 9(27): 22361-22368.

[27] LIU Z Y, SHI T L, TANG Z R, et al. A large-area hole-conductor-free perovskite solar cell based on a low-temperature carbon counter electrode [J]. Materials Research Bulletin, 2017, 96: 196-200.

[28] LIU Z Y, SUN B, SHI T L, et al. Enhanced photovoltaic performance and stability of carbon counter electrode based perovskite solar

cells encapsulated by PDMS[J]. Journal of Materials Chemistry A, 2016, 4(27): 10700-10709.

[29] LIU Z Y, SHI T L, TANG Z R, et al. Using a low-temperature carbon electrode for preparing hole-conductor-free perovskite heterojunction solar cells under high relative humidity[J]. Nanoscale, 2016, 8(13): 7017-7023.

[30] SUN B, SHI T L, LIU Z R, et al. Integration of TiO_2 photoanode and perovskite solar cell for overall solar-driven water splitting[J]. RSC Advances, 2016, 6(111): 110120-110126.